露天矿闭坑机制

张 洪 王 勇 杨 卓 编著

中国矿业大学出版社
· 徐州 ·

内 容 提 要

矿山闭坑作为全球可持续发展及矿山企业社会责任领域的一个重要问题，在国际上受到了广泛的关注。露天矿全生命周期的闭坑机制能够较好地适应我国经济社会发展的需要，达到改善人们对露天矿闭坑管理的认识，强化闭坑管理的重要性，提高露天矿闭坑内容综合化与治理多元化的协调性，健全露天矿闭坑制度，推进露天矿绿化建设，完善露天矿管理机制等目的。本书共十二章，包含露天矿闭坑的基本规定，露天矿资源储量及综合利用，边坡稳定，地质灾害，闭坑后地面设施、设备利用，生态恢复治理，闭坑计划、报告编制，闭坑内容，监测维护、责任移交及资金保障，矿山闭坑完成评价，国内外露天矿闭坑实践，对露天矿闭坑问题的思考及建议等。

本书可供科研院所、矿山企业及相关领域人员参考。

图书在版编目(CIP)数据

露天矿闭坑机制 / 张洪，王勇，杨卓编著. — 徐州：中国矿业大学出版社，2023.10

ISBN 978-7-5646-5901-1

Ⅰ. ①露… Ⅱ. ①张… ②王… ③杨… Ⅲ. ①露天矿—采空区处理—研究 Ⅳ. ①TD325

中国国家版本馆 CIP 数据核字(2023)第 140142 号

书　　名	露天矿闭坑机制
编　　著	张　洪　王　勇　杨　卓
责任编辑	陈　慧
出版发行	中国矿业大学出版社有限责任公司 （江苏省徐州市解放南路　邮编 221008）
营销热线	(0516)83885370　83884103
出版服务	(0516)83995789　83884920
网　　址	http://www.cumtp.com　**E-mail**:cumtpvip@cumtp.com
印　　刷	徐州中矿大印发科技有限公司
开　　本	787 mm×1092 mm　1/16　**印张** 18.75　**字数** 468 千字
版次印次	2023 年 10 月第 1 版　2023 年 10 月第 1 次印刷
定　　价	68.00 元

（图书出现印装质量问题，本社负责调换）

序一:实现露天矿完美收官

露天采矿作为一种安全经济高效的矿产资源开发方式已经成为世界各国首选的采矿方式,我国目前煤炭、冶金、建材等露天矿数量和总生产规模居世界前列。露天矿开发项目在国家经济和社会发展中发挥了极其重要的作用,同时露天矿开采结束、关闭退出对矿区生态环境、经济可持续发展和社会稳定也将带来很大的挑战。

露天矿全生命周期通常划分为决策准备、设计建设、投产运营、收尾关闭四个阶段,作为资源开发项目,每个阶段都会面临许多难题、涉及众多的利益相关者,需要完善的制度体系和管理机制来保障项目实施。从国内外的实际情况来看,露天矿的关闭退出是一个用时长、涉及面广并且政策性强的工作过程。

露天矿"闭坑机制"包括政策法规体系和技术标准体系,涉及矿山资源再利用、土地复垦和二次开发、地质灾害防治和生态环境修复、产业转型和员工安置以及闭坑工作所需资金的筹措、监管等。受国情理念和体制机制的影响,我国相较于国外发达国家而言,露天矿收尾关闭工作的制度法规和技术标准缺失较多,尚处于研究探索阶段。随着越来越多的露天矿临近收尾关闭,这项问题会愈发突出,应加快露天矿闭坑理论和技术研究,逐步建立和完善我国的露天矿闭坑机制。

政策法规层面,应基于全面贯彻新发展理念,以实现矿区产业转型和可持续发展为主线,寻求能够满足各利益相关者诉求的平衡机制和露天矿闭坑基金的管理模式,健全政策法规体系。

技术标准层面,一是在矿区总体发展规划中应深化闭坑阶段生态环境修复、产业转型方向等,适时编制露天矿闭坑专项规划,并与基于生态文明和经济、社会协调发展的区域国土空间规划有机结合;二是着手研究闭坑阶段生态环境修复、土地再开发、资源再利用的关键工程技术,建立和完善技术标准体系。

近年来,中煤科工集团沈阳设计院一直重视露天采矿前沿技术的研究和推广应用，由首席科学家张洪牵头的研究团队近年来系统地总结研究了国内外露天矿闭坑的相关制度和技术，对建立健全我国的露天矿闭坑机制进行了深入研究，其成果汇总体现在本书中，对于推动建立适合我国国情的露天矿闭坑机制，实现露天矿的完美收官，促进露天矿区经济和社会的高质量发展具有重大意义。

马培忠

2023 年 10 月 10 日

序二:填补煤炭行业露天矿闭坑标准体系空白

露天煤矿是我国煤炭工业的重要组成部分,其具有资源回收率高、生产和安全条件好、生产能力大、劳动效率高、建设周期短、开采成本低、安全条件好、吨煤投资低、机械化程度高、易于生态环境再造、便于采用数字信息技术等特点。经过近20年的高速度发展,我国露天煤矿年开采量从2004年的1.31亿吨、仅占全国煤炭产量不足7%,到2022年达到超过10亿吨、占比23%以上。

矿山闭坑作为全球可持续发展及企业社会责任领域的一个重要问题,在国际上受到了广泛的关注与重视,吸引一些国际组织开展了相关内容的建设活动。目前,我国露天矿闭坑存在闭坑形式不统一、不规范等一些问题,管理上主要限于矿产资源及储量的管理、露天矿地质信息管理等方面,难以适应"双碳"目标下贯彻落实安全生产并结合国家绿色矿山、智慧矿山建设的要求。近年来,在确保资源利用率最大化的基础上,增加资源的回收利用率、降低地质扰动和减轻地质灾害、最大限度恢复矿区环境、减少人民安全健康损失、减轻社区发展波动及风险,多方面迫切要求露天矿山行业转变思路,促进露天矿闭坑管理从传统的资源/储量主导型向现代化的露天矿全生命周期护理型转变。

本书作者张洪借鉴经济发达国家的矿山闭坑管理经验,在编制《煤炭工业露天矿项目规范》闭坑环节的基础上,经过近4年研究,给出了基于矿业项目全生命周期的露天矿闭坑运行机制的要素,讨论了这些要素的操作办法及实施途径,以期改善人们对露天矿闭坑机制的认识,健全我国露天矿闭坑监督管理制度和闭坑制度,推进露天矿高质量建设、闭坑后治理恢复及可持续的综合利用。本书填补了煤炭行业露天矿闭坑机制、煤炭行业露天矿闭坑标准体系的空白,为我国制定更加规范、有序的露天矿闭坑机制提供了科学决策的依据,具有重要的指导意义和参考价值。

张洪同志作为一个从事管理的科技人员,能静下心对露天矿闭坑机制这样的专业技术问题进行深入思考和研究,为露天界提供了新的知识盛宴,促进露天闭坑技术走向新的开端,我作为他的研究生导师,真心为张洪同志感到骄傲；同时衷心希望本书能够在煤炭行业露天矿闭坑机制中发挥应有的作用；也希望广大基层专业技术人员、在校师生通过认真学习，不断提高理论水平和实际应用能力，为加快建设“绿色、智慧、安全、高效”露天矿谱写煤炭工业新篇章！

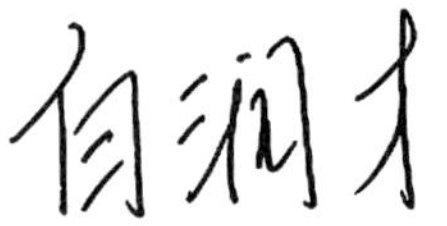

2023 年 5 月 3 日

前　言

露天开采是世界各主要产煤大国首选的开采方式。我国煤矿露天开采历经百年发展，生产工艺系统得益于以沈阳煤炭设计院为代表的设计研究单位不断的潜心学习，并结合我国国情及露天开采实际情况推陈出新创造发展。我国露天煤矿开采的比例也逐步增大，2022 年露天矿产能历史性地突破 10 亿吨大关，达到 10.57 亿吨，占全年煤炭产量的 23％以上，露天开采事业取得巨大成就，进入新的发展阶段。与此同时，一些传统的露天煤矿由于长期的煤炭开发，资源已经逐渐枯竭，剩余服务年限很短，以国家能源集团所属 18 座露天矿为例，服务年限为 10～70 年不等，其中约 60％服务年限在 30 年以内，且在云贵川、山西等区域的 200 多座小型露天煤矿的服务年限多在 7～20 年，已逐步开始面临露天煤矿集中闭坑的实际问题。目前，我国已经闭坑的典型露天煤矿有平庄西露天矿、义煤北露天矿、三道岭露天矿、白银露天矿、海州露天矿、抚顺西露天矿等，各矿闭坑形式不统一、不规范。主要问题是采用“先采后治”的方式，未与矿产资源开发利用项目的全寿命周期进行有效结合，在事先规划、源头预防等方面差距较大，具体存在闭坑机制少、闭坑规范不健全、适应范围不明确、企业单位重视不够、设计单位参与度不够等问题。

矿山闭坑作为全球可持续发展及矿山企业社会责任领域的一个重要问题，在国际上受到了广泛的关注，吸引一些国际组织开展了相关内容的建设活动。国外经济社会发达或矿业发达的国家和地区以及一些机构对矿山闭坑与经济社会的关系问题高度重视，基本形成矿山闭坑最佳实践及规范，包括基于法规和多利益方参与的闭坑目标、闭坑原则、闭坑计划、闭坑内容、闭坑实施等关键要素。

我国矿山闭坑的机制及管理最早来源于地矿部门或国土部门对资源/储量的管理。随着经济社会水平的不断提高，近年来与闭坑相关的矿区环境恢复治理问题受到广泛关注。当前，我国经济社会发展正处于新的转型期，露天矿全生命周期的闭坑机制能够较好地适应我国经济社会发展的需要，实现改善人们对露天矿闭坑管理的认识，强化闭坑管理的重要性，提高露天矿闭坑内容综合化与治理多元化的协调性，健全露天矿闭坑制度，推进露天矿绿化建设，完善露天矿管理机制等目的。随着我国“五位一体”建设布局及经济社会发展方式的转变，我国露天煤矿资源开发面临可持续发展的巨大挑战，迫切需要借鉴国外优秀实践与经验，促进露天矿闭坑管理从传统的资源/储量主导型向现代化的全生命周期护理型转变。

为贯彻落实习近平总书记在二十大报告中提出的煤炭行业要推进“降碳、减污、扩绿、增长，推进生态优先、节约集约、绿色低碳发展”理念，确保资源利用率最大化，增加资源的回收利用率，降低地质扰动及灾害，防止生态环境退化，降低人民群众安全健康损失、社区发展波动等负面影响及风险，有必要制定露天矿闭坑标准，实现露天矿在建设、生产阶段就做好闭坑规划，在闭坑退役阶段做好闭坑计划调整、监测维护、土地移交等，即闭坑前、闭坑中、闭坑后全过程规范化管理。这对企业可持续发展具有深远意义。

本书共分十二章，内容包括露天矿闭坑基本规定，露天矿资源储量及综合利用，露天矿闭坑边坡稳定，露天矿地质灾害，露天矿闭坑后地面设施、设备利用，露天矿生态恢复治理，露天矿闭坑计划、报告编制，露天矿闭坑内容，监测维护、责任移交及资金保障，矿山闭坑完成评价，国内外露天矿闭坑实践，露天矿闭坑思考及建议。

张洪编著了全书十二章，并统稿全书；王勇参与了第三、四章的编写，并对第一、二章进行了审稿；杨卓参与了第六章的编写，并对第五、十章进行了审稿。

前期参与本书资料收集、现场调研工作的还有蔡忠超、刘英璐、姚丽萍、李晓俊、韩晓光、邢翼、肖平、田宇、刘云生、周国驰、付佳、赵志强、徐贵娃、张光伟、马婧佳、林淋、费聿鹏、周国驰、杨丽萍、李东阳、苏迁军、张恺、李颖、王子、陈旭、李申岩、李念源、杨旭、郭礌、刘玲、杨培林、柏淼、杨铭、王帅、辛建宝、盛世博、周欣、柳克松、彭敏、李振雄、谭舒亮、秦程朝等同志，在此表示衷心的感谢！另外书中引用了参考文献中一些学者的研究成果和观点，在此一并表示感谢。

本书内容涵盖规划设计、闭坑施工、相关利益方参与、土地和设备利用、财经保障等，涉及面广，由于时间和水平有限，书中难免有不妥之处，恳请读者批评指正。

张　洪

2023 年 2 月

目 录

第一章　露天矿闭坑的基本规定

第一节　矿山闭坑的理论

一、矿山闭坑概念内涵与现实需求

1. 矿山闭坑

煤炭资源具有不可再生的特性，所有矿山的服务年限都是有限的。根据历史经验，矿山闭坑通常不可控。如果随着露天矿产资源的逐年开采、产能提升，煤炭市场供需及发展情况，有的露天矿可采储量枯竭，闭坑过程可能按计划进行，该过程是永久性的，即矿山租赁所有权被收回，并可由下一个土地使用者承担租赁所有权的责任。如果依据国家有关法律法规，因不符合安全生产要求，达不到最低生产规模，不符合环境保护条件而关停，属于政策性关停。如果由于市场变化、政策调整或者矿山企业经营不善以及其他不可抗力导致开采终结，矿山则可能突然闭坑，该过程可能是暂时性的，促使企业制订一项保护和维护计划，也可能是永久性的。还有的露天矿闭坑是资源整合带来的矿山关停，即为提高矿产资源的使用效益，实现矿业规模化和集团化发展，提升矿山经营规模，对原有的相邻小型矿山进行整合，实施了矿山关停。市场变化或资源整合带来的关停，可能是临时性的，也可能是永久性的闭坑。

矿产资源开发利用项目或矿业项目的生命周期（矿山全生命周期），是指包括矿产勘查及预可行性研究、矿床勘探及可行性研究、规划设计及详细可行性研究、基本建设、采选生产、采后复垦及重建等主要矿产资源开发利用环节在内的矿业开发项目全过程。

显然，在矿山全生命周期的不同阶段或环节，矿产开发利用决策、活动、影响和管理行为会有所差异。基于矿山生命周期的闭坑管理机制是指项目主体或矿山企业从可持续发展及包容发展的角度出发，从矿产勘查及预可行性研究环节起，就应该考虑各个环节和阶段的开发利用活动可能给社区的生态、环境、健康与安全等带来的影响，并随着矿山生命周期的推进及变化，持续细化应对方案并逐步付诸实施。通过提前规划，明确矿山开采后土地利用及交接目标，可以更好地应对矿山生态环境、地质灾害、社区影响等问题，避免突发事件，消除或降低企业生产经营和社区持续发展的风险。

从矿业权或土地使用权归属及管理的角度看，狭义的矿山闭坑是指矿山生命周期的采后复垦及重建环节完成并伴有矿业权或土地使用权期限的终结及交接；从矿产资源开发利用项目及其与社区的关系看，广义的矿山闭坑是指贯穿于整个矿山生命周期过程中，与狭义闭坑目标完成及交接有关的一切活动。所以，国外有文献将广义的矿山闭坑定义“为闭坑而采矿”。广义的矿山闭坑作为矿产资源开发利用决策与活动的重要过程，其最佳实践能够有效地减少矿产及国土资源浪费、地质扰动及灾害、地形地貌及自然景观损害、生态环境退化、人居安全健康损失、社区发展波动等负面影响，对企业信誉与社区可持续发展具有深远意义。因此，从这个意义上讲，矿山闭坑包含着动机、过程和成果等广泛外延。

通常矿山闭坑，特指矿山永久性闭坑。在理想状态下，闭坑矿山经过恢复治理后，会融入周边生态系统，经过一段时间后，其自然环境、生态系统、土质水系等会达到或超过开发前的状态。

2. 露天矿闭坑

露天开采是指从敞露地表的采矿场采出有用矿物，或将矿藏上的覆盖物（包括岩石、土壤等）剥离后开采显露矿层的过程，又称露天采矿。而所谓露天矿闭坑，是使不具备开采条件的露天矿，通过科学合理的技术手段，对其进行关闭的一系列活动。

3. 矿山闭坑发展趋势

近年来，我国矿山数量大幅减少。2016—2019 年矿山数量从 7.76 万座减少至 5.36 万座，下降 30.9%。主要原因在于：一是为有效提升矿山规模化、集约节约化水平，改善基层矿山设置“小、散、乱”的情况，各级政府加快了矿业权整合进度；二是“十三五”期间，国家实施煤炭“去产能”政策，采取执法闭坑一批、实施产能置换退出一批、改造升级提升一批，进一步压减产量 30 万 t/a 以下的煤矿数量；三是对位于自然保护区内的矿业权，采取稳步有序退出措施。另外，随着长江经济带、黄河流域等国家重大战略的深化实施，部分岸线周边的露天矿企业正在进行空间调整和矿业权整合。整体来看，露天矿数量的大幅度减少，基本是淘汰产能落后、低效污染、生产不达标的矿山企业。以资金、技术、资源和产品为要素整合露天矿企业，是生态文明思想引领矿业领域持续发展和高质量发展的重要体现。

2021 年我国共有露天矿约 450 座，占全国煤矿数量的 6%，其中年产量 400 万 t 及以上露天矿 60 处，年产千万吨级露天矿 38 处，露天开采事业取得巨大成就，进入新的发展阶段。与此同时，一些传统的露天矿由于长期的煤炭开发，资源已经逐渐枯竭，剩余服务年限很短，以国家能源集团所属 16 座露天矿为例，其服务年限为 10～70 年不等，其中约 60%服务年限在 30 年以内，且在云贵川、山西等区域的 200 多座小型露天矿服务年限多为 10～20 年，已逐步开始面临露天矿集中闭坑的实际问题。相比井工矿，露天开采的隐患是显性的。

目前，我国已经闭坑的大型露天煤矿有平庄煤业西露天矿、义马煤业北露天矿、三道岭露天矿、白银露天矿、海州露天矿、抚顺西露天矿等，各矿的闭坑形式不统一且不规范。近年来，在“双碳”目标下，贯彻落实安全生产并结合国家绿色矿山建设要求，确保资源利用率最大化，增加资源的回收利用，降低地质扰动及灾害，矿区环境恢复治理需求日益得以重视，减少人民安全健康损失、社区发展波动等负面影响等，各方面迫切要求矿山企业及产业借鉴国外优秀实践与经验，促进我国露天矿闭坑管理从传统的资源/储量主导型向现代的矿山周期护理型转变。

党的十八大以来，国务院有关部门和各级地方政府遵循生态文明思想，按照中央工作部署，采取了一系列有效措施并取得了积极成效。但随之而来的退出矿井处理问题成为对生态环境影响巨大的“灰犀牛”，诸如无人看管的废弃的建筑物对好奇的探索者构成人身危害；矿井废弃物可能会破坏地下水、地表水、土壤和空气质量，并对环境造成不可逆影响；受矿井自然特性影响，植被恢复速度可能会很慢，致使矿区的生物多样性永久下降；邻近社区的负面影响可能会持续数十年等。因此，如何使闭坑矿井造成的影响最小化，实现闭坑后生态环境恢复的长期利益最大化，是实际管理中亟须正视并解决的重大问题。

二、矿山闭坑的需求层次与基本目标

1. 需求层次结构

国外的大型矿业公司一般都就矿山闭坑制定有强有力的内部政策，这些由企业标准推动的政策通常源于一个认知，即有效的矿山闭坑举措是获得新项目社会许可的强有力工具，良好的矿山闭坑政策为矿业活动结束后企业实现更好的经济社会转型和创造新的经济增长点奠定了基础。从本质上来说，确定和执行闭坑政策是政府的职责，而如何制订矿山闭坑计划，即在满足矿山闭坑“最低目标”基础上，进一步加强计划的涉及主题，则是政府和矿山企业需共同面对的现实问题。

从矿山闭坑的实践可以看到，矿山闭坑随着理念、法规、政策、技术等的演进在不断发生变化，然而闭坑政策必须解决的问题和倡导解决事项之间的确切分界线仍然没有清晰的界定，即矿山闭坑举措需要什么以及哪些方面应当通过法规形式加以约束，尚未形成普遍共识。矿山闭坑需求像阶梯一样，从低到高按层次分物理稳定性、化学稳定性、社会经济过渡、有益用途改造、生物多样性和发展目标等 6 个层次，见表 1-1-1，其中：社会经济过渡属于中间分界线，分界线以下层级的行为属于违规，应予以劝阻并加以经济乃至行政处罚；对于分界线以上层级的行为，则应给予强烈鼓励。

表 1-1-1　矿山闭坑需求层次结构

金字塔架构		具体内容
一层	发展目标	闭坑计划和闭坑政策应支持矿山所在地区的总体发展目标。采矿项目可以为发展中国家和发达国家带来巨大的经济和发展利益。妥善管理从规划和发展到运营、闭坑和闭坑后的整个矿山服务周期，可为辖区提供发展利益，给社区发展、教育等诸多方面带来长期积极影响并促进经济多样化。虽然矿山的闭坑和闭坑后阶段会产生不良影响，但通过在运营阶段初期制订详细的闭坑计划能确保矿山留下总体有益的遗产
二层	生物多样性	新兴的矿山闭坑措施比良性利用更进一步，力争使矿山的景观和生物多样性恢复到（甚至超过）采矿前的状态，成为自我维持的生态系统。这种层次的闭坑不是现行矿山规定的主题，但可能成为政府或部分矿山企业政策追求的目标
三层	有益用途改造	在采矿期间，土地用途发生改变，矿山开采后景观发生永久改变。某些辖区相当重视矿山的改造，旨在恢复矿山开采前的用途，或确保在矿山闭坑后有可能对土地进行其他有益的利用
四层	社会经济过渡	矿山可以为政府和社区带来收益，包括就业等。但是，当矿山服务年限结束时，可能面临转型困难。工作、社会福利项目和税收的丧失可能产生持久的负面影响，特别是对于矿山是当地主要雇主的经济体。通过沟通、经济开发项目、再培训以及矿山闭坑之前采取的其他措施，可以极大地缓解这种转型困难。合理的、前瞻性的政策有助于确保从矿山运营到闭坑及闭坑后的积极转型
五层	化学稳定性	涵盖防止或减少环境退化的矿山闭坑计划的所有方面。尽管矿山要素不具有绝对的“化学稳定性”，但是许多矿山废弃物的化学性质可能非常活跃，并且很可能会污染水源和土壤
六层	物理稳定性	矿山闭坑的最基本问题，是解决闭坑矿山的物理稳定性问题，进而确保矿山闭坑后不留下可能危及公众安全的物理危害。例如：大型露天矿采掘场、排土场存在可能危及公众安全的滑坡等地质灾害风险

2. 基本目标

矿山闭坑政策的一项基本内容，就是要制订闭坑计划，并确保闭坑计划可解决闭坑带来的主要风险。依据矿山闭坑需求层次结构，需要实现矿山闭坑的三个基本目标，见表 1-1-2。

表 1-1-2 矿山闭坑基本目标

序号	项目	具体目标
1	安全性	在合理安全范围内，露天矿闭坑的采掘场不得对人类和野生动物造成危险，外排土场、工业场地建筑都是露天矿闭坑中的潜在危险
2	稳定性	闭坑的区域通常应不影响后续土地用途的稳定性以及具备与当地类似的自然环境。还应考虑到水土流失稳定性，尘土和悬浮泥沙负荷应保持在自然范围内
3	社会和环境可持续性	两者不可分割，如果不实现环境可持续性，则难以确保社会可持续性。极少数露天矿（尤其是在实施现代闭坑措施之前开发的露天矿）可能没有后续维护被彻底放弃，至少应该要求露天矿闭坑不会对周围环境或社会经济动态造成任何大的和长期的影响。如可能，采矿应当留下积极的影响，例如：更发达的地方和区域经济；先前矿业活动使当地居民的教育和健康水平得到改善；当地居民的技术能力、商业经验和创新能力得到提高。应采取准备措施，确保当地经济从采矿到闭坑后的有序转型，并缓解经济困难

第二节 矿山闭坑机制认识与思考

一、国外闭坑机制

（一）国际相关组织动态

矿山闭坑作为全球可持续发展及企业社会责任领域的一个非常重要问题，在国际上受到了重视和广泛关注。早在 2000 年，世界银行和日本金属矿产厅发布了研讨会成果《闭坑与可持续发展》，报告从经济社会角度指出，有计划且合理的闭坑能够有效缓解闭坑给居民和经济带来的负面影响。

2002 年，世界银行与国际金融公司发布了《停产并未结束：全球闭坑综述》，报告概述了露天矿闭坑的复杂性与长期性、主动管理的必要性、全球闭坑数量逐渐增多的迫切性、成本负担、法律与财政框架、闭坑规划、发展中国家展望与责任等问题。同年，国际环境与发展研究所、世界可持续发展工商理事会联合发布了《矿山闭坑政策研究》，报告中广泛地调研了世界典型国家在闭坑方面的法律及制度框架，涉及景观、水质、生态资源、土地利用、健康与福利、社会与人为变化、经济发展、土地移交准则等问题，重点论述了矿山闭坑财经保障体系、政府能力和公众参与等内容。

2005 年，联合国环境规划署、联合国开发计划署、欧洲安全与合作组织和北大西洋公约组织合作研究发布了《为闭坑而采矿——可持续采矿与闭坑的政策、实践及指南》，报告包括矿业开发及露天矿废弃面临的问题与挑战，闭坑工作与程序、政府与企业作用，闭坑原则、未来措施与步骤等主要内容，为采矿活动的综合评估及风险消减提供了指导原则与实践指南。

2006 年，欧盟颁布了《矿山废弃物处置法令》，要求提前对采矿后废弃物的处置制订闭坑计划，并相继发布了相关指南，旨在指导成员国对废弃露天矿制订适宜的闭坑复垦计划，强调闭坑行为不仅要考虑经济因素，更要重视闭坑不力对社会经济带来的风险。

从2006年起，“国际矿山闭坑大会”系列逐年举行，吸引了全球诸多国家政府、企业和公民社会等相关利益方的代表参加。2013年的第8次会议，讨论了社会关切问题、闭坑立法、生态修复及后续护理、闭坑计划、闭坑工作面等议题。2014年的第9次会议在南非约翰内斯堡举行，涉及闭坑社会经济、政策、规制与财经，闭坑计划、建模与监测手段、闭坑设计与建设、复垦，社会生态以及闭坑与气候变化等前瞻性议题。2023年第26届世界采矿大会于6月25日～29日在澳大利亚举办，主题是“为未来提供资源、为社会创造价值”，就先进采矿技术及装备、环境与可持续发展、数字转型、矿业人才培训等内容进行了研讨。

（二）相关法律、规制及行业能力建设

1. 相关法律、规制

加拿大、澳大利亚、美国、南非和纳米比亚的矿产以资源丰富、开发强度较大、综合利用水平较高而著称，且除南非、纳米比亚外，其余三国在矿业相关法律制度、行政规制、经济社会等实践上形成了诸多相似与通行的做法，并有逐步为世界上其他国家、地区认同、借鉴的趋势。

(1) 加拿大

联邦立有《环境保护法》《环境评估法》《公共土地授权法》等相关制度性法律。在此基础上，有关省实施主动管理，建立了矿山开采的闭坑及复垦规划、社区及利益方参与、财经保障、标准及指南规范等机制。

加拿大省际部长理事会于2011年发布了《加拿大露天矿闭坑及长期责任管理政策框架指南》，为加拿大矿山闭坑及其长期责任管理的政策框架提出了指导性建议，推动矿山执法，满足经营方、原住民、政府等不同利益方的需求，以持续减少废弃露天矿的数量及其带来的影响。另外，该指南还论述了加拿大矿山闭坑目标（计划）、资金保证、责任交接、闭坑后维护监测、多方协商机制、主管部门责任等内容的政策框架和操作建议。

(2) 澳大利亚

联邦立有《采矿法》《煤炭征购法》《海上矿产法》《环境保护法》《环境和生物多样性保护法》等相关权属性、制度性法律。矿业活动的管理及规制多以州（地）政府为主，而联邦政府的主要作用是协调、沟通及提供相关公共服务。2006年联邦工业、旅游与资源部通过矿业可持续发展最佳实践项目，组织政府、企业和公民社会共同参与制定矿山闭坑与完成手册。

2011年，西澳大利亚州政府环境保护局发布了《矿山闭坑规划指南》，旨在为编制符合西澳大利亚州政府法规的矿山闭坑计划提供全面、翔实的指导，基于“闭坑计划应该成为矿山整体规划的组成部分”和“在矿山开发可行性研究阶段开始制订闭坑计划”等基本原则，论述了矿山开采的闭坑规划、财经保证、利益方参与、标准及指南规范等运行机制，考虑了闭坑目标、及早计划、整体规划、因地制宜、多方协商、辨识风险、土地利用、可操作性、监测维护和评价标准等多方面基本要素。

(3) 美国

美国联邦政府立有《国家环境政策法》《资源保护与回收法》《露天采矿管理与复垦法》《矿山安全与健康法》《联邦有害与固体废弃物修正法》《矿山改善与新应急响应法》等法律，构成了有关矿山开采、闭坑与采后处置的规划、财经保证及复垦等管理实践依据。

（4）纳米比亚

尽管是不发达国家，纳米比亚对矿山闭坑也有相关规制和政策，如《矿法》（包括闭坑申请程序和注意事项、闭坑规定内容、闭坑中对环境保护和污染防治的规定、未闭坑的惩罚措施等）、《大气污染防治法》（矿山负责人必须在闭坑前提交粉尘防治和管理计划，负责安全健康的官员将会检查露天矿是否根据计划做好充分的防尘准备）等规制，以及《纳米比亚矿业政策》（涉及闭坑计划的制订、土地使用协商、解决环境问题的融资机制和露天矿企业的社会责任）、《纳米比亚促进可持续发展和环境保护环评政策》（矿山经营者必须签订具有约束力的贯穿矿山生命周期的协议，保证经营者的环保工作得到各利益方认可并通过环境评价）、《纳米比亚矿业领域综合环境评价指南》（矿产开发者提供环评支持）等政策。

（5）南非

南非中央和地方政府在矿业领域担任着露天矿遗留问题的责任承担者和矿业调整及改革引领者的关键性角色，以及依据宪法监测和保护环境、为公众安全与健康负责，推动矿业贡献于经济社会可持续发展的全局性角色。

其他利益方，包括探矿权人和采矿权人、矿山管理者、矿山员工、矿山股东、受影响的土地所有人、当地管理部门、商业/服务业提供者、社会团体等，须承担由矿产法相关条款和其他一些适用法律规定的责任。

南非当前的闭坑情况主要有通过获得闭坑许可的正常闭坑、暂时性闭坑、有条件闭坑、矿山局部闭坑、政策性闭坑等。

南非依据多部法律实施对露天矿开采、闭坑和采后管理进行规制，涉及《国家环境管理法》（提出的基本原则是“谁污染，谁治理”）、《矿产法》（规定尽早开始闭坑规划，尽早确定闭坑后土地的利用目标，以便采用合适的采矿方法和修复方法）、《矿山健康与安全法》、《国家水法》（对矿区水系进行了规定，包括污染防治、水的再利用、水的净化和水的排放）、《大气污染防治法》（对粉尘等污染物的排放标准提出了要求）、《矿产与石油资源开发法》（对资源勘查与开采采用了全生命周期的处理途径，系统地考虑了经济、社会与环境成本，以期实现矿产资源的可持续供给及利用）以及其他相关法律。

这些法律中的规定还包括：综合环境治理和补救责任；闭坑目标的制订、闭坑后土地利用和成本估计；共同参与对闭坑的决策；整治环境损害的财政拨款支持；基于露天矿生命周期的尾矿、废石处置和管理；闭坑后失业和宜居问题处理办法；环境风险报告；遗留设施处理方式等。

2. 行业能力建设

2000 年，澳新矿产能源理事会与澳大利亚矿产理事会联合提出了《露天矿闭坑战略框架》，涵盖了利益方参与、闭坑计划制订、财经保障、工程实施、完成标准和责任交接等内容，成为矿山闭坑实践的典范，得到了广泛的认同与采用。

2006 年，国际矿业与金属理事会共同制定并实施了《集成矿山闭坑规划指南》，在全球矿业可持续发展及社会责任等方面产生了重大的积极影响，主要内容包括闭坑利益方的确定、框架性和实施性闭坑计划框架、退役和闭坑后规划、面临的问题与挑战、闭坑工具及手段等。

2010 年，纳米比亚矿业商会组织制定了《纳米比亚矿山闭坑框架》，论述了包括现有政策法规、利益方参与、闭坑计划、财经保障、闭坑实施和闭坑后责任交接等问题，为大中型矿山最低闭坑标准提供了指导。

2008年，芬兰奥托昆普公司制定了闭坑手册，内容包括闭坑目标及标准，相关闭坑的法律、赔偿、土地利用、地质特征、适用技术等，基于生命周期的露天矿闭坑计划、环境和风险评估、闭坑策略、闭坑施工、闭坑效果监测和财经保障等，是企业露天矿闭坑机制实践的典范。

3. 国外矿山闭坑机制要素

经济发达国家矿山闭坑过程主要是通过法律法规的引导、行业的自我监管以及公民的参与实现的，以制定协议、发布闭坑引导指南等方式为闭坑机制的运行提供有效的保障，贯穿于矿业项目全生命周期过程，一般包括如下6个方面。

（1）闭坑计划

闭坑计划是矿山整体开发计划与相关许可的重要组成部分，涉及矿山项目全生命周期。国外文献涉及的闭坑计划内容一般包括露天矿项目背景、闭坑责任分配、闭坑目标、利益相关方参与、采后土地利用、闭坑工艺技术要素、闭坑实施及其完成标准、财经保障、采后监测及维护、数据管理、风险评估等。

（2）闭坑方法及标准

闭坑方法及标准主要是对不同的闭坑施工对象采取的恰当的处理方法，例如对于开挖区，通过土建工程维持矿山整体的稳定性等。

（3）利益相关方

利益相关方主要是指对矿山闭坑管理过程或者矿山闭坑结果具有潜在影响者以及受矿山闭坑潜在影响者，主要包括投资者、企业雇员、政府部门、社区居民、媒体、相关公民社会组织等。利益相关方参与和沟通是企业履行社会责任、促进经济社会和谐发展的重要途径。通过政府的引导，多方参与闭坑机制的决策，经过沟通和协商，推进矿山闭坑工作的完成。矿山企业应该遵循自由、事前知情、同意原则，把利益相关方作为矿山闭坑绩效的评估者，为其认知企业闭坑相关决策与活动创造条件，并在政府引导下，参与从可行性研究开始，贯穿露天矿全生命周期的闭坑决策与活动过程，通过沟通、认知和妥协，促进闭坑目标及相关活动得以推进与完成。

（4）财经保障

财经保障是露天矿闭坑机制的关键要素，事关矿业项目的可行性，主要包括估算和调整闭坑成本以及筹措闭坑资金两个方面，其中闭坑成本主要包括项目管理成本、工程成本、社区成本和应急成本。闭矿成本将随着矿山开采生命周期的演进而不断调整，用于适应新的变化情况。闭坑资金筹措是在闭坑成本估算基础上进行的，矿山企业自身财经实力、利益方期望值和资金投入时间安排等方面的差异使得资金筹措方式不同。国外普遍采用的资金筹措方式可以分为三类：以闭坑保证金收取为主的政府规制途径，以闭坑债券发行和担保为主的市场途径，以闭坑基金运作为主的公民社会途径。

（5）采后监测与维护

采后监测与维护是指设施拆解、改造和土地复垦等闭坑主体工程完成之后的管理环节，对采后矿区的地质与生态环境稳定性、地区的经济发展情况和社区居民安全健康状态进行实时监控，并采取措施维持在闭坑标准之上，及时应对突发情况，确保在监测期内（一般3～5年以上）闭坑目标达成、相关信息完整可靠。建立一个有效的闭坑监测、维护及信息管理体系对于采后监测与维护工作至关重要，包括相关闭坑主体、责任分工、监测内容及项目、维护指标等。

(6) 责任交接

责任交接是指闭坑责任方在闭坑监测与维护期满后，通过法定程序解除自身对矿区后续维护与管理责任并将之转让给他方或政府的行为，主要涉及责任交接的内容和程序。责任交接的内容包括未来在利益相关方充分参与的前提下，对矿区生态环境的保护、对矿区保留工程的养护和管理、对当地社区经济与文化发展的扶持以及对突发事故的应对处理等。

综上，国外经济社会发达或矿业发达国家、地区或机构对矿山闭坑与经济社会的关系问题高度重视，已经形成了矿山矿闭坑最佳实践及规范，包括基于法规和多利益方参与的闭坑目标、闭坑原则、闭坑计划、闭坑内容、闭坑实施等关键要素。

二、国内闭坑机制

(一) 行业相关法律、规制现状

1.《中华人民共和国矿产资源法》(以下简称《矿产资源法》)

1986 年 3 月 19 日《矿产资源法》颁布，1996 年 8 月 29 日第八届全国人民代表大会常务委员会第二十一次会议对《矿产资源法》进行第一次修正，2009 年 8 月 27 日第十一届全国人民代表大会常务委员会第十次会议对《矿产资源法》进行第二次修正。

其中第二十一条："关闭矿山，必须提出矿山闭坑报告及有关采掘工程、不安全隐患、土地复垦利用、环境保护的资料，并按照国家规定报请审查批准。"

2.《中华人民共和国矿产资源法实施细则》(以下简称《矿产资源法实施细则》)

1994 年 3 月 26 日国务院令第 152 号公布《矿产资源法实施细则》，其中：

第三十二条："采矿权人在采矿许可证有效期满或者在有效期内，停办矿山而矿产资源尚未采完的，必须采取措施将资源保持在能够连续开采的状态，并事先完成下列工作：

"(一) 编制矿山开采现状报告及实测图件。

"(二) 按照有关规定报销所消耗的储量。

"(三) 按照原设计实际完成相应的有关劳动安全、水土保持、土地复垦和环境爱护工作，或者缴清土地复垦和环境爱护的有关费用。

"采矿权人停办矿山的申请，须经原批准开办矿山的主管部门批准、原颁发采矿许可证的机关验收合格后，方可办理有关证、照注销手续。"

第三十三条："矿山企业关闭矿山，应当按照下列程序办理审批手续：

"(一) 开采活动结束的前一年，向原批准开办矿山的主管部门提出关闭矿山申请，并提交闭坑地质报告。

"(二) 闭坑地质报告经原批准开办矿山的主管部门审核同意后，报地质矿产主管部门会同矿产储量审批机构批准。

"(三) 闭坑地质报告批准后，采矿权人应当编写关闭矿山报告，报请原批准开办矿山的主管部门会同同级地质矿产主管部门和有关主管部门按照有关行业规定批准。"

第三十四条："关闭矿山报告批准后，矿山企业应当完成下列工作：

"(一) 按照国家有关规定将地质、测量、采矿资料整理归档，并汇交闭坑地质报告、关闭矿山报告及其他有关资料。

“(二) 按照批准的关闭矿山报告,完成有关劳动安全、水土保持、土地复垦和环境保护工作,或者缴清土地复垦和环境保护的有关费用。

“矿山企业凭关闭矿山报告批准文件和有关部门对完成上述工作提供的证明,报请原颁发采矿许可证的机关办理采矿许可证注销手续。”

3. 其他具体规定

《关于加强矿山(坑、井)关闭资源监督管理的通知》《矿山闭坑地质报告审批办法》等相关规章对矿山闭坑进行了规范和细化,规范了矿山概况,矿山地质、设计、开采及资源利用、探采对比,水文地质、工程地质和环境地质,闭坑原因,矿产储量的结算及剩余储量等技术条件和指标,也具体明确了闭坑条件、闭坑申报程序、闭坑地质报告等程序,特别是就矿山闭坑地质报告的送审、审核(查)、审批、表彰奖励及行政处分等给出了具体的要求,其主要关键点是矿产资源管理及矿山地质信息。

4.《矿山闭坑地质报告编写规范》

2020 年 4 月发布的《矿山闭坑地质报告编写规范》(DZ/T 0347—2020)以规范性附录方式给出了矿山闭坑地质报告编写提纲。

5. 其他相关法律、法规

(1)《中华人民共和国矿山安全法》(以下简称《矿山安全法》)

其中第七条:“矿山建设工程的安全设施必须和主体工程同时设计、同时施工、同时投入生产和使用。”

(2)《中华人民共和国环境保护法》(以下简称《环境保护法》)

其中第四十一条:“建设项目中防治污染的设施,应当与主体工程同时设计、同时施工、同时投产使用。防治污染的设施应当符合经批准的环境影响评价文件的要求,不得擅自拆除或者闲置。”

第四十二条:“排放污染物的企业事业单位和其他生产经营者,应当采取措施,防治在生产建设或者其他活动中产生的废气、废水、废渣、医疗废物、粉尘、恶臭气体、放射性物质以及噪声、振动、光辐射、电磁辐射等对环境的污染和危害。排放污染物的企业事业单位,应当建立环境保护责任制度,明确单位负责人和相关人员的责任。重点排污单位应当按照国家有关规定和监测规范安装使用监测设备,保证监测设备正常运行,保存原始监测记录”。这明确了得利企业承担相应环保责任和污染事故赔偿责任,提供了矿山企业在闭坑工作中需要承担的环保责任的法律依据。但该条款未就对应的采后及闭坑处置作出考虑。

(3)《中华人民共和国土地管理法》(以下简称《土地管理法》)

其中第四十三条:“因挖损、塌陷、压占等造成土地破坏,用地单位和个人应当按照国家有关规定负责复垦;没有条件复垦或者复垦不符合要求的,应当缴纳土地复垦费,专项用于土地复垦。复垦的土地应当优先用于农业”。

第五十八条:“矿场经核准报废的,由有关人民政府自然资源主管部门报经原批准用地的人民政府或者有批准权的人民政府批准,可以收回国有土地使用权。”

(4)《矿山地质环境保护规定》

其中第十二条:“采矿权申请人申请办理采矿许可证时,应当编制矿山地质环境保护与土地复垦方案,报有批准权的自然资源主管部门批准。矿山地质环境保护与土地复垦方案应当包括下列内容:(一) 矿山基本情况;(二) 矿区基础信息;(三) 矿山地质环境影响和土地损毁评估;(四)矿山地质环境治理与土地复垦可行性分析;(五)矿山地质环境治理与土地复垦工程;(六)矿山地质环境治理与土地复垦工作部署;(七)经费估算与进度安排;(八)保障措施与效益分析。”

第十三条:“采矿权申请人未编制矿山地质环境保护与土地复垦方案,或者编制的矿山地质环境保护与土地复垦方案不符合要求的,有批准权的自然资源主管部门应当告知申请人补正;逾期不补正的,不予受理其采矿权申请。”

(5)《中华人民共和国水土保持法》(以下简称《水土保持法》)

该法要求任何工程都需要注意植被保护,对于破坏裸露的土地要及时修补,在申请采矿许可时就需要提交水土保持方案,要求水土保持“三同时”。此外,该法还明确了对潜在地质风险区域需进行维护和公示。其中第三十八条第一款规定:“对生产建设活动所占用土地的地表土应当进行分层剥离、保存和利用,做到土石方挖填平衡,减少地表扰动范围;对废弃的砂、石、土、矸石、尾矿、废渣等存放地,应当采取拦挡、坡面防护、防洪排导等措施。生产建设活动结束后,应当及时在取土场、开挖面和存放地的裸露土地上植树种草、恢复植被,对闭坑的尾矿库进行复垦。”

(6)《土地复垦条例》和《土地复垦条例实施办法》

《土地复垦条例》涉及建立有效的监管制约机制、资金保障机制、严格的责任追究机制和激励措施等相关内容,并鼓励地方政府、社会各方积极参与,实现土地复垦全社会参与。《土地复垦条例实施办法》内容包括土地复垦的基本原则,复垦方案与采矿许可挂钩,复垦费用的预存、支取,以及复垦工作验收程序和内容等相关问题,要求对生产建设活动和自然灾害损毁的土地采取整治措施,使其达到可供利用的状态。《土地复垦条例》及《土地复垦条例实施办法》主要面向末端治理,对于贯穿于矿山全生命周期过程的闭坑管理机制没有涉及。

(7)《矿产资源规划编制实施办法》

其中第二十四条规定:矿产资源总体规划应当包括矿山地质环境保护与治理恢复、矿区土地复垦的总体安排。

第三十四条规定:“各级自然资源主管部门应当严格按照矿产资源规划审查本级财政出资安排的地质勘查、矿产资源开发利用和保护、矿山地质环境保护与治理恢复、矿区土地复垦等项目,不符合矿产资源规划确定的重点方向、重点区域和重大工程范围的,不得批准立项。”

(8)《固体废物污染环境防治法》

其中第四十二条规定:“矿山企业应当采取科学的开采方法和选矿工艺,减少尾矿、煤矸石、废石等矿业固体废物的产生量和贮存量。国家鼓励采取先进工艺对尾矿、煤矸石、废石等矿业固体废物进行综合利用。尾矿、煤矸石、废石等矿业固体废物贮存设施停止使用后,矿山企业应当按照国家有关环境保护等规定进行封场,防止造成环境污染和生态破坏。”

(二)地方管理现状

随着我国闭坑行政审批制度的不断改革、调整以及相关权力的下放,一些地方政府结合自身实际对矿山闭坑管理制度作出了一系列的规定,例如某些省份建立了矿山环境治理和恢复保证金制度。

1. 辽宁省

(1)《辽宁省矿产资源管理条例》

其中第二十九条规定:“停办或者关闭矿山企业,应当向原登记部门提出申请,经有关部门批准办理闭坑登记手续。”

第四十五条规定：“采矿权人不按照规定闭坑，由县以上自然资源主管部门按照其矿山规模和开采方式及对地质、生态、环境的影响程度处3万元以上10万元以下的罚款；对造成经济损失和人身伤害的，应赔偿直接经济损失；情节严重的，依法追究直接责任人员的刑事责任。”

(2)《辽宁省矿山地质环境治理恢复基金管理暂行办法》

其中第六条规定：“本办法实施前，政策性关闭或自主申请关闭、采矿许可证已过期且不再延续的矿山企业，2年内按照要求完成治理恢复且通过有发证权限的自然资源主管部门会同有关部门组织竣工验收后，一次性返还保证金的85%及其利息，采矿权人应对治理成果进行为期两年的后期管护，经二次验收合格后，将剩余的15%保证金及利息全额返还采矿权人。如不自行治理恢复或验收不合格，保证金不予返还。治理责任主体已灭失或因土地征收等原因由政府对矿区地质环境进行治理恢复的矿山企业，保证金不予返还。”

2. 河北省

(1)《河北省矿产资源管理条例》

其中第二十七条规定：“矿山企业及个体采矿户因关闭矿山或者停办、解散等原因停止采矿的，应当提前编制矿山闭坑报告或者附有实测图的开采现状报告，经地质矿产主管部门对矿产资源利用和保护情况进行审核后，报省矿产储量审批机构和有关主管部门批准，注销采矿许可证。在采矿许可证注销前，采矿权人不得拆除和损毁主要采矿生产设备、设施，并按照有关法律、法规和规章的规定做好劳动安全、水土保持、土地复垦和环境保护等项工作。”

(2)《河北省矿山地质环境治理恢复基金管理办法》

其中第二条规定：“在我省行政区域内开采矿产资源的采矿权人(矿山企业)，包括采矿权人在其批准的矿区范围内进行勘查活动，应当承担矿山地质环境治理恢复义务，建立矿山地质环境治理恢复基金。”

第五条规定：“基金由采矿权人(矿山企业)自主使用，专项用于因矿产资源勘查开采活动造成的矿区地面塌陷、地裂缝、崩塌、滑坡、泥石流、地形地貌景观破坏，地下水含水层破坏、地表植物被损毁预防和修复治理，以及矿山地质环境监测等(不含土地复垦)。”

3. 山西省

(1)《山西省矿产资源管理条例》

其中第四十三条规定：“违反本条例规定，开采矿产资源造成矿山地质环境破坏或者地质灾害而又不采取措施恢复和治理的，由县级以上地质矿产主管部门责令限期恢复和治理，赔偿损失，可以并处10万元以下的罚款；情节严重的，由原发证机关吊销采矿许可证。”

(2)《山西省矿山环境治理恢复基金管理办法》

2019年1月8日实施，其中第四条规定：“基金的提取和使用管理，遵循‘企业所有、政府监管、专户储存、专款专用’的原则。”

第七条规定：“采矿权人按季度提取基金。”

4. 浙江省

(1)《浙江省矿产资源管理条例》

2013 年 12 月 19 日起实施，其中第二十四条规定："采矿权人从事采矿活动应当加强生态环境保护，采用科学方法和先进工艺。造成地质环境恶化、水土流失、植被破坏的，应当负责治理。采矿权人应当在领取采矿许可证的同时与地质矿产主管部门签订矿山自然生态环境治理责任书，并分期缴纳治理备用金。治理备用金应当不低于治理费用。治理备用金由当地地质矿产主管部门代收，存入银行专户，专项管理，所有权属于采矿权人。采矿权人履行矿山自然生态环境治理义务，经地质矿产主管部门会同环境保护、水利、林业、土地等部门验收合格的，治理备用金及其利息应当及时退还采矿权人。采矿权人对矿山自然生态环境实行分期治理的，地质矿产主管部门应当将治理备用金分期返还采矿权人。治理备用金的缴纳及其管理的具体办法由省人民政府制定。"

第三十三条规定："采矿权人不履行自然生态环境治理责任书中的治理措施，或者经验收不合格的，地质矿产主管部门应当责令其限期重新治理；采矿权人在规定的期限内未达到治理要求的，治理备用金及其利息全部或者部分转为治理费用，由矿山所在地地质矿产主管部门会同有关部门组织治理，多余部分返还给采矿权人。采矿权人不再缴纳水土流失防治费、土地复垦费。"

(2)《浙江省矿山地质环境治理恢复与土地复垦基金管理办法(试行)》

2020 年 6 月 10 日起施行，其中第三条规定："矿山地质环境治理恢复与土地复垦基金，是指采矿权人履行矿山地质环境治理恢复与土地复垦义务，预先计提并存于企业在银行设立的专项基金账户中，专项用于矿山地质环境治理恢复与采矿损毁土地复垦所需的资金。"

第四条规定："基金按照'企业所有、规范提取、合理使用、动态监管'的原则进行管理。"

第十一条规定："基金由企业专项用于以下范围：(一) 因矿产资源开采活动造成地面塌陷、地裂缝、崩塌、滑坡、泥石流等矿山地质灾害的预防、治理及受危害群众财产损失的赔偿及搬迁安置补偿；(二) 因矿产资源开采活动造成地形地貌景观破坏的治理恢复和预防措施支出；(三) 因矿产资源开采活动造成地下含水层破坏的预防与治理支出；(四) 因矿产资源开采活动造成地表植被损毁预防和修复治理支出；(五) 矿区地质环境监测工程与监测工作支出；(六) 采矿损毁土地的复垦支出；(七) 其他需治理、复垦费用支出。"

5. 内蒙古自治区

《内蒙古自治区矿产资源管理条例》，其中第四十一条规定："采矿权人必须在终止采矿前 3 个月内向登记管理机关提交闭坑申请报告，办理审批手续。采矿权人终止采矿后，应当依照土地管理法律法规进行土地复垦。土地复垦必须达到国家规定的标准，并经土地管理部门会同有关行业管理部门验收合格。没有条件复垦或者复垦不符合要求的，应当缴纳土地复垦费，专项用于土地复垦或者恢复植被。"

6. 新疆维吾尔自治区

(1)《新疆维吾尔自治区矿产资源管理条例》

其中第三十四条规定："矿山企业必须根据批准的矿山设计实施开采矿产资源，不得采富弃贫、采厚弃薄，对具有工业价值的共生或者伴生矿产应当进行综合开采、综合利用；对暂时不能综合开采、综合利用的矿产以及含有有用组分的尾矿，应当采取有效保护措施，防止损失、破坏和浪费。"

第三十五条规定："开采矿产资源，必须遵守国家、自治区土地、草原、森林、环保、文物保护、水法等法律、法规。开采矿产资源造成矿山地质环境、生态环境破坏的，应当治理恢复；给他人生产、生活造成损害的，依法予以补偿，并采取必要的补救措施”。

第三十九条规定：“关闭、停办矿山企业，应当按照有关规定申请批准。未经批准，不得转让、拆除井上井下设备及其他设施”。

(2)《新疆维吾尔自治区实施〈土地复垦规定〉办法》

其中第三条规定：“土地复垦，应当贯彻‘谁破坏，谁复垦’的原则，实行以‘行业规划，分类实施，归口管理，综合协调’为基本形式的管理制度。”

第九条规定：“土地复垦，应当充分利用废弃物充填挖损区、塌陷区和地下采空区，但应防止造成新的污染。对利用废弃物进行土地复垦和在指定的土地复垦区倾倒废弃物的，倾倒废物的一方，拥有废弃物的一方和拥有土地复垦区的一方，相互之间均不得向对方收取费用。”

第十条规定：“复垦后的土地使用权，按照‘谁复垦，谁使用’的原则确定。但是法律、法规另有规定，或者土地复垦承包合同另有约定的，从其规定或约定。复垦后的土地使用权依法变更的，须依照有关规定办理土地使用权过户手续。”

(3)《新疆维吾尔自治区矿山地质环境治理恢复基金管理办法》

其中第七条规定：“矿山企业应在闭坑的前一年提取足额基金用于矿山范围内尚未实施的矿山地质环境治理恢复、土地复垦及管护工程等。”

(三) 行业能力建设

《矿山生态环境保护与恢复治理方案(规划)编制规范(试行)》(HJ 652—2013)、《矿山生态环境保护与恢复治理技术规范(试行)》(HJ 651—2013)、《规划环境影响评价技术导则 煤炭工业矿区总体规划》(HJ 463—2009)等相关标准，都不同程度上涉及了对矿山开发利用及闭坑后的环境、健康、安全等方面的管理要求，为进一步拓展现有主要针对矿产资源/储量及矿山地质的闭坑内涵、改善矿山闭坑管理机制提出了新的要求。

2022 年 11 月 22 日，中煤科工沈阳设计研究院有限公司向中国煤炭工业协会申报了《煤炭工业露天矿闭坑标准》(行业标准)，该行业标准于 2023 年 7 月 31 日审查后正式立项，将填补煤炭工业露天矿尚无闭坑行业标准的空白。

三、国内矿山闭坑管理

(一) 国内矿山闭坑规制现状

目前，国内对矿产资源的管理越来越规范，但关于矿山闭坑的管理，主要侧重矿产资源/储量及地质管理，对矿产资源行政管理的审批环节却很少涉及。法律法规、政策规定的不全面、不系统，导致人们对矿山闭坑管理包括矿山闭坑地质报告编制、闭坑申请报告工作重视程度不够。矿山闭坑地质报告的执行情况并不理想，主要是因为大多数矿山关闭时不编写矿山闭坑地质报告，或少数矿山编写了矿山闭坑地质报告，但内容仅侧重体现矿山剩余资源储量方面。存在的主要问题体现在：适用范围不能满足形势发展的需要(有的露天矿并不是因资源枯竭而关闭，而是政策性原因关闭)、不能满足体制改革的需要(仅侧重储量利用和剩余储量)、环境保护要求不能适应新时代的需求、矿山闭坑后可持续化发展等内容不全面。

同时，矿山闭坑是一项很复杂的行政管理工作，涉及国土资源、环境保护、安全生产相关部门，导致矿山闭坑地质报告编制工作处于失控状态，责任主体不明确。现在的矿山闭坑，主要是政策性关闭，关闭的矿山大多数属于小型矿山、资源枯竭矿山或者存在安全生产隐患的矿山，矿山企业对编制闭坑地质报告往往存在抵触情绪。同时，国家政策层面上对不按照规定编制闭坑地质报告的，也缺乏必要的行政管理手段和处罚措施。

党的十八大以来，我国将生态文明建设所提到了新的高度，特别是“十九大”明确提出“坚持节约资源和保护环境的基本国策”“绿水青山水就是金山银山”“实施最严格的生态环境保护制度等”，并相继出台了系统的矿山地质环境保护规定，对包括矿山闭坑在内的矿产开发各环节要求越来越高。党的“二十大”提出我们要推进美丽中国建设，坚持山水林田湖草沙一体化保护和系统治理，统筹产业结构调整、污染治理、生态保护、应对气候变化，协同推进降碳、减污、扩绿、增长，推进生态优先、节约集约、绿色低碳发展。

随着国家经济社会发展水平的不断提高，以及人们对与闭坑相关的矿区环境恢复治理的日益重视，要求国内矿山闭坑管理要借鉴国外矿山闭坑优秀实践，总结适合我国的矿山闭坑运行机制，这对有效减少矿产及国土资源浪费、地质扰动及灾害、地形地貌改变、生态退化、人居安全健康损失、社区发展波动等负面影响，以及对企业信誉和社区可持续发展具有重要深远的意义。

（二）国内露天矿闭坑种类

煤炭资源具有不可再生的特性，露天矿都有一定的服务年限，随着矿产资源的逐年开采，有的露天矿可采储量枯竭，带来了关停，即停产闭坑，如抚顺西露天矿、白银露天矿、平庄西露天矿；有的露天矿属于政策性关停，即根据国家有关法律法规，不符合安全生产标准，达不到最低生产规模，不符合环境保护条件等，如海州露天矿；有的露天矿受市场影响停产闭坑，如矿山企业经营不善，矿山无法维持正常运转导致的停产闭坑；有的露天矿是资源整合带来的关停，即为提高矿产资源的使用效益，实现矿业规模化和集团化发展，提升矿山经营规模，对原有的相邻小型矿山进行整合，实施了关停。

（三）国内矿山闭坑管理问题

与国外先进矿产资源可持续利用水平相比，我国露天矿闭坑机制与建设能力仍有很大差距。具体问题主要如下。

（1）现有的闭坑规章主要面向矿产资源的有效保护、防止损失浪费，而对矿山闭坑与矿区经济社会的关系认知不足、闭坑能力建设力度满足不了新经济社会发展方式的需要。

（2）现行相关法规或机制直接涉及矿山闭坑管理甚少（如煤炭工业露天矿闭坑标准尚属于空白），相关规制多集中在采后储量及地质报告、土地复垦和环境保证金收取等，对采后土地利用与矿业项目生命周期的关系、保证金使用及返还、利益相关方参与等方面的规范是匮乏的。

（3）矿业权流转/转让乃至露天矿全生命周期过程中，考虑短期经济回报多，对于开采及闭坑给矿区经济社会带来的负面影响与可持续发展等长期问题重视不够，全生命周期规划及预防机制匮乏。

（4）利益相关方协商机制不完善，政府规制不足、企业自律缺乏、社会参与不力，中小企业“采后就撤”，造成闭坑矿山直接废弃或遗弃，将导致矿区环境、安全、健康问题严峻，不利于经济社会可持续发展。

面对我国“五位一体”的建设布局和经济社会发展转型局势，我国煤炭露天开采面临“环保、成本”的双重压力，要求人们采用与经济社会发展需要相适应的新型矿产资源开发模式贯穿露天矿全生命周期，促进露天矿闭坑管理从传统的资源/储量主导型向现代的露天矿生命周期护理型转变，这是贯彻绿色发展理念、落实生态文明建设的重要措施，是依法治矿的重要保证。

（四）闭坑矿山面临的技术问题

闭坑矿山对生态环境的扰动机理与效应非常复杂，涉及多学科领域，如何趋利避害、化害为利，使其扰动负效应最小化、正效应最大化，是一个系统问题，包括一系列科技难题，详见表 1-2-1。

表 1-2-1　闭坑矿山面临的技术问题

序号	技术名称	内　容
1	矿山闭坑报告的规范和评估、检验管理	主要包括做好闭坑矿山的地质测量工作，将矿井所有采掘工程以及停掘、停采位置真实、准确地绘制在采掘工程平面图等矿图上，同时编制翔实、规范的矿山闭坑报告和相关附图，当地政府部门还应组织核查、校对，避免错误、不实和遗漏，并将所有资料及时收集存档。这是研究闭坑矿山生态环境正、负效应和制定其开发利用与技术的基础
2	闭坑矿山相邻生产矿井安全问题与其防控	主要包括闭坑矿山的积水、瓦斯及其他有毒有害气体、明暗火等对相邻生产矿井的威胁评估与防控技术
3	闭坑矿山水文地质问题与其修复	主要包括开展劣质矿井水形成机理研究以及避免其串层污染地下水与地表水的防控技术，也包括受污染的含水层与地表水等的修复技术
4	闭坑矿山工程地质问题与其治理	主要包括避免闭坑矿山出现山体滑坡、地面二次塌陷、高层建筑地基失稳、基础设施受损等工程地质问题的防控技术以及工程地质问题出现后的治理技术
5	闭坑矿山地表生态环境问题和修复途径与环境再塑	主要包括闭坑矿山沉陷区、露天矿坑开采区、矸石山、排土场、尾矿库等存在和可能产生的生态环境问题及修复途径与环境再塑技术
6	闭坑矿山共伴生资源开发利用	主要包括闭坑矿山的水、热、煤层气和其他共伴生矿产资源以及遗留资源的开发利用技术
7	闭坑矿山土地资源管理和再利用途径与技术	主要包括借助闭坑矿山生产时期形成的较为便利的通信、供水、供电、交通等系统，科学管理并合理开发利用所拥有的矿井工业广场、生活区等和大量沉陷破坏的土地资源，发展高档蔬菜和果品生产及农作物加工、现代物流与仓储，以及作为农村扶贫搬迁地的途径与技术
8	闭坑矿山地下空间开发利用途径与技术	要包括将闭坑矿井地下采掘空间开发成为农作物储藏，酱醋酒、酸奶及泡菜等食物的发酵和窖藏，农业种养殖，垃圾填埋，储油气，物流仓储，科技原位试验场，以及科教、游乐、疗养、停车场、地下城市、军事防御等场所的途径与技术

表1-2-1(续)

序号	技术名称	内　容
9	闭坑露天矿坑开发利用途径与技术	主要包括利用露天矿坑以及所揭露地层、剥采台阶等开发为矿山地质公园、采矿遗址、游乐场、水上乐园、高档宾馆、大型储配煤基地和利用势能差与峰谷电价差发电等方面的途径与技术
10	闭坑矿山辅助设施开发利用途径与技术	主要是指与国家"新农村建设""生态文明建设"等相契合，利用闭坑矿山完善的生活设施、公办厂房、便利的交通设施等，建设新型乡村养老场所、村镇政府公办场所、农村扶贫搬迁场所等，实现闭坑矿山华丽转身的途径与技术

（五）几点思考

作为促进矿业可持续发展和矿山企业社会责任履行的重要环节，矿山闭坑生命周期规划和有效实施机制对于优化矿产资源的开发利用及其经济社会效益十分重要，取得了国际矿业界广泛共识并受到国际社会高度关注。面向我国新时期"五位一体"建设布局和经济社会发展转型，国内矿业界需要进一步解放思想，积极采用矿产资源开发先进理念。

进入21世纪以来，伴随全球经济社会可持续发展共识的形成及目标的推进，矿山闭坑管理正在成为国际矿产资源开发、土地资源利用、环境生态保护、社区包容发展、闭坑施工、闭坑效果监测和财经保障等问题交织与社会关注的热点。

1. 矿山闭坑具有高度复杂性与迫切性

从全球看，矿区开采引发的人居安全健康风险、地质扰动及灾害、生态环境破坏乃至气候影响等方面的负面效应，使得露天矿闭坑涉及土地利用(移交准则)、水土保持、生态资源、区域经济发展、政治、文化、社会与人文变化、职工安置、设备利用、社区等方面并相互交织，具有高度复杂性。伴随着我国露天矿闭坑数量逐渐增多，建立煤炭工业露天矿闭坑标准、进行闭坑机制创新管理的必要性、迫切性日益凸显。

2. 露天矿闭坑制度基于保护公民权益的国家法律及制度

从澳大利亚、加拿大、美国等经济社会发达国家的情况看，露天矿闭坑运行机制属于行业/企业行为，但是闭坑制度需要基于土地、矿产资源、环境生态、水资源等保护公众权益的相关法律。

3. 露天矿闭坑需要因地制宜的地方政府规制与公共服务

在国家相关法律的规范下，露天矿属地政府发挥主要规制作用，协同国家相关部门和行业，组织制定和实施与国家法律衔接且符合当地情况的具体法规、规范、标准、指南等，提供有关诸如采矿许可、闭坑财经保障机制、信息采集与管理、采后责任交接、运行程序、工艺技术等方面的指导和其他公共服务。

4. 露天矿闭坑运行机制贯穿于矿业项目全生命周期

露天矿闭坑运行机制贯穿于矿业项目全生命周期，包括闭坑规划、利益相关方参与和财经保障等要素。露天矿闭坑是一个贯穿可行性研究、开采许可、设计与建设、露天矿开采、复垦闭坑、采后监护、责任交接等矿业生产主要环节的全生命周期运行过程，与投资者、企业雇员、矿区居民、政府部门等利益相关方相互影响。在此过程中，企业承担主体责任，需要主动管理，及早规划、评估风险与成本、落实财经保障机制，相关问题的决策与活动需要依据以人为本、预防为主、公开透明、公平公正等可持续发展原则，通过利益相关方的参与、沟通与包容，达成共识与合作，促进项目目标的实现。

5. 国内露天矿闭坑机制亟待加强

我国《矿产资源法》《矿产资源法实施细则》《土地复垦条例》《土地复垦条例实施办法》等法律法规基本源于和限于部门管理，在我国新时期经济、政治、文化、社会和生态文明“五位一体”建设布局和经济社会发展转型条件下，显得社会性不足，针对矿产资源/储量及矿山地质的闭坑内涵、改善矿山闭坑管理的机制亟待补充完善。应进一步借鉴国外先进露天矿闭坑理念与实践，加强露天矿闭坑机制与能力建设，重视矿产资源开发利用的社会、环境等效益，促进矿区与社区的和谐、包容与可持续发展。

第三节　矿山闭坑目标、原则与内容

一、闭坑目标、原则

矿山闭坑目标是为编制矿山闭坑计划和开展闭坑施工等一系列活动明确具体方向，也是检验与评价矿山闭坑达到最终效果的基本依据。

根据国外矿山闭坑优秀实践与共识，从所在城市可持续发展的角度考虑，矿山闭坑决策及活动应遵循的原则见表 1-3-1，利益相关方协商进程见表 1-3-2。

表 1-3-1　矿山闭坑目标、原则

项目	基本内容
目标	1. 保障闭坑矿山所属城市及公众的安全和健康； 2. 保护生态环境和其他自然资源不受损害，并最大限度地进行融合区域地貌的治理、重塑； 3. 利于采后土地的可持续综合利用； 4. 对矿山所在城市的负面影响最小化、正面溢出最大化，保证甚至促进社区经济社会可持续发展
原则	1. 符合相关法律法规、标准、规范的要求，采后土地利用目标明确，且具有可持续性； 2. 闭坑计划作为矿山总体规划设计的一部分，贯穿于整个矿山全生命周期； 3. 闭坑计划须经监管部门和当地社区等利益相关方协商，在矿业项目全生命周期过程中，实现生产安全、环境保护、水土保持“三同时”； 4. 明确考虑并辨识经济、社会、安全健康、生态环境等影响因素； 5. 闭坑规划因地制宜、与时俱进，随着矿山全生命周期发展及变化，适时调整以适应新情况

表 1-3-2　利益相关方协商进程

阶　段	内　容	利益相关方
基建	可行性研究、矿山建设	确定利益相关方，初步会商，收集矿区最原始信息等资料
生产阶段	生产经营	筹备参与条件，紧密会商沟通
停产退役阶段	停产闭坑、监测维护、土地移交	重定利益关系，补充性会商

二、闭坑内容

矿山闭坑内容是指为了达成闭坑目标而采取的一系列决策及措施，主要是相关闭坑的工程计划及其实施，辅助以财经机制和利益相关方咨询机制等保障措施。

按矿山闭坑时间进展，矿山闭坑内容见表 1-3-3。

表 1-3-3 矿山闭坑内容

闭坑角度	项目	包括内容
时间进展	基础准备	矿区原始数据采集、计划编制、费用估算和制订资金筹措方案
	工程实施	残留地表建筑、设施的处置(拆除、改建)、重建、土地复垦/修复等主体工程
	监测维护	监管部门对水、大气、土壤等生态环境质量和用地情况的监测，矿山企业对矿区监测设施的维护管理
	矿地移交	闭坑申请、闭坑工作记录和其他文档材料的准备，接受监管部门等主要利益相关方的验收，确定责任交接内容范围及交接对象等
涉及范畴	技术工程	矿山工程设施、设备的处置、新建和退役
	生态环境	矿区生态环境的重建，土地、水系的修复和土地利用
	经济社会	矿区的经济发展、就业帮助、居民健康、安全防护
	资源保障	计划编制、资金筹集、法律政策支持和其他资源保障

第四节 供给侧改革背景下矿山闭坑退出机制

近年来，随着科技装备水平的不断进步和管理水平的持续提升，我国煤炭工业在供给能力、生产效率、安全水平、两化融合等方面取得了飞跃式发展。未来煤炭工业将进一步转型升级，其商业模式将朝“产融结合”的方向转变，生产模式将朝“自动化、智能化”的方向转变，用工模式将朝“专业化、精英化”的方向转变。从煤炭工业科学发展的角度来看，未来势必有大批落后产能将被改造或淘汰，这些矿山如何科学有序退出将成为行业发展必须面对的问题。然而，我国当前的矿山关闭退出机制并不完善。上一轮政策性关闭破产矿山的后续政策缺失，历史遗留问题未得到根本解决；新的关闭退出政策未能有效衔接，大批资源枯竭、灾害严重、煤质差、生产成本高、历史负担重的煤炭企业难以有序退出，企业经营、社会稳定、安全生产压力交织，严重影响到煤炭行业的平稳运行和健康发展；淘汰落后产能政策、标准不完善，覆盖面不全，奖补力度不够，小矿山关闭退出进展缓慢。因此，系统研究建立和完善矿山关闭退出机制，引导资源条件差、成本高、安全风险大的小露天矿、老露天矿、灾害严重露天矿和劣质煤生产露天矿有序退出，具有重要意义。

一、我国矿山退出现状

（一）我国矿山退出的历史进程

1998 年，中央管理的 94 家国有重点煤炭企业共拥有矿山 593 座。这些矿山大都建成于计划经济时期，是我国煤炭生产供应的主体，为保障国家能源安全、支撑经济社会发展作出了重大贡献。但经过数十年的高强度开采，部分矿山陆续进入衰老报废期，产量大幅度下降，企业严重亏损，矿区职工生活困难。

为推动这批矿山有序退出，党中央国务院决定对部分资源枯竭、扭亏无望、高硫高灰的原国有重点矿山实施政策性关闭破产。2000 年 6 月，中共中央办公厅、国务院办公厅联合印发《关于进一步做好资源枯竭矿山关闭破产工作的通知》（中办发〔2000〕11 号），进一步明确了政策性关闭破产的相关措施。截至 2004 年年底，全国批复煤炭企业关闭破产项目 213 个，涉及职工人数 187 万人（在职 122 万人，离退休 65 万人），资产 483 亿元，负债 520 亿元（其中银行贷款本息余额 220 亿元）。

2006 年 1 月 16 日，全国企业兼并破产和职工再就业工作领导小组下发《关于进一步做好国有企业政策性关闭破产工作意见的通知》，该意见指出，国有企业实施政策性关闭破产期限为 2005—2008 年，2008 年后不再实施政策性关闭破产。2007 年 6 月，《中华人民共和国企业破产法》正式实施；2008 年，政策性破产制度到期，国家不再对国有煤炭企业新增政策性破产项目。

上一轮政策性关闭破产退出照顾了年龄偏大的职工（提前退休政策），增加了职工自主选择的余地，明确了可以利用关闭破产企业的有效资产进行安置，相应提高了关闭破产费用标准，对关系职工切身利益的一些问题，实事求是地提出了解决办法，扩大了政策覆盖面。党和国家这一重要决策，维护了社会稳定大局，为深化国企改革、推进结构调整、推动产业转型、实现扭亏脱困创造了条件，扶持原国有重点矿山渡过了特别困难的发展时期。

2012 年以来，煤炭行业出现结构性产能过剩、煤炭价格大幅下跌、企业大面积亏损等问题，运行困难加大，尤其是部分老矿区、老企业历史遗留问题再次凸显，严重影响到煤炭行业的平稳运行和健康发展，因此，关于煤炭企业有序退出的呼声再次响起。

（二）上一轮政策性关闭破产矿山现状

由于上一轮矿山关闭破产政策鼓励将部分有效资产进行重组用于安排职工就业，再加上“十一五”之后煤炭市场明显好转，所以有相当一部分关闭破产矿山并未闭坑，而是重组后继续生产运营。2015 年，对其中的 196 家矿山进行了调研，实际闭坑的仅有 99 家，占比仅为 51%。其余矿山通过二次重组或者转让仍然存续，在当前经济形势下举步维艰，历史遗留问题凸显，多数面临再次退出。从总体来看，上一轮政策性关闭破产矿山存在的遗留问题主要表现在以下两个方面。

1. 移交问题

主要涉及改制企业的党组织和信访稳定移交问题、退休人员医疗保险纳入属地统筹移交问题、社区管理机构及管理对象的移交问题，以及医院、供水、供电等生活和公用服务部门移交问题等四个层面问题。

2. 费用问题

主要涉及社区管理对象中央财政补助项目费用缺口问题、破产重组企业托管职工生活社区改造费用问题、破产重组企业拖欠职工工资和养老金问题，以及社区管理对象养老统筹外费用沉重问题等四个层面问题。

（三）政策支持退出矿山的标准及分类

为使国有矿山退出操作规范有序，参考了 2002 年国家经贸委企业改革司发布的《关于重新修改煤炭企业关闭破产预案的通知》（企函改〔2002〕66 号），另一方面广泛征询煤炭企业的建议，进而提出政策支持退出矿山的标准，并将退出矿山按建成时间特征分类。

1. 政策支持退出矿山的标准

以矿山生命周期、国家环保政策、企业发展规律等作为依据，符合以下条件之一的国有矿山，由国家支持实施关闭退出：

(1) 资源枯竭的矿山，或剩余服务年限不超过 5 年的矿山。

(2) 资源赋存条件差、灾害严重、安全保障程度低、煤与瓦斯突出等矿山。

(3) 高硫高灰(硫分高于 3%、灰分高于 40%)、煤质差，不符合环保政策的矿山。

(4) 历史负担和社会包袱重，资不抵债或长期亏损的矿山。

2. 退出矿山的分类

在 1998 年国家第三次撤销煤炭工业部以后，我国煤炭行业正式迈入市场化进程，煤炭工业管理体制开始转型改革，按照政企分开、权力下放、权责一致的原则，地方政府接管了 94 家原煤炭部直属国家重点矿山，煤炭资源和煤炭生产的投资主体、责任主体等也随之发生了巨大变化，所以，1998 年成为煤炭行业发展变迁中的里程碑式时间节点。在 1998 年之后，煤炭企业的经营管理和生产运作从粗放式的低效经营生产逐步转型为集约式的高效经营生产，矿井建成投入从粗放的生产与安全投入逐渐调整为长效的安全投入机制，煤炭资源的勘探、开采以及采后环境治理从缺乏科学治理措施与标准逐渐走向绿色生产。

因此，根据新面临退出矿山的建成时间特征，即以 1998 年为基准，按照矿山建成投产时所处的管理体制阶段将退出矿山划分为两类：1998 年之前建成的矿山为第一类退出矿山，1998 年之后建成的矿山为第二类退出矿山。

(四) 新面临退出矿山现状

根据提出的政策支持退出矿山标准，对全国新面临退出矿山进行摸底调研。截至 2015 年 8 月底，共调研了 35 家大型煤炭企业集团，主要涉及除福建、青海、广西、湖北之外的 20 个产煤省。经调研统计，这 35 家大型煤炭企业集团中新面临退出的矿山共计 366 处，再将处于技改、基建、公司未注册等状态的矿山视为无效样本剔除后，剩余 271 处新面临退出矿山，最终有效样本率为 74%。这 271 处矿山，总产能 2.45 亿 t，涉及职工总数 80.3 万人，其中在职职工 50.3 万人，离退休职工 30 万人。根据退出矿山分类标准，将这 271 处新面临退出矿山进行统计分析，结果如下：第一类退出矿山共 196 处，总产能 2.13 亿 t，涉及职工总数 74 万人，其中在职职工 46 万人，离退休职工 28 万人；第二类退出矿山共 75 处，总产能 3 260 万 t，涉及职工总数 6.3 万人，其中在职职工 4.3 万人，离退休职工 2 万人。

二、我国矿山退出机制设计

基于政府支持为核心的宏观层面和企业操作为核心的微观层面，探讨我国矿山退出机制的具体设计。

(一) 矿山退出机制宏观层面设计

我国矿山退出机制宏观层面设计应主要包括以下 9 个方面。

1. 制定矿山退出专项规划

矿山退出波及范围广，影响面大，是一项长久且持续进行的活动，是一项政策性、系统性工程。中央政府及各个主要产煤省应制定矿山退出专项规划，按照规划有序实施矿山退出，合理安排资金和安置人员，并将替代产业的发展纳入规划。

2. 完善长效投入机制,形成矿山退出专项基金

落实《中华人民共和国煤炭法》有关规定,研究建立煤炭产业积累矿山衰老期转产资金制度,筹集资金形成矿山退出与转型发展专项基金,用于矿山平稳退出和发展接续及替代产业。

3. 加快剥离企业办社会职能和解决历史遗留问题

按照《中共中央、国务院关于深化国有企业改革的指导意见》(中发〔2015〕22号)和《国务院办公厅关于促进煤炭行业平稳运行的意见》(国办发〔2013〕104号),完善相关政策,建立政府和国有企业合理分担的成本机制,多渠道筹措资金,采取分离移交、重组改制、关闭撤销等方式,剥离国有矿山职工家属区"三供一业"和所办医院、学校、社区等公共服务机构,对国有矿山退休人员实施社会化管理,妥善解决国有矿山的历史遗留问题,为国有矿山平稳退出创造条件。

4. 设立矿山退出财政补贴资金

矿山退出专项基金未建立以前,由中央财政、地方财政、矿山退出主体企业按照合理比例出资设立过渡性矿山退出专项资金,用于解决当前矿山关闭退出的资金缺口。中央财政在国有资本收益中设立关闭退出国有矿山财政补贴资金,地方财政利用煤炭资源税收收入和国家矿山下放到地方后保留的亏损补贴,设立关闭退出国有矿山财政补贴资金。

5. 加强税收政策扶持

按照国家有关规定,对矿山企业关闭退出涉及的资产置换以及土地(主要为土地增值税)、房产等各项税费要给予减免。支持关闭退出矿山依法对房屋、土地、车辆等资产评估处置,收益用于职工安置。比照国有企业主辅分离、辅业改制政策,对衰老矿坑关闭退出给予资产核减和相应的税收优惠政策以及专项资金支持。

6. 加强信贷融资支持

从加强货币信贷政策支持、提高资本市场和保险市场对矿山企业的支持力度、推动矿山企业融资机制创新以及加强风险防范等方面,提出一系列金融政策措施,以支持矿山企业通过发行债券、股权转让、融资租赁等方式筹集关闭退出矿山资金。

7. 优化煤炭资源配置

在推进煤炭大基地建设,促进各类煤炭企业通过资产重组,在按地域、煤种、运输通道和销售市场组建大公司和企业集团,逐步收购或兼并小矿山过程中,结合衰老矿区在长期开采过程中积累的较为丰富的技术和经验优势,在整合本地域煤炭资源或在异地开发新建煤炭资源方面,国家应给予衰老矿区获取资源的优先权。优先规划、核准其新建矿山和改扩建矿山、坑口综合利用电站以及煤炭加工转化及非煤项目,在项目审核、土地利用、贷款融资、技术开发等方面给予支持,鼓励对外开展生产、技术服务,引导煤炭企业探索切合实际、各具特色的产业发展模式。

8. 支持接续替代产业发展

对实施矿山关闭退出的大型矿山企业,优先规划、核准其新建矿山和改扩建矿山、坑口综合利用电站以及煤炭加工转化等项目,在项目审核、土地利用、贷款融资、技术开发等方面给予支持,鼓励对外开展生产、技术服务,引导矿山企业探索切合实际、各具特色的产业发展模式。

9. 妥善实施职工安置工作

解决人员分流安置问题是矿山退出机制中的关键问题。中央政府及地方政府应当运用市场机制和帮扶措施统筹做好职工安置工作，维护好企业和职工双方合法权益，促进失业人员平稳转岗就业。

（二）矿山退出机制微观层面设计

1. 退出矿山矿坑安排

退出矿山矿坑原则上一律闭坑，用于工业旅游、教育培训等非生产性活动的除外。

2. 退出矿山资产安排

退出矿山的有效资产进行变价。变价后，按下列顺序安排使用：

(1) 退出矿山所欠职工的工资和医疗、伤残补助、抚恤费用，所欠的应当划入职工个人账户的基本养老保险、基本医疗保险费用，以及法律、行政法规规定应当支付给职工的补偿金。

(2) 退出矿山欠缴的除前项规定以外的社会保险费用和所欠税款。

(3) 普通债权。

(4) 矿山退出其他费用，其中，变价资产不足以清偿同一顺序的清偿要求的，按照比例分配。退出矿山的董事、监事和高级管理人员的工资按照该企业职工的平均工资计算。

3. 退出矿山的债务安排

退出矿山的债务处理，按相关法律和政策执行。

4. 退出矿山的人员安排

(1) 提前退休。退出矿山职工在矿山工作满 10 年的，执行提前 5 年（男 55 周岁，女 45 周岁）退休的政策，其中从事井下、有毒、有害等特殊工种的职工，可执行提前 10 年（男 50 周岁，女 40 周岁）退休的政策。

(2) 主体企业内部就业。不符合提前退休条件的职工，主体企业通过内部挖潜或新上项目予以安置。

(3) 解除劳动合同，自谋职业或创业。企业无力安排，或不符合安置条件，或不服从安置的职工，依照《中华人民共和国劳动合同法》解除劳动合同，给予一次性经济补偿。解除劳动合同职工进入主体企业与地方政府共同成立的职工再就业服务中心，参加再就业培训，培训费用由地方政府承担，职工领取失业保险金。各级政府和主体企业应积极创造条件，设立引导基金，盘活现有资产，鼓励职工进行创业。

(4) 离退休人员的安排。退出矿山的离退休人员实施社会化管理，全部交由地方统一管理。

(5) 经鉴定丧失劳动能力的工伤工残人员和职业病患者的伤残补助费、生活费、医疗费等经常性费用以及因公死亡职工家属抚恤金等所需资金，由中央、地方财政给予补助，纳入工伤保险基金，资金一次性拨付地方政府工伤保险机构。

5. 退出矿山的资金安排

(1) 部分有效资产变价后用于矿山退出费用。退出矿山有效资产变价后，优先用于安置、分流员工的费用。

(2) 矿山退出相关基金。充分利用目前中央部委及地方政府已有的各项相关基金，为矿山退出提供支持。

(3) 财政补贴资金。在矿山退出长效投入机制未完善之前(矿山退出专项基金未建立之前),退出所需资金缺口由中央财政、地方财政、主体企业三者共同承担。

(4) 矿山退出专项基金。待煤炭产业积累矿山衰老期转产资金制度建立完善且转产资金达到一定规模后,停止矿山退出财政补贴,转为使用矿山退出专项基金。

三、关闭退出矿山职工安置费用测算方法及应用

如何做好职工安置是矿山在关闭退出中需要面对的关键问题,而科学测算职工安置费用并以此为基础设置职工安置专项基金,则是做好职工安置工作的核心问题。因此,在探讨我国矿山退出机制的基础上,进一步构建了关闭退出矿山职工安置的费用测算方法,并对测算方法展开了基于实地调研的案例研究。

(一) 关闭退出矿山职工安置费用测算方法

基于对矿山退出机制的系统分析与设计,以及对关闭退出矿山职工安置相关费用指标数据的搜集与整理,构建了关闭退出矿山职工安置费用的测算方法。职工安置费用构成要素主要划分为提前退休(退养)补偿费用、分流安置补偿费用、解除劳动合同经济补偿金以及其他费用 4 类,具体测算标准如下。

1. 提前退休(退养)补偿费用

建议关闭退出矿山一般工种提前 5 年、特殊工种提前 10 年退休,不能退休则纳入企业内部退养。提前退休需补缴提前退休年限内企业及个人应缴的社保费用(以 2014 年工资水平为缴费基数的 5 项社会保险,社保缴费比例为 41%),以及因提前退休早领取的养老金(按 2014 年当年退休人员平均养老金水平测算);提前退养企业需按年缴纳社保费用、住房公积金并向退养职工发放基本生活费(建议按地方社会平均工资的 60%执行)。

2. 分流安置补偿费用

分流安置补偿费用包括待岗期间企业应缴社保费用、住房公积金,待岗期间个人基本生活费(按地方最低工资标准测算),以及转岗培训费用(建议人均 5 000 元)。待岗期限建议不超过 3 年(比照国家原下岗职工在"再就业中心"最长年限的政策)。企业在册职工除提前退休(退养)外,剩余人员分别按全部分流安置和 20%分流安置测算补偿费用。

3. 解除劳动合同经济补偿金

解除劳动合同经济补偿金按劳动者平均工作年限,每满 1 年支付 1 个月工资。工资水平以企业 2014 年在岗职工平均工资水平为标准。企业在册职工除提前退休(退养)外,剩余人员分别按全部解除劳动合同和 80%解除劳动合同测算补偿金。

4. 其他费用

其他费用包括退休人员统筹外费用、伤病亡遗属救济费、伤残人员补助费用等。除一次性伤残医疗补助金、就业补助金外,辅助器具配置支付金额按 5 个周期计算,其他经常性支出按 10 年计算(比照上一轮关闭破产有关政策执行)。

(二) 关闭退出矿山职工安置费用测算方法的案例研究

对于关闭退出矿山职工安置费用测算方法的案例研究,选取东北、西北和华东地区的 32 个拟退出矿山作为实地调研对象,最终获取共计 32 处矿山、109 238 名矿山职工和 4 836 万 t 产能的测算样本。按上述费用类别及标准,对测算样本按以下 3 种情形测算:符合条件人员提前退休,其他人员全部解除劳动合同,人均安置费用 18.3 万元;其他人员全部

分流安置,人均安置费用20万元;其他人员20%分流安置、80%解除劳动合同,人均安置费用18.6万元。对第3种情形进行产能折算,测算样本吨煤人员安置费为420元。

基于我国上一轮政策性关闭破产矿山尚存多种遗留问题的现状,考察我国新面临退出矿山的当前状况,进而提出科学合理的矿山关闭退出机制的设计方案和关闭退出矿山职工安置费用的测算方法。在煤炭企业寻求转型发展和化解产能过剩的新时期,只有实现资源条件差、成本高、安全风险大的小矿山、老矿山、灾害严重矿山和劣质煤生产矿山有序退出,才能有效激发煤炭企业的组织重构动力和组织内在活力,促进煤炭企业的健康发展。

首先,从我国矿山退出随历史发展的演变趋势看,我国煤炭行业必须反思现有的矿山退出机制。矿山关闭退出是一个综合、复杂的系统工程,如上一轮政策性关闭破产矿山出现的诸如移交问题、费用问题等历史遗留问题,这些问题会导致煤炭行业内部弥漫着冲突氛围、组织戾气、短视行为以及逆反心理等,严重阻碍煤炭行业的发展动力和侵蚀煤炭行业的内在活力。因此,煤炭行业要打造引领我国矿山有序退出的"双引擎":一个是以中央和地方政府为主导的宏观层面退出机制,一个是以煤炭企业为主导的微观层面退出机制,只有多方协同才能有效推动矿山的有序退出。

其次,从适应"去产能"过程的视角,煤炭行业不仅要充分落实"双引擎",而且还要保持宏微观层面政策的一致性与可执行性。一方面,煤炭行业要打造上下一致的矿山退出管控链条,防止政策冲突、难以落实和相互推诿等问题的出现;另一方面,煤炭行业要关注矿山退出政策的可执行性,在达到矿山有序退出的同时,协调平衡矿山职工需要与煤炭企业需求,化解企业与职工间的冲突,创建良好的组织沟通和职工安置机制。

最后,从关闭退出矿山职工的心理需要出发,煤炭行业需要优化职工安置机制。长期以来,煤炭行业只关注关闭退出矿山职工安置的费用和人数,却忽视了待安置职工的价值感知和心理健康问题。相关研究表明,煤炭企业只有聚焦职工的心理需要,满足职工的心理诉求,优化职工安置机制,传达企业对职工的认可、认同与关爱,才能提升职工的个人价值观,让职工充分体会组织与工作的价值所在,防止职工出现逆反、自弃、抑郁自闭等心理健康问题,最终实现煤炭行业转型升级与和谐社会健康发展的并轨。

四、国内闭坑机制

矿山闭坑机制的合理规划和矿山项目执行的有效机制对于科学开发利用矿产资源至关重要,有利于实现采矿行业的可持续发展和培养采矿企业的社会责任感。采矿项目完成之后的生态环境影响不会随着闭坑周期的结束而结束,因此,《矿产资源法实施细则》明确规定:关闭矿山需要提前一年内向有关政府主管部门提交闭矿申请及闭矿地质报告。

1. 闭坑计划

为保证矿山开采末期(或资源枯竭期)产量的均衡稳定,维持企业经营的持续性,一般应编制期间施工计划。此时由企业自行编制施工计划(规划),亦称为闭坑计划,一般包括开发分析、闭坑实施、完成需达到的标准、各方责任交接、闭坑矿山后期灾害治理及综合利用等内容。闭坑计划实施开采、经营的过程(一般为2~5年)称为闭坑过程。

2. 闭坑方法、标准

闭坑方法、标准主要是对不同闭坑使用对象采取适合的闭坑主要途径后进行评估。

3. 相关利益方

采矿权人应与施工单位、企业职工、当地居民、政府主管部门等利益相关者，通过政府的引导，进行有效的咨询和磋商，共同推进闭坑工作顺利开展。

4. 财政保证

财政保证主要包括生产中闭坑费用计提、调增闭坑成本计算、闭坑灾害治理及综合治理资金筹措方式等。

5. 责任交接

责任交接指原企业通过合法流程解除对矿山闭坑后期综合治理的责任，转让其他方。随着可持续的发展理念成为全球发展的共识，矿山闭坑管理机制成为国际社会土地资源利用、矿产资源开发及生态环境保护的重点。由于矿业市场需要的变化或矿产资源枯竭等情况，矿山停止开采活动，但它对周围环境所产生的影响不会随之结束。随着我国矿山闭坑数量的不断增多，国家需要对矿山闭坑管理、机制、规范以及制度的创新予以重视。另外，矿山地质报告是矿山闭坑管理机制的重要组成部分，因此，报告的编写要坚持实事求是、认真务实的态度，为矿山后续的发展提供可靠的依据，并对闭坑的实施提出科学的建议。

第二章 露天矿资源储量及综合利用

第一节 露天矿资源开发利用现状

我国露天矿历经百年发展，在建设规模、开发数量、开采工艺、开采装备国产化等方面取得了巨大成就，为国家经济社会发展作出了突出贡献。新形势下，对我国露天矿的建设规模、开发主体、分布区域、开采工艺及开采装备、开发模式及产业发展等多方面进行研究和总结，展望我国露天矿发展前景并提出重点攻关工作，对于在“双碳”目标下露天矿优化开采工艺，构建绿色开采体系和集约高效发展模式，推进安全高效和绿色低碳发展，具有重要意义。

一、露天矿建设规模

露天采矿现已成为世界主要产煤大国的首选开采方式。中国煤矿露天开采历经百年发展，生产工艺系统得益于以沈阳设计院为代表的设计单位虚心学习、认真借鉴、消化并不断创新。以 20 世纪八九十年代“五大露天矿”的建设为标志，我国露天煤矿开采步入快速发展阶段，目前，国家能源集团所属黑岱沟露天矿、哈尔乌素露天矿和宝日希勒露天矿，华能集团伊敏露天矿，天池能源新疆南露天矿生产能力均达到 35 Mt/a 以上；新疆维吾尔自治区准东、红沙泉、石头梅等露天矿开展建设规模 50 Mt/a、将军戈壁二号开展建设规模 70 Mt/a 的前期设计工作。露天矿在煤矿开采的比例也逐步增大，2022 年度露天矿产量规模达到 10.57 亿 t，占全年煤炭总量 23%以上，露天开采事业取得巨大成就，进入新的发展阶段。

二、露天矿开发主体及分布区域

一般情况下，露天矿建设初期投资相对较高，而且投资回收期相对较长，因而开发特大型露天矿的企业多为国有企业。国家能源集团作为国内最大的煤炭开发企业，在内蒙古、新疆等地集中开发了十几座大型露天矿；中煤能源集团开发的露天矿主要分布在山西平朔；五大电力集团为国内褐煤露天矿的开发主体，在内蒙古等地开发露天矿。除了大型国有企业外，内蒙古汇能、新疆天池能源等民营企业也陆续进入开发露天矿行列。

目前，内蒙古露天矿数量最多。而新疆是未来露天矿的“主战场”，生产和在建的大型、特大型露天矿有 30 多处，待开发的大型露天矿有 10 多处。

三、露天矿开发模式及产业发展

（一）开发模式

20 世纪 90 年代以前，露天矿开发为单露天矿开发模式，如白音华矿区的 4 个露天矿，有 3 个开发主体。目前，逐渐演化到一个主体开发一个矿区的发展模式。在同一个矿区内由一个法人协调开发多座露天矿，这样能够相互协调利用机修等基础设施，并在资源回收率、排土场的综合利用、人员和设备的统一调配、安全生产等多方面实现系统协调和部署，最终提升露天矿生产运营管理效率，避免矿区资源无序混乱开采。另外，一些矿区受市场或开采成本及安全因素影响而采取特殊的开采方式。如有的露天矿随着开采深度的增加，其运输成本大幅度增加，为降低开采成本或者为回收端帮煤等，逐渐形成一种露井联合开发的新模式，在生产实践中体现出显著优势。当前国内采用露井联合开发模式的矿区主要有中煤平朔矿区（露天和井工同时开采一层位煤层）、平庄西露天矿、新疆哈密一矿等。

（二）产业发展

从保护环境、提高资源利用率和发展后续产业角度出发，露天矿根据自身情况，延伸产业链条，形成多种资源综合利用和集群产业发展模式。如伊敏露天矿形成“煤电一体化”模式，黑岱沟、哈尔乌素、锡林郭勒二号露天矿形成“路矿一体化”模式、发展“劣质煤（煤矸石）发电”产业，宝清朝阳、黑山等露天矿建设“煤化工延伸产业链”等。这些以煤炭为燃料或原料的产业群，改变了传统煤炭开采销售为主的单一模式，并达到了资源利用最大化，激发了企业的活力，提高了露天矿投资回收效益，取得了良好的经济效益和社会效益。

四、我国露天矿发展前景

新形势下，我国露天矿要在“成本、环保”的双重约束下实现高质量发展，应重点关注以下问题。

（一）加强前瞻性开采理论研究

深入研究露天矿开采理论、绿色工艺以及生态重建一体化技术等新理论、新方法和新技术，露天矿设计工作应有先进性与前瞻性，要制定露天矿全寿命周期（含闭坑）规程规范，打造绿色生态露天矿，发展生态经济，促进露天开采科学发展。

（二）应用大型开采装备，优化生产方式

采用大型设备可明显提高露天矿产量与经济效益及开采的安全性，催生成套大型化设备总包生产模式发展。开拓开采方式要注重资源回收率的提高及“采掘、运输、排弃、复垦”一体化程序的科学优化。

（三）应用高效环保的开采工艺

双能源或电力卡车的应用会逐步“脱去”露天矿能耗指标大、高污染的标签。无人卡车将在露天矿得以应用，大幅度减少劳动定员。采用半连续、连续工艺可实现高效率、低成本。国产化轮斗连续工艺具有绿色、安全、高效、智能、经济等优点，具有广阔的应用市场。端帮大倾角带式输送机可有效缩短卡车运输距离，大幅度降低运输成本。为提高资源回收率，端帮采煤机将陆续得以应用。

（四）优化土地模式改革

中煤科工集团沈阳设计院张洪根据煤炭露天开采的规律和用地周期性特点，探索了煤炭露天开采临时用地新模式，该模式有利于提升露天煤矿开采土地利用、复垦利用的质量和规模，且对于探索制定矿产资源开发项目合理的土地使用政策也有重大深远的意义（相关研究成果发表于《煤炭工程》2023 年第 55 卷第 1 期）。

1. 露天采矿用地现有模式

目前露天采矿用地为单独选址用地，涉及建设用地指标、征地补偿安置、耕地占补平衡、永久基本农田补划等一系列法律规定的底线约束，因此取得建设用地需要经过项目土地预审、建设用地审批、土地征收和供应等多个环节，其审批复杂、流程长、成本高、征收协调难度大，致使矿山企业增加了用地的经济成本、时间成本，甚至制约保供露天矿以稳定规模接续生产。

（1）露天采矿建设用地年限的问题

露天采矿用地出让年限一般为 50 年，新建露天矿服务年限一般为 30～70 年不等，目前既有生产矿服务年限不足 40 年，露天开采前期采掘场和排土场阶段性占用大量土地，如按建设用地方式进行管理，闭坑后的采矿建设用地将处于闲置状态，造成土地资源的极大浪费。

（2）耕地占补平衡的问题

按建设用地方式管理露天采矿用地，将陷入露天采矿无法征地导致不能开发，或耕地占补平衡无法实现的开发困境，同时，已占用土地开采的露天采矿用地复垦后，如不能及时置换指标，也将造成土地资源的极大浪费。

2. 制约露天采矿发展的“瓶颈”问题

露天开采事业取得巨大成就的同时，亦应正视露天开采依然存在爆破、采掘、运输、排土环节的安全，采掘场区域可能出现滑坡、环山排土场易发生泥石流地质灾害，产生粉尘和煤尘对职工及附近居民和农作物生长有一定的危害，土地占用，复垦还地和生态恢复效果不理想等问题。

在绿色开采技术的发展及“双碳”背景下，“露天人”遵循科学、绿色、经济、安全、高效的开发原则，致力推动绿色矿山的制度建设，使露天开采过程中涉及的安全、环保、生态修复情况日益改善。但露天开采用地难，直接“束缚”大型露天矿产能稳定，一定程度上给煤炭保供和煤价稳定带来了冲击，例如征地难题束缚了黑岱沟、哈尔乌素、宝日希勒、胜利一号、宝清、平朔、白音华一号矿等露天矿优质产能的释放。难有用武之“地”，已成为全国露天矿的通病、露天矿发展的“紧箍咒”。

征地难题的“症结”在何处？由于露天矿开采具有周期性，如果采用临时用地方式，无法在 5 年内完成“开采→复垦→还地”，只能被迫选择永久性用地方式。

3. 露天矿临时用地改革试点

（1）临时用地改革试点

2005 年，广西平果铝土露天矿成为国内第一个露天矿临时用地改革试点，将永久性用地方式改为“临时租地”，露天矿企业对露天方式开采后土地及时复垦、还地。经过十多年的不断探索和实践，露天矿临时用地制度逐渐成熟完善，形成了“租地→露天采矿→复垦→还地”的首次完整循环，既保证了露天矿周边居民生活的稳定性，又达到了集约用地和保护土地的目的，最终实现了“还地于民”目标，其采矿临时用地方式被原国土资源部确定为首批国土资源节约集约“四个创新”示范点，为国内露天开采用地提供了可复制、可推广的经验和做法。

2011 年，鄂尔多斯在所辖五个旗区开展露天开采用地改革试点工作，即在不改变土地规划用途和土地性质的前提下采取“一次征用、分期实施、到期归还”的方式办理采矿用地手续。试点中临时用地补偿按当地建设用地补偿标准执行。

（2）试点体现

① 采取"事先审批→土地租赁→地表清理→露天开采→过程监督→复垦绿化→按期验收→退还土地"配套政策。

② 露天开采的采掘场、排土场、工业场地等区域以租地方式利于节约利用土地。

③ 在相关部门"监管"的10年内完成"露天开采租地→复垦还地"良性循环。

④ 露天矿企业土地租赁无须缴纳土地出让税费等，从而降低企业的用地成本。

⑤ 改变原始地貌，复垦土地属企业所有，只要复垦土地质量符合国家相关要求，可将复垦后的土地"归还"，达到"占补平衡"。如黑岱沟和哈尔乌素露天矿将露天采矿用地以及未被利用的沟谷纵横、地形复杂、起伏不平、沟壑和山区土地转化为优良农业用地。

4. 露天采矿临时用地新模式推广的必要性

目前，平果铝土露天矿、鄂尔多斯所辖5个旗区开展的临时用地试点工作对探索露天矿用地保障取得了较好的成效。但目前露天开采临时用地试点的政策实施、试点数量和试点区域范围有限，无法从根本上缓解各区域露天矿用地难与煤炭保供任务重的突出矛盾。因此，在内蒙古、山西、陕西、新疆、云南、河南、湖南、贵州、甘肃、宁夏、吉林、黑龙江、辽宁等省、自治区范围内部署和开展露天采矿临时用地探索和改革，可为保供露天矿用地发挥积极作用，并积累经验，最终为国家能源供应安全和高质量发展提供有效土地要素保障，是十分必要的。

5. 露天采矿临时用地新模式的建议

(1) 探索分区分类用途管理

① 对露天开采用地按主导用途进行分类，分为生产设施用地和辅助生产设施用地两种类型，实施差别化的用途管制方式。

② 组织编制煤炭开采用地专项规划，明确近5年露天开采用地的布局和规模，区分生产设施和辅助生产设施两种用地类型，将煤炭露天开采用地的布局和规模纳入国土空间规划"一张图"实施用途管控后，可有效避免空间冲突。

③ 对露天开采的采掘场、排土场及非永久建(构)筑物用地，按"先同意使用，后验收复垦修复"的原则，且不得占用永久基本农田、I级保护林地和基本草原。

(2) 允许露天矿用地以临时用地方式使用的配套政策

露天采矿以租地方式可化解采矿用地在规划、实施、复垦、退出等环节的难题，保障土地资源得以合理利用。在修订《矿产资源法》后，国家有关部门制定出台了露天采矿"事先审批→土地租赁→地表清理→露天开采→过程监督→复垦绿化→最终验收→退还耕地"等配套政策规定。

(3) 妥善处理露天采矿用地与永久基本农田保护的矛盾

在确保复垦后耕地和永久基本农田数量占补平衡的条件下，对纳入国家重大建设项目清单的煤炭开采项目确实难以避免占用永久基本农田的，可报国务院批准，如宝清露天矿。

(4) 采掘场、排土场及非永久建(构)筑物用地采用土地租赁

矿区今后土地复垦工作应注意征地改租地、降低边坡坡度、加强植被养护、开展生物多样性调查研究等，其中采掘场、排土场及非永久建(构)筑物等可由土地所有权人与用地单位签订集体或国有土地租赁合同，合同约定土地使用方式、复垦修复状况、归还方式、租赁价格、违约责任等相关事宜，租赁价格应综合考虑当地征地补偿标准、土地使用年限以及环境污染状况等因素。

(5) 编制长、短周期结合的土地复垦和生态修复方案

矿区土地的生态重建和复垦工作是矿区可持续发展的根本所在，会把被破坏的土地逐渐恢复或建立一种持续稳定并与周围环境和人为景观价值相协调的相对永久用途。现行的矿山地质环境保护和土地复垦方案通常编制周期为近5年，不利于土地复垦和生态修复工程的统筹规划。结合国内外的经验做法，建议编制露天矿全寿命周期土地复垦和生态修复规划方案。露天采矿用地复垦修复应结合区域自然条件等情况因地制宜确定土地用途，宜耕则耕、宜林则林、宜建则建，复垦修复后的土地质量要符合《土地复垦质量控制标准》要求，修复为林地草地的，应适应乡土物种，优先复用原表土，重建与周边自然生态相协调的植物群落。建议将现行单独编制的矿山地质环境保护与土地复垦方案、林草植被恢复方案整合为土地复垦与生态修复方案，按“边开采、边复垦修复”的原则，对复垦修复工作、资金保证等作出安排。

(6) 煤炭露天开采用地专项规划

明确煤炭露天开采用地专项规划的规划年限为近10年或全生命周期。

(7) 露天矿用地指标政策

露天矿用地指标政策在审批层面应体现国家各部委政策上的长远一致性。应该坚持“一次规划，同步批准、总量控制，分阶段使用、复垦修复，以还定用”的原则。国家批准了露天矿开发项目就应视为给予了全生命周期用地指标，露天矿只需在开采过程中分阶段办手续，支付使用费。

目前，露天矿项目批准建设时，用地指标审批不同步，建设时仅征得前几年的用地权，对全生命周期用地无长期协议，土地所有人和政府部门对露天矿用地指标无任何承诺。近年来，有的地方政府在国家已经批准开发建设生产的露天矿区范围内安排其他建设项目，给露天矿生产期或生产后期用地带来“卡脖子”的困难。

目前，在国家土地资源有限、建设发展等所需土地增量仍然很大的背景下，一方面要做到节约集约用地，保证能源资源供应安全，另一方面露天矿全生命周期用地指标同步批准却很难实现，因此，制定合理的露天开采用地政策是关键。

(8) 新建露天矿要依据绿色矿山标准进行规划、设计、建设和运营管理

构建绿色矿山成为中国煤炭工业进一步发展必须面对的一场重大攻坚战，新建露天矿应遵循科学、绿色、经济、安全、高效的开发原则，将绿色矿山标准贯穿于露天矿全生命周期，开创矿山经济效益与生态建设协调发展的良好局面。

(9) 完善土地复垦一体化作业、土地修复激励和监管体制

目前，露天矿土地复垦主要是对到界的排土场或对其中到界的一部分进行一般的复垦绿化，建议逐步建立“剥离→排弃→造地→复垦”一体化作业模式。露天开采用地复垦修复为草地、耕地、林地的，经验收合格的纳入相关管理数据库，给予可用于省城范围内耕地占补平衡和抵减林地定额指标、依法取得建设用地手续的修复后可用于工业商业等经营性用途等激励措施。建立露天矿开采临时用地监管系统、实地核查以及惩罚(罚款、不批准新的采矿证等)等全过程监管和严格执法督察。

6. 结论

开展露天采矿临时用地探索和改革，可有效解决保供露天矿用地难题、减少煤矿“未批先建”现象，实现露天矿要素配置有效联动，保障能源资源供应安全。露天开采用临时用地模式的成功实践，对保供露天矿用地发挥了积极作用，并积累经验，最终为国家能源供应安全和高质量发展提供有效土地要素保障，对于探索制定矿产资源开发项目合理的土地使用

政策也有重大的深远意义。

（五）科学处理露井联采的资源及安全问题

在露井联采区域内，应合理规划井工矿和露天矿的开采境界，确定露天开采和井工开采的主导和从属地位，以提高资源回收率为原则，将不适宜露天开采的区域划入井工矿开采范围。适当控制井工开采速度与规模，做到与露井联采的边界采动影响、可采储量协调。合理安排井工矿开采顺序，待露天矿内排后，再开采紧邻露天矿端帮的煤炭资源。在进行井工开采时，采用合理的开采技术与开采程序，以降低对露天边坡的不利影响。

（六）构建绿色煤炭开采体系

逐步建立"采-复-农-园"四位一体的绿色协同开发模式，构建绿色露天矿、数字露天矿、智慧露天矿的一体化建设、管理与可持续发展模式。

（七）提高企业管控效能

露天矿要促进企业高效规范管理，提高资源配置效率，建立资源节约型企业管理模式，进一步推广和改进数字露天矿、绿色露天矿建设，大幅度提升生产作业和高效管理水平。

五、我国现行露天矿建设相关文件和标准

（一）现行国家级文件和标准

2016 年 4 月 7 日，为推动实施能源"4 个革命，1 个合作"的战略思想，国家发展和改革委员会、国家能源局联合组织编制了《能源技术革命创新行动计划（2016—2030 年）》，指出要通过能源技术创新，推进能源技术与信息技术的深度融合，构建一体化、智能化的能源技术体系。

2020 年 2 月 25 日，国家发展和改革委员会、国家能源局和应急管理部等 8 部委联合发布了《关于加快煤矿智能化发展的指导意见》，确定了分别以 2021 年、2025 年和 2035 年为近期、中期和远期时间节点的发展目标，系统性地明确了顶层设计、标准建设、科技创新、智能改造、示范建设、绿色露天矿、新一代信息技术、服务模式、人才培养和国际合作等 10 个主要任务领域。该意见的发布对智能化露天矿建设是一针强心剂。

2021 年 6 月 5 日，《煤矿智能化建设指南（2021 年版）》正式发布，明确了从顶层设计出发，规范了露天矿建设的目标，分别突出了生产煤矿和新建露天矿的建设重点，明确了要实现开采环境数字化、采掘装备智能化、生产过程遥控化、信息传输网络化和经营管理信息化目标，要实现基于大数据分析、云计算、数字孪生为基础的智能开采目标。

目前，涉及露天矿智能化、智慧等关键词的国家标准较少，如《智慧矿山信息系统通用技术规范》（GB/T 34679—2017）。

（二）现行地方性文件和标准

地方性智能化露天矿的标准是根据地方性特点制定并发布的，体现了地方政府对国家政策的理解和地方煤矿特点的总体把控。我国露天矿大多集中于内蒙古、新疆和山西等地区，各地方政府响应国家政策相继出台了一系列的标准和相关规范。

1．内蒙古自治区实施意见办法及相关实施方案

2020 年 6 月 2 日，内蒙古自治区能源局、发展和改革委员会等 9 部门联合发布了《关于加快全区煤矿智能化建设的实施意见》，明确了分别以 2021 年、2025 年和 2035 年为近期、中期和远期时间节点的发展目标。2021 年 10 月，内蒙古自治区能源局和煤矿安全监察局

印发了《内蒙古自治区煤矿智能化建设验收办法(试行)》和《内蒙古自治区煤矿智能化建设基本要求及评分方法(试行)》,指出坚持示范引领、分步建设、统筹推进,加快提升煤矿各生产系统智能化作业能力。内蒙古自治区露天矿多、特点突出,对露天矿智能化制定的相关标准、办法等具有鲜明的延续性和先进性。

2. 新疆维吾尔自治区实施意见办法及相关实施方案

2021 年 2 月 18 日,新疆维吾尔自治区发展和改革委员会、应急管理厅、煤矿安全监察局等 8 个部门制定了《新疆维吾尔自治区煤矿智能化建设实施方案》,推动了该自治区智能化技术与煤炭产业融合发展,明确了分 4 个阶段实施:到 2022 年底,露天矿固定岗位实现无人值守、远程控制;到 2025 年底,全区煤矿基本完成建设;到 2030 年,基本建成智能感知、智能决策、自动执行的煤矿体系;到 2035 年,全面建成以智能煤矿为支撑的煤炭工业体系,各类煤矿实现智能化。新疆发布的实施方案紧紧围绕国家八部委联合发布的"指导意见",因地制宜、科学布局自治区露天矿智能化的发展。

3. 山西省实施意见办法及相关实施方案

2020 年 5 月 18 日,山西省能源局、发展和改革委员会和教育厅等 8 部门联合发布了《山西省煤矿智能化建设实施意见》,结合该省情况制定了以 2022 年、2025 年和 2030 年为时间节点的近期、远期目标,计划全省建成智能感知、智能决策、自动执行的煤矿智能化体系。2020 年 12 月 9 日,山西省科学技术厅发布了关于印发《煤矿智能化技术创新研发中心建设实施意见》的通知,建设"1 个中心""2 个基地""3 个平台",组织开展重大前沿引领技术、共性关键技术、现代工程技术、颠覆性技术等战略研究和技术开发,提升技术创新原始能力,露天矿方面集中研究无人化连续作业。2023 年 3 月,山西省能源局修订了《山西省煤矿智能化建设评定管理办法》和《山西省煤矿智能化建设基本要求及评分方法(试行)》,明确了煤矿智能化建议的评定条件和办法。

4. 其他省份实施意见办法及相关实施方案

其他主要产煤省份,如河南、安徽、山东等也都各自结合自身特点分别制定了智能化露天矿建设的实施方案、实施意见和行动方案,如河南省 2019 年 9 月提出了《河南省煤矿智能化建设实施方案》,安徽省 2020 年 6 月发布了《关于加快煤矿智能化发展的实施意见》,但所发布的实施方案、实施意见等为煤矿通用规范,依托于井工矿的标准,涉及露天矿的内容较少。

5. 地方性标准

由于各自省份露天矿占比不同,智能化标准、规范和相关办法数量也不尽相同,露天矿建设现行地方规范有山东省《智慧矿山建设规范》(DB 37/T 2322—2013)、河南省《智能煤矿建设规范》(DB 41/T 1383—2017)、山西省《智能化露天矿建设规范》(DB 14/T 2271—2015)。山东和河南的地方标准涵盖了露天矿建设,但仅限于框架的搭建和术语的解释,涉及露天矿具体条款较少;山西省针对露天矿专门制定了建设规范,为山西省露天矿建设提供了框架和规范,也为全国露天矿建设提供了借鉴。

第二节　露天矿端帮采煤

随着现代化露天采矿的发展,我国大多露天矿矿权面积较大,端帮边角煤都属露天矿不可采区域,且受露天矿端帮边坡角影响,端帮压煤量随之增多。露天开采境界内的资源回采率通常可达到 90%以上,但如果把周边大于经济合理剥采比的资源量和端帮滞留煤资源计算在内,露天矿的资源回采率仅在 75%以下,如胜利东二号露天矿四端帮压煤量约 18 亿 t;或同一矿区的两端帮三角煤如不能同时协同开采,其资源量无法开采,造成资源的浪费。

一、端帮采煤现状

近年来,国内也开始研究露天矿端帮采煤技术和端帮采煤机。2014 年鄂尔多斯市在乌兰煤矿、特拉不拉煤矿、华能井煤矿等露天矿进行端帮采煤试点,采用由连采机改造的端帮采煤机试验性回收端帮压煤。2017 年末对鄂尔多斯市露天矿端帮压煤回收试点进行了专家论证。2018 年初内蒙古自治区煤田工业局下发《关于在东胜煤田和准格尔煤田扩大露天矿端帮煤回收试点工作有关事宜的通知》,进一步扩大端帮煤回收工作。内蒙古自治区能源局于 2020 年 2 月 16 日下发了《内蒙古自治区能源局关于露天矿端帮煤回收工作有关事宜的通知》,同意在东胜煤田、准格尔煤田等范围内批复的华能井煤矿、乌兰煤矿、金正泰露天矿等 22 处露天矿进行端帮煤回收试验项目。

EBH 型端帮采煤机是基于连采机改造的一种露天矿采矿新设备,该设备采用掘进机或连采机作为机头,通过截割机头进行割煤、装煤作业,机头和尾部之间连接多个长度约 20 m 的运输皮带,皮带通过搭接的方式将煤炭运送至采硐洞口。EBH 型端帮采煤机在 2011 年由乌兰集团、中国矿业大学及北方重工等科研院所、设备厂家共同研制,并在特拉布拉矿投入试生产。经过几年的实验性生产,EBH 型掘进机工艺表现出如下特点:

(1) 可以在开采过的采场、狭窄的台阶上、沟壑里以及矿田内剥采比比较大、露天开采不经济的区域进行开采。

(2) 其以安全生产、高效操作方便为前提,每班作业 3～4 人即可完成采煤和维修工作,所有工作在露天地面进行,平均月生产能力达到 4 万 t 以上。

(3) 可以通过双触摸屏的人机界面操作系统,操作作业循环,诊断故障。

(4) 沿煤层切割可以达 100 m 以上,配置绞车回撤力大,可在±17°以上倾角的煤层中作业。

(5) 具有煤尘喷淋装置,降低工作面煤尘浓度,防止煤尘爆炸。

(6) 综掘机皮带架上安装局部通风机和风筒,压入式通风。

(7) 具有抽排污风和粉尘装置,降低工作面煤尘浓度,防止煤尘爆炸。

(8) 具有遥控和网络信号控制两种操作系统。

(9) 具有皮带自行行走装置。

试点单位开采深度约 100 m,年产量约 15 万 t,目前该设备已停用。

另外,EML 型端帮采煤系列型号众多,设备可靠性较高,年产量约 15 万 t(现场作业时间较短),在华能井煤矿、乌兰煤矿及金正泰、安太堡等露天矿进行应用,见图 2-2-1,图中左侧为原乌兰煤矿端帮生产现场,右侧为金正泰露天矿端等帮煤开采设备布置图。

二、关键技术瓶颈

(1) 端帮煤开采基础理论研究匮乏。端帮煤开采是传统井工开采和露天开采方法之外的创新性开采方式,缺乏系统的理论研究,开采设计参数和边坡稳定性控制缺乏科学性指导。

(2) 资源回收率低。现有的端帮煤开采主要采用硐室-煤柱间断布置,预留煤柱支撑端

图 2-2-1　露天矿端帮煤生产现场

帮覆岩，煤炭资源回采率为 50%左右，仍存在较大程度的资源浪费，特别是厚煤层开采，预留水平隔层，回采率进一步降低，经济效益不明显。

(3) 成套技术装备研发滞后。试点企业采用的端帮采煤机故障率高，相关配套设备不完善。

(4) 工艺衔接不连续。露天端帮煤回采与露天剥采排工程连接不紧密，不能够形成端帮煤回采与露天剥采排平行连续作业，设备综合利用率低。

(5) 安全风险可控性差。现有的端帮煤开采无充填工艺，开采平硐几乎无支护强度，主要依靠硐室间的煤柱进行支撑，因边坡岩体地表呈台阶状形貌，端帮回采后容易引起边坡坍塌、滑移、地表塌陷等灾害事故。

三、技术创新点

(1) 端帮煤回收与露天矿生产工艺时空协调关系研究。露天矿端帮采煤与既有剥采排工程协调开采，其采煤设备布置在内排土场两侧，对端帮压煤进行回收。结合露天矿开采工艺，研究端帮煤回收工程与露天矿既有工程的时空配合关系，区别两者所处的时空位置，确定端帮煤回收工程与露天矿作业的“分离区”“重叠区”，最大限度地降低对露天矿采剥工程的影响，从而最大限度地回采端帮压覆量。

(2) 露天矿端帮开采下的支撑煤柱突变失稳机理研究。基于端帮开采中支撑煤柱的承载模型，结合尖点突变理论，同时考虑煤柱安全系数的要求，建立了支撑煤柱保持稳定的判据公式；通过对煤柱的极限应力进行分析计算，得到了采硐两侧煤柱的屈服区宽度计算公式，根据建立端帮开采下由煤柱及顶板构成的弹性地基梁模型，得出了煤柱在载荷作用下的压缩量计算公式，利用端帮开采下的支撑煤柱的稳定性模型，可对煤柱的合理宽度进行理论分析。

(3) 露天矿端帮采场覆岩运移规律及边坡稳定性研究。包括模型建立(3DMine 导出各个地层面 STL 文件，利用 FLAC 中 Geometry import 命令建立模型)、材料参数(莫尔-库仑塑性模型、泊松比、弹性模量、内摩擦角、黏聚力、抗拉强度等)、边界条件及初始条件(应力边界、速度边界等)、求解计算并输出结果(位移云图、矢量云图、应力云图、最大剪切应变速度、破坏云图等)，分析位移、应力、破坏特征及规律(稳定性分析结果)。

(4) 厚煤层条件下端帮压煤回收的合理时机与布局研究。厚煤层采用分层开采的方式回采端帮压煤；上下层采硐垂直布置，中间预留水平隔层，水平隔层厚度设计的基本原则是隔层内可以形成足够厚度拱结构。

端帮采煤机在作业过程中，作业平盘在满足设备采煤、行走的同时，也要预留出运输道路、堆煤场地、卡车回转空间、运输皮带存放场地等。根据采煤机外形尺寸、堆煤场空间、卡车回转半径等，一般情况下确定作业平盘宽度为 80 m，其中警戒区 50 m、作业区 30 m。

四、充填开采工艺研究

露天矿端帮采煤为了实现循环经济进行废物利用，向绿色矿山建设的要求迈进一大步。露天矿端帮煤采出后，为控制边坡破坏和地表的塌陷，有效的办法之一就是采用充填法进行开采，即采硐开采完毕后立即回填，以提升边坡的整体稳定性。端帮压煤回收工艺系统和采硐充填工艺系统分别为两套独立系统，应分区域布置，留设安全间距，并合理安排采、充顺序，防止相互干扰。

1. 充填的意义

在井工开采中，充填法已经逐步发展完善，特别是在金属矿山发展得较快。充填技术先后经历废石干式充填、水砂充填、水砂胶结充填、膏体充填、似膏体充填和(超)高水充填的发展历程，充填效率和充填效果逐步提高。但各种充填法仍然并存，说明它们各有千秋，有各自的特点和使用条件。

通过实施充填开采，可以减少采硐积水、瓦斯积聚空间，降低采硐涌水、瓦斯爆炸、有害气体突出、浮煤自燃等事故发生的可能性，抑制煤层及顶、底板的动力现象；采用充填开采可以充分回收端帮压煤，延长矿山服务年限，同时可以大量消化矸石和废弃物，减轻煤炭开采对端帮的影响，保护和改善矿区生态环境，促进资源开发与生态环境协调发展。充填开采是一种高效、节约和科学的开采技术，是煤炭开采的重大变革，也是煤炭行业落实绿色矿山建设的具体表现。

2. 充填开采技术原理、方法和形式

充填开采就是借助充填体对煤系岩层进行地压管理，其目的是减小充填前的顶底板移近量、充填欠接顶量和充填体的变形量，通过选择合适的充填工艺和充填材料、优化设备技术参数和充填采煤工艺等方法控制顶板下沉量，其主要充填形式见表 2-2-1。

表 2-2-1　主要充填形式

序号	形式	内　容
1	减小充填前的顶底板移近量	优化充填采煤工艺，增加充填速度，减小采煤与充填之间的间隔时间，可以减小充填前顶板下沉量
2	减小充填欠接顶量	通过材料配比、湿度控制等方式，使充填材料在充填后可以达到稳定的状态，减少充填材料泌水或滑落造成的空隙。对充填设备进行合理的选型和配套，增大设备的适应条件，确保可以把充填材料充填至接顶，消除因设备原因产生的欠接顶量
3	减小充填体的变形量	减小充填材料的可压缩性。在选取充填材料时，可以通过试验分析比较不同材料的可压缩性，尽量选用可压缩性较小的充填材料。对于固体充填，应尽量增大压实机的压实力和对充填体的压实时间，减小剩余压实度

根据充填材料的不同，可以将充填开采方法划分为 4 种，如表 2-2-2 所示。

表 2-2-2　充填开采方法

序号	充填方法	内　容
1	矸石固体密实充填	矸石固体充填具有系统设备简单、投资较少等特点，为了使减沉的效果更加明显，可在固体材料内添加一定量的辅料，增加强度
2	膏体材料充填	膏体材料填充的成本比较高，但是它的减沉效果特别好。膏体材料的前期主要是依靠泵送充填
3	高水材料充填	高水材料的充填相对比较简单，在填充的过程中采用自流的方式。我国很多企业所采用的高水材料，不仅具有良好的流动性，而且具有一定的膨胀性和很好的抗压强度
4	高浓度胶结（似膏体）材料充填	高浓度胶结（似膏体材料）充填所采用的充填材料是煤矸石、粉煤灰、胶结材料和水，其中煤矸石采用成品煤矸石，胶结材料为普通硅酸盐水泥。充填的过程是先将煤矸石破碎加工，把煤矸石、粉煤灰、水泥和水按一定比例混合、搅匀，用充填泵输送充填采空区。高浓度料浆可以通过改变添加剂而调整其凝固时间，改善其胶结强度，是一种很有发展前景的充填技术

煤矿充填开采是“绿色开采”的一部分，在满足控制地表沉陷的前提下，充填材料应尽量选用生产废弃物，以利于保护环境、建设和谐矿区。另外，在工业试验中发现：煤矿充填开采中，充填材料的成本约占充填成本的 80%，胶结材料的费用又占据充填材料的 80%左右。所以，合理选用充填材料可以大幅度降低充填成本，详见表 2-2-3。

表 2-2-3　煤矿主要充填材料及其充填成本

充填技术	充填骨料	胶结材料	水	材料成本/(元/m^3)
综合机械化固体充填	煤矸石、粉煤灰、建筑垃圾等	—	疏干水或生产废水	0
膏体充填	煤矸石、江沙、河沙等	普通硅酸盐水泥、炉渣水泥、高水材料	疏干水或生产废水	80
超高水材料充填	ZKD 型高水速凝充填材料（A、B 材料）	—	疏干水或生产废水	110
高浓度胶结充填	煤矸石	粉煤灰和 425# 普通硅酸盐水泥	疏干水或生产废水	60

五、工程应用

截止到 2020 年末，中煤科工集团沈阳设计研究院完成的端帮采煤设计项目见表 2-2-4。

表 2-2-4　完成的端帮采煤设计项目

序号	露天矿名称	位置	端帮煤特点	开采方式	开采规模/(Mt/a)
1	升兴	神木市	赋存在村庄、河床下	端帮采煤机拉沟开采	0.4
2	金欧	鄂尔多斯市鄂托克旗	煤层层数多且厚度薄	螺旋钻机开采	0.2

表2-2-4(续)

序号	露天矿名称	位置	端帮煤特点	开采方式	开采规模/(Mt/a)
3	金正泰	鄂尔多斯市	煤层赋存条件较好,但顶底板岩性较软	端帮采煤机追踪开采(紧随露天矿采剥工作面)	0.6
4	安太堡	朔州市	煤层厚度大(20 m)	端帮采煤机追踪开采(紧随露天矿采剥工作面)	0.6
5	元宝山	赤峰市元宝山区	煤分层较多	端帮采煤机自下往上进行回收	1.06
6	白音华一号	锡林郭勒盟西乌珠穆沁旗	煤层厚度大	投资效果一般,白音华一号利用端帮采煤工艺进行端帮煤炭回收暂不可行	
7	元宝山西露天矿	赤峰市元宝山区	煤分层较多	通过分析,端帮煤只具备露天陡坡帮开采和井工开采的可能性	0.35

目前,受相关政策、边坡岩性、安全技术措施等因素限制,国内仅特拉布拉煤矿、德隆煤矿、乌兰煤矿、安太堡露天矿、金正泰露天矿和华能井露天矿采用端帮采煤开采。

第三节　露天井工联合开采闭坑露天矿再利用

一、露天井工联合开采闭坑露天矿再利用研究技术路线

随着露天矿服务年限、开采能力的增加,其资源/储量减少,露天矿闭坑数量将呈现上升趋势。其中有不少历史遗留的老矿区如阜新、抚顺、平庄等为露天井工联合开采的煤矿。煤矿开采中不可避免地会对生态地质环境造成影响和破坏,包括地面塌陷、崩塌、滑坡、含水层影响、地形地貌景观破坏等;同时煤矿开采中又产生大量的废水,形成大量的矸石山和排土场;废旧煤矿、排土场中的残余煤炭或煤矸石又可能自然发火,对环境造成更大的影响与破坏,对人类居住地的大气、生态、土地环境造成破坏。这些都将严重影响煤矿所在地区经济、社会的可持续发展,影响人居安定、和谐。因此废旧煤矿的再利用与残余资源的再开采研究是煤矿安全、绿色开采技术与战略研究的一个重要内容,同时也是煤矿所在地区环境保护,生态重建,城市美化建设、发展、提升的重要途径。

露天井工联合开采闭坑露天矿再利用研究技术路线应分如下4个步骤进行:

第一步:摸清情况。就是对闭坑煤矿的基本情况(包括残余煤炭资源情况)进行调查、勘查、摸底,包括闭坑前后煤矿造成的生态地质环境破坏情况,引发的采煤沉陷、地表变形、滑坡、含水层破坏、自然发火等灾害情况。

第二步:针对性治理。对闭坑煤矿造成的环境破坏与各类环境灾害进行针对性治理,包括环境与灾害区划分、评价、监测预警及针对性治理(如分别针对滑坡、自然发火等)方案设计并实施,并提出再利用可行性研究。

第三步:规划、设计闭坑煤矿再利用方案。即在摸清情况、针对性治理的基础上统筹规划闭坑煤矿再利用方案。往往要在整个矿区可持续发展与环境保护规划的基础上制定各个

具体闭坑煤矿的利用方案。

第四步:闭坑煤矿再利用方案实施与维护。再利用方案的实施也应分步进行,同时尽可能将残余的煤炭资源开采出来,一是利于残余煤炭这种不可再生资源的利用,二是采尽残余煤炭后清除了残余煤炭对闭坑煤矿利用与环境的隐患。利用方案实施后仍应加强维护与监测,以实现生态环境的优化,显现预计的环境效益、社会效益与经济效益,实现煤炭开采自始至终的绿色效应。

二、阜新矿区露天井工联合开采闭坑露天矿再利用

阜新市号称百里煤海,阜新煤田长 130 km、宽 8～20 km,煤田分布总面积 2 000 km^2,可采面积 181 km^2,4 个可采地区总长 44 km、宽 3～8 km,总面积 168 km^2。矿区已有近百年开采历史,前后有多个露天矿,几十个矿坑进行过开采,已闭坑的废弃露天矿坑和井工矿也有多个。煤矿开采形成的大、中、小型矸石山就有近 240 座,占地面积 2 885 hm^2,总容量为 121 亿 m^3,在阜新矿区内形成了 20 个相对独立的沉陷盆地、2 个大露天采坑、4 个小露天采坑。现有 13 个采煤沉陷区总沉陷面积 1.01 万 hm^2,总采空区面积 0.74 万 hm^2。早就闭坑的新邱露天矿曾有上百个残煤自燃点,使废坑成为终日烟雾弥漫的火坑。

煤矿开采还造成地下水污染、边坡滑坡、坍塌等环境灾害。而阜新煤炭资源已显现枯竭,使其成为全国最早显现煤炭资源枯竭的城市。破坏了的生态地质环境如何治理?废弃的矿坑与露天矿坑如何利用?资源枯竭型煤矿区、煤城如何转型?这些已成为国内最典型、国际上也罕见的难题。2001 年 12 月,阜新市被国家列为第一个资源枯竭型城市经济转型试点市,开始了资源枯竭型城市煤矿区生态环境治理与利用及经济转型的研究。

通过近十年对城市环境、矿区环境、废旧煤矿的治理,矸石山复土复绿植树造林、复垦,阜新全市生态环境明显改观,矿区绿化 5 万亩,人造矸石山变成了人造绿洲;对污染了的地表水系(细河)、地下水进行治理,水环境大大改善,被评为"水环境治理优秀城市"。而 2005 年闭坑的海州露天矿被国家确定为全国第一批国家矿山公园,2006 年 9 月动工建设,2009 年 7 月正式开放。

海州露天矿国家矿山公园被定位为世界工业遗产旅游项目。长 4 km、宽 2 km、深 350 m 的巨大矿坑建成的矿山公园分为 4 大板块,能产生巨大的视觉和心灵震撼。生态恢复示范区、大型矿山设备展示区、矿山公园博物馆、地质遗迹、露天采矿模拟场等采煤与地质景观,成为展示中国现代工业百年发展史的百科全书,并成为游人工业生产深度体验的度假天堂。

海州露天矿国家矿山公园是以废弃闭坑露天矿为资源建成的新的产业,理论上是创新、实际上是突破,是我国废弃露天矿再利用的最典型代表。

三、废旧闭坑露天矿再利用研究

我国露天矿中,小型露天矿虽然占绝大多数,但露天煤炭基地建设的规划主要还是发展大型露天矿,因此大中型露天矿闭坑、排土场的再利用是绿色开采技术研究的重点。目前已闭坑的露天矿中,影响面大、治理难度大、利用价值大的主要还是历史遗留的大中型露天矿矿坑,如海州露天矿。另外,抚顺西露天矿的治理、利用也得到了国家的高度重视和国际上

的极大关注。

从闭坑露天矿包括露井联采露天矿的利用看，主要有如下 6 种利用方式。

（一）建设矿山公园（生态公园）

矿山公园与一般的青山绿水景观不同，园区最大的特色是集中展现了矿山悠久的采矿历史和深厚的文化底蕴，是工业旅游的景观代表。我国目前共有 61 处国家矿山公园。

矿山公园以展示露天矿矿业遗迹景观为主体，体现矿业发展历史内涵，具备研究价值和教育功能，可供人们游览观赏、科学考察。其建设中要融矿业、地质景观、自然景观与人文景观于一体，采用环境更新、生态恢复和采矿文化重现等手段，达到生态效益、经济效益和社会效益的有机统一。这种方式适用于开采历史久远，又有较多矿业、地质遗迹和自然景观，矿业文化、矿业发展内涵丰富的大中型露天矿。

当前中国众多矿山和矿业城市面临严重环境破坏和资源枯竭等问题，矿山公园是促进矿业遗迹保护的重要手段；很多矿山奉献了近一个世纪，从伤痕累累、满目疮痍的荒凉景象，经过科学治理规划，蜕变成一处处优美的风景区。

1. 满洲里市扎赉诺尔国家矿山公园（2008 年 8 月 30 日开园）

扎赉诺尔国家矿山公园是我国首批建设的 28 个国家矿山公园之一。它是集科考研究、科普教育、观光览胜、文化娱乐、休闲度假于一体的综合性园区。露天坑内，蒸汽机车、褶皱带、煤田地质构造等，充分展现了扎赉诺尔的矿山文化。

2. 辽宁阜新海州露天矿国家矿山公园（2009 年 7 月 27 日开园）

海州露天矿国家矿山公园距阜新市中心 3 km。站在该矿调度大平台上，远眺医巫闾山，山势逶迤，绿色葱葱，宛若一条巨龙盘亘于露天矿南缘。海州露天矿的煤炭生成于中生代，大规模的地质变迁形成了许许多多的动、植物化石标本，深入剥离现场，你会时时发现一些令人叫奇的鱼、鸟、树的化石。畅游海州露天矿，既可领略曾是亚洲第一大露天矿的风采，同时也能领略大规模现代化煤炭生产的壮观场面。置身其间，游人不能不为大自然的神秘而惊叹，也不得不为阜新人的壮举而自豪。

3. 鹤岗市国家矿山公园（2009 年 8 月 28 日开园）

该矿山公园占地 6.66 km^2，主景区突出矿业遗迹展示，岭北矿北露坑遗址长 3 100 m、宽 1 100 m，最大坑深 130 m，占地面积 3.41 km^2。最具特色的是千米长地质大剖面，将 1.4 亿年前至今的地质遗迹，包括地层构造、矿床产状、煤的形成、褶皱与断层直观地展现在了游客面前。鹤岗国家矿山公园采用多种现代形式全面展示了鹤岗矿山百年的沧桑历史以及独特的矿山文化。

4. 江苏盱眙象山国家矿山公园（2009 年 6 月 20 日开园）

盱眙象山国家矿山公园即“象山国家矿山（地质）公园”，位于盱眙县城区北部、淮河大桥右侧，项目区占地面积 2 km^2。该公园源自象山建材矿山，是清朝后期就进行露天开采建筑石料的百年老矿。矿山以淮河风光和矿山复绿生态为依托，以保护和展示采矿、地质遗迹为主体，按照“一心一馆五区（入口集散管理中心、矿山地质博物馆、采矿地质遗迹展示区、河岸亲水花园区、石塘水上娱乐区、崖壁拓展运动区和矿山生态恢复区）”的建设布局，将公园建成集“矿业文化、科普体验、观光游览、极限运动、休闲度假”于一体的华东地区知名的国家级矿山（地质）公园，见图 2-3-1。

图 2-3-1 象山国家矿山地质公园

5. 浙江遂昌金矿国家矿山公园（2007 年 12 月 18 日开园）

遂昌金矿国家矿山公园开发历史悠久。遂昌金矿正式成立于 1976 年，是国家重点黄金生产企业，被誉为“江南第一金矿”。据宋史记载，在北宋元丰年间，就已经有人在遂昌采冶金银矿产。2011 年，遂昌金矿又成为浙江省唯一的国家首批矿山公园。其资源独特，既有黄金生产流水线，又有深邃幽长的矿洞，充满了诱惑与神秘；矿山历史悠久，拥有宋、明、清等时代诸多采矿遗址，留下许多疑团与传说，是一大旅游亮点；金矿地处亚热带季风气候区，奇峰秀水，林幽涧碧，风景十分优美。

6. 福建福州寿山国家矿山公园（2008 年 12 月底开园）

福州寿山国家矿山公园是全国首批 28 家矿山公园之一，地处福州市晋安区寿山乡寿山村，离福州市区 28 km。景区观赏区拥有长达 300 m 的古矿洞，大小不一、形状各异的古矿洞如地下迷宫，可以让人真切感受到寿山石开采的艰辛。

7. 江西景德镇高岭国家矿山公园（2008 年 11 月 15 日开园）

高岭古矿保存有大量的高岭土矿残体、古尾矿堆、古采坑、古采硐、古洗选池、运矿古道、古码头、古亭、古桥、古文献、古瓷器等遗迹，形成了反映当时采、选、运、销一条龙，体系完整的古矿址、古商埠、古村落三位一体的综合景观，结合优越的交通区位条件，良好的自然生态环境，纯朴的民俗民风和丰富的文化遗存，具有深厚的陶瓷历史文化底蕴和极高的科学价值，是融科考、科普、旅游休闲度假于一体的矿山公园。

8. 湖南宝山国家矿山公园（2013 年 9 月 16 日开园）

这里有国内罕见的露天单体采矿区、中南有色矿山较为现代化的竖井、世界最大的古铜币主题雕塑、财富大道；井下有色彩斑斓的孔雀石、晶莹剔透的冰晶针，而古时遗留下来的众多老窿洞，更是一部千百年来宝山悠久的采矿史。

9. 广东深圳市平湖凤凰山国家矿山公园（2009 年 12 月开园）

该公园地处北回归线以南，属于较为典型的亚热带海洋性季风气候，气候温和，光照充足，雨量丰沛，多年平均气温 21.7 ℃，多年平均湿度 79%。公园以凤凰山公园和芙蓉花园式矿场为背景，具有特色的露天矿区景观和凤凰山人文景观，将城市公园与矿山遗迹相结合，是以独具特色的矿业遗迹资源为主体景观特色，重点体现矿业发展历史内涵，具有研究价值和教育功能，可供人们游览、科学考察、休闲的公益性市政公园。

10. 茂名露天矿生态公园

该公园位于茂名市区西北角，距离市区红旗北路直线距离约 800 m，规划面积约 10.07 km^2，北排森林公园规划面积约 6.93 km^2。在国家石油紧缺的年代，茂名人民以“为国为民甘愿无私奉献”的情怀，不畏艰难，展开开采油页岩矿和提升页岩油产量的多种试验和探索。从 1961 年正式投产至 1992 年中止转为国家能源储备，累计开采油页岩 1.02 亿 t，生产页岩油 292 万 t，相当于 1949 年全国原油产量的 24 倍，为国家甩掉“贫油国”帽子和经济建设贡献了力量。2013 年，茂名市决定，放弃巨大采矿收益，关停矿区所有污染企业，进行环境整治和生态修复，按照“引水、种树、建馆、修路”的矿区治理修复思路建设生态公园，让那些所谓的“黄金”永远埋在“地下”，把绿水青山还给人民，见图 2-3-2。

图 2-3-2　茂名露天矿生态公园

（二）作为邻近露天矿的排土场

一个煤田有多个露天矿，开采中先期闭坑或进入闭坑期的露天矿的矿坑作为邻近生产露天矿剥离物的排土场，既可以节约排土场占用土地，又可以利用剥离物回填废矿坑，也利于治理、减缓废坑边坡滑坡与地表变形。对回填后的矿坑区及其他地区同时进行治理、重建生态环境，可以植被造林，将其规划建设成青山绿水的矿坑森林公园。

典型代表是抚顺西露天矿，西部内排区作为恢复生产的东露天矿剥离物的排土场，既不用占用土地，又利于西露天矿北帮边坡的稳定与减缓地表变形对地面建筑物的影响，同时对北帮到界边坡进行生态环境治理与重建。

（三）采矿-内排复垦一体化

露天矿生产中主动利用采矿工程实施内部排土，使矿坑边采边内排回填，在终采闭坑时基本上不再形成庞大的矿坑，实现矿坑大部分回填复垦。这是露天矿特别是露井联采露天矿实施绿色开采的一种最好的形式。

（四）对废旧露天矿坑与内排土场实施复垦与生态重建

废弃的露天矿矿坑大多采用复土绿化植被造林的方式加以利用。而排土场的治理与生态重建更是一旦排土到界即开始复土复绿、重建环境。如伊敏、胜利一号等露天矿到界的外排土场的绿化效果已达到恢复到原始生态草原状态。霍林河煤田、胜利煤田的外排土场也均是采用形成外排土场的同时进行绿化复垦。

通过人工恢复矿山废弃地的生态环境显得尤为必要。可以说，矿山生态修复既是保护环境的重要步骤之一，也是挖掘其蕴含的价值的重要手段之一。

1. 化“危”为“安”，边坡治理穿绿衣

边坡治理的主要工作是要稳定边坡。该过程的任务是清除危石、降坡削坡，将未形成台阶的悬崖尽量构成水平台阶，把边坡的坡度降到安全角度以下，以消除崩塌隐患。随后，要对已经处理的边坡进行复绿，使其进一步保持稳定。

2. 化“废”为宝，尾矿焕发新生机

将尾矿丢弃不仅需要占用大量土地，给周围的生态环境造成很大的伤害，还要投入处理和维护费用。而进行尾矿资源的综合回收与利用，不仅可以充分利用矿产资源，扩大矿产资源利用范围，延长矿山服务年限，而且是保护生态的重要手段，还可以节省大量的土地和资金，实现资源、经济、社会、环境效益的有效统一。具体治理措施有：对占用大量土地的尾矿进行二次开发，提高尾矿的综合利用率；对开发用量大、投资少、有销路的尾矿，以实现规模经营和多品种开发的资源化、商品化的方式使其变废为宝，真正成为经济商品中的一部分；对尾矿坝中的废水进行处理以达到国家标准，实现浮选废水适度净化后全部回用和零排放。

3. 化“污”为良，加快矿山生态重建

矿山开采造成生态破坏的关键是土地退化，即废弃地土壤理化性质变坏、养分丢失以及土壤中有毒有害物质增加。因此，土壤改良是矿山废弃地生态恢复最重要的环节之一。可以采取的措施包括：一是异地取土措施，即在不破坏异地土壤的前提下，取适量土壤，移至矿山受损严重的部位，在土壤上种植植物，通过植物的作用，对受损土壤进行修复；二是废弃地改造措施，即进行表土改造之前，设法灌注泥浆，使其包裹废渣，然后再铺一层黏土压实，造成一个人工隔水层，减少地面水下渗，防止废渣中剧毒元素的释放；三是土壤增肥改良措施，即添加有效物质，使土壤的物理化学性质得到改良，从而缩短植被演替过程，加快矿山废弃地的生态重建。

4. 化“贫”为“春”，植物修复展新颜

植物修复是矿山生态修复的常用技术。该技术可在稳定被污染土壤及防止地下水二次污染的同时修复污染土壤，既不破坏土壤结构，又减少了修复费用。

我国包括实行露天井工联合开采的闭坑露天矿再利用与残余煤炭资源再开采研究可以围绕以上方式结合煤矿具体情况进行。但最值得推荐与应该采用的还是内部排土回填矿坑，并采用生产、复垦、环境治理、生态重建一体化技术的闭坑露天矿再利用方案。

（五）建设酒店综合体

2013 年 3 月 17 日，世茂集团世茂洲际酒店建立在深百米的矿山废坑内的“深坑酒店”入选美国国家地理“伟大工程寻巡礼”开机仪式举行，其改造前后对比见图 2-3-3。

世茂“深坑酒店”是环保设计和旧工业区改造利用的绿色建筑成功范例。据介绍，世茂“深坑酒店”依循当地自然地理环境设计，地面以上建筑仅有两层，屋顶入地并铺绿色草坪，

图 2-3-3　“深坑酒店”建造前后对比

与周围山林协调融合，创造了人类工程奇迹，属于全球独一无二的奇特工程。酒店主体自然地“挂”在岩壁上，实现了坑壁和酒店建筑的完美融合，并赋予了酒店重要的微环境改善功能；营造天然瀑布流入坑底水潭的自然景观，并利用水体实现夏天降温、冬天保暖的环保功效。

（六）其他综合利用

根据不同露天矿的特点，因地制宜地加以改造综合利用，如可作为储存场（垃圾填埋场，蓄水成湖，存储武器、农副产品、有毒或放射性废料），改造成博物馆、研究中心、档案馆，或用于旅游开发、坑塘养殖等。

第四节　矿山关闭资源综合利用及存在问题研究

我国富煤贫油少气的矿产禀赋特点，决定了煤炭在相当长的时间内仍然会是我国的主体能源。经过长期大规模的开采，我国许多煤矿煤炭资源趋于枯竭，或已经枯竭关闭，从而形成待转型煤矿。据统计，自 20 世纪 90 年代末至 2014 年期间，全国累计关闭煤矿约 7 万处。

据不完全统计，2005—2018 年全国关闭煤矿坑 1.52 万处，其中 2014—2018 年全国关闭煤矿坑 0.75 万处，关闭煤矿坑较多的 5 个省份是重庆市、湖南省、黑龙江省、贵州省和云南省，分别关闭了煤矿坑 906 处、766 处、736 处、642 处和 613 处。据不完全统计，“十二五”以来，我国关闭煤矿淘汰落后产能 9.14 亿 t；2014—2018 年，我国关闭煤矿淘汰落后产能 8.71 亿 t，其中四川省、贵州省、黑龙江省、山西省、重庆市、河南省、湖南省等 7 省份，关闭煤矿淘汰落后产能近 5 亿 t，分别为 9 401 万 t、8 366 万 t、6 566 万 t、6 305 万 t、6 211 万 t、5 470 万 t、5 027 万 t，7 省份关闭煤矿淘汰落后产能约占全国关闭煤矿总规模的 54％。

煤矿关闭后，仍有大量的剩余煤炭、矿坑水、地下空间、土地、地热等资源可供开发利用。受传统观念和管理粗放的影响，人们对关闭煤矿资源环境的认识程度不高，环境地质问题、安全问题凸显，引起了一些学者的重视。

一、关闭煤矿坑潜在资源

（一）剩余煤炭资源

受自然资源条件、开采技术水平及人为因素等的影响，长期以来我国煤矿的回采率一直维持在较低水平。有关研究表明，我国国有大型煤矿的平均回采率仅在 40%左右，小型煤矿的平均回收率低至 10%～20%，露天矿回采率一般在 85%～98%。

前人研究表明，1949—2014 年间我国各类煤矿形成的残留煤炭资源总量为 1 266 亿 t，以井工开采为主，占总量的 99%。2015—2018 年，煤炭资源开采总量为 142 亿 t，残留煤炭资源总量为 71 亿 t(回采率按 50%计算，关闭煤矿剩余资源量未计算在内)。

我国残留煤资源主要分布于 800 m 以浅的区域内，占残留煤总量的 87%；0～400 m、400～800 m、800～1 200 m 和 1 200～1 600 m 埋深的残留煤资源量分别为 624 亿 t、473 亿 t、143 亿 t 和 25 亿 t，分别占残留煤总资源量的 49%、37%、11%和 2%。

关闭煤矿坑剩余煤炭资源利用方向为煤炭地下气化，国内较为成功的案例是陕西渭北矿区残煤地下气化示范工程。“渭北老矿区”各矿业公司管辖矿坑 24 对，退出矿坑 12 对、产能 1 190 万 t，坑下遗留有大量煤炭资源得不到有效利用。澄合矿业公司完成了“300 万 Nm^3/d 合成气煤炭地下气化工业性试验技术可行性研究报告”评审，首选 1211 工作面进行工业性试验，初步设计完成日产合成气 5 万 Nm^3，煤气有效组分($H_2+CO+CH_4$)大于 55%，稳定气化时间大于 100 d 的目标。

（二）煤层气资源

基于我国历年煤炭产量及回采率等数据，估算出 1949—2012 年残煤主要分布于山西、内蒙古、河南、陕西等 15 个产煤大省，残煤中累计含煤层气资源量 1 132 亿～2 187 亿 m^3。据袁亮院士估算，目前去产能关闭煤矿中赋存煤炭资源量高达 420 亿 t，非常规天然气近 5 000 亿 m^3。

关闭煤矿坑煤层气的利用方向较为单一，主要用于发电，较为成功的是内蒙古该煤矿。该煤矿位于贺兰山北段煤田呼鲁斯太矿区的北端，于 2016 年关闭。该煤矿主采煤层自上而下分别为 2#、3#、7#、8# 煤层，均是煤与瓦斯突出煤层。乌兰煤矿建有瓦斯发电厂，在煤矿正常生产期间通过利用回风巷低浓度瓦斯发电。2016 年该煤矿关停后，瓦斯电厂失去气源，经多次尝试、攻关，探索出利用地面卸压钻孔进行瓦斯抽采的新途径。

（三）地热资源

我国水热型地热资源非常丰富，水热型地热资源量折合标准煤 1.25 万亿 t，每年地热资源可采量折合标准煤 18 亿 t。其中，中低温水热型地热资源量折合标准煤 1.23 万亿 t，每年可采地热资源量折合标准煤 18 亿 t，发电潜力 150 万 kW；高温水热型地热资源量折合标准煤 141 亿 t，每年可采地热资源量折合标准煤 0.18 亿 t，发电潜力为 846 万 kW。

水热型中低温地热资源主要分布于华北平原、苏北平原、松辽盆地、下辽河平原、汾渭盆地等 15 个大中型沉积盆地，地热资源量折合标准煤 1.06 亿 t，每年可开采资源量折合标准煤 17.0 亿 t。其中可开采地热资源量最大的为四川盆地，折合标准煤 5.44 亿 t。我国是世界上利用地热资源较早的国家之一，已有上千年的历史。地热能的利用分为两种方式：一类是地热发电；另一类是热能直接利用，包括地热水的直接利用(如地热采暖、洗浴、养殖等)和地源热泵供热、制冷。

（四）土地资源

露天矿土地资源根据是否受采煤扰动可分为两类：一是不受采煤扰动影响的矿坑建设征用的土地，即建设工业广场及其他配套工程征用的土地，由于未受采动影响，其工程地质条件稳定、安全，土地资源可直接用于工程建设和工业生产；二是煤炭开采造成的塌陷土地，塌陷对土地资源的占用面积更大，破坏更严重，根据土地损毁特征可分为盆地区、积水区、坡地区和裂缝区土地。据不完全统计，全国每年因采煤塌陷土地面积为 700 km^2，平均每采 1 万 t 煤塌陷土地 2 000 m^2，而近年我国的土地复垦利用率仅为 30%。按照前人的研究成果推算，截至 2019 年全国采煤塌陷土地面积将超过了 20 000 km^2。如果按土地复垦利用率 30%计算，我国关闭煤矿坑尚有 14 000 km^2 处于未开发治理中，存在巨大的资源浪费和生态环境地质隐患。应按照"宜农则农、宜林则林、宜牧则牧、宜渔则渔"的原则，恢复关闭煤矿坑露天矿用地的土地功能。

二、关闭煤矿存在的问题

目前，关闭煤矿存在着资源浪费、资源家底不清、环境地质问题突出、煤矿资料信息化程度不高、安全隐患巨大、政策法规不健全等诸多问题。

1. 关闭煤矿坑资源浪费严重

我国煤炭的资源回采率仅为 30%～50%，大量的煤炭资源弃于地下。同时，我国煤系共伴生矿产资源储量大、品种多、质量好、分布广，综合利用的发展前景极为广阔，但实际开采中往往仅开采单一的煤炭资源，弃采其他资源，浪费严重，长期以来没有得到有效合理利用。另外，关闭煤矿坑还赋存煤层气、地下空间、矿坑水、地热、土地等资源。

2. 关闭煤矿坑资源家底不清

煤矿勘查除对煤层气进行简单的评价之外，其他共伴生矿产资源不进行评价；煤矿坑废弃后，新产生的地下空间、地热、矿坑水、土地等也不进行评价。关闭煤矿坑资源禀赋、资源量、分布状况不清，导致资源无法开发利用。

3. 关闭煤矿坑区环境地质灾害问题亟待解决

关闭煤矿坑产生的环境负效应主要表现在地质灾害、环境污染、生态破坏三个方面。地质灾害有滑坡、地面沉降、地裂缝等，环境问题有地下水污染、地表水污染、含水层破坏、水土流失、土壤污染，生态环境问题主要表现在自然景观破坏、生态平衡破坏。如何防灾减灾，保护生态环境，合理利用关闭煤矿坑，将成为露天矿地区社会和经济发展的关键问题之一。

4. 关闭煤矿坑地质工作信息化程度不高

关闭煤矿坑资源环境评价工作中，地、物、化、遥有机结合程度较低，地质环境信息的提取和识别的技术方法研究还不够系统，地质矿产成果的存储、管理及服务使用还较为落后，难以满足关闭煤矿坑资源快速准确评价的需求。

5. 关闭煤矿坑资源环境评价体系需建立

目前，对关闭煤矿坑资源与环境还没有建立起系统的评价体系，没有完整、统一的评价方法、评价手段；关闭煤矿坑资源综合开发利用模式研究和示范还处于萌芽阶段。

6. 煤矿资料现状不容乐观

煤矿相关数据量极大、来源分散、格式多样，形成的地质矿产资料由煤矿主体管理，管理粗放、政出多门、质量参差不齐，成果存放相对较为分散，资料收集难度大，共享程度低。面对不断增长的关闭煤矿数量，原煤矿从业技术人员分流，关闭煤矿坑面临资料丢失、无资料收集的窘境。现有煤矿资料多为纸质介质，资料的查询、利用困难，无法进行大数据分析，不利于今后关闭煤矿坑资源开发利用与环境评价研究，不能为国家制定政策提供有力支撑。

7. 职工安置困难，形成社会不稳定因素

由于煤矿所在区域产业单一，社会吸纳剩余劳动力能力较弱，以前关闭煤矿的职工安置大多是企业内部消化，企业内部安置难度越来越大。大多数煤矿都远离城市，职工文化水平低、技能单一，煤矿关闭破产后再就业难度很大，若不搞好职工安置工作，会给职工及其家庭生活带来较大的困难；煤矿职工居住比较集中，有些几代人都在矿区生活，大批职工下岗，将形成社会不稳定因素。

8. 资产处置难

关闭煤矿资产处置难度依然较大，多数关闭煤矿资产损失尚未得到处置。多数煤炭企业债务为集团公司统借统贷，关闭煤矿债务分割难、处置难的问题尚未得到解决。股份制煤矿利益主体多，煤矿关闭退出难度较大。

9. 关闭矿坑综合开发利用的政策法规不完善

现有政策法规没有对关闭矿坑资源后期再利用作出明确规定，造成后期资源无法利用或巨大的资金浪费；矿坑关闭后，矿业权收归国有，原矿业权的权益没有作出明确规定，这也是企业不愿意在关闭矿坑投放资金的一个重要原因；同时，由于关闭矿坑矿业权收归国家，造成露天矿关闭后一系列的环境问题由政府买单。由于政策法规落实不到位，很多露天矿没有按照规定采取必要的措施，近年来发生了很多的安全事故，同时引发了一系列环境问题。

三、我国关闭煤矿资源综合利用建议

(1) 依托中国地质调查局业务平台，以自然资源部储量评审委员会关闭煤矿资料为基础，对全国关闭煤矿坑进行深度评价和调查，摸清家底，全面掌握关闭矿坑基本情况和资源状况。

(2) 依托自然资源部、生态环境部、国家能源局、科技部等设立关闭矿坑综合利用与开发研究中心，实施国家科技重大专项及有关科技计划，加强关闭煤矿坑开发利用基础理论研究；从技术层面加大技术攻关力度，解决关闭矿坑资源开发利用的关键技术，研发关闭矿坑资源开发利用的核心装备。

(3) 以实现循环经济、绿色开发为总体目标，以资源开发利用最大化为目标，针对我国主要煤矿资源基地、煤矿集中关闭区域，在长江经济带、京津冀经济带，因地制宜分类开展关闭煤矿坑剩余煤炭、煤层气、地下空间、土地、矿坑水、地热等资源综合开发利用以及环境综合治理的示范工程，取得成功经验。

(4) 建立关闭煤矿坑资源开发利用技术规范、评价体系，对其评价方法、评价手段进行规定，统一技术标准，形成标准统一的技术成果；为关闭煤矿坑资源开发利用地质环境保护提供对策及建议，为科学论证关闭煤矿坑资源绿色安全开发利用与环境保护提供地质保障。

(5) 进行关闭煤矿坑资源调查成果数据整理与汇总，研究数据标准及规范，开展关闭煤矿坑资源综合调查数据库建设工作，开发煤矿坑数据库动态管理平台，建立一套满足煤矿坑全生命周期资源信息数据存储、管理要求的煤矿基础数据库及动态更新管理平台系统，通过对煤矿基础数据库资源进行有效管理，实现数据共享，最大限度地减少不必要的重复性工作，提高工作效率，为关闭煤矿坑资源的精准利用和规划部门提供决策支持。

（6）完善关闭煤矿坑综合开发利用的政策法规。明确煤矿坑关闭时应采取的必要措施，明晰不同阶段的主体责任。国家应尽快出台后矿业时代的一系列政策法规，明晰后矿业时代矿业权主体，明确后矿业时代资源、环境矿业权主体责任。

关闭煤矿坑资源浪费严重，我国煤炭的资源回采率仅为30%～50%，大量的煤炭资源和伴生资源被弃于地下。关闭煤矿坑资源家底不清，对地下空间、地热、矿坑水、土地等也没有进行评价，导致资源无法开发利用。关闭煤矿坑地区环境地质灾害问题亟待解决，其产生的环境负面效应主要表现在地质灾害、环境污染和生态破坏三个方面。关闭煤矿坑地质工作信息化程度不高，地质矿产成果的存储、管理及服务使用手段还较为落后，难以满足关闭煤矿坑资源快速准确评价的需求。因此，我们急需建立关闭煤矿坑资源环境评价体系，没有统一评价体系将造成成果无法共享。不严格执行关闭标准，安全隐患巨大。关闭煤矿坑综合开发利用的政策法规若不完善，煤矿关闭后的矿产资源、土地资源的产权将不明晰。

四、编制涉及闭坑露天矿资源储量条款建议

（1）矿山企业关闭矿山，应根据国家矿产主管部门批文规定（自然资源部 DZ/T 0033—2002《固体矿产勘查/矿山闭坑地质报告编写规范》，国家标准 GB/T 13908—2002《固体矿产地质勘查规范总则》），提前向有关主管部门提出闭坑报告，矿山企业主管部门会同矿产主管部门审查批准。非经批准不得擅自闭坑。

（2）闭坑资源储量的工业指标，应以矿产主管部门、有资质的地勘部门正式下达的或经资源储量评审机构确认的批文资料（国家标准 GB/T 17766—2020《固体矿产资源储量分类》，地质报告，资源储量核实备案证明）为依据进行核实。

（3）闭坑资源储量核实要做到台账清楚。建矿时占用地勘资源储量要依次做到与设计资源储量、生产探矿增减的资源储量、累计开采量、正常与非正常损失量、剩余资源储量等项平衡，遵照国土资发（2008）163 号《矿山储量动态管理要求》。

（4）对闭坑矿山企业不开采的资源储量，必须有可行性经济评价资料，说明不开采原因并提出剩余储量处理建议意见。

（5）对闭坑矿山企业不按开采程序、开采设计，乱采滥挖或者越界违法采矿等原因，造成矿产资源储量浪费或破坏，不能按正常损失处理，应当依法依规追究责任。

（6）闭坑矿山企业对具有回收价值及能利用的共生、伴生矿产资源，要采取措施，按照减量化、再利用、资源化的原则，综合开发利用；科学利用固体废弃物、废水等，发展循环经济。对暂不能综合开发和利用的矿产及含有用成分的尾矿等，要研究利用途径，采取保护措施，在达到生态环境标准要求的情况下，做到无害存放（应符合 HJ 651 的规定）。

（7）闭坑矿山企业采矿权人在中止或终止采矿活动时，应当及时结缴矿产资源补偿费。

（8）根据闭坑储量核实结果，可在经济剥采比允许、技术可行且具备安全生产条件的情况下，重新圈定采剥境界，充分开采减少资源浪费。

第五节 煤炭资源型城市闭坑露天矿产业绿色转型路径研究

我国能源禀赋是“富煤、贫油、少气”,以煤炭为主的能源结构在一段时期内难以改变,煤炭仍然是保证国家能源安全,促进经济持续健康发展的主要能源。在经济发展新常态、能源供给侧改革以及生态文明建设的背景下,随着煤炭去产能政策的推进,资源枯竭及落后产能煤矿的关闭势在必行,关闭煤矿数量在逐年增多,而关闭煤矿中赋存丰富的煤炭、煤层气、矿坑水、地热、地下空间及工业旅游等资源,如何把这些资源的开发利用纳入所在区域的经济和产业发展中去,实现资源和资产二次回报,减少资源浪费,提高资源的利用效率,提供关闭煤矿产业转型的战略路径,进而推动资源枯竭型城市的转型升级,具有非常重要的现实意义。近年来,关于关闭煤矿的研究主要集中在赋存资源的开发利用方面。从整体角度分析国家层面关闭煤矿赋存资源综合开发利用的战略、面临的科学问题,需要解决关键技术与对策等,也要从地区层面分析关闭煤矿资源开发利用的问题,对关闭煤矿的地下空间资源和矿产资源、地面的土地资源和可再生能源以及旅游资源的开发利用问题进行专门研究。如在地下空间资源开发利用方面,分析关闭煤矿地下空间资源开发利用的新方向、“后煤矿时代”地下空间开发利用的设计与思考,以及地下空间资源精准开发利用模式;在矿产资源方面,分析废弃煤矿煤层气聚集机理、资源量估算与评价,废弃煤矿地下水资源开发利用的方向,以及与矿产资源相关的生态环境及其污染问题等。在旅游资源开发方面,分析废弃矿区或废弃露天矿整体旅游产品的开发思路、路径和策略,以及关闭煤矿地下空间旅游资源的多种开发模式。

目前关于关闭煤矿赋存资源开发利用的研究仍局限在关闭煤矿及其赋存资源,没有把关闭煤矿及其赋存的资源纳入所在城市的经济或者产业系统中去,没有把关闭煤矿和城市作为一个有机整体,这样关闭煤矿的资源开发利用容易存在片面性、孤立性和不完整性,很可能与所在城市的产业发展体系不协调、不统一。因此,关闭煤矿赋存资源如何开发利用,如何把这些资源转为生产要素投入相应的产业中去,或者发展哪些适宜的产业,一定要以所在的城市为依托,把关闭煤矿资源禀赋、生态环境、产业基础等融入城市的发展规划中,做到矿城规划一体化、产业发展一体化,实现矿城融合、同频共振,因为关闭煤矿大都集中在煤炭资源型城市,煤炭资源型城市也迫切需要产业绿色转型。因此,笔者以煤炭资源型城市产业转型为切入点,依据新结构经济学理论,利用耦合协调度模型,分析煤炭资源型城市的要素禀赋结构与产业结构的耦合协调程度并进行分类,针对不同类型煤炭资源型城市的关闭煤矿,提出其产业绿色转型的方向和路径。

一、煤炭资源型城市产业结构与要素禀赋结构耦合协调关系分析

按照新结构经济学理论,要想使一地的产业结构得到不断提升与快速发展,需要其当前的产业结构与现有的资源禀赋相一致,才能使资本收益最大化,这样当地居民的储蓄倾向才能扩大,资源禀赋结构才能得到较快的升级,从而为产业结构升级创造合适的环境。如果产业升级转型的速度与要素禀赋结构提升的速度不匹配,则经济体潜在比较优势就无法转化为现实的比较优势。这里的不匹配既指产业转型升级相对于要素禀赋结构提升的停滞,又指产业转型升级过于超前,以致缺乏要素禀赋结构的坚实支撑。为了更好地促进煤炭资源

型城市中关闭煤矿产业的绿色转型、升级，首先需要科学判断煤炭资源型城市现存产业结构与要素禀赋结构是否相匹配，是否存在耦合协调关系。因此，选用耦合度和协调度模型对我国地级煤炭资源型城市的要素禀赋结构与产业结构的耦合、协调情况进行分析。

（一）要素禀赋结构与产业结构指标体系构建

1. 要素禀赋结构指标体系

新结构经济学中把要素禀赋及要素禀赋结构认定为最重要的变量。在比较优势理论发展的过程中，要素禀赋的界定范围所包含的要素不断增多，要素禀赋结构主要包括自然资源禀赋、物质资本、人力资本、进步技术、基础设施（交通、能源、信息、社会）和制度，要素禀赋结构指标体系见表 2-5-1。

表 2-5-1　要素禀赋结构指标体系

一级指标	二级指标	三级指标	指标指向
要素禀赋结构	自然资源禀赋	采掘业从业人员数与年末从业人员数之比	正向
	物质资本	人均固定资产投资额	
	人力资本	年末从业人员数	
		教育经费支出与地区生产总值之比	
		研发内部经费支出与地区生产总值之比	
	进步技术	人均专利申请数和授权数	
	交通基础设施	公路等级里程与地区土地面积之比	
	能源基础设施	人均全社会用电量	
	信息基础设施	人均邮电业务总量	
	社会基础设施	每百人公共图书馆藏书量、在校大学生数量和每百人医院、卫生院床位数	
	制度	地方财政一般预算内支出与地区生产总值之比	
		当年实际使用外资金额与地区生产总值之比	

2. 产业结构指标体系

产业结构指标体系主要包括产业结构的合理化、高级化和可持续化，具体包含的指标见表 2-5-2。

表 2-5-2　产业结构指标体系

一级指标	二级指标	三级指标		指标指向
产业结构	合理化	泰尔指数		负向
	高级化	第三产业产值/第二产业产值		正向
	可持续化	单位 GDP	工业废水排放量	负向
			二氧化硫排放量	
			烟（粉）尘排放量	
		一般工业固体废弃物利用率		正向

（二）耦合协调关系分析

1. 耦合度模型

耦合是用来研究两个或多个系统之间的相互依赖、协调与促进的动态联系。首先用极差法对要素禀赋结构和产业结构指标体系中的原始数据进行标准化处理，而后用熵权法对标准化后的数据赋权，分别计算出要素禀赋结构和产业结构的综合评价函数，最后计算要素禀赋结构与产业结构之间的耦合度。耦合度计算公式如下：

$$C=\sqrt{\frac{U_1\times U_2}{\left(\frac{U_1+U_2}{2}\right)^2}} \tag{2-5-1}$$

式中 C——耦合度；

U_1——要素禀赋结构综合评价函数；

U_2——产业结构综合评价函数。

耦合度一般介于0～1，当 C 值趋向于0时，说明两个决策单元之间的耦合度较低，趋向于无关联的状态；当 C 值趋向于1时，表示两个决策单元的耦合度较高，两系统之间处于耦合互动的状态，有利于彼此有序发展。

2. 耦合协调度模型

为了避免耦合度模型的局限和存在的偏差，保证所测度系统间耦合关系的有效性，一般在测算出耦合度的基础上，再运用耦合协调度模型来分析要素禀赋结构和产业结构系统间的综合协调情况。耦合协调度计算公式如下：

$$D=(C\times T)^{1/2} \tag{2-5-2}$$

$$T=a\times U_1+b\times U_2 \tag{2-5-3}$$

式中 D——协调度；

T——要素禀赋结构与产业结构的综合协调指数；

a、b——待定系数，分别表示要素禀赋结构和产业结构两个子系统对整个系统的贡献，$a+b=1$，此处取 $a=0.5$，$b=0.5$，表示要素禀赋结构和产业结构同样重要。

系统间耦合协调类型和判别标准见表2-5-3。

表 2-5-3　耦合协调类型和判别标准

序号	耦合协调度 D 值	耦合协调程度	序号	耦合协调度 D 值	耦合协调程度
1	0～0.1	极度失调	6	0.5～0.6	勉强协调
2	0.1～0.2	严重失调	7	0.6～0.7	初级协调
3	0.2～0.3	中度失调	8	0.7～0.8	中级协调
4	0.3～0.4	轻度失调	9	0.8～0.9	良好协调
5	0.4～0.5	濒临失调	10	0.9～1.0	优质协调

3. 实证分析

根据以上几个公式，考虑到数据的可得性，测算了邯郸等18个地级煤炭资源型城市2010—2018年要素禀赋结构与产业结构的耦合协调程度，结果见表2-5-4和表2-5-5。

表 2-5-4　煤炭资源型城市要素禀赋结构与产业结构耦合协调度

年份	2010	2011	2012	2013	2014	2015	2016	2017	2018
邯郸	0.590	0.631	0.610	0.680	0.647	0.690	0.614	0.589	0.623
张家口	0.577	0.624	0.619	0.602	0.618	0.669	0.604	0.567	0.609
邢台	0.553	0.549	0.552	0.620	0.610	0.636	0.538	0.618	0.634
长治	0.577	0.670	0.625	0.611	0.593	0.625	0.572	0.566	0.564
鄂尔多斯	0.690	0.770	0.741	0.752	0.733	0.751	0.816	0.741	0.732
抚顺	0.632	0.685	0.667	0.694	0.680	0.722	0.592	0.484	0.543
阜新	0.608	0.627	0.648	0.620	0.618	0.638	0.636	0.585	0.574
通化	0.582	0.618	0.622	0.612	0.597	0.647	0.614	0.589	0.584
徐州	0.810	0.796	0.791	0.797	0.776	0.807	0.748	0.671	0.721
淮北	0.564	0.617	0.653	0.660	0.657	0.675	0.614	0.624	0.628
枣庄	0.634	0.756	0.690	0.705	0.707	0.732	0.632	0.597	0.623
焦作	0.544	0.664	0.650	0.674	0.682	0.669	0.633	0.662	0.647
鹤壁	0.580	0.618	0.637	0.641	0.650	0.678	0.636	0.632	0.637
三门峡	0.534	0.621	0.596	0.578	0.596	0.646	0.607	0.585	0.627
广元	0.572	0.601	0.636	0.622	0.636	0.648	0.620	0.561	0.590
铜川	0.597	0.712	0.708	0.669	0.608	0.628	0.620	0.586	0.603
渭南	0.546	0.582	0.616	0.604	0.613	0.623	0.581	0.548	0.569
榆林	0.548	0.563	0.600	0.617	0.678	0.604	0.569	0.463	0.533

表 2-5-5　煤炭资源型城市要素禀赋结构与产业结构耦合协调度分类

年份	濒临失调	勉强协调	初级协调	中级协调	良好协调
2010		三门峡、焦作、渭南、榆林、邢台、淮北、广元、张家口、长治、鹤壁、通化、邯郸、铜川	阜新、抚顺、枣庄、鄂尔多斯		徐州
2011		邢台、榆林、渭南	广元、淮北、通化、鹤壁、三门峡、张家口、阜新、邯郸、焦作、长治、抚顺	铜川、枣庄、鄂尔多斯、徐州	
2012		邢台、三门峡、榆林	邯郸、渭南、张家口、通化、长治、广元、鹤壁、阜新、焦作、淮北、抚顺、枣庄	铜川、鄂尔多斯、徐州	
2013		三门峡	张家口、渭南、长治、通化、榆林、邢台、阜新、广元、鹤壁、淮北、铜川、焦作、邯郸、抚顺	枣庄、鄂尔多斯、徐州	

表2-5-5(续)

年份	濒临失调	勉强协调	初级协调	中级协调	良好协调
2014		长治、三门峡、通化	铜川、邢台、渭南、张家口、阜新、广元、邯郸、鹤壁、淮北、榆林、抚顺、焦作	枣庄、鄂尔多斯、徐州	
2015			榆林、渭南、长治、铜川、邢台市、阜新、三门峡、通化、广元、张家口、焦作、淮北、鹤壁、邯郸	抚顺、枣庄、鄂尔多斯	徐州
2016		邢台、榆林、长治、渭南、抚顺	张家口、三门峡、邯郸、通化、淮北、广元、铜川、枣庄、焦作、阜新、鹤壁徐州		鄂尔多斯
2017	榆林、抚顺	渭南、广元、长治、张家口、阜新、三门峡、铜川、邯郸、通化、枣庄	邢台、淮北、鹤壁、焦作、徐州	鄂尔多斯	
2018		榆林、抚顺、长治、渭南、阜新、通化、广元	铜川、张家口、邯郸、枣庄、三门峡、淮北、邢台、鹤壁、焦作	徐州、鄂尔多斯	

由表2-5-4和表2-5-5可知，2010—2018年18个煤炭资源型城市耦合协调度介于0.4～0.9，耦合协调类型主要属于勉强协调、初级协调和中级协调，基本上在协调范围内，但是耦合协调类型属于良好协调的城市较少，甚至没有属于优质协调的城市。2010年有13个城市产业结构与要素禀赋结构的耦合协调类型属于勉强协调，有4个城市属于初级协调，徐州属于良好协调。2011—2015年绝大部分城市的产业结构与要素禀赋结构的耦合协调类型属于初级协调，徐州、枣庄、鄂尔多斯3个城市多属于中级协调，三门峡、邢台、榆林等城市多属于勉强协调，表明2011—2015年煤炭资源型城市的产业结构与要素禀赋结构的耦合协调程度逐步由勉强协调转向初级协调，协调程度在不断提高。但是2016—2018年，其耦合协调情况发生逆转，有些城市由原来的初级协调降为勉强协调，2017年甚至出现了濒临失调的情况，属于中级协调的城市数量在减少，表明近几年煤炭资源型城市产业结构与要素禀赋结构的耦合协调情况在恶化，如果不及时进行调整，就会处于失调状态，进而阻碍今后产业结构的转型、升级和优化。因此，如何从各个城市的要素禀赋结构出发，选择自身的比较优势和后发优势产业，提高产业竞争力，促进产业结构的不断优化显得尤为重要。

二、关闭煤矿产业绿色转型路径

目前在绿色发展理念下，随着国家煤炭去产能政策的实施，煤炭资源型城市中关闭煤矿的数量越来越多，关闭煤矿的资源如何充分利用，产业如何转型成为所在城市亟须解决的难题。关闭煤矿产业绿色转型是指以绿色理念为指导，以绿色技术创新为动力，依托所在城市，立足自身资源禀赋和产业基础，发展科技含量高、资源消耗低、环境污染少的绿色产业。但应注意产业绿色转型不是一个孤立的问题，不能就关闭煤矿产业的转型谈转型，而是一个系统的问题，需要融入地方经济建设和社会发展大局，纳入城市的产业发展规划中，否则会出现与城市产业发展不协调甚至相违背的现象。例如在双碳目标的背景下，很多关闭煤矿产业转型都涉及新能源产业，如风电、光电、抽水蓄能电站、电解水制氢和氢合成转化等，发展这些产业时一定要与当地的能源产业规划结合起来全盘考虑，有些关闭煤矿虽然有丰富的光伏、风电、地下水资源，但当地并网技术和输送基础设施不足，发展新能源产业会带来新的问题，不利于关闭煤矿的产业转型升级。反之，当地的电力供应已经过剩，关闭煤矿再发展新能源产业，会出现产能过剩的问题。

（一）转型前基础工作

关闭煤矿进行资源再利用和产业转型前应做好资源的盘点和清查工作，为产业转型打好基础。转型前主要应做好以下五个方面的工作。

1. 人员

要摸清关闭煤矿人员的数量、年龄层次、教育层次、产业技能等，为以后人员安置或者人员进入新的行业时的培训、素质提高提供依据和指导。

2. 设备资产

要摸清能够使用的设备数量、型号、生产能力、用途等，需要报废的设备数量，以及地上建筑物数量、使用情况等，为后续设备调剂使用打好基础。

3. 土地及自然资源

要摸清土地的数量、类型（山地、林地、露天矿采掘场、排土场），风电、光电、水电等资源的储量、技术开发量和经济开发量等情况，以及自然风光资源情况。

4. 资源再利用的关键技术

利用废弃矿坑发展抽水蓄能、压缩空气储能、战略物资储备、工业旅游开发、地下医院等要实现关键技术突破，才能实现相关产业的发展。

5. 基础设施和公共服务

要摸清关闭煤矿路网架构、供水设施能力、污水处理能力、供电设施容量、通信设施分布、医疗和教育资源，为新产业、新业态的发展提供有效支撑。

（二）绿色转型路径

新结构经济学认为，一个经济体最优产业结构是由其要素禀赋结构决定的，要素禀赋结构不仅包括给定时点上一个经济体可用的各种生产要素（劳动、资本）的相对丰裕程度，也包括自然禀赋与制度禀赋。根据要素禀赋结构决定的比较优势来选择发展产业，需要有一个在产品和要素市场上充分反映各类要素相对稀缺性价格体系的充分竞争的“有效市场”，这样的产业构成了最优产业结构。同时，为了把比较优势转化为竞争优势还需要“有为政府”提供合适的硬基础设施和软制度安排。而且随着要素禀赋结构的变化，产业结构也会随之内生地变化。因此，新结构经济学主张：一个经济体应从其自身要素禀赋结构出发，发展其具有比较优势的产业，在“有效市场”和“有为政府”的共同作用下，推动产业结构转型升级和经济社会发展。如果地区违背比较优势发展战略，那么将导致资源配置效率低下、产业结构单一、升级缓慢等问题，阻碍地区经济发展。如对于以下三种类型：

（1）勉强协调型

这种类型关闭煤矿所在城市的要素禀赋结构与产业结构耦合协调情况不是很好，稍有不慎就会变为濒临失调，或者说这种类型城市没有在自身要素禀赋的基础上发展具有比较优势的产业。因此，其产业升级的关键是重新分析其要素禀赋结构，结合要素市场价格信号确定出具有优势的要素，进而确定其潜在优势产业。另外，从产业结构转型看，应逐步降低第一产业和第二产业比重。如煤矿沉陷区可以发展水产养殖业，利用关闭煤矿的土地、厂房、设备以及其他资源发展采掘业产品和农产品的加工制造业，这样能够最大限度地吸纳矿工就地转岗，缓解当地的就业压力。

（2）初级协调型

这种类型关闭煤矿所在城市的要素禀赋结构与产业结构属于基本协调，也就是说产业结构基本符合要素禀赋结构，其在产业升级方面的重点是要素禀赋结构的转换升级，比较优势产业是资本密集型产业，因为该类型城市的人均 GDP 要高于勉强协调型城市。因此，这类城市的关闭煤矿选择发展的产业可以是二产、三产中的资本密集型产业，应加大对劳动力的教育投入以及研发投入，不断增加人力资本和物质资本的积累，提高自主创新能力和产业的技术水平，促进产业向技术密集型转变。

（3）中级和良好协调型

这种类型关闭煤矿所在城市的要素禀赋结构与产业结构协调情况较好，产业结构与要素禀赋结构比较一致，其在产业升级方面的重点也是要素禀赋结构的转换升级，即应发展资本密集型或者技术密集型产业。因此，这种类型城市的关闭煤矿可以选择发展第二产业或者第三产业，但应该是资本密集型或者技术密集型的产业，需要投入更多的人力资本、金融和物质资本，需要更高的自主创新能力，而且还需要进行劳动分工的深化，不断扩大市场规模，带来规模报酬递增和要素报酬递增，使其产业结构达到优化的水平。

以上三种类型的关闭煤矿在产业转型过程中，由于产业发展的外部性和交易成本等费用是单个企业或者产业无力解决的，因此需要“有为”政府在硬的基础设施和软的制度或政策安排方面的支持，才能使产业发展获得竞争优势，促进产业的可持续发展。主要包括以下7 方面。

（1）出台废弃土地利用支持政策，允许关闭煤矿废弃土地复垦调整利用指标在一定范围内调剂为建设用地指标，或者在中心城区内调整使用。

（2）中央和地方政府出台与生态环境修复和生态补偿相关的支持政策。对于无法利用和受到污染的土地要进行相应的生态恢复和治理，单个关闭煤矿没有能力进行处置的，需要政府提供政策和资金支持。

（3）针对关闭煤矿不同类型的富余人员，结合产业发展规划，政府和企业一起系统编制各类培训和就业规划，有效解决富余人员的转岗、重新就业或者退休的问题。

（4）政府需要对关闭煤矿的路网架构、供水设施、污水处理能力、供电设施、通信设施以及医疗资源等基础设施各方面进行更新和完善，为产业转型提供支撑。

（5）关闭煤矿中大部分资产无法使用，大量的核销资产提高了企业的负债率，造成产业转型融资困难。因此，政府应出台相关的金融政策，鼓励金融机构为关闭煤矿产业转型提供有力的资金保障。

（6）关闭煤矿产业由劳动密集型转向资本和技术密集型，产业结构由第一、二产业转向第三产业的过程中，政府应该通过补贴和扶持，使企业踊跃进军高新技术产业，同时政府要协调各方对基础科学的研发，以促进技术创新和产业升级。

（7）关闭煤矿产业转型过程中需要政府多方面政策的支持，如土地、规划及相关手续方面，这些支持性政策分散在各个具体部门，在实际应用过程中政府应加强政策集成的统筹和协调，结合产业转型的实际给予细化和完善，切实提高办事效率。

总之，依据新结构经济学理论，勉强协调型关闭煤矿的产业绿色转型路径是在逐步降低第一产业比重的同时，根据要素禀赋结构优先发展劳动密集型产业，或者承接发达区域的劳动密集型产业；初级协调型关闭煤矿在降低第二产业比重、增加第三产业比重情况下，根据要素禀赋结构优势优先发展资本密集型和技术密集型产业，需要不断增强技术创新能力和加大资本的投入。中级和良好协调型关闭煤矿在大力发展第三产业时，也要集中发展资本密集型和技术密集型产业，需要投入更多的人力和物质资本，更高的技术创新能力。关闭煤矿在产业转型过程中，需要“有为”政府在“硬”的基础设施和“软”的制度或政策安排方面的支持，需要出台废弃土地利用支持政策及生态环境修复和生态补偿相关政策；针对不同类型的富余人员，结合产业发展规划，系统编制各类培训和就业规划；需要对交通、通信、供水等基础设施进行更新和完善；出台相关的金融政策，为关闭煤矿产业转型提供有力的资金保障；补贴和扶持促进产业升级的关键技术以及基础科学的研发；政府应加强政策集成的统筹协调及细化完善。

第三章　露天矿闭坑边坡稳定

第一节　露天矿闭坑边坡稳定性分析及防治

露天开采因其安全、高效的独特优势，近年来在全国煤炭产量中所占比重呈上升趋势，2022 年露天开采的比重在 23％以上。但是许多大型露天矿经过多年开采，已逐渐形成了深度可达 450 m 以上、面积数十公里的深大矿坑，这些露天矿的高陡边坡一旦发生滑塌势必引发一系列的地质环境问题和工程灾害。

广大学者已经开展了大量的关于露天矿高陡边坡稳定性研究。曾维国等以 Bishop 法为基础，研究圆弧滑动的数值解，提出了一种更为合理的最危险圆弧滑面搜索方法。芮勇勤、许宝田等提出了软弱夹层的流变方程，为蠕动边坡动态稳定性理论分析提供了依据。田烨运用 ADINA 分析了宝日希勒边坡的应力分布特征，利用强度折减法计算了边坡稳定性。王旭春等研究了岩体内聚力、摩擦角、密度等对边坡稳定性的影响，对安太堡露天矿边坡进行稳定性计算并提出了有针对性的措施。王勇团队提出闭坑露天矿边坡稳定控制与治理技术研究、技术路线。曹兰柱利用模糊数学的方法，建立了模糊综合评判方案模型，并应用于边坡稳定性判断。白润才等利用神经网络建立了预测边坡稳定性的神经网络模型。郝文玉、才庆祥等利用 FLAC/SLOPE 分析计算了排土场边坡稳定性，提出影响排土场稳定性原因及治理措施。经过多年开采，我国许多大型煤矿已经进入中老期，保证临近闭坑露天矿的高陡边坡稳定性是露天矿企业转型、露天矿复垦、生态恢复的前提条件。本章以内蒙古自治区某临近闭坑露天矿端帮边坡为工程背景，分析评价边坡稳定性，并在考虑露天矿闭坑转型的基础上提出了合理的治理措施。研究成果对于相似露天矿的边坡治理具有借鉴意义。

一、露天矿边坡稳定性影响因素

露天矿边坡是在采煤过程中形成的一种人造特殊结构。随着浅部资源的不断开挖，露天矿边坡向高陡趋势发展，深部边坡体属于地壳岩体一部分，地应力对其影响难以忽略。另外，临近闭坑的边坡所处的外界环境将发生变化，受多种因素影响，呈进一步恶化趋势，主要表现在以下 3 个方面。

（一）结构面的影响

1. 软弱夹层（弱层）

露天矿端帮失稳滑塌大都是由于软弱夹层的存在，一般形成上部圆弧（折线）、下部沿弱层切出的滑坡模式。露天矿中经常遇到的软弱夹层有碳质页岩层、碳质泥岩层、薄煤层等。软弱夹层一般处于煤层顶板或底板附近，颗粒胶结性差，大都含有蒙脱石成分，吸水后发生膨胀，表现为塑性状态，干燥后为固态，但强度低，受扰动后易产生裂缝。

2. 节理、裂隙

露天边坡揭露岩体表面节理、裂隙的数量、角度、产状复杂。目前对边坡岩体节理、裂隙的统计调查主要有钻探法、罗盘接触测量法、三维激光扫描法、数字摄影测量法。节理、裂隙的存在可单独构成滑动面，也可以同邻近节理、岩层面组成滑移体。节理、裂隙引起的边坡失稳主要表现为单台阶或少数几个台阶的剥落、片帮等破坏现象。

（二）水的影响

露天矿滑坡大多发生在雨季或解冻时期，因为水对边坡的稳定性起有害作用。水对边坡的稳定性影响主要表现为弱化岩体的强度，使其更容易发生剪切、拉伸破坏。边坡中的黏土类岩石遇水后会发生膨胀、崩解。水对软弱夹层起到润滑作用，更容易引起滑坡体由软弱夹层切出。露天矿闭坑前为了维持边坡稳定，保证安全生产，配有疏干排水系统，而当露天矿闭坑后排水系统大都会停止，这将导致地表水与地下水向坑内汇集，闭坑前的边坡将会变成饱水边坡，加速边坡的失稳破坏。

（三）爆破作业和震动影响

露天矿生产中影响边坡稳定性的震动源主要有爆破震动和机械作业震动。爆破作业对边坡稳定性的影响主要为：一是增加了边坡的滑动力；二是降低岩体强度，震动作用可以加速水对岩体的侵蚀，促进岩体的破坏。

二、露天矿边坡稳定性计算评价

边坡稳定性计算方法主要包括极限平衡法、有限元法、边界元法和可靠性分析法等。极限平衡方法具有计算过程简单、计算结果满足要求的特点，在边坡稳定性计算中应用较为广泛，被认为是边坡工程稳定性分析最主要、最有效的分析方法。以极限平衡法为理论基础，利用GEO-Slope软件分析终了边坡稳定性，为露天矿闭坑转型边坡稳定性治理提供决策依据。

（一）计算参数的选取

岩体力学参数是准确评价边坡稳定性的基础，本计算根据某露天矿前期进行边坡勘察所取岩芯的室内试验确定的岩体力学参数，见表3-1-1。

表3-1-1 露天矿端帮岩体物理力学参数指标

岩土类别	黏聚力/kPa	内摩擦角/(°)	密度/(t/m³)
第四系	21.1	20.6	1.63
泥岩	89.0	27.0	1.83
黑色泥岩	23.7	24.3	1.73
砂质泥岩	20.5	21.9	1.77
粉砂岩	50.0	26.0	1.64
砂岩	68.9	36.1	1.66
碳质泥岩	90.1	22.9	1.40
煤	30.0	23.0	1.23
泥质砂岩	3.1	35.3	1.81
剥离物料	0.0	21.0	1.60

（二）边坡稳定性计算方法

1. 工程地质分析法

工程地质分析法是早期开展边坡稳定性分析的主要方法，其理论基础是地质成因演化论、工程地质类比法及岩体结构控制理论，特别是对于地质条件复杂的矿山岩质高边坡，在确定滑坡模式和机理方面，更有其独特的价值，可为定量研究边坡稳定性奠定基础。

2. 刚体极限平衡分析法

刚体极限平衡分析法是纳入设计规程的边坡稳定分析的重要和最常用方法，它是以莫尔-库仑抗剪强度理论为基础，建立滑坡体力或力矩平衡方程，通过一定的假定条件，减少未知量的个数，从而将边坡稳定的超静定问题转化为静定问题，然后求解方程组，得到边坡的安全系数。

早期的极限平衡分析法是1916年由瑞典人彼德森提出的，后来很多学者进行了改进。目前，刚体极限平衡方法已经从二维发展到了三维，我国学者陈祖煜、朱大勇、郑宏在理论计算方面作出了突出的贡献。

刚体极限平衡分析法力学模型简单，可对边坡稳定性进行定量评价，不能考虑坡体中的应力应变状态，只是给出所有可能的危险滑动范围，对于土质边坡计算结果较好。但是，该方法需对滑坡边界条件进行大大简化，计算中所选用的各种参数往往要求是确定的且呈线性变化，因而对于由复杂介质和边界组成的岩质滑坡体，其计算结果和实际有很大误差。

3. 数值计算方法

随着计算机的普及和发展，出现了一批以弹性力学、结构力学为基础的数值计算方法：有限差分法（FDM）、有限单元法（FEM）、离散单元法（DEM）、不连续变形分析（DDA）、快速拉格朗日插值法（FLAC）、流形元方法（NNM）等。离散单元法和快速拉格朗日插值法是美国学者 Cundall P. A 教授提出的两种计算方法，在解决离散的、非连续的问题和大变形问题方面有着极其广泛应用范围与发展前途。目前，数值方法已广泛应用于边坡稳定性分析中，促进了人们对边坡破坏失稳机理的认识。

和刚体极限平衡分析法相比，有限元法能更好地反映边坡岩土体的应力应变关系，并且不受边坡几何形状和材料不均匀的限制，因而是边坡稳定性分析中一种较为理想的方法。该方法的重要研究内容是如何将有限元计算结果与传统的安全系数挂钩，成为直接用于边坡设计的判别依据，同时可以搜索最危险滑面。边坡稳定性分析的有限元法大体上可以分为两类：一是基于滑面应力分析的有限元法（SSA），它是边坡稳定性有限元分析中一种常规的计算方法；二是基于强度折减的有限元法（SRM），这种方法在国外兴起于20世纪90年代。

边坡稳定性分析的有限元强度折减法由于计算简单，可直接利用现有大型有限元分析软件进行计算，因而近年来的研究较为活跃。其基本原理是将边坡强度参数同时除以一个折减系数，得到一组新的强度参数值，然后以这组新的值作为输入参数进行有限元计算，当计算至边坡达到极限状态时，对应的折减系数值就是边坡的最小安全系数。

4. 边坡稳定性系统方法

由于边坡岩体是一个三维空间随机介质，影响因素十分复杂，边坡的破坏具有渐进发展规律，所以边坡工程是一个系统工程，其稳定性具有动态系统性的特点，基于这些特点它需要应用可靠性和随机性方法进行系统研究。边坡稳定性分析的系统方法主要理论依据是边坡变形破坏行为所表现出的非线性(岩石材料的无序分布，影响边坡稳定的因素很多，岩石破坏的非线性不可逆过程)。

为了更准确地描述边坡非线性复杂动力学过程，科学家们将混沌理论中的耗散结构、协同分岔、灰色系统、突变理论、分形理论以及神经网络系统等非线性科学引入边坡稳定分析中。该方法目前仍然处于理论研究阶段，在非线性理论方法的实用性和工程适用效果方面仍有待检验。

5. 可靠性分析方法

由于岩土介质的特殊性(岩土体参数的离散性、随机性)，它在工程设计、施工、使用过程中具有多种影响工程安全、使用的不确定性因素，所以在工程设计中采用确定性方法进行边坡安全性能评估是不准确的。研究这类问题的方法有概率论、模糊数学、数理统计、可靠性和随机过程理论。

可靠度理论应用于边坡工程是从 20 世纪 70 年代后期开始的，许多学者对边坡可靠度的研究作出了卓有成效的贡献 。尤其是祝玉学的《边坡可靠性分析》(1993)和王家臣的《边坡工程随机分析原理》的出版，标志着我国在边坡可靠性理论方面的研究进入了一个崭新的阶段。

边坡可靠性分析所常用的方法有：蒙特卡洛模拟法、一次二阶矩法(又称 Rosenblueth 法)、统计矩法和随机有限元法。其中蒙特卡洛模拟法把复杂的空间条件和时间过程简化成集总参数，进而求得安全系数或安全储备的概率分布及分布参数的特征值均值、标准差、破坏概率等，以此作为边坡工程问题的近似解，在尖山铁矿边坡设计、二滩水电站龙山滑坡分析、三峡库区滑坡和龙滩水电站进水口边坡倾倒稳定分析中得到成功应用。随机有限元法是可靠指标法与数值法相耦合的方法，集有限单元法和可靠性分析法优点于一身，适应性强，考虑问题全面，精度较高，可解决非线性问题。

由于边坡岩体性质、地质构造等多方面的差异，实际边坡的渐进破坏与理论模型有一定的差距。郑颖人院士指出："边坡的稳定分析，参数选用，至今仍是一大技术难题，特别是岩质边坡尚没有实用的分析方法。"由此可见，边坡岩体力学参数选取是否合理是稳定性评价的关键。

(三) 边坡稳定性计算

该露天矿边坡稳定性计算时选取露天矿端帮具有代表性的 45、57、69 等 3 个典型剖面。边坡岩层层位根据边坡勘察钻孔柱状图确定。露天矿边坡岩层为反倾边坡，勘察结果表明露天矿边坡岩层不含影响边坡稳定的软弱夹层，确认露天矿的滑坡模式为圆弧滑动。利用 GeoStudio 系统软件下的 SLOPE/W 软件给出边坡按圆弧滑面失稳时的安全系数。以露天矿提供的终了设计图纸为基础，考虑内排压脚情况，建立边坡稳定性计算模型。各剖面建立、计算过程类似，以 57 剖面计算结果为例进行分析。边坡稳定性计算结果如图 3-1-1 所示。

边坡滑移圆弧的入口均位于坡顶处，由于水的存在，圆弧滑面的出口不同。疏干状态下，圆弧滑面由中砂岩层顶部切出；饱水状态下，圆弧滑面的范围扩大，穿过煤层底板，经内排物料切出，并且内排压脚对饱水边坡的稳定性影响不大。疏干状态下边坡计算所得安全系数为 1.427，饱水状态下边坡的安全系数为 1.149，水的存在导致边坡安全系数降低了 19%，可见水对边坡的稳定性存在较大影响。

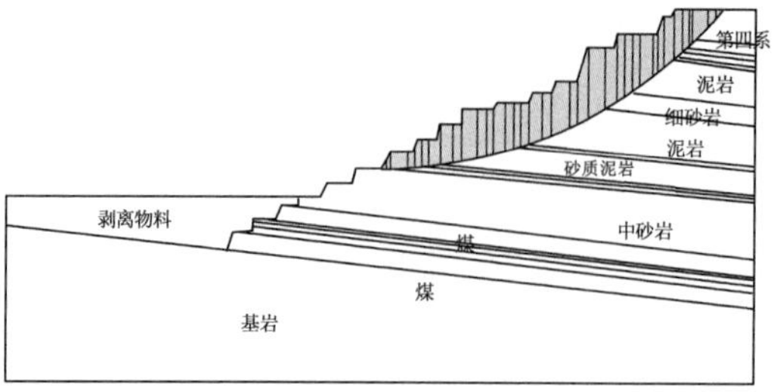

（a）疏干状态稳定性计算结果

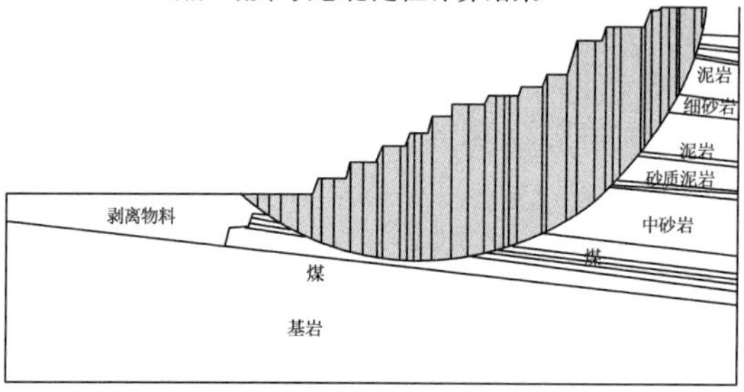

（b）饱和状态稳定性计算结果

图 3-1-1　边坡稳定性计算结果

（四）边坡稳定性评价

该露天矿闭坑后将改造为地质公园，对边坡稳定性的要求要高于正常生产时期的临时边坡。根据《煤炭工业露天矿设计规范》(GB 50197—2015)要求，对于生产过程中的边坡允许局部台阶发生不影响生产的边坡垮塌，边坡安全系数在 1.05～1.10 即可满足要求。但是，根据国家标准《岩土工程勘察规范》(GB 50021—2001)的规定，进行地质公园建设的边坡安全系数应在 1.15～1.30。经过计算得到的各典型剖面的安全系数见表 3-1-2。

表 3-1-2　边坡安全系数

典型剖面	边坡高度/m	边坡角度/(°)	安全系数(饱水)	安全系数(疏干)
45	143	28	1.199	1.516
57	142	28	1.149	1.427
69	133	26	1.267	1.683

由表 3-1-2 可知，疏干状态下边坡的安全系数均能达到露天矿地质公园建设所需要的边坡安全系数值，而饱水边坡的安全系数值未达到或约等于《岩土工程勘察规范》要求的安全系数临界值。因此，解决好疏干排水问题是露天矿进行地质公园改造的前提条件。

三、露天矿边坡防治措施

（一）完善边坡防排水系统

边坡防护首先必须做好坡面和坡体排水。坡面排水主要通过设置坡顶截水沟、平台截水沟、边沟、排水沟及跌水与急流槽来实现。坡体排水设施主要有渗沟、盲沟及深层斜孔。该露天矿闭坑后，边坡整体能够满足稳定性要求。因个别边坡安全系数未达到规程要求，建议在现有排水措施的基础上增加防、排水措施。结合露天矿实际情况，建议在第四系冲积层下部的第一个台阶及Ⅱ2-1 煤层顶板上部的第一个台阶各设置 1 条截水沟。根据露天矿平台沿煤层走向高程变化，分别向南、北两侧截排降雨汇水，将雨水汇至蓄水池，统一处理，防止雨水对边坡的冲刷、侵蚀作用。平台截水沟采用倒梯形水沟，沟底宽度 1.5 m，沟口宽度 2.5 m，水沟深度 1.5 m，水沟坡度 10‰，水沟内侧面铺设 200 mm 厚度的衬砌物料，防止水沟冲刷堵塞。

（二）泥岩出露区分区治理

该露天矿端帮边坡有泥岩出露区，随着时间推移，雨水冲刷，泥岩不断侵蚀弱化，强度降低，边坡有失稳的可能，因此要对泥岩出露区采取加固措施。考虑到露天矿闭坑后要进行地质公园的建设，传统的护坡技术难以满足生态绿化的要求，建议对于泥岩出露边坡采取现浇网格生态护坡技术。现浇网格生态护坡技术是在边坡上用现浇网格生态护坡模板现场浇筑的钢筋混凝土网格内种植植物、铺设抗冲刷基质，达到水土保持、涵养水源、改良土壤、生态恢复目标的新型生态护坡技术。现浇网格护坡效果如图 3-1-2。

(a) 护坡植物种植

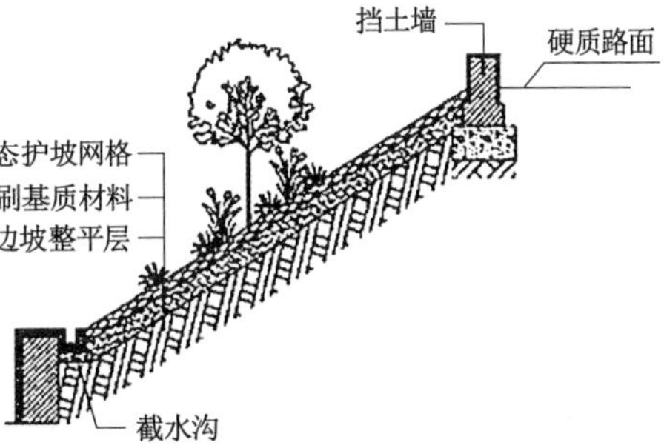

(b) 护坡效果图

图 3-1-2 现浇网格护坡效果图

（三）边坡监测系统

露天矿闭坑后进行地质公园的建设，边坡安全等级要求较高，已有的 RTK 监测难以满足实时监测、自动化报警的需求。结合露天矿实际需求，采用 GPS 自动化监测代替现有 RTK 监测手段。GPS 自动化监测主要突出优点如下：

① 各测点与基准间通过卫星连接，之间无需通视，且不受距离限制，布设方便。

② 适用于各种环境，监测精度不受风沙、暴雨、煤灰影响。

③ 监测点通过钢管与地层连接布设方便，监测探头移设方便。

④ 适用环境温度为－40～75 ℃，基本满足矿区昼夜温差大的要求。

露天矿边坡稳定工作具有长期性，为了保证参观人员安全，须做到滑坡前能预知。在对地质构造、岩性、滑坡机理等研究的基础上，通过对边坡动态的观测，切实掌握边坡变形的规律，以便对边坡的未来稳定状况和变化趋势作出预测预报，以采取适当的防治措施。本次边坡稳定性监测共布设 6 条监测线，每条监测线布设 4 个测点，共计 24 个监测点位。监测点布设如图 3-1-3 所示。

（四）边坡预警预报

进行边坡稳定性评价和变形破坏监测，最终目的是进行边坡失稳预测及滑坡预报，这是

图 3-1-3　监测点布设图

矿山生产实践必须处理的问题，也是岩石力学领域的研究热点和难题。由于边坡地质条件和变形破坏过程机理十分复杂，且对各种影响因素的交互效应和时空效应还不能进行可靠的定量描述，掌握边坡破坏规律和进行滑坡预测预报的难度较大。虽然有像新滩滑坡等令人鼓舞的成功预报，但更多的是滑坡灾害发生的惨痛教训，如内蒙古自治区阿拉善盟阿拉善一露天矿(矿井转露天)发生大面积坍塌，现场造成多名作业人员和车辆被掩埋。

滑坡预测预报是世界性的难题，国内外许多学者在边坡失稳机理和预测预报研究方面做了大量的工作，目前常用的边坡位移预测方法主要有以下 5 种。

1. 统计归纳法

其代表为斋藤法和曲线拟合法。其中斋藤法，以土体蠕变理论为基础，以应变速率为基本参数，在一定程度上反映了滑坡变形的本质，所以在滑坡预报方面取得了一定的效果。曲线拟合法，这种方法是对观测到的位移序列采用各种曲线拟合，用得到的曲线方程进行预测。B. A. Kennedy 根据智利 Chuquicamata 露天矿边坡位移监测曲线，于 1971 年用各种曲线回归拟合。通过各种函数对边坡位移曲线各时段的后验拟合，认为应用对数函数分四段拟合效果最好，与实际观测曲线较吻合。

2. 灰色系统理论

灰色系统理论是我国学者邓聚龙 1980 年提出的一种方法，它用来处理部分信息已知而部分信息未知的系统。灰色系统模型是采用指数函数来逼近以求得未来数据，但对于岩质边坡这种复杂动态系统而言，它很难反映边坡系统自身的演化状态。

3. 时序分析建模法

时序分析是处理随时间变化的一组随机数据序列的一种数学建模方法。时序分析建模法有自己的独特性：要求数据序列为平稳、正态的序列；序列中的数据应该是其历史数据的线性组合。但在实际的边坡工程中，所测得到的位移序列一般不可能为平稳、正态的随机序列，而且很多情况下观测序列都不符合其历史数据的特点，这些均限制了时间序列模型的应用。

4. 人工神经网络预测法

人工神经网络建模是人工智能研究的一个分支，它具有在复杂的非线性系统中较高的建模能力及对数据良好的拟合能力，并有挖掘数据列中隐含规律的能力，近年来已被引入边坡位移预测中。目前边坡位移预测均采用三层 BP 神经网络模型。人工神经网络位移建模预报的实质是由神经网络隐含表达各位移间的函数关系。但是,BP 神经网络模型在网络结构、网络节点作用函数的选择以及样本数量的确定等方面还存在问题有待解决。

随着非线性科学理论的发展,人们逐渐认识到边坡的演化系统是一个复杂的非线性动力系统。考虑到这种因素,秦四清等学者把非线性动力学的知识引入滑坡研究,建立了滑坡研究的非线性动力学模型。另外,耗散结构理论、突变理论、重正化群理论、混沌理论和协同理论等也被应用到滑坡预测研究中。

5. 多元信息融合法

随着信息科学技术的发展,在 20 世纪七八十年代产生了一个称为"数据融合"的全新概念,即将多传感器获得的数据进行所谓的"融合处理",可以得到比任何单一传感器所获得数据更多的有用信息。后来,这一概念不断扩展,将要处理的对象扩展为图像、音频、符号等,从而形成了一种共识的概念,称为"多源信息融合"。谢谟文、蔡美峰提出了"信息边坡工程学"的概念,在他们的著作《信息边坡工程学的理论与实践》中,将 GIS 等信息技术与边坡稳定性分析的力学方法相结合,将传统的力学分析方法向信息化、可视化及时空四维化转换,形成了一个新兴的研究领域——信息边坡工程学。

对于复杂的边坡工程问题,其三维空间稳定性取决于复杂空间分布的地形、地层、岩土力学参数及地下水等因素,但这些空间分布的信息很难在一般的边坡(三维)稳定性分析系统中处理;同时考虑到边坡岩体及其稳定性的时间效应,边坡稳定性实质上是一个时空四维问题。GIS 恰好提供了一个公用的平台来处理这些复杂的时空四维信息。信息边坡工程学将边坡工程与信息技术紧密结合,以现代高新信息技术 GIS 为平台,研究边坡的时空四维稳定、灾害控制及环境影响等稳定性相关问题。利用现代高精尖测量监测技术进行边坡快速实时信息获取及分析处理,为边坡稳定性分析与评价综合信息和数据的实时、自动采集和更新提供了有力的工具。

综上所述,岩质边坡稳定性评价及预测预报是岩石力学与工程领域的热点问题,当前滑坡综合预测预报的思路为:动态、多手段、全过程、分阶段动态评价预测,从定性、定量、定势的角度,通过滑坡宏观现象观察、监测数据分析与数值计算等多种手段,建立全过程标准体系,引进稳定安全系数定量标准,进行持续、全过程的综合分析,分阶段进行预报。

四、露天采掘场、排土场应查明的情况

(一) 采掘场

① 露天矿闭坑时资源量回采率要求,已服务年限情况。

② 露天矿压帮量资源回采及利用情况等。

③ 剩余资源利用情况。

④ 对于关闭后还有可利用资源的煤矿,结合露天矿实际情况,宜在露天矿关闭时编制露天矿资源储量核实报告,明确资源种类、范围、数量和关闭阶段需采取的保护措施。

(二) 边坡工程

① 露天矿闭坑时帮坡稳定性分析,最终帮坡状态要求以及边坡监测。

② 地表环境监测、采掘场边坡监测等。

（三）采掘场、排土场设备

① 采掘场、排土场的疏干防排水、供电、运输、通信、监控监测等设备、设施应坚持应拆尽拆的原则，进行最大限度回撤。对于不能回收、回收危险特别大、回收价值远小于回收成本的设备，可依据实际情况进行回撤。所有回撤设备、设施和材料必须登记造册。

② 宜遵循先采掘、运输、排弃、疏干、供电以及辅助设备，后主要安全设备和材料的原则进行回撤。

③ 电气设备拆除、搬迁、移动必须停电，禁止带电操作。

④ 回撤设备时，拆除的设备应及时存放在指定地点。

⑤ 采掘场、排土场灾害。采掘场、排土场各区域在关闭前应对采空区、火区、坑内积水（水害）、边坡稳定、地表塌陷等进行监测。在关闭过程中，当关闭区域出现滑坡等灾害危险性征兆时，应立即停止关闭工作，撤离人员。当灾害不可消除时，应立即封闭灾害区域，放弃设备回撤，保证安全。

第二节　露天矿闭坑岩质边坡绿化技术应用

露天矿一般采用爆破或机械开采。由于采矿技术条件限制、采矿活动管理不规范、采矿权人重利益轻环保等原因，采矿后的废弃露天矿往往地形复杂、植被破坏严重，形成坡度不一的裸露岩质边坡。随着废弃露天矿环境恢复治理工作越来越受关注和重视，边坡绿化技术得到了飞速发展，从传统的坑穴种植、植生袋护坡、植生毯护坡技术，到现在的液力喷播、客土喷播、高次团粒喷播、植被混凝土护坡等，绿化新技术层出不穷，不同的绿化技术适用于不同类型边坡。下面以一闭坑石灰岩矿绿化为例介绍。

一、研究区边坡特点

湖北某地建筑碎石用石灰岩矿，采用露天爆破开采，现已关闭。主采面呈弧形，坡向10°～30°，坡度15°～70°，局部近直立，坡顶高程220～285 m，坡脚平均高程48 m，坡面见多级不规则马道，宽2～30 m。边坡坡体发育两组节理裂隙，产状分别为（L1）110°∠35°、（L2）30°∠55°，裸露岩体岩性为二叠系下统栖霞组含碳质灰岩、石炭系中统船山组球粒灰岩、黄龙组灰岩，产状为230°～280°∠20°～50°。通过现场调查及分析，发现坡面主要存在地质环境和生态环境两方面问题，表现为地质灾害隐患、水土流失、地形地貌景观破坏等。根据研究区内边坡特点，将其按坡度划分为3个等级区：Ⅰ级区＜25°、25°⩽Ⅱ级区＜60°、Ⅲ级区⩾60°，具体见表3-2-1。

表3-2-1　研究区边坡坡度等级区划分

坡度等级区	坡度范围/(°)	位置	治理面积/m^2
Ⅰ级区	＜25	坡面分级平台	103 379
Ⅱ级区	⩾25且＜60	研究区主采面	131 798
Ⅲ级区	⩾60	研究区局部高陡坡	23 615

二、边坡绿化技术

（一）坑穴种植

坑穴种植绿化技术主要应用在Ⅰ级区（坡面分级平台），适宜平台或坡度<25°的边坡。因为区域较平缓，为防止水土流失、稳固深部土壤及保证坡面长期绿化的效果，主要种植灌木和藤类植物。平台或缓坡覆土后开挖一定深度的洞穴，将植物根系填埋，植物间隔一定距离。坑穴种植的关键在于覆土的质量，种植土要求使用富含有机质、团粒结构完好的土壤，种植土根据植物生长需要应具有较好的保肥、通气及透水的能力，pH 值应控制在 6～7，同时要保证种植土中不含有石块、土块、粗砂、杂草、有害种子等不利于植物生长的影响因子。

（二）高次团粒喷播

高次团粒喷播绿化技术应用在Ⅱ级区（研究区主采面），适宜坡度<60°的边坡。该范围边坡一般为废弃露天开采露天矿边坡绿化的主要区域，植被破坏严重，基岩完全裸露，坡面常因雨水冲刷、风化等因素节理发育，存在安全隐患，绿化前要先进行坡面危岩清理。高次团粒喷播是从日本引进的一种绿化新技术，主要应用在绿化困难的裸露岩质边坡，其原理是将含有机质和黏粒的客土材料，通过喷播方式喷在坡体表面，在喷播瞬间，客土材料可以在空气作用下与团粒剂混合后发生团粒反应，形成具有与自然界表土同种团粒状结构的土壤培养基。

高次团粒喷播分两个步骤进行：第一步清除坡面危岩后铺设镀锌菱形铁丝网，并用锚钉固定，消除地质灾害隐患的同时可以稳固坡面，防止小石块滑落。第二步喷射及养护。

喷射也分两次完成，首先喷射的是不含种子的混合料，待达到一定强度后，立即进行第二次喷射含种子的混合材料，将植物种子搅拌到含泥炭土、腐殖土、黏结剂、纤维、缓释复合肥、保水剂等混合料中，搅拌均匀后喷射到混合土层上。喷射完成后及时养护。

（三）预制混凝土框格结构种植槽＋生态棒＋客土喷播

研究区坡度≥60°区域的边坡呈高陡状，局部近直立，坡面极易受雨水冲刷，因此在不进行削坡的情况下直接采用喷播绿化的效果会很差。为减少周围山体生态环境的二次破坏，减少削坡工作量，提高修复效果，采用预制混凝土框格结构种植槽＋生态棒＋客土喷播，其设计详情见图 3-2-1。

种植槽采用预制混凝土框格结构，种植槽壁厚 10 cm、径深 20 cm，框格长 1 m、宽 60 cm，四角预留锚杆孔。坡面清理并完成铺网后安装种植槽联合绿化技术，按梅花状平铺预制混凝土框格结构种植槽，平铺时上下两排间隔 2 m、左右间隔 1 m，种植槽采用锚杆固定，槽内种植灌木及藤类植物。种植槽既可以稳固坡面也可以有效固土。为防止喷播后坡面受雨水冲刷，在上下两排种植槽之间平铺生态棒，有效固土的同时提高绿化效果、丰富植物群落。

（四）植被地境重塑技术

植被地境重塑技术是充分利用人工凿孔和岩体裂隙为植被营造地下生境条件。植被生长需要适宜的地下生境条件，包括生长空间、水肥和温湿度等条件，从而形成开放的生态环境系统。国内外众多学者对地下生境重塑技术进行了持续不断的探索。苏绘梦等通过分析岩基岩裂隙内根系生长的地下生境条件，发现植被根系形态随裂隙的形状呈扁平状发育，而且裂隙内的地下生境条件能够满足某些植被生长发育的需求。王帅等研究了植被生长的地

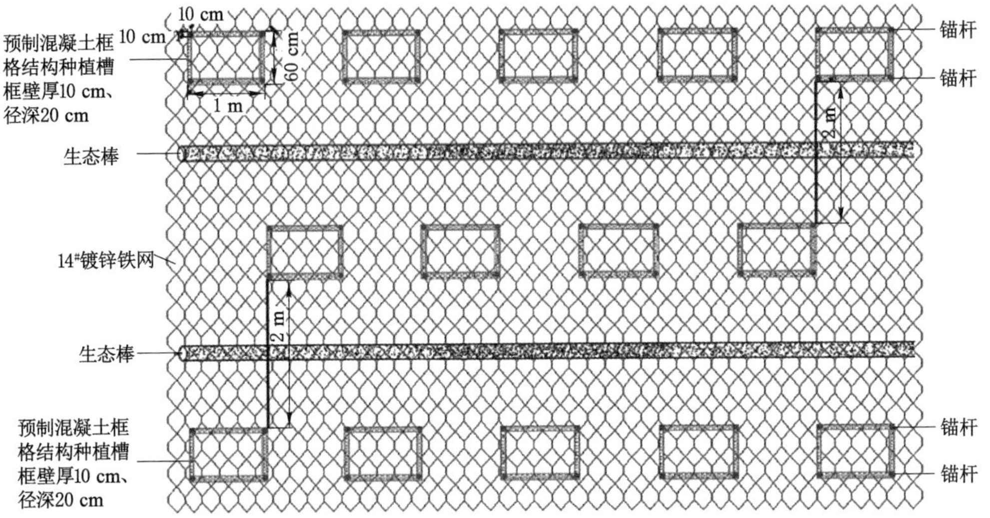

图 3-2-1　坡度≥60°区域边坡绿化技术平面布置

下生境特征，结果显示：裂隙率大且贯通性好的岩质边坡，能够满足植物根系生长需要的空间、养分、水汽交换等条件，同时温度和水分也能满足植物正常的生理需求。吴杨等采用的生态重建方案与岩体质量等级及节理、裂隙发育情况相适应，在矿区的不同区域进行了相关实验，结果表明：平台治理前期采用林、草相结合，待土壤熟化后，可种植经济作物，具有明显的经济效益。河北省地矿局第二地质大队通过在高陡岩质边坡上钻设倾角为 45°、孔径为 150 mm、孔深为 500 mm 的植生植物孔，用配有肥料、保水剂的客土回填孔洞，孔内种植当地的灌木、藤蔓、杂草，发现重塑地下生境的温度、湿度、含水量、养分等条件能充分满足不同季节植被的生长发育需要。该技术为高陡岩质边坡的治理提供了崭新的思路。

（五）后期管护技术

后期管护包括浇水、施肥、病虫防治等。浇水的原则是浇水量应大于植物蒸腾量、正常代谢用水量和地表蒸发量的总和。当植被长至三叶期后开始逐渐控水，有计划地减少浇水量，刺激根系向深部生长，培养出强大的根系，提高植被的抗旱性，同时干爽的地面能防止病害的发生。为便于水汽交换，应在干透后浇透，以此来刺激深层根的发育。夏季温度高，地面水分蒸发量和树叶蒸腾量大，应及时浇水。

施肥的原则是根据不同植物的生长特性及同种植物不同生长阶段确定施肥量，在喷播基质时加入底肥，缓释复混肥的用量为 30～40 g/m^2，追肥要掌握种类、时间、数量和方法。应在外部环境条件（温度和湿度）最适宜植被生长的时间施肥，施肥数量的多少取决于植被种类、覆土的质地、季节和植被的生理特性。施肥的季节一般为春季气温开始回升时和晚秋季节，春季植被开始萌芽，一般使用缓释复混肥 2.5～3.5 g/m^2，以促进冷季性草快速萌动；为保证植被安全越冬，可在晚秋施用缓释复肥促进根系生长。

“水肥一体化”是将肥料溶解在水中，以溶液的形式对植被进行灌溉。根据植被的生长特征，对土壤的水分和养分进行精准管控，实现水肥一体化，提高水肥的利用率。水肥一体化不仅可以提高水分和养分的利用率，还能保证不同植被、不同生长期所需养分的调节，改善土壤状况，有效地管控植被生长。

传统的病虫防治措施主要为喷洒化学药剂，在植被进入生长旺盛期之前进行病虫害的防治，即植被临发病前喷适量的波尔多液或甲基托布津或多菌灵1次，以后每隔2周喷1次，连续喷3～4次。在诊断病害起因、确定病原菌种类、了解病害发生发展规律的基础上采用对该种病原菌有效的防治手段。常见的害虫防治方法有药剂防治、人工防治、物理防治、摘除卵块、灭杀幼虫、诱杀成虫和生物防治相结合。

三、植物物种配置选择

1. 配置原则

植物物种配置原则见表3-2-2。

表3-2-2　植物物种配置原则

序号	项　目	内　容
1	考虑当地气候、土壤等特征	气候特征、土壤条件是影响植物生长的重要因素，选择适应当地气候、土壤生长的植物
2	乡土植物为主	选择当地长期生长的植被，更能适应当地环境，且有利于边坡绿化后与周围山体环境协调一致
3	选择耐旱、耐涝、耐贫瘠、抗寒、抗热、抗酸碱等抗逆性好的植被	边坡通常缺乏植被生长的养分，生长环境恶劣，选择抗逆性好的植被更能保证复绿效果
4	考虑优化植物群落	草本、乔木、灌木等植被相结合的植物群落，草本植物生长速度快、覆盖面积大，初期形成较好的治理效果；乔木、灌木植物可有效稳固边坡、减少水土流失、提高生物多样性，并能形成层次丰富的植物群落，美化景观

2. 物种的选择

根据边坡绿化技术方法及物种配置原则，平台绿化以灌木和藤类植物为主，选择根系较深的植被可以有效固结平台深部土壤、防止冲刷；坡面绿化以草本植物为主，乔木、灌木为辅（草本植物生长速度快，可在短时间内见到绿化效果，并能快速起到防冲刷效果；乔木、灌木根系深，增强坡面土壤防冲刷能力）。不同植物种类的相互结合，可提高生物多样性、丰富植物群落层次性。

3. 植被群落选择

植被群落是指共同生活在同一区域的植被集合体，它是个体之间通过合作与竞争等相互作用形成的组合。袁磊等对生态修复过程中的植物群落与地下生境特征进行了研究，结果表明：格构＋生态袋＋挂网喷播工艺具有显著优势，同时具有安全、美观、植被种类多的优点，但是同时存在施工难度大，成本高等缺点。张博文等在某采石场废弃地不同立地条件下进行了综合植被恢复，研究表明，藤本植物在高陡岩质边坡种植槽内和平台上生长迅速，可作为绿化先锋植被。

选择修复植被群落的合理性是人工向自然植被演替的关键因素。高陡岩质边坡由于其立地条件改善不明显，会造成植被群落结构单一、植物死亡快等问题，难以实现长期的边坡绿化效果。在生态修复工程完工后初期，其植被生长状况较好，郁闭度较高。但是，随着时间不断推移，植物群落种类下降，植被趋于单一，最终稳定的植物群落难以形成。其主要原因是草、灌和藤条的合理组合考虑较少。在治理后的早期阶段，草本植物受藤蔓和灌木的影响较小。因为草本植物的早期生长会迅速消耗土壤中的养分，不利于藤蔓和灌木的后期生长，因此，以后喷洒基质中草本植物的播种比例不宜过多地高于藤蔓和灌木，否则会严重影响藤蔓和灌木的初始生长。随着复绿植被的生长发育，植被逐渐改善高陡岩质边坡原有的立地条件，同时促进阴性植物的入侵、定居，进而提高高陡岩质边坡物种的多样性。由此可建立连续演替的植被群落，最终达到在自然条件下长期复绿的效果。

四、应用效果及效益分析

1. 应用效果

研究区锚钉挂网面积约 15.5 万 m^2，绿化用土面积约 5.2 万 m^3。种植夹竹桃 25 845 株、金叶女贞 25 845 株、龙藤及其他藤类植物 14 787 株、草籽约 3 000 kg，修建蓄水池 2 个，养护期 3 年。裸露边坡植被覆盖率从 0 恢复至 85%以上，种植的夹竹桃、金叶女贞成活分别超 20 000 株，龙藤及其他藤类植物成活超 10 000 株，成活率达 80%，有效复绿面积约 26 万 m^2。

2. 效益分析

针对不同的坡度等级，因地制宜地采取相应绿化技术，最大限度地节约成本、提高施工效率。研究区内减少削坡量约 18 000 m^3（研究区范围内边坡削坡至$\leqslant 60°$来算），按机械方式削方，削方量单价以当地市场价 58 元/m^3 计，节省了 104.40 万元，同时减少了对周围山体的二次破坏，经济效益显著。

通过对废弃露天矿边坡治理，使废弃露天矿地质环境和生态环境得到有效恢复，消除了地质灾害隐患，改变了矿区不良生态环境，丰富了当地自然景观，同时也消除了矿区内的粉尘污染，净化了周边空气，使当地周围自然景观得到显著提升，极大地改善了当地居民的生活环境，社会效益和环境效益明显。

废弃露天矿区域环境问题日益突出，废弃露天矿环境恢复治理已经成为社会关注的热点问题。露天矿因采矿已满目疮痍，为减少对周围山体的二次破坏，依据废弃露天矿边坡现状特征，在不进行大量削坡整形的原则下，因地制宜地选择适宜的边坡绿化技术恢复山体植被，有利于节约成本、提高效率，在有效改善废弃露天矿及周边山体生态环境的同时，也可提高当地经济、社会、环境效益，促进可持续发展。

第三节　露天矿闭坑边坡生态修复实施应用

近年来，随着国家大力提倡生态修复理念，废弃露天矿边坡生态修复工作变得尤为重要。由于废弃露天矿边坡地形特殊，在其生态修复中，养护技术面临越来越多的问题。在园林及道路绿化行业，人们常说“三分种、七分养”，可见养护技术对植物生长的影响程度。目前，国内外喷灌技术已经发展得非常成熟，在园林、道路绿化，以及农业生产中得到了大量的应用，但在废弃露天矿边坡生态修复工程中应用较少。随着废弃露天矿边坡生态修复工程难度越来越大，考虑其复绿边坡地形的特殊性，为了达到修复效果，可采用科学合理的养护方法，结合城市园林绿化喷灌技术，并在此基础上进行改进和优化，同时通过总结工程实践经验，逐步设计和选择喷灌系统，将其作为废弃露天矿边坡生态修复工程养护的主要手段。这样，可以更好地满足废弃露天矿边坡复绿工程的需要，从而解决废弃露天矿边坡生态修复工程养护中的难题。

一、喷灌技术简介

喷灌技术是把由自然落差形成的有压水，或利用水泵加压后形成的有压水，通过管道送到灌区，再经喷头喷射到空中形成细小的水滴，均匀地散落在灌区，从而达到灌溉的一种技术手段。喷灌系统可根据其设备的组成分为管道式喷灌系统及机组式喷灌系统两大类，其中管道式喷灌系统又可分为固定管道式、移动管道式和半固定半移动管道式，机组式喷灌系统又可分为轻小型和大中型机组式喷灌系统。可根据不同的地域选择相应的喷灌形式，做到因地制宜。

二、喷灌技术在工程实施中的设计及运用

（一）项目简介

工程治理区位于湖北省黄石市阳新县富池镇，长江边上。复绿边坡为废弃石灰岩矿采石场的主采面，边坡坡向 10°，坡度 40°～70°，坡顶高程＋225～＋285 m，坡脚高程＋50～＋52 m，相对高差 175～233 m，平均高差 204 m；坡体出露基岩为二叠系下统栖霞组含碳质及燧石结核灰岩、石炭系中统船山组球粒灰岩及黄龙组灰岩；坡体表面节理裂隙较发育，局部岩体破碎。

（二）施工工艺设计

1. 设计参数

养护管道主水管采用 ϕ63 mm 镀锌管，分水管采用 ϕ50 mm PVC 管，支水管采用 ϕ32 mm PVC 管。喷头采用全圆摇臂喷头，喷水半径 15 m，喷头间距见图 3-3-1，喷头安装在支水管 60 cm 高度处。主水管均用闸阀控制。项目养护期 3 年。

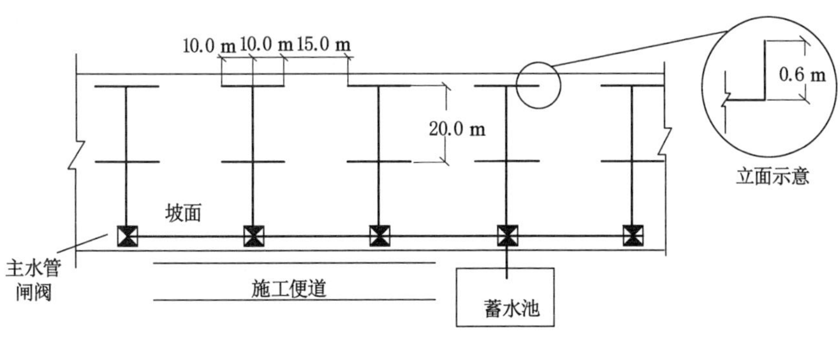

图 3-3-1　喷灌系统布设示意图

2. 工艺流程

清理现场及测量放线→开挖沟槽→铺设管道→喷灌系统安装→冲洗管道→管道试压→回填夯实→蓄水池砌筑及试喷。

（三）主要施工方法

1. 测量放线

按设计图位置和方向打桩放线。对于水泵、管道系统等测量放线应确定轴线位置，开挖的深度、宽度等。

2. 开挖沟槽

开挖沟槽采用机械开挖、人工配合的方式。槽壁按 1∶0.33 放坡，开挖出的土方堆放在沟槽一侧，并且距离沟槽边缘不得低于 0.5 m，堆土高度不得大于 1.5 m。开挖沟槽时还应注意，在便于管道敷设的前提下，沟槽尽量开挖得窄一些，可以在接头处大一些，从而使管道承受的压力较小，挖土方量也大大减少；沟槽底部开挖尽量平整，开挖后要尽快浇筑基础，避免沟槽开挖后长时间暴晒。

3. 铺设管道

管道敷设采用人工下管，敷设前沟槽内杂物清理干净，如有积水应及时排出。每根管道铺设在沟槽中心线上，然后回填砂土夯实。管道材料不能有裂缝、凹陷、弯曲、胶圈缺陷等，有质量问题的管材杜绝使用。主管与支管均采用承插接口、胶圈密封的接管方式，在转弯的地方主管和支管均采用 45°和 90°弯头。

4. 喷灌系统安装

(1) 管道敷设前检查是否有质量证明书和合格证，其数据是否符合国家有关标准，不合格材料不得使用。管材搬运、安装过程中均应轻拿轻放，还应防止油污、撞击等。

(2) 管道施工人员应了解管材的基本性能，掌握操作要领，不能盲目施工。PVC 塑料管材之间的连接采用专用熔接器熔接；管材与金属配件的连接采用螺纹连接。

(3) 水泵安装时要保证水泵轴线和动力机轴线处于同一轴线上，施工完成后用测隙规检查同心度，吸水管应短且直，各接头处要保证密封不漏气。

(4) 喷灌养护系统中的阀门应符合设计要求。阀门在安装前，应做耐压强度试验，以验证是否符合使用要求。

(5) 管道支架应安装在正确的位置，应与管道接触紧密，支架固定应牢靠。

5. 冲洗管道

整个系统安装完成后进行冲洗，冲洗工作分段进行。冲洗时用高速水流冲洗管道，使管道内杂质排出，避免后期堵塞，冲洗直至冲出的水中无杂质。

6. 管道试压

试压实验前，对试压管道采取有效固定和安全保护措施。将试压管道末端封堵后，管道中缓慢注水，同时排除管道内气体，充满水后对管道内水密性进行检查，检查是否有漏水情况，如有漏水应及时补修。管道试压应逐段进行。试压的压力应比正常工作条件下大一倍，并保持这种压力不少于 10 min。

7. 回填夯实

监理验收合格后即可回填，回填采用人工回填。如果管道埋设较深，应分层回填夯实，一般采用砂土或筛过的原土回填。回填土中不应含有砾石、砖瓦等大块杂物。

8. 蓄水池砌筑及试喷

为满足管道压力要求及节省水资源，在坡面合理位置砌筑蓄水池。回填工作完成后装上喷头，然后进行试喷。在试喷过程中，检查各喷点处在正常工作条件下是否达到喷头的覆盖范围，是否符合设计要求；检查喷灌系统运转过程中是否有异常情况。

（四）生态修复效果

植被种植后经过精心养护，复绿效果显著。复绿前坡面植被覆盖率低于10%，喷播绿化后，经过3～6个月的喷灌养护，植被覆盖率可达到80%以上。

三、喷灌技术在废弃露天矿边坡生态修复实施中的优缺点

（一）优点

(1) 喷灌技术在废弃露天矿边坡绿化工程中能够有效避免因客土喷播等技术形成的营养基材层和种子层的冲刷破坏，减少种苗的损伤，提高成活率。

(2) 实现水肥药一体化。喷灌过程中可与除草剂、灭虫剂及肥料等综合使用，提高效率。

(3) 可布设在任何角度任何位置的高陡边坡。特别对一些地形复杂，人、车辆无法进入的区域进行浇水时，可以用喷灌技术。

(4) 喷灌技术的浇水量比较均匀，可以减少水土流失及坡面径流；可以使坡体表层结构不易板结，保持土壤一定时间的湿润度和土壤团粒结构；可以有效控制土壤中水、土、气、热、养分和微生物状况，从而给植物生长创造出所需的生长环境。

(5) 节约资源。在水资源、劳动力、机械设备等方面与传统人工浇水相比节约很多资源。

（二）缺点

(1) 喷灌系统前期投资比较高。前期安装需要许多机械设备和管道材料以及人力。

(2) 喷灌技术受外界环境干扰比较大，特别是受风速的影响较大。当风速达到四级及以上时，喷灌效果受影响。

(3) 由于边坡地形、复绿技术等方面的特殊性，决定了在边坡上布设喷灌系统要比在平面上布设复杂得多，增加了一定困难。

通过工程实践证明，虽然目前喷灌技术运用在废弃露天矿边坡生态修复养护中还存在着问题，但与传统人工浇水养护相比较，优势也是相当明显。因此，喷灌技术运用在废弃露天矿边坡生态修复中是有必要的，特别是针对我国水资源匮乏地区，节约水资源的同时，能对边坡生态恢复发挥较好作用，具有广泛的应用前景。

第四节　露天矿闭坑植被恢复工程中弃渣边坡地质灾害危险性评估

随着社会经济发展，人们对整体生态环境的重视程度也越来越高，各级政府为了改善生态环境，提高人居环境优美舒适度，关停了大量的采石场。但废弃的采石场由于连年的不合理开采，已经严重破坏了原始生态环境，形成大量的堆积弃渣及裸露开采面，其中大量的弃渣为地质灾害的发生埋下了隐患。为降低地质灾害对植被恢复工程的安全影响，有效规避地质灾害危险，并为合理选择和确定植被恢复工程措施等提供设计和实施依据，开展生态恢复工程的地质灾害危险性评估工作是非常必要的。基于此，废弃露天矿植被恢复工程地质灾害危险性评估工作兼具地质灾害危险性评估和矿区地质工程环境条件评价双重目的。

一、弃渣边坡的工程地质特征

1. 地形地貌

采石场多位于山区或丘陵区，地形高差大，坡度较陡，沟谷众多。由于先前的不规范开采，废弃采石场中的弃渣多沿开采面和开采平台顺坡堆放成“裙帐”状的弃渣坡，甚至许多堆放在了沟谷两侧的山坡上。形成的弃渣边坡坡度一般在30°左右，高差10～30 m，有的甚至达到100 m。

2. 组成岩性

弃渣边坡的岩性组成主要取决于采石场的原始地层，一般依据其生产的产品可大致判断该区域的地层岩性。例如生产建筑装潢石材原料的采石场，其形成的弃渣边坡岩性以板岩、砂岩、大理岩、花岗岩等为主，同时混杂采石场区域的一些其他岩性及残坡积松散物。

3. 工程地质条件

弃渣边坡组成岩性复杂，结构松散，粒径大小极不均匀，一般粒径在10～30 cm，块径1～3 m的孤石也屡见不鲜。其天然及饱和重度一般在21～23 kN/m^3 左右，但需考虑不同的土石比。弃渣边坡表面植被极不发育，覆盖率一般仅在10%左右，甚至更低。

4. 水文地质条件

弃渣边坡体内一般没有地下水赋存，局部存在的滞水，一般很难形成连续的地下水面，但由于弃渣边坡体组成颗粒较粗，空隙较大，易形成排水通道，大量的渗流容易引起边坡体的渗透变形。

二、易引发的主要地质灾害

废弃露天矿中弃渣的大量存在，形成了大量弃渣边坡，也为泥石流灾害的形成创造了条件。

1. 不稳定边坡

弃渣体形成的不稳定边坡是废弃露天矿中重要的地质灾害类型之一。由于弃渣体组成复杂，形成历史复杂，且常常是依地形随机堆放，往往形成多个级次的弃渣坡，坡体高度有时可达百米，自然坡度大都在25°～45°，多堆积于原始坡地上，自稳能力较差，易发生局部塌滑。尤其在雨季，地表水通过弃渣边坡表面的渗水通道，下渗至弃渣与原始山坡的接触面，弱化了原始山坡表层的残坡积土性质，使得弃渣边坡容易发生变形失稳。

2. 泥石流

泥石流形成需要具备地形条件、丰富的物质来源及水的动力条件等3个因素。堆积在沟谷中或沟谷两侧坡地上的大量弃渣无疑是发生泥石流最重要的物质来源。采石场周围山地存在着的大面积的汇水区，在强降雨条件下，大量的水流极易裹挟弃渣形成泥石流灾害。

三、地质灾害危险性评估

现状评估、预测评估和综合评估是地质灾害危险性评估工作的主要环节，3项评估在内容上既相互联系又各有侧重，在认识上是一个从已知到未知、从简单到复杂、从具体到综合的过程。

1. 不稳定边坡

对不稳定边坡的评估是此类工程地质灾害危险性评估的重要内容，主要通过对弃渣边坡的详细调查，通过定性、半定量等方式评价其稳定性和危险性。下面以北京市房山区某废弃露天矿中的一处弃渣边坡(BP7)为例进行说明。

(1) 现状评估

① 坡率法

对于规模较小或没有直接危害对象的弃渣边坡可用坡率法进行评估。根据野外调查的弃渣体基本地质特征，包括弃渣坡的位置、成因、几何要素、坡体物质组成及形态特征，以野外定性判断为主结合相关规范及手册中的稳定坡率综合确定其危险性。

BP7 弃渣体坡顶横向宽 140 m、纵向坡面长 180 m、坡底宽约 90 m，基本呈“倒三角”分布，弃渣边坡坡角为 34°～43°，由碎石、块石混合黏性土组成，碎石、块石成分为大理岩、板岩，粒径一般为 30 cm，最大为 1.5 m。弃渣体厚度分布不均，约 9～26 m。该边坡坡顶边缘有多处变形裂缝及坍塌现象，裂缝宽度约 30～50 cm。在边坡下部为乡村水泥公路及数处民宅。根据坡率法，判断其为基本稳定状态，现状评估危险性等级为中等。

② 稳定性验算

对于规模较大且有直接危害对象的弃渣边坡，应在坡率法基础上辅以传递系数法计算其稳定性，进行综合判定。根据上述弃渣体的基本地质特征，对其进行建模计算。土体的物理力学参数主要采用工程类比方法，依据不同的岩性组成及土石比，按加权平均的方法来确定滑体的重度，取弃渣体天然重度为 21 kN/m^3；参照原始坡体表层残坡积物的内聚力和内摩擦角，综合确定潜在滑动带土的天然抗剪强度参数 $C=6.0$ kPa，$\varphi=24.5°$。采用文献推荐的传递系数法，计算得天然状态下 BP7 的稳定系数为 1.127，属于基本稳定状态。

综合坡率法和稳定性验算结果，综合判定 BP7 弃渣边坡现状危险性为中等。

(2) 预测评估

预测评估是在分析项目工程特性的基础上，叠加拟建工程影响，分析、预测工程建设引发、加剧地质灾害及工程建设可能遭受地质灾害的危险性。露天矿植被恢复工程本身就是采取措施修复已经破坏了的地质环境，减缓地质灾害的发生。因此工程建设引发、加剧地质灾害危险性的可能性小，但工程建设期间，工程建设遭受地质灾害的危险性是存在的。根据分析，在未来遭遇降雨等不利条件影响因素的情况下，BP7 的坡顶变形可能加重，并发生局部或整体失稳，从而影响其下部的公路和居民安全，因此定性预测工程建设遭受 BP7 弃渣堆积体威胁的危险性大。由于弃渣边坡渗透性较好，强降雨对潜在滑面产生较大的削弱作用，取滑带土抗剪强度参数 $C=0.0$ kPa，$\varphi=22°$，进行稳定性验算得 BP7 弃渣边坡的稳定性系数为 0.953，表明其处于不稳定状态，判定其危险性等级为大。

(3) 综合评估

综合评估是在地质灾害现状评估和预测评估的基础上，对工程建设适宜性、地质灾害的可治理性以及治理的性价比等进行综合评估。对于废弃露天矿植被恢复工程，其评估工作更侧重于评价地质灾害对植被恢复建设的工程措施、生态措施的适宜性、有效性。在进行植被恢复工程时，对 BP7 弃渣边坡将采取措施进行治理，可基本消除其危害，综合评估危险性等级为中等，属于基本适宜。

2. 弃渣堆积体对发生泥石流灾害的影响

对于具备泥石流灾害发生条件的沟谷，堆积在沟谷中或沟谷两侧的弃渣，不仅提供了丰富的物质来源，而且阻塞了沟谷排水通道，这些都增大了泥石流灾害的危害程度。因此，在进行泥石流灾害的评估时，在冲沟地质调查的基础上，还须重点调查弃渣边坡的组成、数量、堆积分布情况，估算弃渣的堆积总量，充分考量弃渣对泥石流灾害危险程度的影响。当采用泥石流沟易发程度量化表对泥石流沟进行半定量评价时，在泥石流沟的松散物方量、沟谷沿程补给长度、人类工程活动严重程度及河沟堵塞程度等影响因素方面增加相应的不利分数，加大了泥石流的易发程度。

四、防治建议

目前对于弃渣边坡的治理主要从3个方面着手，首先是加固弃渣边坡，其次就是疏导，最后是植被绿化。通过各种措施达到稳定边坡、美化生态环境的目的。

1. 加固边坡

一般弃渣边坡的自然堆放坡度均较陡，可通过削坡降低坡度，并减小弃渣边坡坡顶的堆载厚度。对于堆积高度较大的弃渣坡，应分级设置挡墙。

2. 疏水

水对弃渣边坡的稳定性起着至关重要的作用，因此，可在边坡不同部位，设置“人”字形截水沟、树枝状排水沟等有效排水措施，以达到减小地表水及大气降雨入渗的目的。

3. 植被绿化

目前国内堆积体多采用换土处理并辅以其他的栽培措施，一般选择耐贫瘠耐干旱速生乔木树种。在对渣体进行植被恢复的同时可考虑在渣体中设置隔水层，防止地表水下渗。

作为废弃露天矿修复工程地质灾害危险性评估中的重要部分，对弃渣边坡的合理评估尤为重要，通过全面评估弃渣边坡的特征、自身稳定性及引发泥石流灾害的可能性，为后期的露天矿修复工程提供可靠、合理的设计施工依据。

第五节　露天井工联合开采闭坑露天矿边坡稳定安全及环境治理与生态重建

露天井工联合开采露天矿闭坑矿坑一般有两种情况：一种是历史遗留的、已造成一系列环境地质灾害的闭坑采场矿坑，矿坑与周边存在露天开采与井工开采联合造成的地表变形、开采沉陷、边坡滑坡等一系列环境地质灾害，其边坡稳定与闭坑环境治理与重建的难度极大；另一种是目前我国新建大型露天矿普遍采用的内部排土回填露天采场矿坑。后者不但从根本上消除了地表变形、地面沉陷、边坡滑坡的发生，还利于生态环境的治理与重建，因此应大力推荐，建议上升到立法、规范的高度，要求露天井工联合开采必须实现内排回填矿坑、土地复垦、环境治理与重建，即实现露天矿生产与环境治理、生态重建一体化。

一、露天井工联合开采影响下的抚顺西露天矿闭坑环境问题的经验教训

抚顺西露天矿闭坑环境问题实际上是典型的露天井工联合开采闭坑问题，所引发的环

境地质灾害复杂、特殊、多样、敏感，对城市地质环境和生态环境影响和破坏非常大，所累积的问题和危害在我国老矿区城市之中也是空前的、典型的。

(1) 历史遗留问题是保存矿坑的露天井工联合开采露天矿闭坑矿山环境问题多、危害大、治理难的主要根源。

露天井工联合开采影响下的抚顺西露天矿闭坑环境问题主要是历史遗留问题造成的，包括中华人民共和国成立前和成立后。中华人民共和国成立前掠夺式开采和无序建厂为今天的环境问题埋下难以逆转的隐患。抚顺煤矿 1901 年光绪年间正式开采，1903 年俄国接管开采，1905 年日俄战争后日本占领至 1945 年，1946—1948 年 10 月由国民党接管开采。

中华人民共和国成立前掠夺式的开采，根本不考虑什么今后环境、布局、规划。抚顺西露天矿建于 1914 年，胜利矿建于 1907 年，抚顺发电厂建于 1908 年，抚顺石油一厂建于 1928 年。发电厂和石油厂均建在露天矿附近，上部露天开采、下部井工开采，且地表又位于 F1A 断层的条带上。采场内的露天井工联合开采格局为今后环境问题“奠定了基础”。

中华人民共和国成立后露天矿山、石油一厂、发电厂等企业属国家所有，为国家、人民作出了重大贡献，但当时缺乏矿山环境保护和管理意识，也没有科学长远的规划和战略预见，使矿山环境问题在几十年后愈演愈烈。为了“双保”，不得不花费巨大的财力、物力、人力进行勘查评价和治理。随着露天矿的闭坑，其治理矿山环境的任务更加繁重，仍需要付出几代人的努力。

(2) 传统的地质、采矿、管理学科没有将矿山环境勘查、评价、预测，管理立法、执法与露天矿建设、设计、生产有机结合起来，更缺乏露天井工联合开采安全控制、环境治理、生态重建的实践与理论。

地勘单位在以往的地质勘察中，只是探明煤炭储量、品位，对矿床工业远景初步评价，没有或很少对环境影响作出评价，也没有或很少提出负面影响的对策；矿山生产技术部门，以往的采矿工程学科只是从煤炭开采的各个技术环节进行设计、生产，只注重资源高效利用开采，而没有或很少考虑对周围环境的影响，及如何在开采过程中和开采后，恢复地质环境和生态环境，更不会考虑在开采结束闭坑逐渐充水后，随边坡岩体强度下降，稳定性、安全性大幅下降可能引发的环境地质灾害及防治对策，更没有露天井工联合开采环境影响的意识；管理部门注重当前经济效益，预见不到若干年后可能产生的危害，往往忽略了长远的社会效益、环境效益，也就忽略了长远的经济效益，或是缺乏科学的、具体的可操作性的法规和标准，或是有法没依、执法不严、违法不究，形成管理效果差的局面。

随着中央和各级政府对资源环境工作的高度重视和一系列政策法规的制定，即要加大矿山环境管理和治理力度，加强地质灾害防治，实现资源开发和环境保护的协调发展，使人们开始认识到要深层次研究传统理论中勘探、开采、管理、效益、执法等人类生存活动与地质环境相互制约和相互作用的关系。

要解决露天井工联合开采露天矿闭坑环境问题，从科学上、技术上就应将煤炭露天井工开采、煤矿闭坑地质灾害防治、生态地质环境恢复有机结合起来，要将未来用于治理的投入同开矿的效益统一起来考虑规划、设计和生产，用现代化的技术方法防止、减少和改进采矿引起的地质环境改变，整治采矿对环境造成的危害。绝不要以不可逆转的破坏地质环境、生态环境为代价来开采煤炭资源，也只有这样才能实现经济的可持续发展，实现强国富民安天下。

(3) 露天矿闭坑环境问题从根本上说就是人类采矿工程活动使环境逐步恶化，多种成灾因素长期作用、复杂叠加，逐步导致环境地质灾害发生和加剧。

这就需要决策者、管理者、生产者有战略眼光和战略胸怀，高度重视，预测未来露天矿特别是露井联采露天矿闭坑后工程地质和水文地质环境可能发生的变化趋势和灾变，列项开展这方面的科学研究和实行综合防治。

二、露天井工联合开采影响下的抚顺西露天矿闭坑治理总体思路

在露天井工联合开采露天矿进入闭坑期后，通过由干坑(进行疏干工程的边坡)向湿坑(不疏干将充水的边坡)逐渐过渡的模式分阶段进行露天矿闭坑环境地质灾害(包括滑坡、地表变形、沉陷、水污染、油母页岩自燃、扬尘等)监控、预测、防治和利用。

露天井工联合开采露天矿闭坑环境地质灾变将利用扩建的环境监测网长期监控，采用现代技术和建立的环境地质信息和预警系统按区动态跟踪预测，特别是预测倾倒区、沉陷区、潜在沉陷滑移区中的变形破坏区、变形危险区、一般变形区，或灾害危险区和易发区的界线在干坑向湿坑过渡中的动态变化趋势，并研究相应的防治对策和措施。对闭坑期水文地质环境的变化(包括水污染、水质评价治理、水资源利用)利用原有的疏干排水系统设施(地表水排水系统、坑内上部浅水排水系统、坑内下部排水系统)监测，在由干坑向湿坑过渡过程中这些也将完善为集水汇集、水质评价、水污染治理、引水成湖、景观建设、水资源利用等多功能的综合设施。考虑到东露天矿恢复开采后部分剥离岩石会进入西露天矿内排土场排弃，设计露天矿闭坑北帮边坡的灾害防治、绿化、复垦利用。对于露天矿闭坑后期残余工作区(主要在东南帮 E2500～E2800，－90～248 m 水平；东南帮 E1400～E1500 区域，东南帮保安煤壁 E2600～E3600，－150 m 水平)及露天矿结束期并段，要按现行的《地质灾害防治条例》等矿山环境保护法规进行开采和生态地质环境保护，避免造成新的环境地质灾害。在露天矿矿坑环境灾变防治同时，对三个排土场进行成灾性预测评价、整治和复垦，恢复生态环境。西排土场先开展工作，汪良排土场、东排土场紧随其后。这样，逐渐形成一个集各种人文景观、工业景观，能多种经营，可持续发展的宝地，形成抚顺市南部绿色园林。通过总结矿山地质环境管理、法规、治理方面的经验教训，使之成为我国露天矿山环境管理、治理恢复的一个示范。

三、露天井工联合开采影响下的抚顺西露天矿闭坑矿坑利用的几种方案

露天矿闭坑后矿坑的利用应建立在闭坑前后地质灾变监测、预测、防治的基础之上，综合研究并达到最佳的环境效益、社会效益和经济效益。也就是说要在从干坑向湿坑逐渐过渡的过程中研究最佳的利用方案。

1. 从干坑向湿坑过渡，最终充水成湖

这一方案在周边没有重要工业设施和居民建筑物或充水成湖后不构成地质威胁的前提下应是最佳经济的方案。通过充水成湖，生态环境恢复、景观建设，实现水资源利用。

2. 矿坑回填或局部回填利用

削山平坑(包括剥离回填)从防治闭坑环境地质灾害和复垦来讲，不失为一最有效的方法。但从经济上考虑，填平或局部填平至不危害地面建筑物，17 亿 m^3 的工程量，既要巨大

的投入，又要漫长的时间，目前是难以实现的。但东露天矿恢复开采，部分剥离物至矿坑内排线排弃，是有利于减小地面变形和灾害发生的。

3. 干坑利用方案

露天矿坑理论上具有 1 万亿元的挖方价值，能否利用这一优势，结合国家长远规划兴建巨型建筑群，或从下至上综合规划建设有世界之最特色的人文景观，也是一个可以研究的方案。但如果没有巨额资金注入，或战略需求，恐怕很难有所作为。

4. 下部充水成湖，上部维持疏干排水，进行复垦、绿化、利用

这是综合以上方案的折中方案。从水资源利用、恢复环境和防治环境灾害几个方面出发进行规划研究。但要综合考虑投入与产出的效益比。

四、露天井工联合开采影响下的抚顺西露天矿闭坑前后环境地质灾害防治对策

通过对抚顺西露天矿闭坑前后环境地质问题的勘察，综合分析，灾变预测和评价，对百年采矿所诱发和累积的各种环境地质灾变的现状、成因、特点、危害和发展趋势的研究，可以看出露天矿闭坑环境地质灾害防治是一项综合的、复杂的、庞大的系统工程。要应用环境地质学、系统工程、工程经济学等学科的原理和思路研究防治时策，将露天矿闭坑引起的环境灾变影响降到最低，并探索适合的可持续发展的防治方法。

1. 建立露天井工联合开采露天矿闭坑环境地质监测网站

建站原则为在充分利用原有城市监测网站的基础上结合闭坑系统特点建站。监测网站包括以下三部分：

（1）在完善原有企业包括石油一厂、发电厂、露天矿闭坑期余留的地表变形、地下位移监测点线的基础上建立长期的露天矿周边环境地表变形、地下位移监测网，实现长期的地表位移、地下位移监测，积累数据和资料供变形特征分析，变形发展趋势和灾变预测，为防治灾害提供依据。以地表变形监测为主，地下位移视不同区域需要建立。

（2）水文地质环境监测。充分利用省、市地质环境监测站监测手段及其长期监测和积累的地下水动态、地下水环境、地质灾变等方面的基础数据，拓展其监测范围，将闭坑环境有关监测纳入市地质环境监测站业务。

（3）对大气、水体、土壤、岩石和排弃废矸，环境污染等方面的监测。充分利用政府环保部门建立的市级环境监测站对城市的环境监测数据资料和监测手段、仪器装备，拓展其监测范围，将闭坑环境有关监测纳入市环境监测站的业务。

以上 3 项监测汇总就能实现露天矿闭坑环境动态较为全面、长期的跟踪监测。地表变形监测网主要要补充建立 E1500 以东地区 3 条监测线（D 线、E 线、F 线）、南帮千台山 9 个监测点，实现潜在沉陷滑移区的监测和千台山地区变形监测。以上 3 部分监测联成网络，组成系统，资料汇总，信息共享。

2. 在开始建立的露天矿闭坑地质环境信息系统和露天矿环境地质监测网基础上建成闭坑地质环境灾害预警系统

这个预警系统基本包括环境地质信息变化趋势调查评价，监测网长期、持续、跟踪的 3 部分监测资料，灾变发展趋势分析，灾害预警信息传播、会商和防治对策建议等 4 个方面。可以依靠和充分利用地区地质环境监测站建立的地质环境、地质灾害监测体系和预警、预报监测网络建立的预警系统，二者相互依存，也可作为市地质灾害预警系统的一个子系统管

理。这个系统主要目的为伴随着露天矿逐渐闭坑，对环境的变化趋势和灾变进行跟踪预测，为矿山闭坑管理、监控和灾害防治服务。侧重于空间预警，即基于闭坑环境地质灾变的主要控制因素（如地层岩性、地质结构、闭坑地貌形态、地下水、地层灾变等）和诱发因素（如降雨、消融、人为工程活动、矿震等）开展工作。根据长期的监测和分析，比较明确地划定一定时间内环境地质灾变将要发生的区域或地点，工程地质及变形分区中倾倒滑移区、沉陷滑移区中的危险区、变形区界线动态变化趋势、潜在区发展趋势，环境地质灾变预警预报模型，及相应的防治对策建议。

露天矿闭坑环境监测网系统和预警系统宜在露天矿闭坑前期即近几年内建成并投入运行。一是实现闭坑前期地质环境的实时监控、预测和管理；二是通过闭坑这一完整过程从工程技术上、政策、法规、标准制定、管理和执法上积累经验和资料；三是为实现边闭坑（终采前的开采过程）、边防治、边恢复地质和生态环境提供依据，从而减少闭坑后环境地质灾害和减小其危害和治理难度，从经济上也能减少投入。

3. 露天矿闭坑前后周边地区环境地质灾害，地表变形防治对策

露天矿闭坑前后周边地区环境地质灾害的主要问题是地面变形、沉陷、地面塌陷、滑坡。而重点在北帮，其造成的灾害对石油一厂、发电厂、居民建筑物影响大，破坏也严重，防治也主要针对这一地区。上述监测网和预警系统也主要布设在北面，为防治对策的制定提供基础资料。防治对策立足两点：一是避让原则。在倾倒、倾倒滑移体区和沉陷、沉陷滑移体区的危险区甚至变形区内不要安排、布置工程建设和民居建筑，不要搞新的双保。也就是这两个区的 F1A 断层以南地区均应避让。二是针对性治理原则。对已经存在的位于变形区内又不宜搬迁的重要工业设置和建筑物，采取针对性治理。

4. 闭坑前后水文地质环境灾变防治对策

水文地质环境灾害主要有两方面：一是干坑向湿坑过渡中，岩体强度因水浸下降，导致岩（土）体变形，严重时直接出现大面积崩塌，出现暴风雨等恶劣天气，采掘场区域可能出现滑坡，环山形态排土场易发生泥石流地质灾害；二是在径流条件下，地面的发电厂、石油一厂、水泥厂等企业及周围民居群的工业、生活污水大部分排入冲积层，成为降雨和河流补给以外的充水补给源，水质将受到严重污染，岩体中的有害元素也可能污染水体。这一问题将成为露天矿闭坑后显现出来的最大问题之一，将影响长远的生态环境和水资源的利用与开发。此外，露天矿初期需要不同面积大外排土场，一定程度上改变了原始地貌的汇水和径流条件，从而对周围居民的日常生活造成巨大的冲击。

露天矿生产中，建有一套完整的疏干排水系统。基本格局是地表水不下坑，坑内上部浅水浅排，下部贮在露天矿，排在胜利矿。

南部地面设有两条截水沟：北沿帮水沟由东岗向西流入大官暗渠，南沿帮水沟由注砂井向西流入古城子河。坑内分不同水平设有 50 km 长永久和临时性水沟，分别流向各泵站。

结合这一具体状况，最佳、最经济的防治对策为充分利用闭坑前的疏干排水系统设置，随着由干坑向湿坑过渡逐步改造、完善成闭坑后的水质评价、水污染防治和水资源利用的系统和设置。地表水经水沟汇集后需经水质分析、水污染防治后方允许流入坑内，坑内由下往上的泵站按防治、利用需要改造成相应装置，并随着充水成湖，湖面上升而逐级废止或保留。这一项工程主要围绕水资源利用而展开。

5. 闭坑后坑内边坡滑坡、崩塌等灾害防治对策

露天矿进入开采后期，加大了内部排土，并于2000年关闭了西排土场，内部排土线由4条增至16条。内排最大的容量每年将达到840万 m^3。这样对边坡稳定和减少地面变形是十分有利的。西部北帮地区由于W200以西实现压脚护坡，14段以下实现部分内排而使地面变形明显减小，仅为上年同期的10%～50%（A线、C线）。但是随着露天采剥工程集中在中区EWO～E1200范围，东部（B线）地面变形仍呈增加趋势。而且随着露天矿结束期的来临，铁道运输改汽车运输，油母页岩富矿和贫矿实行汽车并段，边坡将逐渐加陡。加上闭坑后，干坑向湿坑过渡，岩体强度下降，因此在某些敏感区段，如原来经常发生滑坡的区段有可能发生滑坡等灾害，影响边坡整治与复垦。为防止闭坑后出现这类灾害，最佳的防治对策应是在闭坑前，也就是开采后期就充分考虑闭坑后边坡加陡充水状态下的稳定性和安全性，避免闭坑后发生这类灾害。东露天矿批准开采，设计将部分排弃物（贫矿、绿页岩）排至西露天矿坑E1400以西内排土场内，这将有利于减缓北帮边坡和地面变形，有利于减少滑坡地质灾害的发生。但这需要总体协调、规划，综合考虑排弃生产与矿坑灾害防治、利用，以达到最佳效果。

6. 完善和加强闭坑前后矿山环境管理和治理力度

制定一套自成体系、完整的有关露天矿山特别是露天井工联合开采矿山地质环境调查、评价、生产期和闭坑后应达到的标准、验收方法等，对完善露天矿山地质环境管理、执法及防治闭坑环境地质灾害是十分必要、十分有效的。另外对诸如有关露天矿工程设计、建设的规范以及学科教材理论，也有必要补充和修订有关开采以及闭坑矿山环境恢复、治理、复垦实际措施的条款和内容。

第六节　露天矿 iSlope 系统平台构想

随着“中国制造2025”战略的提出，我国新阶段的工业发展模式发生了深刻变革，作为我国最重要的能源支柱，煤炭行业迎来重要机遇期，如何赶上此次产业革命，是目前煤炭行业需要迫切解决的问题。随着智能化技术的发展，“智能开采”“智慧矿山”“透明矿山”的提出，为煤炭行业未来发展提供了方向。建设智慧矿山是未来煤矿发展的一个必然趋势。

近年来随着采矿工程活动以及外界环境影响，滑坡事故增多，这严重影响我国露天矿安全生产、经济和社会可持续发展，煤炭行业急需研发、应用、推广能够解决现存问题的关键技术，以服务于我国煤矿智能开采及智慧矿山建设的目标，软岩露天矿边坡模型的构建和稳定性分析是复杂的动态问题，评估露天矿边坡安全性仅靠分析典型边坡情况难以代表复杂的地形条件，而传统上用安全系数代表矿山稳定情况，也很难评判矿山边坡的稳定性，尤其是软岩边坡。

目前，软岩边坡的传统问题仍然存在，例如露天矿边坡的三维建模、露天矿稳定性分析、露天矿边坡加卸载条件复杂、边坡加固提稳费用高以及预警难度大等问题，而且智能化方面受到复杂地形以及智能设备的制约，智能数字化难度高。由于以上等问题的制约，软岩露天矿实时分析难以实现，针对这一系列复杂问题，目前也缺少相应模块，即软岩露天矿从基建、设计、施工、生产到最后治理的全流程处理系统，市场上缺乏适用智能化的整合平台。针对这种情况，王勇矿山岩土创新工作室提出了软岩露天矿 iSlope 系统。

一、iSlope 系统介绍

iSlope 系统是一个集合调查(investigation)、信息(information)、识别(identify)、交互(interaction)、智能(intelligence)、创新(innovation)等功能的矿山边坡智能控制平台系统,系统框架融合了地质信息、试验、三维地质模型、监测预警与加固、智能决策大脑等多个体系,能够实时更新矿山状态、多体系评判稳定性状况、与露天矿智能生产系统的信息交换、与生产管理系统协同管理,如图 3-6-1 所示。

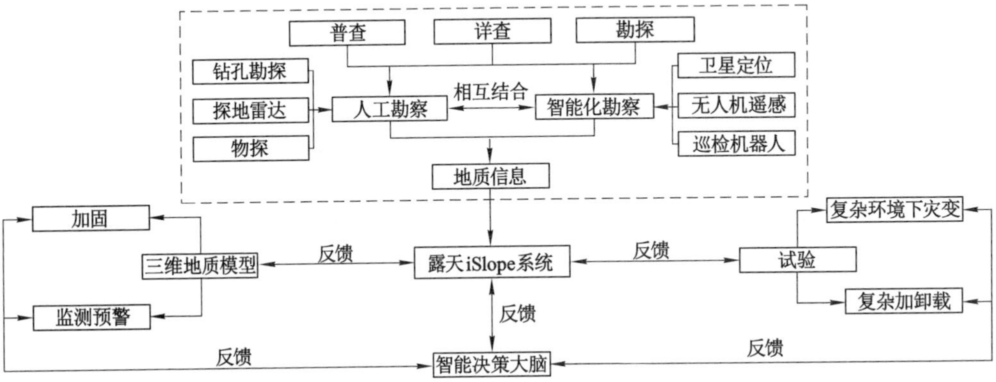

图 3-6-1　iSlope 系统框架示意图

iSlope 系统包括地质信息系统、试验系统、三维地质模型系统以及智能决策大脑系统,其中地质信息系统是 iSlope 系统的核心。iSlope 系统中子系统都是在地质信息系统的基础上进行下一步研究,子系统间相互反馈信息,实现实时分析软岩露天矿的状态,包括反馈矿山在各个阶段时期的状况,以及为后续工作提供基础信息。iSlope 系统重采集、重分析、重监测、重反馈,集智能化、信息化、安全化、高效化于一体。

二、地质信息系统

露天矿通常具有地形复杂、面积广、深度大等特点,开挖形成的大多为软岩边坡,其滑坡的数量多、规模大,因此进行软岩露天矿边坡安全评判的前提就是对复杂边坡地形进行智能识别,对地质构型进行感知,故 iSlope 系统中最重要的组成部分为地质信息搜集,包括人工、智能化二者相结合勘察以及巡检机器人辅助,通过这些手段来获取露天矿的基本地质信息,对一些比较重要的区域,可以提高勘察精度和频度。例如在黑岱沟露天矿,已经应用倾斜摄影技术,通过在同一飞行平台上搭载多台传感器,同时从一个垂直、四个倾斜等五个不同的方向同步采集影像,将用户引入了符合人眼视觉的真实直观世界,应用该技术智能识别排土场区域的地质信息。后续地质信息系统根据三维建模需求,加入其他遥感影响技术。

1. 智能化勘察

针对复杂露天矿边坡地形智能识别技术难题,拟利用卫星定位无人机地形遥感技术以及地面雷达系统,对复杂露天矿地质体定期进行全地形扫描,获取不同时期软岩露天矿边坡的坡度发展、地形变化、地层信息、地质构造以及现场出水点等重要信息,通过拟开发自动化识别插件进行数字化数据处理,根据数据建立三维地质模型并定时更新模型信息。无人机扫描数据也接入 iSlope 系统平台内，平台内部采用机器学习、自动化处理等技术，形成对露天矿边坡地形的智能分类、识别。智能化勘察示意如图 3-6-2 所示。

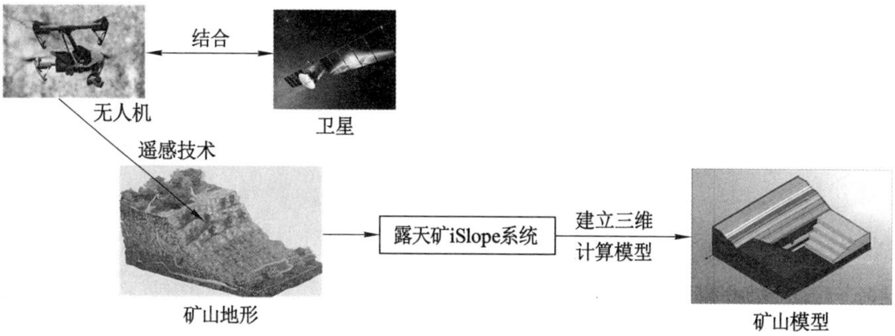

图 3-6-2　智能化勘察示意图

2. 人工勘察

由于地质体非常复杂，凭借现在的智能化勘察技术，不能完全再现真实的矿山地质环境，有些地质信息还需要采用传统的人工勘察手段，例如钻探、井探、槽探、硐探以及地球物理勘探等，针对复杂地质体地层，使用分布感知技术，即结合传统勘察与拟研发自掘进勘探机器人，对复杂地质体地层分布、透镜体形式等重要地层信息进行探知。在 iSlope 软件平台内搭建地质信息系统，并采用机器学习技术，对感知获取的地质信息进行预测和处理，获得复杂地质体地层分布情况。人工与智能化勘察示意图如图 3-6-3 所示。

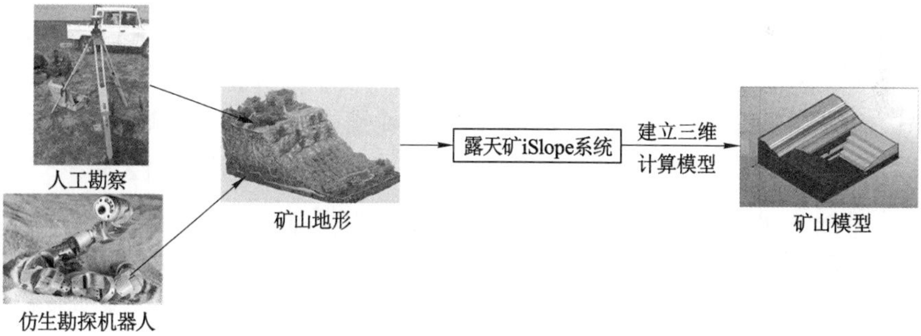

图 3-6-3　人工与智能化勘察示意图

三、三维地质模型系统

三维地质模型系统是在获取地质体的基本信息基础上，建立三维地质模型，即基于复杂地质体智能识别与感知技术，获得软岩露天矿边坡地形和地层数据，搭接 iSlope 智能数据整合分析平台，结合 BIM 进行模型底层设计和构建，将地形构型、地质分布、水文情况、气候变化以及模拟分析结果进行多通道整合，完整展示、分析露天矿边坡或其他复杂地质体情况。

三维地质模型系统主要是人机交互的窗口，根据三维地质模型系统浏览露天矿的实时状况，根据监测预警与加固系统、智慧决策大脑系统、试验系统反馈的信息更改矿山模型，实时演算矿山稳定状态。在三维地质模型系统中，数值分析是一个重要模块，该模块已经应用在哈密大南湖二号露天矿。通过商业软件以及自编二维软件分析其稳定性，建立多剖面体系分析重点区域变形情况，后续建立完整三维实时更新模型。

四、试验系统

在软岩露天矿 iSlope 系统中，试验系统是实时分析软岩露天矿稳定性的基础。试验系统包括一些常规岩土体力学参数试验，将试验取得的结果数据，及时更新到 iSlope 系统中；还有一些针对特殊的软岩露天矿开展的复杂条件下的试验研究。根据试验特性研究其本构理论，建立相应的本构模型，总结到 iSlope 数据库里，为相似情况提供参考。试验系统中根据后续研究课题项目，进行相应试验，现在已经可以完成一般性试验，为数值分析提供岩土体物理参数支撑。

1. 复杂加卸载条件下露天矿边坡静动力特性及本构理论

露天矿边坡以软岩为主，具有加卸载应力条件复杂、易发生破碎导致能量耗散等特点。在考虑复杂加卸载条件下，露天矿边坡的静动力特性直接影响着边坡安全性综合评判的准确性。

拟采用大试样静、动三轴试验仪和考虑复杂应力路径下(主应力轴旋转)空心扭剪试验仪等先进土工试验设备，分析复杂应力条件下的露天矿边坡岩土体的静动力特性，并基于颗粒破碎情况下的岩土体本构模型，提出适用于复杂加卸载条件下露天矿边坡岩土体的本构模型。拟构建修正的三维统一非线性强度理论，在子午平面上以及偏平面上的三维非线性强度准则，三维非线性横观各向同性强度准则，并建立三维各向异性强度准则以及考虑尺寸效应的三维强度准则。拟构建考虑中主应力影响的三维边界面本构理论，以及考虑中主应力影响的三维边界面应力标准化方程，进而建立三维应力空间的边界面本构模型。拟构建考虑破碎影响的状态相关塑性本构理论，提出破碎度量指标，提出三维临界状态面以及考虑破碎的应力-孔隙耦合状态方程，并建立考虑破碎影响的状态相关塑性本构模型。

2. 复杂环境作用下露天矿边坡灾变模型试验系统

露天矿边坡不同于一般工程边坡，其环境作用和灾变威胁非常复杂，除了加卸载应力状态的变化，更受到温度升降、降雨或排水导致的渗流、干湿循环、化学变化等环境影响。由于环境影响可能导致的滑坡会造成巨大经济损失和人员伤亡，需要综合考虑复杂环境作用。

拟开展复杂环境作用下露天矿边坡灾变模型试验，研发 T(温度)H(渗流)M(力学)C(化学)B(生物)多场耦合试验系统，综合考虑多种环境耦合作用对露天矿边坡的影响，进行多种环境作用对露天矿边坡稳定性影响的敏感性分析，并以此为依据指导露天矿边坡三维模拟分析影响因素权重设置，从而综合评价露天矿边坡安全性。同时，拟开发露天矿岩土体强度现场测试车，选取典型露天矿边坡断面，进行大型现场监测与试验研究，利用人为或自然灾害条件下的复杂环境影响(包括加载、卸载等应力条件变化，降雨、积水等水力条件变化，以及露天矿边坡加固方案施工的影响)，研究边坡的力学特性变化和稳定性变化。

通过开展各种露天矿边坡灾变模型试验，验证提出本构的正确性，再反馈到 iSlope 系统中，实现软岩露天矿稳定性的实时分析，为后续预测和加固提供数据基础。相似的模型试验也会记录到 iSlope 系统中，增加系统数据库数据量，为智慧决策大脑系统提供参考。

五、监测预警与加固系统

露天矿边坡由于复杂的应力条件以及复杂的环境作用，其稳定性是实时变化的。针对这种问题，基于 iSlope 软件平台进行的模型构建，将商用有限元或有限差分数值模拟软件接入 iSlope 软件平台，建立用于力学分析和稳定性分析的有限元或有限差分三维数值模型，并根据露天矿边坡的静动力特性及本构理论，以及 THMCB 多场耦合试验系统得到的复杂环境影响因素权重设置，利用 iSlope 软件平台提供的地形构型、地质分布、水文情况、气候变化等环境参数，计算分析多场耦合、多尺度耦合、连续-离散耦合状态下的露天矿边坡稳定性。在此基础上进行监测与加固，并再次反馈到模型中进行分析研究，最后汇入智慧决策大脑系统中。

王勇矿山岩土创新工作室已在伊敏露天矿、神华宝日希勒露天矿、鹤岗新岭露天矿等单位建立了边坡监测平台，后续监测平台会接入 iSlope 系统中。该工作室已经申请了多项监测预警专利，有一体化在线边坡智能监测预警系统及方法，基于地形的变形预测方法、装置、电子设备及存储介质，露天矿边坡安全监测方法等。

1. 图像识别监测体系

利用太阳能光纤实时监测、图像识别监测等智能监测设备及技术，对软岩露天矿边坡由于采矿排土等工程活动、灾害情况导致的边坡演变进行监测和模型校准，数据反馈接入 iSlope 软件平台，根据数据更新，在原有的复杂地质体边坡综合模型的基础上进行重构，准确反映软岩露天矿边坡模型的演变和发展。

2. 传感器监测体系

利用在边坡可能发生灾变的重点部位布置的加速度、动位移、动孔压、动土压力等传感器，采用无线传输、动态采集、信号处理等技术，建立边坡灾害响应的实时监测系统，并根据 iSlope 软件平台进行的模型演变重构，对三维综合露天矿边坡模型进行实时更新和反演。

3. 加固体系

为响应国家低碳化、绿色化、生态化号召，研发并规模化一系列新型绿色露天矿边坡加固和修复方案（如微生物加固、环保高聚物加固、虹吸排水、联合抗剪洞、环保材质地下嵌固墙工法等），并将露天矿边坡加固工法所适用的环境条件、地层条件，以及加固工法的加固效果等进行数据化，接入 iSlope 软件平台，后台根据露天矿边坡三维实时稳定性分析结果，对需要加固的露天矿边坡的环境条件、地层条件、加固效果等进行筛选，推荐合适的绿色生态加固工法和具体方案。例如，在扎哈淖尔露天矿、神华宝日希勒露天矿实现横采内排加固，在小龙潭露天矿实现锚索加固，在平庄露天矿也实现了锚索监测系统。

六、智慧决策大脑系统

基于已有露天矿边坡灾害情况的大数据分析以及 iSlope 软件平台建立露天矿边坡滑坡风险和灾情评估数据库，根据露天矿边坡的三维实时稳定性分析结果，研发实时监测数据与滑坡灾情评估的对比技术，分析露天矿边坡及周边地区的灾变模式、失效范围、影响区域及灾情区划，并提供露天矿边坡灾害发生后的减灾措施和风险预报，形成基于 iSlope 软件平台的露天矿边坡安全综合评判体系与应急响应系统。响应的结果再反馈给人工专家进行综合评判，保证从矿山的基建、设计、施工、生产到治理全过程评价，保证露天矿高效、安全、智能化生产。

iSlope 系统现在还处于初级建设阶段，但系统框架已经搭建完成，部分系统功能已经应用到实际露天矿。iSlope 系统全部研发成功后，将大大提高矿山的智能化建设水平，也能够把握露天矿山不同建设阶段的各种信息，实时监测分析露天矿状态，并依据系统反馈的信息，提出合理高效的应对措施，进而提高露天矿的经济效益和社会效益。

第四章　露天矿地质灾害

第一节　露天矿煤炭自燃与防治

我国约56%的矿坑开采易自燃煤层，煤炭自燃现已成为露天矿山的重大自然灾害之一。露天矿的煤炭自燃浪费了大量的资源，降低了煤炭质量，影响矿区的环境质量，并给矿山安全生产带来了困难。因此，研究露天矿煤炭自燃现象，采取积极有效的措施预防和治理露天矿煤炭自燃有重要的意义。

一、煤炭自燃条件

煤炭自燃必须具备有低温氧化特性的煤、通风供氧维持煤的氧化过程不断地发展、在煤的氧化过程中生成的热量大量蓄积难以及时放散，以及上述条件共存的时间大于煤的自燃发火期4个条件。

二、露天矿煤炭自燃的原因

露天采场内具有自燃倾向性的大量煤炭，长期暴露在空气中，在地质构造、外界环境风化及开采震动的影响下，以及煤体中瓦斯、水分的散失，使得煤十分破碎。这样，在外界风力、压力及外界与煤内部之间的自然风压作用下，外界含氧空气渗入煤体之中。煤炭具有吸附空气中氧的特性，发生煤氧复合作用。煤的吸附性包括表面吸附和化学吸附。表面吸附产生的热量微不足道，而化学吸附以及与其相伴随的煤氧化学反应则可以放出相当多的热量。由于煤体体积较大，热量会被积聚起来，积聚的热量反过来加热煤体，使煤体与空气之间的氧化反应更加剧烈，煤体温度不断上升，当达到煤的着火温度时，导致煤体自燃发生。

三、露天矿煤炭自燃危害分析

1. 浪费煤炭资源

煤炭自燃不仅会降低煤炭质量，还造成资源浪费，减少了矿山可采储量。处理煤炭自燃需投入大量人力物力，而且不易彻底处理，反复影响矿山采剥生产的进度，严重影响矿山企业的经济效益。

2. 影响矿山安全生产和边坡稳定

煤层自燃对矿山的生产安全和持续生产带来很大困难。煤炭自燃后常引起矿坑内地表裂缝、坍塌，出现大面积片帮现象等等，影响露天矿设备的正常作业，给安全生产带来隐患。在特定的气象条件、处于不利的风向和风速时，还会造成火灾，并产生大量烟雾烟尘。烟雾烟尘影响工作人员视线，危害工人呼吸，影响工人的工作效率，不利于安全生产。煤台阶的自然发火将导致煤台阶岩体强度的降低，影响露天矿整体边坡的稳定。

3. 环境空气影响

煤层自燃产生大量的有毒有害气体和物质，如 CO、CO_2、SO_2、NO_3、烟尘、醇类、醛类等，随风飘散，波及很大范围和区域，严重污染矿坑及附近的大气环境，危害职工的身体健康。

四、易燃地点分析

露天矿坑非工作帮随采掘工作线的推进形成固定帮后，横截面上有部分原煤长时间暴露在空气中会发生自燃。

煤台阶爆破形成的爆堆以及留设的“开拓煤量”“回采煤量”长时间不采掘，因爆堆内部较疏松，从而增大了与空气的接触面积，再经风化氧化后便形成煤炭自燃。

采掘工作面上，设备作业后部分碎煤堆积和裂隙比较发育的煤台阶，均易形成自然发火。

排土场中含有少量煤炭或排弃到排土场中的发火煤引起自燃。

五、露天矿煤自燃的预防

1. 合理留设“开拓煤量”与“回采煤量”

对于缓倾斜或近水平露天矿应取消“开拓煤量”和“回采煤量”的留设，尤其是对开采易自燃煤炭的露天矿，在满足生产的前提下，尽可能少留“回采煤量”。即使要保留一定量的可供调节季节性生产的煤也应冬季多留，夏季少留。销售旺季有计划多储煤，做到当月储煤当月销售，防止煤堆积压。在空间上，“回采煤量”或“二量”不要固定于一个采煤台阶上，使其分布于若干个采煤平盘上，通过采掘使其不至于长期堆积超过该煤层的最小自然发火期。

2. 优化露天矿剥采计划

在符合“开拓煤量”和“回采煤量”的规定以及满足采掘连续的前提下，合理安排采掘顺序，精心设计采剥工程，尽量减少电铲频繁调动，提高回采率，减少电铲走行形成的松散煤屑，从而减少煤的自燃条件，从根本上降低煤炭自燃隐患。

3. 加强矿山开采工艺管理，强化工作面的安全质量标准化工作

(1) 在不影响生产的前提下，有意识地晚穿孔、晚爆破，减少破碎的原煤量，缩短堆放时间，在一定程度上防止煤的氧化、自燃。

(2) 根据爆破情况控制好炸药量，防止大面积的爆破松动，煤采不完而引起自燃。严格按照采掘台阶进行爆破，严禁超宽、超深爆破。超线爆破会留下采不完的爆堆，时间稍长容易发生煤炭自燃。

(3) 工作面采用一爆一采的采装循环方法，一次将工作面上的爆堆采干净，既可提高下一个采掘带的爆破效率，更重要的是避免了煤层着火。要求各采掘工作面严格按线开挖，做到工作面帮齐底平，不留爆堆。

(4) 尽量减少碎煤的堆积量。充分利用辅助设备，及时清除碎煤堆，或及时清理平整，不留不规则煤堆。

(5) 加强煤面的清理，对煤土交界处分别穿孔爆破。用推土机将煤岩分采分运，避免煤燃烧后与土岩混合形成燃烧带，给灭火带来更大困难。

(6) 合理安排工作面开采顺序，对裂隙比较发育的采煤台阶，优先安排采掘。保持各采煤台阶合理推进度，既要使剥离、清煤面超前，又不使煤层的裸露面过大，在开采上创造减少煤层自燃的条件。

(7) 调整平盘作业参数，尽量避免原煤的长期暴露，使露煤工程与采煤工作协调进行。

4. 强化企业科学管理，建立健全规章制度

加强矿山生产管理，设立专门防灭火小组，指定专职负责人，使防灭火工作经常化、制度化、规范化。对穿爆、采掘、运输等工作定期检查，将防火意识渗透于生产各环节中；多观察，发现着火、冒烟等异常现象应及时治理，防止煤层大面积自燃，在一定程度上降低煤炭自燃造成的损失，从而防止露天矿煤炭自燃的发生。

六、露天矿煤炭自燃的灭火方法

1. 水消法

水消法有 3 种：第一种是用水浇灌，推土机封填相结合的方法，以形成泥浆或黏土隔氧覆盖层，起到防火灭火作用，适用于老空巷道区及较大范围火区；第二种是往采煤工作面火区上方用高压水劈头浇灌，起到冷却降温隔氧灭火作用，适用于小范围浅部火区；第三种是在煤层表面形成纵横交错的水渠，使水逐渐向下渗透，从缝隙间扩散到煤体深部，均匀湿润煤体，达到灭火的目的，适用于深部燃烧的煤。

2. 强行采出法

强行采出法是最直接也是相当有效的方法。在确定煤层的燃烧范围后，采用电铲或前装机强行挖除着火煤层，使其在大气环境中自然冷却，排弃至排土区，再用推土机推至排土台阶下，用土岩覆盖。为尽快冷却，不影响挖掘运输设备，常采用边浇水降温，边挖出。当着火范围不大且在表面时，这种方法实施起来比较简单，成功率也很高。尤其适用于露天矿向前推进的工作帮。这种方法不适合用于露天矿保安煤柱重要设施区域的火区灭火。

3. 覆盖法

覆盖法又包括黄泥灌浆、黏土封闭、土岩堆堵等方法，主要是通过在煤层上覆盖黄泥浆、黏土或土岩来实现煤氧隔绝，达到防火灭火的目的。

4. 阻化剂灭火法

阻化剂灭火法可以采用粉煤灰、黄土及促凝剂、阻化剂，制成阻化泥浆，用大型泥浆喷洒设备喷洒在煤层表面，对煤层起到封闭和阻化作用。该方法具有隔绝空气和阻止煤层氧化达到防火的作用，同时工艺简单、经济适用，适用于露天矿到界台阶或长时间不需推进的煤台阶上裸露的原煤的灭火，起到永久性灭火的作用。

5. 钻孔注浆法

它是沿着着火煤层走向，按一定规格穿足够数量的钻孔，用于探测煤层内部温度和注水、灌浆，采用小水量，慢慢渗透，使煤体保持饱和水量，隔绝煤氧接触，降低煤体温度，最终将火熄灭，达到彻底熄灭火区的目的。它适用于扑灭地势较平缓、具备钻机穿孔作业条件且未经采动、保存完整的煤田火灾。

通过对露天矿煤层自燃实施有效的预防措施和灭火措施，能在很大程度上抑制煤炭自燃，这样节约了能源，提高了煤质，创造可观的经济效益，在保护矿区环境空气质量和安全生产等方面起到了一定的作用。露天矿煤炭自燃的防灭火工作是一个系统工程，需要不断完

善和提高防灭火技术水平，研究和开发创新技术与手段。此外，还要有足够的投入和严格的管理，需要各个部门密切协作，共同努力，确保矿山的安全生产。

第二节　露天矿水害与防治

露天矿生产过程中同样面临防治水问题。然而，由于我国露天矿水害类型相对单一，国内学者鲜有对露天矿的水害特征和防治水技术进行深入研究。露天矿在剥离、开采过程中，地表水、大气降水等主要充水水源易通过各类通道向矿坑中心汇集，为实现煤层安全开采，需要将采坑地下水位控制在剥采标高以下。长久以来，我国露天矿地下水控制方式粗犷单一，一般通过抽水井或利用集水坑进行排水，这种方式对地表和地下水的资源及水质造成浪费和破坏，影响煤矿周边生态环境。2010 年以后，开始注重露天矿生产环境影响，疏排的矿坑水也逐渐得到充分利用，露天矿开始向科学采矿和绿色矿山转型。然而，由于生产规模不断扩大，矿坑疏排水量依然很大，个别露天矿单日疏排水量达数十万立方，多个露天矿因疏排水量巨大造成生产成本增加、环保风险加大等问题，尤其近年来国家对生态文明建设提出新的要求，许多地区要求实现矿坑水零排放，这对露天矿生产是一项全新挑战。因此，如何优化、转变露天矿地下水控制方式是露天矿防治水工作面临的新课题。

一、露天矿水害特征

借助地下开采煤矿常用的充水水源、充水通道和充水强度等充水三要素概念分析露天矿的水害特征。

1. 充水水源

采用露采工艺开采的煤矿，煤层埋藏深度普遍在 0～300 m，这种本质特征决定了其充水水源较为固定，即以大气降水和地表水体为主，地下水为辅。

(1) 大气降水主要的充水水源，包括雨季降水和冬季降雪。露天矿开挖范围大，接受补给与汇水面积广，且矿坑剥采中心标高最低，因此，接受大气降水、积雪融水等补给后，快速汇集流向矿坑；其次，煤层上覆第四系松散层渗透系数大，渗透能力强，也是大气降水快速入渗补给的有利条件。据内蒙古呼伦贝尔地区多个露天矿的统计数据，雨季与非雨季地下水位的变化幅度为 1.0～1.5 m；降水后地下水位响应迅速，说明大气降水对露天矿充水影响十分显著。另外，大气降水也是地表水体和浅层含水层的补给水源。

(2) 地表水体主要指河流、湖泊等一些相对稳定的补给水体，这些水体对露天矿的补给方式为侧向渗透补给，尤其在矿坑持续疏排水的影响下，降落漏斗不断扩大，使地表水体与矿坑之间的水力梯度增大，形成地表水体对矿坑的稳定补给。侧向渗透补给强度和地表水体的规模、地表水体与矿坑之间地层的渗透能力、水力梯度等参数有关。

(3) 地下水主要接受大气降水和地表水体补给，在露天矿开采过程中，沿露天矿边坡和围岩渗出并向矿坑汇集，恶化开采环境，但不会对生产造成威胁。

综合对比来看，大气降水的补给具有季节性，而地表水体补给相对稳定，二者均为露天矿主要充水水源，地下水是次要充水水源。

2. 充水通道

充水水源很大程度上决定了充水通道。露天矿充水通道主要有人为开挖形成的直通式通道、强渗透含水层或透水层、垂向导水钻孔、滑坡形成的地表裂缝等。

(1) 人为开挖通道。露天矿剥离、开采后，巨大的矿坑、边坡、临时开挖的水沟等无疑是大气降水汇集、径流的有利通道，各类充水水源可通过此类通道直接渗入矿坑。

(2) 强渗透含水层或透水层。一是强渗透含水层具有较大的入渗系数，可减少大气降水的径流时间，使其快速下潜入渗；二是也有利于地表水体的侧向补给。露天矿开采过程中，煤层含水的情况并不少见，多数情况是地下水沿煤层裂隙渗出，说明煤层作为透水层，局部接受含水层补给，尤其在隐伏露头区或“天窗区”接受补给后可沿煤层渗流。

(3) 钻孔导水。露天矿在前期勘探阶段被施工过数量不等的地质或水文地质钻孔，若这些钻孔封孔质量不良，则会成为潜在的导水通道，钻孔将导通煤层上覆多个含水层，导致上部混合水入渗矿坑，且这类导水通道一般难以排查。

(4) 地表裂缝。露天矿边坡发生滑动后，在地表形成横纵交错的裂缝，有些裂缝在纵向延伸很深，是大气降水和地表积水良好的入渗通道。

综上所述，露天矿导水通道与地下开采煤矿导水通道有明显差异。露天矿导水通道的特点是均在浅部发育，有人为通道、天然通道和开采过程中形成的通道 3 种，而地下开采煤矿中经常提到的导水裂隙带在露天矿中不存在。

3. 充水强度

在地下开采煤矿中，充水强度通常以矿坑涌水量来表示，借鉴这一概念，用疏排水量表示露天矿的充水强度。露天矿疏排水量的大小与矿坑所处地理位置、周边地质与水文地质条件、自然环境等直接相关，并且不同露天矿的疏排水量差别迥异，每天的疏排水量由几万方至十几、几十万方不等。露天矿的充水强度有以下 3 个特点。

(1) 季节性变化明显：受地域分布影响，我国多数露天矿分布在我国西北、东北的干旱或半干旱区域，大气降水对矿坑充水影响较大，一般雨季或丰水期，疏排水量较大；旱季或枯水期，疏排水量较小。

(2) 前期疏排水量较大，后期疏排水量稳定：露天矿开采前，地下水处于自然平衡状态，露天矿开采后，打破了地下水的原始状态，补径排条件随之发生改变。在前期疏排水过程中，主要是地层中的静储量水量丰富，疏排水量大，随着疏排水过程的持续，地层中静储量逐渐减少，动态补给量参与其中，受补给条件限制，疏排水量呈逐渐衰减状态，在某一阶段会达到基本稳定，即疏水量与静储量和动态补给量之和相当。

(3) 疏排水持续周期长：露天矿疏排水工作是一项繁重、重复性的工作，通常情况是排出的地下水经过一定方式的径流后又重新返回矿坑，因此，疏排水工作持续时间长，难以快速疏干。

二、露天矿防治水技术

煤矿水害防治的七大技术有：探、防、堵、疏、排、截、监。露天矿中应用较多的是疏、排、截。选择何种防治水技术应该根据矿坑的水文地质、工程地质条件及开采方法确定，不同阶段的防治水技术也不尽相同。合理的地下水控制方式可以节省工程投资，减少对周围环境的影响。

1. 钻孔疏排水

钻孔疏排水是露天矿最常用的解决开采过程中涌水的方法，是通过施工钻孔进行抽水，大量抽取地下水来降低地下水位，满足矿坑安全开采的一种方法，我国目前生产的露天矿均采用这种方法。

钻孔疏水方式有很多种，如最常见的有垂直疏水孔、水平疏水孔；有地面常规口径疏水孔、坑下大口径（直径 1 m 以上）疏水孔；有单孔疏水也有井群疏水；有对单一含水层抽水，也有对多个含水层混合抽水；有在地下水补给方向进行拦截抽水，也有在坑下进行集中抽水。如伊敏露天矿、元宝山露天矿、扎尼河露天矿自投产以来均施工了近百口疏干井进行地下水疏干；白音华二、三号露天矿采用大口径深孔疏干井进行疏干；海州露天矿采用水平钻孔进行疏干；乌兰图嘎煤炭公司露天矿自建井以来一直采用疏干井进行第四系松散层潜水疏干；锡林郭勒盟的某些露天矿采用第四系、煤系垂直降水孔联合疏干；灵泉露天矿一直采用深井孔疏干；霍林河南露天矿和红旗露天矿东部区段在前期开采时都采用了钻孔疏干方案。

钻孔疏水法应用非常广泛，该方法灵活性大，可根据开采条件的变化、水文地质条件的改变而布置钻孔，机动性强，但钻孔多为一次性投入，一旦地下水位下降至孔底，钻孔将无法继续抽水；其次，报废后封闭不良的钻孔，将成为潜在的导水通道。另外，单一的钻孔疏降方法往往很难满足开采需求，通常需要与其他疏排水方式结合。

2. 专用疏水巷/排水沟

疏水巷和排水沟通常应用在采坑范围内，沿着积水方向施工一条排水沟（巷道），作为疏导和引流用，将采坑范围内的水引至集水泵房后排出。这种巷道一般采用自流方式，将高处水引向低处，形式上有明渠和暗渠 2 种。这种疏水方法不论含水层的透水能力如何，只要是重力水，均能被疏导和引流。

多个露天矿在生产过程中采用此方法疏排矿坑内部积水。如抚顺西露天矿每日矿坑自然涌水量达 5 万～7 万 m^3，为合理拦截疏导矿坑范围内地表水，在坑下不同水平设置永久和临时水沟；奥塔乌克日什东露天矿采场防治水技术方法是沿着水流方向在煤层顶板以上和采场边界开挖南北、东西向排水沟；红旗露天矿东部区段采用地下盲沟进行疏排水；普阳露天矿针对基底岩溶裂隙水采用排水廊道疏排；大峰露天矿、霍林河南露天矿、元宝山露天矿、海州露天矿、平朔东露天矿等均曾采用类似方式进行疏排水。

这种方法需要根据地形地势和露天矿生产情况布置巷道或开挖水沟，工程量较大，尤其是暗渠或盲沟时，需要投入较大的物力财力，但疏排水效果较好，能够有序有效地快速排水。

3. 地面截水沟

地面截水沟是拦截地表水进入矿坑的一种超前截流方法，一般布置在采场外围，有两种形式：一是开挖水沟，将地表汇水直接引至采场外；二是开挖之后在沟内铺设塑料防渗土工膜并回填剥离物进行拦截。抚顺东露天矿为有效拦截地表水，矿坑地表建有东一段、西一段等多个水沟和老虎台暗渠、郎士涵洞进行截流水。伊敏露天矿修建南帮排水沟拦截西南台地大气降水及地表径流，西端帮西北侧设置四号排水沟、北帮防洪坝等拦截西北方向的大气降水及地表径流。奥塔乌克日什东露天矿在上游的防排水方案有两种，一是在采场东南角出入沟底部见火烧矸石后的出水点，挖出沟后用黏土回填进行截水；二是在采场南部水沟水位下降至适当位置后采用铺塑料膜回填剥离物堵截的方法进行截水。这种方法在雨季、大气降水补给比较充沛的时间段内效果十分明显。

4. 基坑降水法

基坑降水法是指在矿坑内的适当位置开挖基坑，作为集水坑，采用逐层环沟降深，四周扩帮推进的方式进行施工，形成“回”字形基坑，周边涌水可直接引至集水坑中，由水泵排出地表，建立明排系统，基坑位置可选择在汇水中心的最低点。宝清朝阳露天矿疏干降水孔影响半径小，疏干效果不好，即使采用降水孔加密、增大水泵流量或者工作面挖纵横排水沟等方法均不能彻底解决采场工作面积水问题，为此提出基坑降水法，在向斜轴部设计 2 个基坑，基坑容量约 4 000 m^3，有效解决了矿坑疏排水问题。

5. 辐射井疏干法

辐射井疏干法是施工一大口径的竖井和以其为中心向四周辐射的水平集水管，地下水沿水平集水管汇集至竖井中再集中抽出。就疏干效果而言，水平辐射井的集水原理同水平巷道一样，但投资大大降低。从安全角度考虑，该方法较巷道疏干法更具安全性，因为辐射井的水平集水管部分不存在因含水层岩性松散或突水等因素引起巷道坍塌等安全问题。与其他疏降方式相比，辐射井疏干法兼具井群疏干施工简单经济与疏干效果好的优点。该技术在大峰露天矿应用效果良好：大峰矿集水井外径 2.0 m，井深根据排土场深度确定，井底进入七号煤底板 1.5 m，集水井用钢筋混凝土浇筑，辐射管采用 DN125、外径为 140 mm 的无缝钢管，集水井通过辐射管汲取矿坑底部矿坑水，以集水井为中心形成负压区，促使周围排土场内的矿坑水向集水井渗透，解决了大峰露天矿的排水问题。

6. 虹吸排水

虹吸是利用液面高度差的作用力现象，将液体充满一根倒 U 形的管状结构内后，将开口高的一端置于装满液体的容器中，容器内的液体会持续通过虹吸管向更低的位置流出。虹吸排水是将传统的“重力流”变为“满管流”，管路达到“满管流”状态时会产生抽吸现象，可提高排水效率。虹吸排水不需要水泵和外接电源，减少排水过程中对外界条件的依赖，增强了排水的灵活性，提高了工作效率。胜利露天矿采用了虹吸排水法，其矿内排土场出水点在＋945 m 水平，为保证涌水不渗入其他平盘，在出水较为集中的区域，采用隔水性较好的泥岩作为防隔水坝的主要物料，进行分层压实，并利用土工膜等隔水性材料覆盖在沟内，形成临时集水仓，将 De80 聚乙烯管作为排水管，布设在临时集水仓内部。为方便排土场内运输车辆通行，在内排土场挖设管道沟，坡度约为 5‰，将聚乙烯管布设在管道沟内，顺利将集中涌水排放至＋915 m 水平。

7. 帷幕截流

上述介绍的是目前我国露天矿常用的 6 种防治水技术，但存在无法避免排水的共同问题，只是排水方式有所不同。大量疏排地下水对生态环境和地下水资源都带来严重影响，因此，在当前的环保要求下，要想实现绿色开采，降低疏排水对地下水资源的破坏和浪费，必须采取措施减少疏排水量，而以减少疏排水量为目标的帷幕截流技术具有广阔的应用前景。帷幕截流技术在我国露天矿应用不多，20 世纪 90 年代元宝山露天矿曾尝试使用该技术拦截地下水入渗矿坑，但最终并未实施；2015 年开始在扎尼河露天矿实施的帷幕截水工程是我国首个采用帷幕截流技术减少矿坑疏排水量的防治水工程，通过在煤层露头外围建造截水帷幕，有效拦截了矿坑北侧来自海拉尔河的河水补给，截水效果显著，从根本上解决了矿坑面临的防治水难题，值得推广。

8. 立体防治水技术体系

综上所述，目前我国露天矿防治水技术方法较为成熟，形成了由远及近、由上而下、由面至点的立体防治水技术体系。由远及近是指既有远离开采中心的地面截水沟、截水帷幕等方法，也有在开采中心实施的大口径疏干井、集水坑疏排水等方法；由上而下是指既有地面疏干井，也有虹吸排水法，又有坑下疏排水法；由面至点是指既有截水帷幕、截水沟等面状截水法，又有局部辐射井法和单孔疏降法等。各种防治水技术之间相互关联且并不矛盾，露天矿可根据具体水文地质条件和生产情况，在不同区域不同生产阶段并行选用多种疏排水技术进行联合疏排水，以达到环保、安全生产的目的。

大气降水、地表水和浅层地下水是露天矿主要的充水水源，人为开挖形成的直通式通道、强渗透含水层或透水层、垂向导水钻孔、滑坡形成的地表裂缝等是主要的充水通道。季节性变化明显、疏排水周期长、排水量大是露天矿疏排水的主要特征。露天矿常用的防治水技术有钻孔疏排水、专用泄水巷排水、地面截水沟、基坑降水、辐射井疏干、虹吸排水、帷幕截流等，多种防治水技术形成了由远及近、由上而下、由面至点的立体防治水技术体系。为实现露天矿绿色开采和可持续发展，保护地下水资源和矿区周边生态环境，以减小矿坑疏排水量为目的的帷幕截流技术是今后露天矿防治水技术的主要发展方向。

第三节　深大型露天矿闭坑前后滑坡及地表变形地质灾害与防治

中华人民共和国成立初期建成的几个大型露天矿，经过几十年的开采，均形成了面积达十几平方公里、深度数百米的深大矿坑，形成了陡峭的高大边坡。目前随着资源枯竭、开采到界，这些露天矿将陆续终采闭坑。这些深大型露天矿闭坑后，留给城市和人民的将是一个个容积十几亿立方米、四面为陡峭高大边坡的大坑。由此将引发一系列的环境地质问题，最为严重的就是边坡的滑坡灾害与周边地面的变形问题。这是一个极其复杂的岩石力学与工程问题，国内尚无成功治理的先例。在国际上，德国、捷克、美国等国露天矿由于煤层近水平埋藏，闭坑法制管理完善，大多数露天矿采取内排、回填复垦或成湖；俄罗斯的一些深大型露天矿具有相近的问题，但由于露天矿不在城市之中，影响、危害及研究的紧迫性就较小，尚未见相应的成果报道。因此，这是一个具有中国特色又普遍存在、急需研究解决的课题，具有前瞻性、创新性的课题。

下面以抚顺西露天矿为例介绍相关内容。

一、露天闭坑前后发生滑坡与地表变形地质灾害的地质背景条件

露天矿闭坑前后影响边坡稳定的地质背景条件包括岩组特征、断裂与褶曲构造、水文地质条件三个方面。

1. 岩组特征

煤田为一套新生代第三系内陆沼泽相沉积地层。影响抚顺西露天矿边坡稳定的有关岩组为：南帮的软质凝灰岩；北帮软硬互层的绿色页岩与褐色页岩，特别是褐色页岩中含有的泥化层；北帮 F_{1A}、F_1 断层带的断层泥-构造角砾岩组；表层的坡积层、冲积层松散岩组。软质凝灰岩在南帮异常发育，岩性变化频繁，色灰白，夹黑色，质松软，含黏土矿物较多，易风化，遇水呈软状；褐色页岩中的泥化夹层有 3～5 层，分布连续，含水 25%以上，呈可塑性，强

度很低；F_{1A} 断层呈黑色，遇水软化，呈可塑性，F_1 断层泥发育较厚，一般为 1～3 m，呈紫红色，质软。这些岩组是抚顺西露天矿建矿以来发生各次滑坡的主要岩组，如图 4-3-1 所示。

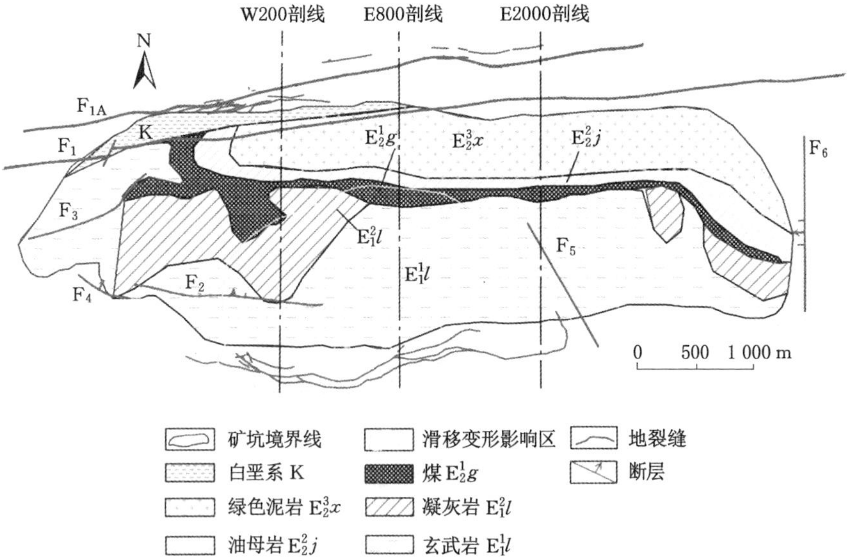

图 4-3-1　矿区地质平面图

2. 断裂与褶曲构造

煤田地质构造发育于浑河大断裂带，是郯庐断裂的北延部分，主要受成煤期后浑河断裂活动形成的水平挤压力与走向牵引的控制。褶曲构造主要有牵引向斜构造、西端帮背斜构造、向斜轴北冀的复式褶曲构造。断裂构造：矿田断裂构造十分发育，揭露查明时有近 10 条之多，对边坡稳定影响最大的构造为 F_{1A}、F_1 断层。位于北帮的 F_{1A} 断层和 F_1 断层都是区域性压扭断层。F_{1A} 断层走向 80°，倾向 NW 向，倾角 70°～80°，断层带宽从西部 70 m 到向东 30 m 左右，在采场西北帮地面出露，由地面石油一厂和抚顺发电厂内通过；F_1 断层走向近东西，倾向北，倾角 47°～52°，破碎带宽 20～30 m，在采场内出露。由于两断层走向近似平行但倾角不同，因而在地层深部形成一个由白垩系岩层组成的倒三棱岩体，断层带内均有软弱的断层泥和角砾岩。位于 F_1 断层南侧的第三系岩层牵引褶曲，不对称向斜及复式褶曲构造，向斜北冀岩层倒转等形成了北帮西区典型的倾倒滑移体，加之绿色泥岩夹有的褐色页岩中的泥化夹层影响，对北帮西区边坡稳定和地面厂区变形造成极为不利的影响。

而北帮东区，F_1 断层断裂点逐渐远离边坡，仅在上部形成绿色泥岩牵引褶曲，岩层处于由褶曲各单斜地层的转化地段，倾角较小，但泥化夹层发育，深部又有胜利矿坑长期开采影响，因而成为一个强烈的沉陷变形区段，由此产生滑坡和沉陷滑移变形，见图 4-3-2。南帮顺层层状结构，有异常发育的软质凝灰岩，是建矿以来南帮发生滑坡的决定因素，如图 4-3-3 所示。

因此，北帮西区的倾倒滑移体、中东区的沉陷滑移体和南帮的顺层层状结构，构成了抚顺西露天矿闭坑前后影响深大边坡稳定的三种典型的地质概念模型。

3. 水文地质条件

地表水有采场北侧浑河、西侧古城子河和南侧杨柏人工河，对采场冲积层均有补给水关

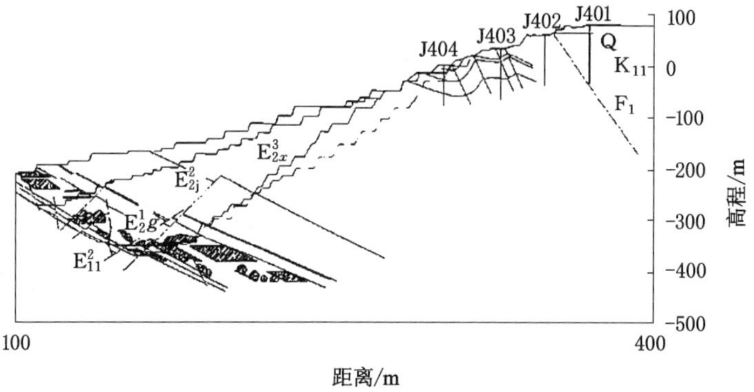

图 4-3-2　抚顺西露天矿 E1000 剖面

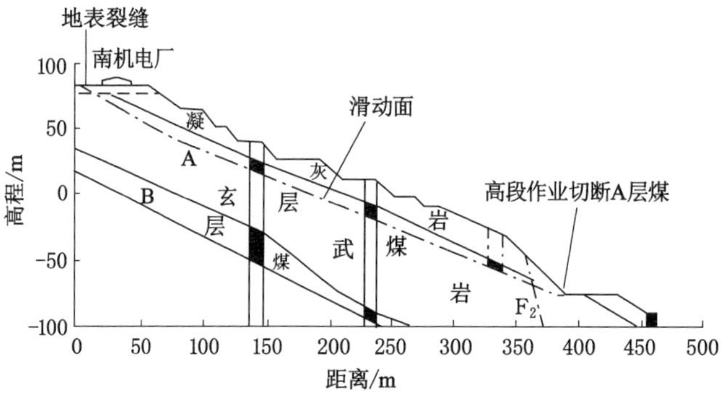

图 4-3-3　抚顺西露天矿南端帮剖面

系；大气降水量年平均 800 mm。含水单元有：F_{1A} 断层以北片麻岩构造裂隙水单元，F_1 与 F_{1A} 断层间的白垩系构造裂隙水单元，F_1 断层以南第三系岩层导水裂隙单元，绿色泥岩上部构造裂隙水单元。露天矿生产期有完整的疏干排水系统拦截与抽放地表水、地下水，一旦闭坑，水文条件将发生很大变化，原有疏干的边坡将变化成为疏干而充水的边坡，岩体强度大幅下降，边坡稳定受到极大威胁。

二、露天矿闭坑前后形成滑坡与地面变形灾害的主导诱发因素

抚顺西露天矿闭坑前后形成滑坡与地面变形灾害的主导诱发因素为闭坑前的采矿技术特征、闭坑边坡轮廓最终帮坡角及水文地质条件变化后干边坡向湿边坡过渡中水的作用。

1. *采矿技术特征*

抚顺西露天矿闭坑前生产开采工艺为上部单斗-铁道开采工艺和下部单斗-卡车-带式输送机半连续联合开采工艺，分界线水平规定为－170 m，排弃方式由外排、内排过渡到全部内排，内排土场位于西部。开采西区采深最终高程为－284 m，中区为－368 m，东区为－248 m；开采区域内西区曾有深部井，中区和东区曾有胜利矿进行过井工开采。北帮及周边岩体处于井采岩移带范围内，均受到井采与露采复合扰动，因此给闭坑后深大边坡的稳定和地面变形带来巨大的不良影响。露天矿加大西部内排土场排弃力度，因为从西向东能起到压脚护坡作用，有利于闭坑后该区边坡的稳定及减缓该区段地面变形。

2. 闭坑时边坡轮廓最终帮坡角

抚顺西露天矿闭坑时最终帮坡角：西区 28°～31°，中区 30.5°，东区 31.8°。最终到界台阶总数为站场平盘宽度 30 m、干线平盘宽度 20 m、非干线平盘宽度 7 m、汽车公路平盘宽度 30 m。这是在有疏干排水措施并达到预期效果的基础上确定的，终采闭坑后疏干排水系统停止运行，则干边坡将向湿边坡过渡，岩体强度下降，最终边坡稳定状况必将日趋恶化，原有滑坡灾害区域极可能复活，并引发更大规模的滑坡；也使周边地面变形加剧、扩大，从而对地面建筑物及企业安全危险性增大，范围也将扩大。

3. 水文地质条件变化

闭坑后水文地质条件发生变化，干边坡向湿边坡过渡，随着充水，矿坑水位上升，在水的作用下，浮托力增加，岩体强度大幅度下降，边坡的稳定将受到很大威胁。试验表明，岩体强度随含水量的增加呈负指数关系下降。因此水的作用往往成为发生滑坡的主导诱因之一。通过以上影响抚顺西露天矿闭坑前后边坡稳定性的地质背景条件、主导诱发因素分析可知：引发露天矿闭坑前后边坡滑坡及周边地面变形加剧等地质灾害的主要地质背景为北帮西区的倾倒滑移体、中东区的沉陷滑移体及南帮的顺层层状结构。而露天采矿特征、露采和井采的复合作用、采矿形成的最终帮坡角及水文地质条件变化、干边坡向湿边坡过渡中水的作用，是诱发和加剧露天矿闭坑前后边坡滑坡、周边地表变形等地质灾害的主导因素。

三、闭坑最终边坡稳定性预测分析

闭坑前为维持露天矿的采掘生产与安全，仍将使用业已形成、运行良好的疏干排水系统，基本上做到地表水不入坑，坑内构成浅水浅排，下部水贮排到坑底，再排到胜利矿的局面。因此，在闭坑最终边坡稳定性预测分析中干边坡地下水位的高度，以实测的水位线为主确定。

在对整体边坡进行稳定性分析中，以已经发生过的局部边坡变形破坏的实例为基础，再结合整体边坡的地质结构特点，通过类比的方法确定优势预想滑动面，来评价闭坑前后此区所涉及的灾变问题。

在闭坑最终边坡预测稳定性分析中，优势预想滑动面按稳定分析方法分为二维预想滑面和三维预想滑面两种确定方法。

(1) 二维预想滑面确定方法。设定预想滑动面的位置和形态受结构及强度控制，根据该区域滑坡、沉陷滑移变形等实例以及底摩擦模型试验研究成果，大致判定在牵引主向斜轴南侧，预想滑面受软弱的层理面和断层等结构面控制，在牵引主向斜北侧受节理控制追踪圆弧状。

(2) 三维预想滑面确定方法。以二维预想滑面确定方法的基础，考虑岩体优势结构面产状及深部断层产状综合确定。以深部断层形态和绿色泥岩节理裂隙圆弧追踪面为基本控制滑面，搜寻安全系数最小南东倾优势结构面为最优侧滑面。控制滑面中煤及油母页岩滑面为优势断层产状，以 E994，N114 的 223°深部断层倾向及 E800 剖面为倾斜断层产状，推求深部断层真产状，侧滑面经绿色泥岩、油母页岩及煤层中南东倾优势结构面为基础，即 122°∠58°。靠近 F_1 断层受控于复式褶曲形态特征的边坡，在露天开挖主导因素作用下以沉陷滑移变形和破坏为主。

综上所述，整体边坡破坏的滑坡模式有二维坐落滑移型滑动和三维楔体坐落滑移体滑动破坏两种。其中二维坐落滑移型滑动破坏:坡脚处的软弱层理面及断裂面构成边坡下部滑面,而上部滑动面受陡倾节理控制追踪成圆弧滑面。三维楔体坐落滑移型滑动破坏:滑动面由深部断裂构造面及优势结构面构成楔形体折面,以及绿色泥岩陡倾节理曲面和优势结构面构成曲面楔体面,两者组合构成整体边坡的楔体坐落滑移体滑动破坏。而岩体强度确定,闭坑前按疏干边坡已有原位试验、大小三轴试验、直剪试验、滑坡反算确定的岩体强度计算,闭坑后湿边坡岩体强度按不同含水量强度试验成果确定的岩体强度计算。

此外,沉陷滑移变形区整体边坡因受到深部小断裂构造和优势结构面的控制,边坡将呈复杂曲面楔体破坏,需要进行三维稳定性评价和检验分析闭坑后最终边坡的稳定性。稳定分析结果表明:在采取水平放水孔减压措施,亦即干边坡情况下,安全系数 $F_s=1.22$;不采取疏干措施,即湿边坡情况下,安全系数 $F_s=1.17$。

在露天矿边坡稳定分析中,安全系数 F_s 直接关系到设计边坡的经济性与安全性。国家标准露天矿工程设计规范规定采掘场最终边坡安全系数定为 1.3~1.5,一般露天矿均按 1.3 考虑。露天矿闭坑后要求仍保持全部的疏干排水系统继续运转几乎是不可能的,也是不经济的。因此闭坑后的边坡必将由干边坡向湿边坡过渡。也就是闭坑前后边坡稳定性为:绿色泥岩边坡安全系数将由 1.1~1.4 降至 1.1~1.2;而整体边坡安全系数将由 1.2~1.3 降至 1.1~1.2。也就是说无论是绿色泥岩局部边坡还是整体边坡在闭坑后安全系数都达不到 1.3。若不采取措施,或在有暴雨、地震或矿震等自然与人工营力作用下,边坡滑坡和周边地面变形加剧等灾害几乎是必然会发生的。这是一个将会发生非常严重后果的岩石力学与工程问题,而且对深大型露天矿闭坑边坡稳定性问题具有普遍性。因为现有的法制、规范、学科理论并没有对闭坑露天矿灾变问题考虑得那么周到与全面。

四、露天矿闭坑前后滑坡与地表变形灾害防治

露天矿闭坑环境地质灾害问题是多方面的,以上仅分析了滑坡及地表变形,由此即可知问题之多、危害之大、治理之难,比想象的要严重,确是一个涉及环境地质学、岩石力学、采矿学、环境保护学科、灾害防治学等多学科的十分复杂的工程与岩石力学问题。产生这些问题的主要根源有:长期的历史遗留问题,环保意识的薄弱,地质环境的复杂,工程活动的多样,传统学科理论的缺陷,缺乏完善的露天矿环境保护法规、规范及监管机制等。因此,露天矿闭坑前后滑坡与地表变形等地质灾害的防治必须提前开展,要从多个方面综合加以考虑。既考虑工程技术措施,又考虑非工程措施;而且还应与闭坑露天矿坑的生态恢复、土地复垦、综合利用结合起来,实现多元化治理。根据这种思路,包括露天矿闭坑前后滑坡、地表变形等地质灾害防治在内的闭坑环境地质灾害防治,主要从学科理论创新、工程技术措施和法规制定管理等 3 个方面考虑露天矿闭坑前后滑坡、地表变形等地质灾害的防治,从理论、源头上防止露天矿闭坑环境地质灾害的发生。也就是要从科学发展的高度,从可持续发展的高度防治露天矿闭坑前后的露天矿环境的破坏与灾害,实现露天矿资源开发—地质环境改变—环境破坏与灾变—治理恢复与利用的良性循环。

1. 学科理论创新

理论指导实践,理论有缺陷,实践必然出现问题。上述分析计算之所以得出露天矿闭坑边坡滑坡与地表变形等地质灾害必然会发生的结论,也是由于传统的采矿学、地质学、岩石力学和环保学等学科理论的不足、不全面、有缺陷或没有形成学科体系等造成的。重大的工

程问题大都是一个庞大的、复杂的、多学科的系统工程，需要各学科有机结合。如采矿学中对露天矿闭坑最终帮坡角确定的理论就有缺陷和不足。传统采矿理论只是更注重技术可行，经济合理地多开采矿物，没有或很少考虑开采结束矿坑逐渐充水后，边坡岩体强度下降、稳定性和安全性大幅下降可能引发滑坡等地质灾害。而实际最终帮坡角的确定理论必须综合考虑经济效益、环境效益和社会效益的统一，必须多学科创新理论有机结合地进行评价确定。这是一个需要进一步探索和研究的理论问题。也只有实现了学科理论的创新，才能从源头上防治包括露天矿闭坑滑坡在内的露天矿环境地质灾害的发生。

2. 工程技术措施防治

(1) 完善和建立露天矿闭坑前后环境地质监测网站。充分利用原有城市和生产企业地表变形监测与水文环境监测网站的基础，完善并建立同时服务于闭坑地质环境监测的统一网站，主要监测地表、边坡变形与水体、水质等水文环境变化，实现露天矿闭坑地质环境的动态、全面、长期跟踪监测。积累数据和资料供地表变形、岩性特征分析、变形与灾害发展趋势分析、为灾害预测预报与防治对策的确定提供依据。

(2) 建立露天矿闭坑边坡滑坡与周边地表变形等地质灾害预警系统。包括地质环境信息汇总评价、监测数据信息库资料分析、灾害发展趋势分析、灾害预警信息传播、会商与防治对策建议等五个方面。依附和利用省、市地质环境监测站建立的地质灾害预警系统拓展并作为一个子系统管理，能及时而比较明确地划定一定时间段内发生滑坡或地表变形加剧的区域或地点、滑坡或变形模式、规模、影响范围、危害程度，以便及时采取措施，为露天矿闭坑灾害预报、闭坑环境监控、管理服务。

(3) 充分考虑闭坑后边坡加陡充水状态下的最终边坡稳定性与安全性，在闭坑前期，也就是开采后期，主动利用采矿工程手段营造一个闭坑后仍能基本保持稳定的最终边坡，如：扩大内排压脚范围放缓滑坡灾害危险区段边坡角或预先布置若干加固措施。

(4) 结合北帮上部到界台阶的环境治理示范区工程，采用塑石护坡、盲沟导水、植被固土、随坡造景等一系列措施，在防治滑坡的同时整治土地、修复植被，形成植被群落景观和人文景观相结合的示范区。由此取得经验，逐步推广到整个矿坑的环境治理、灾害防治中。最终建成既利于闭坑露天矿环境保护与灾变治理又能有效保护和科学利用矿业遗迹资源、弘扬矿业文化的绿色露天矿山公园、矿山地质公园、矿山湿地公园等。

(5) 对于滑坡、地表变形等地质灾害危险区，治理要采取避让和针对性治理两种方法。如矿坑利用方案最终要成人工湖的话，则可借鉴长江三峡工程库区水位上升后沿江边坡灾害治理方法择宜进行。

3. 法规制定和管理

完善、修订和制定有关露天矿环境与灾害防治的法律法规并严格执法管理是防治包括露天矿闭坑在内的露天矿环境地质灾害的重大措施，才能有效地遏制露天矿生态地质环境的恶化与灾变。以抚顺西露天矿为例，引发灾变的地质背景条件为北帮西区的倾倒滑移体、北帮东区的沉陷滑移体以及南帮的顺层层状结构体，而诱发灾害的主导因素为露天采矿特征、采矿形成的最终边坡、井采与露采的复合作用及闭坑后疏干排水停止、水文地质条件的改变对边坡岩体的作用。从而提出了创新露天采矿学科理论、工程技术防治措施、法规制定与监督管理3条防治对策建议。

第四节　大中型露天矿闭坑地质灾害与防治

一、露天矿生产过程中发生灾害浅析

导致地质灾害发生的原因主要有：① 断层的影响。由于矿区地质条件复杂，断层和不连续面控制边坡的变形和滑动，在滑坡灾害中，约有 1/2 受断层和不连续面控制。② 软岩及断层泥作用。煤系地层中多为沉积岩，其中含有大量的泥质成分，遇水强度降低，产生软化效应。同时软岩遇水膨胀，使变形能力也大大增加。断层中的断层泥与软岩具有相似的性质。③ 水与岩石相互作用。露天矿发生滑坡、变形、泥石流，80%与水的直接或间接参与有关。④ 震动诱发。露天矿生产日常爆破作业、行车等，故其震动诱发源主要是爆破、行车等释放的能量。⑤ 井工开采和露天开采相互影响。浅部煤炭资源采用露天开采，深部一般采用井工开采，两者有时同时进行，常常互相作用，诱发地质灾害。

二、大中型露天矿闭坑后可能发生的灾害

闭坑后的大中型露天矿，由于停止生产，同样的边坡变形、破坏甚至滑动，能否造成大规模灾难性的地质灾害，除了与露天矿结构、岩层分布、断层赋存、环境条件等有关外，还与管理及防治有关。根据经验总结，闭坑后的露天矿可能发生的灾害主要类型有如下几种。

1. 边坡及端帮影响范围内的变形

由于露天矿的存在，会使边坡及端帮影响范围内发生变形、塌陷、地面沉降和地裂缝等。如抚顺西露天矿北帮变形影响范围内包括国家特大型企业石油一厂、发电厂、水泥厂等，不均匀变形将造成石油管道破裂、厂房地基下沉、厂房墙体破裂甚至倒塌，周围的商业区及附近的居民区也会受到不同程度的影响。加之胜利矿多年大规模地下开采，使露天矿北帮几乎全部处于井工采动后的岩移扰动范围，向北影响范围近 1 km。根据最新观测结果，变形仍在进行，局部尚有加快趋势，直接威胁附近人民的生命安全，造成城市地质生态环境进一步恶化。

2. 边坡和排土场滑坡

由于大中型露天矿开采深度大，形成高大陡边坡。如抚顺西露天矿最深处已达 442 m，最终坡角为 30°～34°；阜新海州露天矿设计最深处为 350 m。随着时间的推移，深度加大，所暴露的弱面就越多，开挖使岩体结构越来越弱化，围岩的支承能力逐渐减小；同时，为了更多地开采煤炭，剥离与开采的矛盾日益突出，整个露天矿的结构趋于不稳定，具有发生大规模滑坡的潜在危险。排土场为松散的粒状材料，随着时间的推移，风化加剧，不利于排土场的长期稳定。滑坡的种类主要包括：平面滑坡、楔体滑坡、圆形滑坡、倾倒滑坡、崩塌滑坡、复合滑坡和泥石流等。无论何种形式的滑坡，对整个露天矿都可造成灾害。

3. 地震

矿区地震可分为天然地震和诱发地震。许多矿区地处地震带，天然地震是矿区岩体结构稳定性的大敌。矿区发生诱发地震的条件是充分的，一是地下开采，破坏了原有地层系统的结构，打破了原系统的平衡，使采矿过程中不断诱发地震。如阜新矿区和抚顺矿区地下开采所发生的冲击地压（岩爆或煤爆）、瓦斯突出等就诱发了地震，最高震级已达 4 级以上，震

源距离地表很近。一般来说，诱发地震尽管强度低但烈度大，危害不小。二是露天矿生产过程中的开挖和闭矿后积水成湖，使水位发生变化，由此会引起地层应力发生变化。水弱化岩石，使岩体承载能力下降，加之地震动力作用，边坡的稳定性明显降低。研究表明，地震力作用，使端帮围岩不仅发生平行和垂直边坡的振动，而且由于边坡台阶和岩层分布的不均匀性及地震力来源的随机性，端帮围岩还将发生扭动变形。

4．水系变化

露天矿生产过程中，每年要花费大量的资金拦截疏导地表水，聚集在坑底的积水也要通过排水系统疏干。闭坑后，坑内水源主要有：大气降雨、地表水渗流、河流渗透、工业和民用废水排放及地下水补给等。如不加强管理，及时治理，露天矿闭坑后就可形成人工湖泊，并且可能并发地下水质污染、边坡岩石软化、诱发矿区地震等相关灾害。如抚顺西露天矿闭坑后形成一个10多亿立方米的大坑，据测算，每年可汇入坑内的水量约有4 000万 m^3，如果不加治理，10～20年后，西露天矿就有可能形成一个大型人工湖。由于露天开采与地下井工开采相连，造成地下井工系统排水，使地采系统积水，排水困难，甚至直接影响正常生产。

5．其他灾害

在闭坑过程和闭坑后，露天矿和排土场还会发生伴生灾害，如残煤自燃、岩土风化、水土流失等。残煤自燃，影响城市的大气环境。岩土风化、水土流失不仅会污染城市地下水资源，同时还会给矿区城市的环境和生态系统造成很大影响。

三、防治建议

随着一些大中型露天矿闭坑期限的临近，现提出以下建议供参考。

1．综合治理

正如大中型露天矿立项设计、投入生产一样，其闭坑也是一个复杂的巨系统，它涉及政治、经济、社会、法律、环境、生态、技术等方面的综合问题，不是哪一个部门或行业单独能够解决的。单从技术方面来说，灾害研究涉及采矿、地质、测量、数学、力学、机电、环保等多学科联合攻关。从时间上看，闭坑前的研究，只是一种预研，闭坑后随着时间的推移，灾害发生的范围、程度在不同时间地点会有不同的特征，提出何种防治措施，要依据当时的条件而定。

2．提前规划、超前研究

大中型露天矿闭坑时间是可预测的，这样就可根据经济效益、社会效益和环境效益提前规划，超前研究。在总结历年来各个大中型露天矿生产过程中发生灾害的基础上，究其原因，寻其根源，为以后研究相关灾害提供依据。同时，对大中型露天矿闭坑可能发生的灾害进行预估，寻求发生灾害的机理，建立防灾减灾的理论，为防灾减灾做好理论基础，并且加强在线联网监测。

3．兼顾生产与治理

现在正在生产的大中型露天矿，距离闭坑尚有一定的时间，要边生产、边治理，特别是与环境和生态有关的治理工程，如残煤自燃、岩土风化、水土流失等，提前进行就会节省时间，达到闭坑后再治理所起不到的作用。

第五章　露天矿闭坑后地面设施、设备利用

第一节　地面建构筑物利用

目前我国矿山地面建筑中，生活建筑和工业建筑仍保持着传统的钢筋混凝土框架结构，既不能体现建筑行业的技术创新，又无法满足煤矿企业对地面建筑节能耐用的经济需求。随着新工艺、新技术、新材料（如新型钢结构）的使用，轻型房屋结构体系工程成为今后建筑工程行业发展的必然趋势。煤矿矿坑地面建筑工程应在结构设计和项目安全管理上不断优化，以满足煤炭安全绿色开发和清洁高效利用的需求。

一、概述

矿山地面建筑含生活建筑和工业建筑两种形式，其中工业建筑多为单层或两层的较低建筑，底板和地板负荷较小，一般采用框架结构设计、钢筋混凝土框架结构设计、框排架结构设计等。由于资源消耗大、环境污染严重、工期长、见效慢，这些结构设计模式已不适应现代煤矿建设的发展。

二、轻钢结构在煤矿地面建筑中的应用

轻钢结构非常适合煤矿地面施工的需要，如卡保间、维修间、备品备件库、井口房、驾驶室等建筑。轻钢结构重量轻、变形协调能力强，只需针对基础进行简单的处理，就可以使工业建筑安全使用，不仅可以保证煤矿的正常工作，而且还可以降低工程造价，克服传统结构形式的缺点。

（一）所用建筑材料混凝土和钢材的型号标准

建筑材料的选择是煤矿矿坑建筑结构设计中关键的问题，选取建筑结构材料的原则是适合本矿坑特点、有可靠保证的、经实践验证的新型建筑材料。混凝土的选用标准：煤矿矿坑建筑基础垫层多采用混凝土等级小于等于 C15 的素混凝土。钢筋强度等级超过 400 MPa 时，混凝土强度要保持在 C25 以上，选用 C30 混凝土更适合。煤矿矿坑储煤仓多采用混凝土等级 C30～C40 的预应力混凝土结构。煤矿矿坑筛分车间由于受到重复荷载的钢筋混凝土构件的重力，所选混凝土强度等级要在 C30 以上。

钢材的选用标准：梁和柱等纵向受力的普通钢筋一般采用 HRB400 级、HRB500 级、HRBF500 级。在实际施工中大多采用 HRB400 级的钢筋，相应的混凝土一般采用 C30。承重钢结构材料采用 Q345 钢、Q390 钢和 Q420 钢比较适宜。按强度控制结构构件的截面时，由于 Q345 钢的屈服强度比较高，比 Q235 钢的屈服强度提高了约 45%，所以采用 Q345 钢比 Q235 钢能够节约 30%左右。在煤矿矿坑建筑结构中常用的吊车梁，多数都是轻级

(A1～A3)或中级(A4、A5),通常情况下设计为铰接。多采用型钢作为吊车梁的基础材料,采用钢板进行焊接制作时,一般选用 Q345-C 型钢板来保证它的冲击韧性。钢结构的焊接材料要与连接件材料相适应,如果不同强度的钢材进行连接,一般情况下使用强度低的钢材比较适应。进行手工焊接的时候,Q235 钢材通常用 E43 型焊条,Q345 钢材通常采用 E50 型焊条。

(二) 一般情况下的建筑系数取值要求

1. 建筑梁的扭矩折减系数取值要求

由于机房里有比较多的吊挂物件,并且在建筑墙面上有很多洞孔,所以机房周围要适当设置一些辅助支撑设备。在进行建筑结构设计的时候,为了能够使数值更加精确,建筑梁扭矩折减系数必须要符合工艺设计的要求。一般情况下,要按照建筑孔洞的尺寸来计算梁扭矩折减系数,调整的范围为 0.3～0.4。

2. 建筑活载组合值系数的取值要求

大部分煤矿矿坑建筑物的楼面活载组合值系数不同:一般情况下工业场地内的井口房、提升机房、输送机栈桥、翻车机房等活载组合值系数为 0.1,筛分楼、转载站、煤仓等活载组合值系数为 0.9。为了能使各个数值更加精准,并且符合建筑工程的质量标准要求,在设计煤矿矿坑建筑结构的时候,必须要按照工业场地的建筑类型,严格选择活载组合系数进行设计。

三、优化煤矿地面建筑环境的功能性设计

在煤矿地面建筑的优化设计中,不仅要优化建筑材料的使用,还要优化周边环境。

(一) 建筑环境视觉效果的设计与优化

现存煤矿建筑的建筑年代相对较早(新建矿山除外),受当时经济因素的影响,墙面都是清水或混水钢筋混凝土的材质,经过长期的风化剥蚀,许多建筑虽然能够继续使用,但外观陈旧了,对煤矿地面环境外观美产生严重影响。新建、拆除、扩建时,可在建筑布局、造型、容积、色彩、款式等方面重新科学优化设计,对建筑环境视觉效果加以改进。如将平面设计为不规则形状、梯形、圆形、多边形,增加凹凸线、虚线直线、圆弧、弯曲的形状,在单一的色调装饰墙外壁表面使用多彩漆等。

(二) 建筑能耗优化设计

在当前低碳环保倡导的口号下,合理使用自然采光、通风、采暖围护结构、屋面结构、地板保温等。根据不同地理环境的要求,充分利用周围的自然环境,实现健康、节能设计。改变煤矿地面建设现状,充分利用自然采光在冬季取暖和夏季乘凉,优化设计中充分利用自然采光、自然通风、余热,设置遮阳组件;用轻质复合墙体代替普通黏土砖墙,工人经常修理工作所用房间、矿灯房间、起重灯具房间等更应如此;优化设计屋顶为坡屋顶,有利于排水渗漏,同时也能改善室内微气候舒适性。

四、土建工程的退役

包括基建设施拆除,完成修复或复垦、有效排水、复垦排土场,完成闭坑后监测网络的构建。

五、地面建(构)筑物建议条款

建议编制露天矿闭坑标准涉及地面建(构)筑物时设置如下条款：

(1) 露天矿闭坑结合企业实际情况，经主管部门同意后，适宜拆除供电、供水、破碎系统、储存建筑物、转载栈桥等直接用于生产的建(构)筑物。

(2) 露天矿闭坑遗留的集水坑、水池，凡低于所处位置地平面的应填平，凡高于地平面的应拆除。

(3) 对需要保留再利用的工业场地内建筑，应按有关规定补办用地手续或移交手续。保留再利用的工业用房须是未受损建筑，不影响安全居住或使用。应对再利用房屋进行安全性鉴定。根据鉴定结论进行加固维修或拆除处置。

第二节　设备利用

一、设备利用

矿山闭坑是一个系统工程，不仅涉及职工安置和资产债务处置，也涉及大量的闲置设备如何处理问题。煤炭企业和煤矿关停后，人员得到了安置，闲置设备该如何处置呢？有业内人士指出，煤炭企业关停后，井工矿会有输送设备、支架等支护设备、通风设备、掘进设备、采煤设备、煤炭洗选设备等闲置下来；露天矿会有大型挖掘机、自卸卡车、排土机、推土机、破碎站、带式输送机、钻机、水泵、变电站等设备闲置。闲置的设备不仅占用企业资金，同时还会带来一系列问题，比如场地的占用、设备维护费用和人工成本的增加，形成不良资产，增加企业负担，制约企业发展等。

闭坑工作往往会持续多年，对于短期设备(4～7年)的处置就显得比较迫切，闭坑计划应尽早安排；对于长期设备，在闭坑计划中可能会经过几次调整，所以处置更具有灵活性，但及早在闭坑计划中安排更好。另外，涉及法律法规的变动、社会要求的提高等因素也会影响到闭坑计划和闭坑成本。

盘活闲置资产一直是政府和煤炭企业努力的方向，一般有修复利用、内部调剂使用、对外租赁和向社会公开出让销售四种办法。

由于企业发展和政策影响，闲置资产一直以来都是在企业内部使用，无法及时和外部市场打通，闲置资产的利用效率较低，造成了资源的浪费。虽然有些企业和机构已经在积极探索退出煤矿闲置设备、材料的处置和再利用问题，但受煤矿设备专用性和市场信息不对称的制约，数量巨大的闲置设备还是无法得到有效处置。这不仅增加了企业负担，而且处置不当还将造成社会资源的极大浪费。

为了推进煤机行业设备的流通，解决煤炭闲置设备处理难的问题，建议搭建露天矿装备二手设备调配平台，提高露天矿闭坑后设备闲置的问题。

二、设备利用建议条款

建议编制露天矿闭坑标准涉及设备利用时设置如下条款：

(1) 露天矿闭坑应有序拆除如破碎站、污水处理间、卡车保养间、锅炉房、各种厂房、仓库等地面设施、设施，并坚持应拆尽拆的原则，进行最大限度回收或再利用。所有回收设备、设施和材料必须登记造册。再利用设备，在使用前应经过有资质的专业鉴定机构进行检测，检测合格后方可利用。

（2）露天矿闭坑停止供电后，应拆除用于生产的供电设施和线路。

① 露天矿闭坑应有序拆除露天矿供配电设备及线路，宜按照先坑下后地面，先支线后干线的顺序拆除。

② 露天矿闭坑有序拆除露天矿各弱电系统，其中安全监测监控及人员定位系统应在所有系统最后拆除。

③ 对于可保留再利用的变电所，应经地方主管部门同意，根据再利用功能重新进行设计审批。

第三节　地面防排水工程

煤炭资源采用露天开采方式开发拥有极高的经济效益。煤层最上方的土壤称为表土。土地开发期间往往会先对上层剥离物使用挖掘机、卡车等设备进行采装、运输、排弃，即移除。完成剥离物的移除工作之后，煤层就会暴露出来。这时候还需要将煤层爆破形成碎块，使用卡车运走做进一步加工处理。露天开采比井工开采能获得更多的煤炭资源，提升煤矿的利用率。但是露天矿开采后，大量地下水的涌入会导致岩体出现裂隙，使边坡稳定性大幅度降低。此外，大量地下水的涌入还会缩减采矿设备的使用寿命。因而，如果不能及时排水，会对露天矿的开采工作造成影响，并带来安全隐患。

一、矿区含水层以及隔水层

大多数煤矿的含水层分为煤承压裂隙含水层和第四系孔隙潜水含水层。有些矿区也有粉砂岩构成的隔水层，粉砂岩一般较厚，能有效阻隔大气层降水。但是粉砂岩因缺乏矿层，所以防水排水效果并不强，因此需要加大对于矿区防水排水体系建设的力度。

二、地面塌陷、矿坑排水以及降雨的相关性

溶洞的地面坍塌是导致矿坑排水困难的主要原因。而溶洞的地面塌陷成因较为复杂。调查显示，地面坍塌的形成是因为降水分布不均，也就是降水量因素所导致的。有统计显示，降水量增大的 1～2 d 内，我国大部分区域内的煤矿矿坑内水量会增大，也会显著加剧矿区排水工作的难度。矿坑排水工作一旦无法顺利进行就会导致煤矿开采的效率下降，甚至会危害工作人员的人身安全，以及造成经济损失，有极为不利的社会影响。地面塌陷、矿坑排水以及降雨三者是相互联系、相互依存的，只有将排水工作彻底做好，才能有效预防降水量的增加带来的影响，避免矿洞的坍塌，保障工作人员的生命安全，也不会造成较大的经济损失。

三、煤矿排水设施分类及要求

1．排水设施的分类

在实际的煤矿排水工作当中，通常会采用直接排水、分段排水以及集中排水的方式进行

排水。其中资金投入较少的排水方式是直接排水，且具有管理方便、便于操作的特点。直接排水对于设备的要求不高，只要拥有承重力强的水管以及能力大的水泵就可以进行，通常是在下部水平的涌入水量较大时采用。分段排水主要是将下部的水排入矿坑上部，再由上部排入地面，通常在矿坑水平面上部涌入量大于水平面下部的时候使用。集中排水主要是将上部的水流放到下部，集中进行排水，通常在上部水平涌入量很小的时候采用。矿坑对于贮水仓也有着明确的要求，贮水仓的容量应该不小于矿坑 4～8 h 内涌入的正常水量，只有这样才能保证在降水量过大的时候有足够的时间进行排水设备的准备，也能够避免由于降水量过多导致电网以及水泵出现短路的情况。

2. 对于排水设施的要求

在煤矿建设及开采期间，不同类型的水源会不间断地涌入矿坑当中。这些水源集中在煤矿的巷道之内，不但会对煤矿的实际生产造成影响，同时对于井下工作人员的生命安全也有着极大的威胁。排水设备的主要作用是将这些煤矿中的废水及时排出，输送到地面，保证煤矿坑下生产的环境安全，为井下的工作人员提供良好的工作环境，所以要求排水设施有较完善的硬件设备、较高的经济及安全性能。

四、地面防排水治理

（一）地面防水措施

地面防水的主要任务是防止地面河流、池沼等的积水以及暴雨季节的洪水突然灌入采场，即防止或减少大气降水和地表水进入采场。地面防水的对象主要是地表水。凡能以地面防水工程拦截或引走的地面水流，一般不应再让其流入采场。工程措施主要包括建截水沟、河流改道、调洪水库、修筑拦河护堤等。

1. 修筑截水沟

截水沟的作用是截断从山坡流向采场的地表径流。当矿区降水量大，四周地形又较陡时，截水沟发挥拦截和疏引暴雨山洪的作用。以防洪为目的的截水沟须设在开采境界以外，对经拦截而剩余的洪水量和正常时期的地表径流可设第二道截水沟拦截。第二道截水沟可根据地形、水量、边坡稳定性等具体条件，设在境界外或境界内。设在境界外的截水沟应根据防渗和保护边坡等要求决定其具体位置。境界内的截水沟一般设在台阶平台上。

截水沟的排泄口与河流交汇时，要与河流的流水方向相适应，并使截水沟沟底标高在河水的正常水位之上，其目的是为减少截水沟的排泄阻力和防止河水冲刷倒灌。

2. 河流改道

当河流穿过露天开采境界时，须将其改道迁移。河流改道工作比较复杂，投资较大，因此在确定露天开采境界时，是否将河流圈入境界要进行全面的分析比较。建设大型露天矿遇到河流必须改道的问题时，也应尽量考虑分期开采，将河流划归到后期开采境界，以便推迟改道工程，不影响矿山的提前建成和投产。但对于只在雨季有水的季节性河流，可根据具体情况确定。河流改道一定要考虑到矿山的发展远景，避免二次改道造成浪费。

新河道的位置应该选在路线短、地势低平和渗水性弱的地段。新河道的起点宜选在河床不易冲刷的地段，并应与原河道的河势相适应，不要强逼水流进入新河。新河道的终点要止于原河道的稳定地段，而且相接的夹角不宜过大，否则易造成下游河道的不稳定。

3. 调洪水库

季节性少量地表水流横穿开采境界时，除采取改道方法外，还可以在上游利用地形修筑小型调洪水库截流。调洪水库的作用是拦截和贮存洪水，并设有泄洪排洪渠。

调洪水库的主体工程是拦洪坝，坝体高度及强度应综合考虑水库蓄水量、水压力、库底泥沙压力、冰压力、地震力以及坝顶载荷等作用力的影响，按照相关的水利设计规范进行专门设计。

4. 修筑拦河护堤

当露天开采境界四周的地面标高与附近河流、湖泊的岸边标高相差很小，甚至低于岸边地形时，应在岸边修筑拦河护堤。护堤的作用是预防河流洪水上涨灌入采场。

拦河护堤的设计计算与调洪水库拦洪坝相同，但其具体参数的确定应按河流洪水与地势的具体情况而定。

（二）露天矿排水

采场水害严重威胁着凹陷露天矿生产和设备的安全。露天矿一旦发生水害事故，导致的后果通常极为严重，危害主要有降低设备使用效率和寿命、延缓工程进度以及严重威胁采场边坡和排土场边坡的稳定性。

露天矿经疏干和采取各种防水措施后，已控制了大量的地下水和地表水流入采场，但仍可能有少量的水渗入露天作业区，主要包括降落在采场范围内及周边区域的部分大气降水和渗入采场的少量地下水，因此有必要采取一定的排水措施。按排水通道形式，露天矿排水可分为露天排水（明排）和地下排水（暗排）两种方式。

排水方式的选择，不仅要进行直接投资和排水经营费的对比，还需考虑其对采矿工艺和设备效率的影响，以及由此而引起的对矿山总投资和总经营费的影响。选择排水方案应遵照下述原则：

1. 自流排水系统

这种排水系统是利用露天采场与地形的自然高差，不使用动力设备，完全依靠排水沟等简单工程将水自流排出采场。该排水系统主要适用于山坡露天矿。当局部地段受到地形的阻挡难以自流排出时，可采取开凿平硐导通排出。

2. 地下井巷排水系统

地下井巷排水的布置形式较多，设在采场内的泄水井易对采矿作业有一定的干扰，有的还需降段，管理上比较复杂。

3. 露天采场分段截流排水系统

这种排水系统是在露天采场的端帮上设置几个固定式泵站，分段拦截并排出涌水。各固定泵站可将水直接排至地表境界外，也可采取接力方式通过上水平的泵站将水排到地表。该排水系统适用于汇水面积和水量较大，或者开采深度大、矿山工程下降速度较快的矿山。其优点是：采场底部积水少，掘沟和扩帮作业条件比较好。其不足之处是：基建工程量大，最低工作水平还需设临时泵站排水；泵站多，管理不集中。

4. 露天采场底部排水系统

这种排水系统是在露天矿采场底部设临时水仓和水泵，使进入采场的水全部汇集到底部水仓里，再由水泵经排水管排至地表。这种排水方式在深凹露天矿得到较普遍应用。

第四节　土地利用

在我国生态文明建设战略背景下，遵循“山水林田湖草”这一生命共同体理念，探寻适合矿区的低碳土地利用方式显得尤为重要。露天矿开采阶段性地产生了地层扰动、损毁了土地，破坏了地表原有植被。

导致气候变暖的人为因素主要有两方面：一方面是由于化石燃料使用和水泥生产建设活动等直接向大气中排放温室气体；另一方面是土地利用类型发生变化会影响温室气体汇和源的分布和大小。2015 年，中国政府向联合国气候变化框架公约秘书处递交自主减排方案，即：到 2030 年左右 CO_2 排放达到峰值并力求早日达到设定目标；与 2005 年相比单位国内生产总值 CO_2 排放降低 60%～65%。为了尽快实现自主减排目标，资源型城市成为中国是否可以实现温室气体减排的主要承担者，能否实现低碳可持续发展和矿区低碳土地利用，关乎中国对世界承诺的温室气体减排目标能否实现。在新时代下，务必要坚定“绿水青山就是金山银山”的理念，重视生态环境保护工作，对“山水林田湖草”生命共同体进行系统治理。

我国是煤炭生产和消费大国，全国有 15 个省(自治区)分布有适用露天方式进行开采的煤炭资源，共占全国煤炭资源总量的 10%～15%，而其中 90%以上分布于内蒙古和新疆。生产能力大、开采成本较低、资源回收再利用率高、安全性高等优势使露天矿得以迅速发展，但其“剥离—开采—运输—排弃—造地”的生产工艺使矿区原土地生态系统受到剧烈扰动，地表原有植被遭到严重破坏，矿区碳储量能力部分丧失或全部丧失。露天矿每开采 1 万吨煤损毁土地面积约 0.22 hm^2，其中直接挖损土地面积 0.12 hm^2，外排土场占用土地面积 0.1 hm^2。

土地利用类型变化导致地上植被与土壤中碳储量发生变化。近年来国内外学者从土地利用角度开展了碳减排研究和实践。国外学者主要对低碳经济发展模式、低碳产业布局、低碳城市模式进行研究。国内学者方面，顾朝林等认为气候变化、碳排放与城市化过程相交织，低碳城市建设是遏制全球增温的首要选择；赵荣钦等认为低碳土地利用的实现能在很大程度上缓解全球气候变暖；付梅臣等从“减排”“增汇”两个角度，深入剖析目前中国土地复垦政策对矿区低碳土地利用提出的要求。

目前学术界对“低碳土地利用”这一名词还没有明确定义，结合现有研究成果来看，主要指在土地利用研究与实践过程中融入“低碳土地利用”这一理念，以“低碳”为导向，把现有的思维、目的、技术手段等与“低碳”理念相结合。矿区“低碳”与通常所理解的“低碳”理念有所不同，对于矿区尤其是露天矿区而言低碳土地利用主要是指在开采同样多煤的情况下，如何做到扰动更少的土地及剥离更少的表土，降低单位面积的碳排放量，最终及早造地固定碳汇。

从土地利用角度探寻矿区节能减排的途径是行之有效的方法，土地利用类型变化、土地利用结构调整和土地利用技术发生改变都会产生非常多的碳排放。在土地利用中融入“低碳”这一理念，顺应国家对低碳发展的要求，使得土地利用达到“低排放、高效益”的发展状态。矿区开采会将固碳功能强的耕地、林地、草地转为高碳排放的矿业用地类型，探寻适合于矿区的低碳土地利用结构、布局、规模和方式显得尤为重要。

一、矿区低碳土地利用原则

矿区低碳土地利用是以尽量少的能源消耗和环境污染获得更多的经济产出。为更好地梳理矿区低碳土地利用的脉络，从矿区实现低碳土地利用的原则、低碳利用的目标、低碳利用的途径三方面出发，构建矿区低碳土地利用途径，指导矿区生产建设活动朝着“低碳”方向发展，建设成为绿色露天矿、可持续矿山。

土地利用的原则包括与矿区环境相符、在土地本身的功能性之内、获得关键利益方同意以及符合本地生态环境的可持续发展。在满足上述原则的前提下，对于闭坑后土地利用的选择包含尽可能恢复到原本生态环境之下的原始状态、恢复到采矿活动前的土地利用状态，采用一种比采矿活动利用方式更有效益的方案以及采用一种与采矿活动前的利用方式不同方向、单效益等价的方案等，最终保证土地的可持续利用。

根据循环经济中给出的“3R”原则，即减量化、再利用和再循环，赵荣钦等在“3R”原则基础上，将低碳土地利用扩展为“5R”原则：减量化→再利用→再循环→再开发→再修复。目前，在现有低碳土地利用“5R”原则上，针对矿区低碳土地利用对“5R”原则进行优化。

1. 减量化

严格控制采矿用地扩张，减少耕地、林地、草地等“高碳汇”用地类型转为露天采坑、排土场、剥离区、工业场地等“高碳源”用地类型；节约集约利用采矿用地，在开采同样多煤的同时扰动更少的土地；矿区开采作业中减少能源消耗，避免因化石燃料使用产生大量碳排放，用较少的能源投入获得较大的经济产出。在露天矿开采中减少对表土的剥离，减少原地貌扰动面积，避免煤炭开采产生较大的碳损失。同时，矿区通过技术措施减小在煤炭开采过程中对土地资源的扰动程度及范围，充分挖掘土地资源的生产潜力，做到“剥离—开采—运输—排弃—造地—复垦—管护”一体化，达到矿区土地利用的“开源”目的。

2. 再利用

再利用是指复垦土地的集约利用，矿区应对工业场地和矿区周边污染土地、退化土地、矿区损毁土地及时进行科学的土地复垦，对其脆弱的生态系统进行修复，提升矿区土地生产力，加快矿区损毁土地复垦，实现土地资源可持续利用。坚持“谁损毁，谁复垦；谁破坏，谁补偿”原则，提高矿区损毁土地复垦速率，通过复垦土地的再利用，提高土地生产能力，增强矿区“碳汇”功能；加强对复垦土地的可持续利用，注重复垦后期监测监管。按因地制宜原则，根据复垦后土地现状和再利用条件，包括区位条件、交通条件、土质条件、水源情况、地形条件等选择合适的再利用方式，宜农则农，宜林则林，宜草则草。

3. 再循环

以开采煤、延伸煤、升华煤为目标，实施节能、降耗、减排工程，发展循环经济。根据矿产资源埋藏特点、开发时序，采取一系列措施，减少煤炭开采对生态环境造成的影响。矿区煤炭开采要尽量做到精采、细采、多采，矿区应回收洗选后的煤泥，用煤矸石发电，发电后的粉煤灰用来提取氧化铝和其他稀有金属，发电余热用来为矿区集中供热，炉渣等废料用来制作墙体材料。最终实现矿区资源开采精细化、废物利用最大化、环境污染最小化。防止低效闲置利用土地、掠夺性耕作、粗犷型土地利用模式，提高矿区植被覆盖率和能源使用效率，达到经济效益、社会效益、生态效益最大化。

4. 再开发

加快对矿区排土场平台、边坡复垦；通过相应措施促进矿区土地资源再开发利用，将矿区损毁土地及时复垦为林地、草地、耕地及其他高碳汇用地类型。复垦土地的集约利用，即在充分考虑土地资源可持续利用、改善生物多样性、提高居民搬迁安置满意度的前提下，通过增加复垦土地的技术、资金、劳动力等因素，优化土地配置，提高土地利用率和产出率，从而实现土地资源的可持续利用目标。根据矿区复垦土地区域性特征，达到适宜产业区域化，优势产品地域化，产品加工集群化的格局，最大程度上减少煤炭开采对生态环境的影响。

5. 再修复

主要是指矿区在“剥离→开采→运输→排弃→造地”等工艺影响下，其原土地生态系统在高速采矿挖掘作业下产生了大量扰动剧烈和极度退化的损毁土地，需要采取科学的土地复垦对其进行修复。就大多数矿区而言经过长时间的土地复垦，耕地质量会强于原地貌或达到原地貌水平，其抵御旱灾、涝灾能力明显强于原生态。露天矿复垦地区的生态环境和生物多样性需要逐渐恢复，要坚持保护土壤、水源和环境质量，防止次生污染。

二、矿区低碳土地利用途径

1. 矿区土地利用结构优化

土地利用结构的合理性，决定区域土地功能。露天矿开采扰动的土地面积大、涉及的部门行业多，在土地复垦规划过程中要注重区域规划协调统一，因地制宜安排复垦方向，实现矿区“山水林田湖草”这一生命共同体生态服务功能最大化，减轻煤矿开采对环境的影响。露天矿开采导致土地功能部分或完全丧失，出现损毁土地与原地貌相比岩石比例高、土壤侵蚀敏感、渗透性低、营养不良等不利的特性。研究发现复垦土壤容重比未扰动土壤高 0.2～0.5 g/cm^3，稳渗率较原生境低 0.1～0.8 mm/min，径流系数则达到原生境的 2.9～6.1 倍。矿区土地复垦应以生物措施为主、工程措施为辅对矿区损毁土地进行修复；尽量将含不良成分的岩土、有毒有害或放射性成分以及煤矸石堆放在深部，减少温室气体溢散；对矿区土壤进行改良，提高单位面积土地生产力，增强土地复垦功能提升。

2. 矿区土地利用规模优化

矿区土地复垦，其根本是对矿区“山水林田湖草”这一生命共同体的修复。结合区域自然生态地理环境的特征，科学制定矿区生态环境恢复治理方案，按照因地制宜的原则实施矿区生态环境治理与修复工程，促进露天矿开采与生态环境的协调发展；把绿色开采、低碳开采、生态露天矿建设的理念贯穿于矿产资源开发利用的全过程，实现清洁生产、循环利用和污染物零排放。土地复垦目标不仅是将复垦对象恢复到可供利用的状态，还应加强对生物多样性的保护，增强煤矿区退化生态系统的生态恢复能力，保护生态系统的完整性。生物多样性重组与保护能有效降低自然灾害的风险，并维持稳定的土地生态系统。对矿区损毁土地及时进行科学有效的复垦，在复垦土地上发展农、林、牧以及农产品加工等产业，不仅使矿区植被覆盖度、生物多样性等得到提升，同时还将矿区损毁土地资源进行优化重组。伴随矿区复垦土地规模的不断扩大，以及接续产业、替代产业的不断发展，农民有了再就业的机会，搬迁安置问题也得到了有效解决，矿区土地的规模化经营可以有效缓解农民与露天矿企业之间的土地矛盾。这将露天矿生态环境、资源环境、经济环境和人文环境联结成一个有机的系统，使露天矿采矿活动与生态环境和谐、协调、统一，消除采矿活动对环境和生态造成的巨大负面影响。

3. 矿区土地利用方式优化

要想实现矿区低碳土地利用首先要采取低碳的开采方式，从有利于温室气体减排的角度出发采取相应措施。研究表明：平朔矿区三座大型露天矿自开采以来燃油消耗、炸药使用、开采逸散、电力消耗产生的碳排放分别为470万t、41万t、525万t、88万t。在矿区生产建设活动及后期的生态恢复过程中，应该重视煤炭开采工艺的可持续性，在表土剥离时尽量采用土石分排，避免土石堆放长期压占土地，减少土堆碳排放量；采用煤矸石充填技术，或建立煤矸石发电厂，防止煤矸石非受控自燃产生的碳排放；在覆土过程中，准确设计回填土方量和运输路径，减少燃油等化石燃料使用量；提高矿区大型机械使用效率，控制因电力消耗产生的碳排放；促进矿区土地复垦向低碳可持续方向发展。露天矿废弃的矸石和煤泥应排在内排土场，并应在地表30 m以下处，在矿区土地平整过程中减少大型机器对土壤的压实，减少翻耕次数，从源头上降低燃油使用产生的碳排放。

4. 矿区土地利用布局优化

根据矿区分布的地域性特征，合理科学规划布局，做到平面布设合理，空间设置适宜，时空安排有序。对于复垦后的土地资源除补充耕地以外，还可以发展水产养殖业、畜牧业、果蔬种植业、花卉种植业等新型农业。矿区还可以将复垦后的土地资源作为基础，搭建一些使用现代高科技技术，容易实施、生态效益明显的实验示范工程。矿区土地利用布局应遵照自然规律，实现矿区生态产业优势，构建地域性生态产业区，形成适宜产业区域化、优势产品地域化、产品加工集群化的格局。形成两类核心循环经济产业链：煤炭开采→煤矸石→电→硅铝→建材工业的黑色工业产业链；农→林→牧→药→农产品加工-生态旅游的绿色生态产业链。研究表明，露天矿开采过程中土壤有机碳损失高达80%，因地表植被破坏造成植被碳库几乎全部丧失。矿区通过建设绿色产业链来固定碳汇，在提升土地功能的同时吸附黑色产业链产生的碳排放，以此来提高矿区内部碳汇功能。

三、矿区低碳土地利用目标

1. 减少煤炭开采过程中化石能源消耗

通过单位土地上更少的燃油使用、电力消耗等投入，获得更大的产出即煤炭的开采量。绿色施工，减轻大型机械对土壤的压实。充分利用采矿机械，在煤炭开采过程中，尽量完成地貌重塑、土地平整及表土回填，实现“边开采，边复垦”。同时，对驾驶员进行定期培训，防止因为操作人员不专业、机具不匹配，损坏、浪费、耗油高可能引起高排放的现象发生。

2. 降低矿区开采碳排放强度

尽可能降低单位面积的碳排放，实现矿业用地节约集约。矿区的道路建设要在保障安全和运输成本较低的基础上，在尽可能地减少土地占用的前提下，通过方案对比的方法，尽可能地减少对周围敏感地区的影响。运输道路进行选线时不仅应当考虑物料的运输成本，而且应当考虑环境影响程度及范围，运输道路对环境的影响因子主要有扬尘量及车辆噪声。矿区排土场选址时应当考虑尽量减少外排土场的运距，尽可能距离采掘区较近，为露天矿采剥台阶同步发展、尽早实现内排、实现内外排顺利衔接。

3. 增加碳汇功能

将损毁土地优先复垦为耕地、林地、草地等固碳能力强的用地类型。在各种土地利用方式中，矿区复垦的林地、草地、耕地固碳能力强，可以补偿矿区开采作业产生的大量碳排放。矿区土壤好坏，关系复垦植被恢复效果，矿区表层土壤要排放在排土场最上层 2 m，该层不可被重型机械压实。矿区复垦的坡面倾度一般不超过 1∶4(25%)，便于机械抚育和采收。在土地复垦中，要注重土壤耕作层保护，筛选的植物要有较强的适应能力，最好有固氮能力(如豆科植物)；根系发达并有较好的生长速度，抗干旱能力强，易成活；能够产生大量有机物废料，在土壤形成中增加腐殖质和碳封存。

4. 提高土地复垦率

重视土地复垦后期管护，控制地表径流，预防水土流失，最终实现涵养水源、净化空气、保健休养、动物栖息等。在煤矿区减排增汇过程中，需要政府、企业、公众共同参与，认识到减排增汇对我国实现 2030 年减排目标的重要性。土地复垦后期管护尤为重要，要防止因过度放牧或管理不当等导致复垦土地的土壤退化问题，对矿区复垦土地进行监测监管，实现矿区资源可持续利用。

露天矿区煤炭开采产生大量扰动剧烈的损毁土地，需要采取科学的土地复垦方式进行修复，根据矿区特殊性提出“矿区低碳土地利用”这一概念以及低碳土地利用的原则、目标和途径；从减少煤炭开采过程中化石能源消耗、降低单位面积碳排放强度、增加矿区碳汇功能、提高土地复垦率重视土地复垦后期管护四个目标出发，实现矿区减排增汇；以矿区土地利用结构优化、规模优化、方式优化、布局优化为基本手段，作为实现矿区低碳土地利用的有效途径。我国露天矿主要分布在黄土高原区、内蒙古草原区和西北荒漠区，地域差异较大，区域内自然条件相差较大且经济发展极不均衡，露天矿企业可能需要投入大量资金来更新设备、重建植被、修复损毁土地，最终实现绿色、循环、低碳发展。参考矿区地域性差异及矿区土地可利用资源情况，因地制宜既要考虑现有土地资源的土地承载力，又要考虑到地域农、牧资源的耦合。“山水林田湖草”是“皮-骨-肉”不可分割的生命共同体。通过地貌重塑、土壤重构、植被重建等土地复垦工程的实施，将矿区生态系统内“碳源”型用地逐渐向“碳汇”型用地转变。

四、露天矿临时用地特征与政策建议

(一) 露天矿用地的自有特征

1. 露天矿用地具有占有和使用的排他性

由于地下矿藏与土地的密不可分，露天矿生产方式将原地上的居民点搬迁、原土地功能丧失、原附属建筑毁弃，然后剥离、开采、排弃、复垦。在开采利用过程中，采矿服务功能单一，采矿用地主体单一，甚至由于安全生产原因，在采矿影响范围内的土地都要求排他性占有。

2. 露天矿用地具有强烈的扰动性

由于煤层一般分布在地下较深处，深度一般大于铝土矿、铁矿，采剥比大，为了充分取得有益资源，要把资源层以上的土岩全部剥离、排弃，这将使地貌形态在采矿复垦后面目全非。露天矿开采结束后，地貌形态与土地利用结构改变、村庄与村庄自然界限消失。同时，上百米高的人工堆积物还可能引发水土侵蚀、滑坡、沉降等地质灾害。因此，露天矿用地的强烈扰动性是交通、水利、城镇等建设用地，以及建设项目施工和地质勘查等临时用地难以比拟的，也大大超过了露天铝土矿用地的扰动程度。

3．露天矿临时用地具有长期性和多样性

露天矿临时用地作为建设用地，虽然不是长久的，但也不是短时期的，从生产实践来看是长期的。《土地管理法》规定临时用地时间一般不超过2年，露天矿临时用地改革办法规定用地时间一般不超过5年。有的露天采矿用地，如铝土矿，用地时间能够控制在5年之内。但是从山西省内的露天矿来看，现有分期供地单元下，5年的用地周期是不够的。在连续开采情况中，露天矿企业用地周期包括剥离期、采掘期、排弃期、复垦期和管护期，剥离、采掘周期一般要4～6年，复垦周期需要3～5年。所谓露天矿临时用地的长期性，是说露天矿临时用地周期不可能在2～5年内结束，根据各地生产实践经验一般需要10年。

同时，露天矿临时用地种类繁多，使用时间差别很大。由于铁、铝、煤炭等矿产资源赋存条件的差异，以及不同矿业企业开采工艺的差异，露天矿用地周期呈现出多样化的特点，不是一个固定周期能包容的，也就是说，露天矿用地作为临时用地，虽不是永久的，却可能是长期的，而且是多样化的。

（二）露天矿临时用地的权属性质

露天矿临时用地的权属性质规定着用地企业利用土地的权利义务，是露天矿临时用地政策的法律基础，因此应该准确甄别和把握临时用地的权属性质。

1．露天矿临时用地与地役权的关系

地役权，一般是指为了提高自己不动产利用的效益而按合同约定利用他人不动产的权利。传统地役权主要是地平面的通行权、排水权和高空架线权等方面。《中华人民共和国物权法》（以下简称《物权法》）中地役权的设立为矿权人在取得矿产资源的同时利用地表土地的权利奠定了法律基础，地役权的设立为矿业权人实现采矿权提供了一条便捷通道，国内有法学学者建议设立地役权取得采矿用地。《物权法》规定了矿业权的用益物权属性，矿业权作为在地下设立的用益物权，使用地上土地，从而与土地权利人发生地役权关系，露天矿临时用地具有了地役权的性质。即，露天矿企占用、使用土地，不是直接取得土地收益，而是通过土地取得矿产资源的收益。

但是，在现有法律体系中，《土地管理法》《矿业管理法》滞后于《物权法》。而且，矿业权的优先性可能侵害地上土地权利人的权利，不利于土地高效利用和社会和谐。矿业权人的用地过程还需遵守《土地管理法》等有关法律法规，通过土地征收、临时用地、租赁等方式取得土地，才能实现《物权法》中设立的地役权。就是说，地役权是露天矿用地的理由，但不是矿业用地的法律途径。若认为，有了地役权，加上农村集体土地可以直接进入矿业用地市场，矿业用地从临时用地模式可以过渡为常规模式，还言之过早。地役权类型多样，露天矿用地是其中特殊的一种。如果是普通地役权，依据《物权法》，经双方协商，可以自动使用他人土地。露天矿用地即使具有地役权属性，因为对土地的排他性占有和剧烈扰动，仅依据《物权法》也很难自动获取土地。

2．露天矿临时用地与土地租赁权的关系

土地租赁是在土地所有权不变的情况下，土地所有者将土地的使用权、经营权、支配权在一定时期让渡给承租人使用并收取土地租金的经济行为。土地租赁可以分为建设用地租赁和以耕地为主的农用地租赁，这是两种完全不同的租赁形式。露天矿临时用地主要涉及集体所有土地，以耕地、林地、草地等农用地为主，农用地租赁指土地承包经营权在村集体之外的流转。我国实行土地用途管制制度，土地流转的前提是农业用途不能改变。集体土地的非农用转移权在国家，不在村集体，村集体和村民没有权力将农用地以非农业用地的用途租赁出去，那是非法的“以租代征”行为。因为涉及用途转换，露天矿临时用地不是土地使用权的租赁行为，将临时用地制度称为“租地”制度是不恰当的。但是，露天矿临时用地与非法以租代征用地，在土地处置方式上都是土地所有权不变和使用权有偿转移，从这一角度看，临时用地和租赁土地确有相似之处。

3. 露天矿临时用地及有偿征用土地

露天矿临时用地不属于土地租赁，不是一般意义上行使地役权，那么，露天矿临时用地属于什么性质的用地呢？笔者认为，露天矿临时用地和有偿征用土地（注意：不是土地征收）最接近。征用是指行政机关为了公共利益和公共目的，依法强制获得公民、法人财产的使用权或所有权，并给予其合理补偿的一种行政法律制度。土地征用是指国家为了公共利益的需要，依法强制使用集体土地，在使用完毕后再将土地归还农民集体的一种行为。露天矿临时用地的主体虽然不是国家，却是在国家有关部门管理之下的；虽然不是直接为了公共利益，却是在为社会提供基础的能源、资源产品；虽然是和村集体村民协商的，但是资源地质储藏条件决定了采矿位置的不可选择性和用地的一定强制性。而且，临时用地先使用土地和再归还土地，符合土地征用的特征。强制性、返还性是露天矿临时用地和土地征用的共同特征，因此露天矿临时用地和有偿的土地征用具有较高相似性。

总之，露天矿临时用地与地役权、土地租赁权、土地征用有密切关系，是一种为实现地役权的有偿的、强制的、返还的土地征用行为。

（三）完善露天矿用地临时用地政策的建议

1. 临时用地合理期限的确定

根据原国土资源部与山西省签订的露天矿用地改革文件，露天矿临时用地周期确定为5年。临时用地合理期限的确定应该遵循以下原则。

（1）合理性。在科学规划情况下，采矿用地的目的是开采出地下的矿产资源，采矿用地的使用期限由矿产资源的自身特点和采矿工艺决定。临时用地5年周期主要基于广西平果铝土矿用地改革试点的经验。然而，露天矿的资源禀赋和开采工艺与铝土矿差异很大，5年周期并不适合露天矿临时用地。

（2）包容性。由于不同矿藏、不同矿企、不同市场情况的差异性，法律法规确定的露天矿临时用地使用周期应有一定的包容性。

（3）协调性。各种与临时用地有关的政策之间相互协调，我国《合同法》规定租赁期不得超过20年；《矿产资源开采登记办法》规定采矿许可证的有效期按照露天矿建设规模分别确定为30年、20年、10年。笔者建议，根据山西省露天矿的资源贮藏和开采工艺，露天矿临时用地使用周期修改为“一般为5年，到期后确实需要的，重新申请使用”，或者“不超过10年，具体期限由企业根据露天开采需要和农民集体协商确定”为宜。

2. 临时用地还地程序的规范

在矿业用地改革以前，露天矿采矿用地的取得和退出都存在制度障碍。在实行临时用地政策以后，露天矿用地仍然可能面临新的还地障碍。但障碍不是因为临时用地政策，而是因为露天采矿的强扰动性和“拟”租赁性带来的。普通物品的租赁遵守原物返还规则，因为露天矿临时用地是“拟”租赁来的，所以应该原物返还。《土地管理法》和《土地管理法实施条例》规定临时用地需要“恢复原状”“恢复种植条件”后交还原土地使用者。而露天矿用地因强扰动性，土地原始状态改变，无法实现原物返还，采矿复垦后的耕地无法按照一般意义的“临时用地”来交还农民集体。在征地制度下，露天矿企业使用国有土地，土地复垦只需要满足国家对耕地占补平衡的要求，根据《土地复垦条例》对依法需要复垦的土地，应当优先复垦为耕地。在临时用地政策下，露天矿土地复垦既需要因地制宜、科学规划来增加耕地面积、耕地质量，同时还应该尽可能满足农民集体对土地“恢复原状”的要求，但由于地形、地貌发生巨大改变、行政村权属自然边界发生改变，使得“恢复原状”无法完成。这一点给农民集体提供了与用地企业、地方政府博弈的机会，使得“还地”谈判异常艰难。尤其是大型国有露天矿常和地方存在利益冲突，在土地获取和退出时与地方政府、农民集体之间展开利益博弈，这就需要大型露天煤企在用地补偿之外，给予农民集体额外经济补偿。其次，依据临时用地的征用特征，需要地方政府强制性干预用地企业与农民集体之间的还地过程，实现顺利还地。第三，构建土地征收矛盾仲裁机制，依靠调解、仲裁来化解临时用地还地矛盾。

3. 露天矿用地强扰动的预防性控制

露天矿用地从征收到临时用地，制度发生了变化，煤炭企业和地方政府都应该适应供地制度的变化，并作出相应调整。对于地方政府来说，在征地制度下，需要对涉及村民实行就业安置、住房安置以及相应的各种社会保障。而在临时用地政策下，重点是组织村民恢复农业生产、重建家园等任务。对于煤炭企业来说，要从顺利还地角度考虑调整生产安排和复垦安排，尊重农民集体的合理要求，如排土排岩尽可能保持行政村自然界线的完整、在复垦区合理规划新居民点，从预防角度控制临时用地采煤时对土地的破坏和扰动程度等，作为临时用地的义务来主动承担。

露天矿临时用地是为了实现矿业权对地上土地地役权的利用，与非法的以租代征高度相似，不是集体农用地的租赁，和政府管理之下的土地征用(不是土地征收)高度相近。从征地制度到临时用地制度，需要根据不同露天矿资源禀赋和开采工艺确定合理用地周期，因为临时用地的强烈扰动性需要规范还地程序，而且政府和企业应该适应临时用地政策的变化对各自行为相应调整。露天矿临时用地改革初步解决了矿业用地的供地矛盾，也为矿业用地的退出制度奠定了基础。还需要积极探索，充分考虑农民集体、地方政府的具体社会环境，探索露天矿临时用地的退出办法，完善临时用地制度。

第六章　露天矿生态恢复治理

第一节　露天矿区生态稳定性测度及其维持

随着经济发展对能源需求的持续增长，煤炭资源大规模的开发持续进行。我国已探明煤炭储量中，适于露天开采的煤炭资源储量约为 500 亿 t，其中新疆区域资源储量约占 42%。煤炭资源开发重心逐步西移，大型煤电基地主要集中在晋、陕、蒙、宁、青、新等西部地区。然而，西部地区水资源占有量仅占全国的 8.3%，大多数属于干旱半干旱区域，生态环境极其脆弱，并且露天开采造成的生态环境影响远高于井工开采对其产生的影响。露天开采活动不仅造成了矿区土壤污染、植被衰退、地表荒漠化、土壤侵蚀等生态环境问题，更造成了矿区生态格局变化与生态功能丧失，最终影响露天矿区生态稳定性及其生态可持续发展。

联合国在 2015 年 9 月通过了《2030 年可持续发展议程》，包含 17 项可持续发展大目标和 169 项具体目标，其中把保护陆地生态系统，防治沙漠化，抑制土壤退化和保护生物多样性作为一项大目标。矿区系统作为陆地生态系统的一种，在可持续发展背景的影响下，以提升矿区生态功能，优化生态格局，维持矿区生态稳定性为目标的区域生态修复工作已经成为我国一项十分紧迫的任务。"十三五"国家重点研发计划中将生态脆弱区的生态修复（包含矿山地区）列为优先关注的主题；十八大报告中首次将国土空间开发格局优化上升到战略高度；十九大报告中同时指出，实施重要生态系统保护和修复重大工程，优化生态安全格局体系，构建生态廊道和生物多样性保护网络，从而提升生态系统质量和生态系统稳定性。这表明开展矿区土地复垦和生态修复，构建和优化矿区空间格局，维持煤矿区生态稳定性是一项事关国土生态安全和生态文明建设的重要任务。二十大报告中强调："深入推进中央生态环境保护督察。"这是对今后更加有力有序有效开展中央生态环境保护督察提出的重大要求。

考虑到矿区系统在国土空间、社会经济发展中的重要作用，矿区利益相关者通常期望矿区系统是一个稳定的系统，使其在现有的生态格局下可以不断地提供生态系统服务和价值。然而，这个期望正在受到严重挑战。

露天煤矿开采过程中，煤矿区系统内部组成和结构发生改变，系统中的物质流、能量流循环过程发生改变，生态功能降低，矿区生态稳定性丧失。对于受到扰动的露天矿区土地进行人工重建和生态修复，并使其恢复到之前稳定状态并不是一件易事。露天矿区修复后生态稳定性达到何种水平？如何去衡量修复后的露天矿区生态稳定性？需要首先明确界定露天矿区生态稳定性概念，何谓"稳定"以及露天矿区生态稳定性变化规律及维持机制都需要进行深入的研究。

露天矿区生态格局的有效构建有助于保证结构完整性并提升生态功能，从而维持生态稳定性，实现区域可持续发展。如何在露天矿区生态稳定性变化规律识别的基础上通过调整及优化关键组分、部位来维持生态稳定性也是当前急需解决的问题。

因此，在国家生态环境保护、绿色矿山建设的大趋势下，以及露天矿开采规模与排土场数量日益增加的背景下，开展露天矿区生态稳定性研究具有重要的理论意义和实践意义。当前，全面开展矿区生态修复工作已经成为我国国土资源管理的优先计划。在生态修复领域，土地复垦学、土地利用规划学、景观生态学等理论观点已经成为矿区修复工程的理论基础，然而由于矿区系统自身的复杂性和动态性，对露天矿区生态稳定性的变化规律和维持机制还缺乏理论认识。对此，基于可持续发展理念，从源头发现问题并解决问题，识别矿区生态复杂结构，理清在采矿扰动下生态环境变化规律，从而明确露天矿区生态稳定性变化规律及维持机制，以期进一步完善矿区生态修复技术的理论基础。

生态文明建设是我国发展的长远大计，矿区生态修复工作应当更多地关注系统组分、结构和格局以及生态系统的服务价值和功能，探寻露天矿区生态稳定性时空变化规律，以此为基础调整并优化关键组分和部位，维持露天矿区生态稳定性，践行绿水青山就是金山银山的理念，为建设生态文明提供思路。露天矿区大多位于干旱、半干旱区域，矿区受到自然和人为采矿的扰动，其内部组成和结构发生改变。通过矿区生态稳定性测度能够衡量采矿扰动前后的区域生态稳定性程度，更有针对性地进行生态修复，实现矿区生态可持续发展。煤炭开采的加剧使得煤炭开采集中区面临土地利用结构改变、破碎化程度加剧、景观连通性差、景观功能低下等问题。因此，迫切需要结合研究区现状特征，调整并合理配置关键组分及部位，优化生态格局，提升生态功能，实现维持露天矿区生态稳定性的目的并为矿区未来生态格局优化提供技术参考。

一、矿区开采与生态环境研究进展

（一）矿区生态环境受损研究

当今社会，土地资源与矿产资源是人类社会赖以生存和发展的重要物质基础。据估计，全世界通过采矿活动累积占用的矿区土地约占地球表面的0.2%。我国是全球五大无烟煤（硬煤）开采国家之一，煤炭占能源消费的70%以上。近年来，我国东部煤炭资源逐渐枯竭，开采重心逐步西移，西部探明储量达10 630亿t，占全国已探明储量的81%，被誉为能源“金三角”的晋、陕、蒙、宁、甘地区逐步成为我国煤炭资源开发的主战场。煤矿开采分为露天开采和井工开采两种形式，而露天开采是世界范围内的主要采煤方式，全世界范围内煤炭产量增加值的75%源自露天开采，我国露天煤炭产量也达到煤炭总产量的20%以上。露天矿开采过程中“剥→采→运→排→复”等环节会损毁和占用大量的土地资源，如我国露天开采万吨煤损毁的土地面积约0.22 hm^2、直接挖损土地面积0.12 hm^2、外排土场占用土地面积0.10 hm^2，而土地复垦率仅20%～30%。长期以来，矿区连续不断的干扰显著改变了当地土地利用方式以及植被类型和结构，产生了地表沉陷、水土流失、地下水位下降、植被损伤、三废污染、景观破碎化以及景观连通性降低等主要问题，从而使原本足够维持区域生态稳定的矿区空间格局被打破，这就使得干旱和半干旱地区的生态环境日趋脆弱。目前，干旱与半干旱生态脆弱区煤炭大规模开采引发的环境问题已经成为社会各界关注的热点，自然资源的连续开发活动必然会导致自然生态系统的退化，矿区系统平衡被打破，偏离生态系统稳定状态。因此，恢复退化生态系统，提高矿区生态稳定性，促进煤炭资源开发和生态保护协调发展，开展生态文明建设是煤炭城市下一步发展的重点。

（二）矿区生态修复及其效果研究

采矿干扰所导致的矿区生态环境受损等一系列问题一直受到广泛关注，国内外学者对其生态修复效果进行了大量研究。矿区生态修复经历了一个从关注耕地复垦利用到生态环境可持续发展的过程。近年来，一大批矿区生态修复技术发展起来，包括矿区植被重建、土壤重构、水文保护、湿地建设、土地利用规划、景观格局优化与生态功能提升等。植被重建是露天矿生态修复的关键，露天矿植被重建研究主要包括重建区自然条件、植被的适宜性筛选和配置模式以及后期植被管理维护技术。其中先锋植被的筛选是重建矿区生物群落稳定性的重要环节，在排土场复垦初期，草本植被的复垦效果较好，但在气候干旱区域，草本植被在复垦后的 3～5 年内会发生退化，而灌丛和乔木能够提供相对较长时间的效果。沙棘在短时间内能够形成郁闭的人工沙棘灌丛，是草原露天矿排土场最理想的恢复植物，同时沙棘灌丛能够很好地留住如猪毛菜等风滚植物，土壤培肥及水土保持效果显著。

然而，人工生态修复技术始终面临生态投入成本与效益间的平衡。因此，对矿区人工生态修复后恢复效果的跟踪评价是今后恢复技术与策略权衡的必要环节，其最终目的是保证在现有恢复手段下矿区系统稳定可持续发展。生态修复效果评价的关键是明确评价目标、确定标准与尺度、选取指标。在标准方面，《矿山生态环境保护与恢复治理技术规范（试行）》和《土地复垦质量控制标准》这些标准的核心内容要求避免或减轻影响，逐步恢复或重建状态（扰动前或者参考点的状态）。在尺度方面，不同组织尺度（如个体、生态系统、景观方面）恢复效果是不同的，影响修复效果的关键因素也是有区别的，不同尺度上选取不同指标进行评价是必要的。在指标选取方面，常利用植被覆盖度、生物量等作为矿区生态修复后的植被指示指标，或从景观方面、生态功能、土壤理化性质等指标切入研究矿区生态修复后的效果。

（三）矿区生态相关理论研究

为实现矿区系统可持续发展，在对受扰矿区实施生态修复技术之前，首先要认识矿区系统自身属性特征及其演变规律，国内外诸多学者对矿区系统理论进行了研究。目前，关于矿区系统属性特征有两种主要观点，一种观点从生态学角度，认为矿区系统是生物群落与自然环境（包括地形、土壤、水文、大气等）的有机结合；另一种观点从生态经济学角度，认为矿区系统是一个典型的耦合了社会-经济-自然的复杂的巨系统，具有动态演化、系统稳定、内涵丰富、功能多样性等多重特征。矿区系统稳定性是系统的一个内生性特征，其依赖系统内各种多样性的结构及其功能的稳定发挥，是一种全局上的、动态的稳定。在矿区系统服务功能和价值方面，卞正富认为矿区系统能够提供生态服务价值，对于维持区域稳定性具有重要的意义。矿区系统的物质和能量是不断循环和流动的，矿区系统碳库动态变化对认识区域碳平衡具有重要意义，并且在气候调节和水源涵养中也发挥着一定的作用，同时也可以提供具有生产能力的土地。矿区系统是一个复杂的动态系统，卞正富、雷少刚等选取地下水、土壤、植被等关键环境因子对采矿扰动下的复杂矿区系统演变进行研究；Rogowski 耦合了水土流失和生物生产力模型，得到了地表生物量与矿区降雨和地形变化之间的复杂模型；白中科等对平朔露天矿生态系统演变过程进行了连续 13 年的动态监测；刘轩从景观格局角度评价了矿区复垦后的景观稳定性和生态安全，多层次、多角度地揭示了退化生态系统的动态变化。矿区系统中的这种动态变化存在多种可迁移状态，而这种状态的改变与生态系统阈值以及管理者的外部措施都有关。

矿区系统的特殊性要求对矿产资源开发活动进行有效控制，并对受扰动前后生态状况进行系统评估。因此，生态稳定性、生态恢复力、生态脆弱性、生态敏感性、生态可持续性、生态健康和生态承载力等一系列与生态相关的理论出现在矿区这一特殊系统中。有学者认为，系统受到的干扰以及系统对干扰的敏感程度是系统脆弱性的决定因素，系统脆弱性是系统内部的固有属性，矿业城市生态脆弱性的原因、概念与表现以此为基础被逐一解释。现有的生态脆弱性评价框架主要分为 RH 模型、PS 模型、ESA 模型和 RS-TOPSIS-RSR 耦合模型，就评价方法来看，现有研究大多采用社会-经济-生态-景观等方面的综合指数法。生态敏感性反映了人类干扰对自然环境的影响程度，在评价方法上利用单因子生态敏感性评价结果对矿区进行生态敏感性综合评价。自 1941 年土地健康的概念被提出以来，有关生态系统健康与生态环境风险问题就在全球范围内得到发展，当前矿区生态健康理论研究主要集中在矿区整个系统，例如将活力、恢复力作为整个矿区系统的指示因子，以此为评价指标或者对系统内某一组成要素的健康状态进行研究，如土壤健康状态。矿区系统健康意味着自然资源、生态资源、社会经济各个子系统协调健康持续发展。矿区可持续性一直是利益相关者的广泛要求，矿区可持续发展有自身特殊的规律性，多重子系统构成了具有多重反馈的关系回路，因此基于景观规划的多目标整合方法被提出。矿区生态可持续的研究，大多是关于产业经济和环境系统的研究，主要集中在矿区可持续发展理论的概念和内涵、目标与要求、调控与模拟等方面。矿区生态承载力的研究主要是研究资源开发强度和环境承载力之间是否协调，评价方法主要有生态弹性度法、模糊层次分析法、生态足迹法等。

二、生态稳定性测度研究进展

（一）生态稳定性概念与内涵研究

稳定性是系统存在和发展的前提，也是系统组成的重要特征，系统的结构存在和功能实现有赖于系统的稳定性，同时系统要发展，必须具备稳定性维持机制，才能保持刚刚建立起来的结构和功能特性。因此稳定性是任何系统都普遍具有的特征，系统的存在必须以它的有序性和稳定性来表征。早在 1955 年美国植物生态学家 Mac Arthur 提出了群落稳定性的概念，集中研究稳定性与多样性之间的关系，把稳定性定义为群落与种群抗干扰的能力，是一个较为笼统的概念。在此基础上，Elton 对稳定性与系统复杂性又进行了深入的研究，认为稳定性的维持是基于种群的大小和种类的组成。May 结合前人的研究将稳定性定义为动物或植物种群密度的变化程度，认为当受到干扰时，种群密度变化越小越稳定。随着研究的深入，学者们的视野逐步拓宽，关于稳定性内涵的探讨也更为广泛。

从稳定性概念的外延来说，稳定性又分为局部稳定性和全局稳定性、结构稳定性、循环稳定性、轨道稳定性、物种丧失稳定性、相对稳定性和绝对稳定性。系统的生态稳定性不仅与系统的生态结构、生态功能和进化特征有关，而且与外界干扰的强度和特征有关，是一个比较复杂的概念。随着时代的发展，生态稳定性被定义为系统对干扰反应的两个方面，这一概念普遍被接受认可，即一方面系统在受到干扰后，抵抗偏离初始状态的能力，可称之为抵抗力稳定性；另一方面是在受到干扰后，系统恢复的能力，可称之为恢复力稳定性。抵抗力和恢复力可以看成两个相辅相成的方面。如果系统中某一组分具有重要的功能作用，在受到外界干扰之后，除非其他具有类似功能作用的物种取代它们，否则系统的生态功能就会受损，生态稳定性被打破。

（二）生态稳定性测度方法研究

对于生态稳定性而言，国内外学者不仅仅关心生态稳定性的内涵，更关注的是生态稳定性的程度。生态稳定性是一个较难量化的概念，一些学者开展了基于数学和物理学的方法模拟了生态系统动态变化，通过数学分析或计算机数值模拟的手段对模型进行稳定性分析。但数学方法预测系统的生态稳定性很大程度上停留在理论探讨的层面，并不能用于实际问题的解决。有学者将热力学稳定性理论引入生态领域研究，认为当它是封闭系统时，对于系统研究的关键在于确定相应的熵函数，模型的构建要结合具体的指标才能准确地描述实际系统中的生态稳定性程度。当系统无法对快速变化的外部条件作出反应时，系统便不再稳定。系统动力学方法也被引入生态稳定性的评价之中，动态系统方法在生态学中的应用主要是通过图形化的方法来实现的，这种方法可以对生态模型进行分析。但由于系统在生态结构和功能上的复杂性及在时空上的动态变化，加上稳定性表达的多样化，至今还没有一个统一的指标来表达系统的生态稳定性。在动物群落中，一些学者用SS/SI（SS为物种数，SI为个体数）及Sn/Sp（Sn为天敌种数，Sp为植食性昆虫种数）两指数来反映群落稳定性，植物生态学家用干扰前后物种的组成、频度、盖度、丰富度、生物量的变化来进行群落稳定性测度。变异系数CV（%）＝标准差/多年生物量平均值×100%，常被用来衡量植物群落稳定性。从生物多样性的视角探讨稳定性的测度时，稳定性通过综合指标来表征，虽然这个综合指标有可能是生物量、初级净生产力、种群密度等单一指标，但其变化率较为敏感且能够综合反映稳定性。多样性的组成、结构、过程和功能是生态系统组成的基本要素，在讨论真实系统生态稳定性的过程中，除去生产能力，系统内其他生态功能和服务被忽略，这些功能和服务有可能是维持生态系统稳定的内在机制。事实上，有学者指出生态稳定性评价不应该浓缩为几个指标，这样会降低对复杂系统的理解，因而指标必须多样化并且易于指导管理实践。在复合生态系统中，干扰是不能忽略的，考虑干扰因素对系统生态稳定性的影响是一种基于外在因素的研究方法。生态系统受到的干扰主要来源于自然环境和人为因素，环境变化并不罕见（生态系统总是面临周期性和持续性的变化），但是人类活动，如土地利用、煤炭开采、土地复垦等正在将生态系统变化速率和强度推至前所未有的水平。冯耀宗在对热带人工生态系统的研究中认为，人工生态系统的稳定性是系统运动效率、抗性以及生物与非生物各要素间相互作用等系统动态平衡状况的综合特性。在对农业生态系统稳定性评价指标的选取上，由于生产功能作为农田生态系统的主要功能，生态系统生产力的变化是表征农田稳定性水平的一个重要指标，同时稳定的农田生态系统不仅应与水分、气候等环境因子相配合，而且应当在代谢过程中不破坏环境或有利于环境。在干旱绿洲稳定性评价指标选取中，Pei认为水、土地、生物资源及环境因子是影响干旱绿洲稳定性的关键因素，在土壤生态系统中，由于全球污染问题不断加剧，土壤承担的物质转化和养分循环的功能受到不同程度的影响；李小芳等分别从影响土壤生态系统稳定性的外在影响因素和内在机制出发研究土壤生态系统稳定性变化原因，同时指出干扰临界点是确定土壤生态系统稳定性的关键阈值；Waston结合碳储量研究了湿地生态系统在人为和气候影响下的稳定性。稳定性的测度要以内涵为基础，当前露天矿区生态稳定性内涵仍然没有明晰的界定，因此也没有一个统一的生态稳定性测度框架。

在煤矿区系统中，徐嘉兴从矿区生态稳定程度和干扰程度两方面构建矿区土地生态质量评价体系。孙顺利引入非线性理论，通过相空间重构的方法确定各混沌吸引子的关联维数对矿区系统稳定性进行研究。采矿活动会影响矿区景观功能，增加景观异质性，贺晋瑜从景观功能性、景观破坏性及景观稳定性三个层面选择评价指标对矿区生态稳定性进行评价。潘德成认为矿区生态稳定性的提升有赖于人工植被措施，通过建立植被、环境、土壤指标对不同植被模式下的矿区废弃地生态稳定性进行评价。

三、生态稳定性维持方法研究进展

（一）生态稳定性维持机制研究

对于生态稳定性而言，最重要的是系统在扰动下如何维持自身的稳定。生态稳定性维持机制一直是生态学家关注的热点问题，目前关于生态稳定性维持机制的理论研究主要有多样性与复杂性理论、反馈控制理论、食物网理论、冗余理论和生态耦合理论等。关于生态稳定性维持机制并没有标准的范式，不同系统的生态稳定性维持机制有一定的差异。对于森林生态系统，关于森林管理对于保证森林的长期稳定性是否有必要这一话题一直被长期讨论，因为森林生态系统被认为是自组织的稳定生态系统。一直以来，人们将木材视为可持续资源，但由于过度采伐、有蹄类动物践踏或放牧等干扰的存在，森林逐渐退化。随着研究的深入，越来越多的学者指出，森林只有在积极管理的情况下才能长期发挥其保护功能，并维持稳定状态，若不进行造林干预，就会出现由于过度成熟而造成的不稳定问题。目前，“接近自然”的森林管理技术逐渐兴起，主要包括最小抚育和林分结构类型的使用。森林管理的主要目标是利用森林生态区特有的过程和要素来维持森林生态系统的基本功能，从而实现森林生态区的稳定性。在复合生态系统中，不同子系统中的各种要素需要通过一定的关系构成不同类型的结构形式，不同的结构形式通过功能的发挥，作用于复合生态系统中，从而构成复合生态系统整体的稳定。在分析哈尼梯田生态稳定性维持机制时，主要遵循以下 3 个步骤：第一步是识别自然、社会、生态三个系统构成要素；第二步是分析不同要素间相互关系，获得子系统的结构特征；第三步是探索多样性结构特征对不同系统功能发挥的作用模式。

在此基础上，构建了“要素→关系→结构→功能→稳定性”之间的作用机制。在放牧高寒草甸区域，随着放牧强度的增大，其生态稳定性维持机制主要表现为植被演替过程：异针茅＋羊茅→矮蒿草群落→小蒿草群落→杂类草黑土滩次生裸地。在这一过程，系统“失稳”主要来源于被动退化（草地放牧牲畜密度过大，系统发生正反馈，使系统偏离稳定状态）和主动退化（草毡表层的增厚导致土壤-牧草间营养供求的失调和生理干旱，土壤养分和水分的缺失是导致生态稳定性丧失的终极原因）两种动力。该演替表面上是一个牧草优势种群的替代，实际上是草甸植被对放牧压力的一个主动抵抗过程。在这一过程中，主要采取了以下 5 个生态稳定性维持机制。

1. 形态适应机制

通过植株低矮化、匍匐生长、细绒化和表生毛刺等的形态变化来抵抗过度放牧的干扰。

2. 营养适应机制

在草地土壤退化过程中，莎草科牧草比禾本科更能适应贫瘠的环境，从而逐渐成为草地优势种群。

3. 干旱适应机制

通过优势种群演替策略和植被形态改变策略来适应缺水现状。

4. 耐践踏适应机制

为了应对家畜践踏的影响、维持草地的稳定性，蒿草草甸系统采取了增加草皮层厚度，增加土壤拉力的方式。

5. 人工化学防卫

增加生物碱物质，减少或者抵抗家畜对草地的啃食。

（二）生态稳定性维持方法研究

生态稳定性维持方法主要是以生态稳定性维持机制为基础开展研究。在20世纪末，Naeem应用冗余理论解释生态系统的稳定性，提出了系统组分的组合方式及其失效率对于维持生态稳定性具有一定的作用，党承林指出提高系统的可靠性方法或途径之一是为可靠性低的组分提供冗余组分，但如果对于提升或维持系统生态稳定性仅从系统组分的多少出发，或只注意组分丢失对于生态系统功能的影响，而忽略了系统组分的组合方式，同样不能较好地认识系统生态稳定性的本质并维持、提升其生态稳定性。袁正也指出梯田系统稳定性的维持是通过一定的关系构成不同类型的结构形式，不同的结构形式形成一定的功能后作用于系统。对于人工林系统，维持生态稳定性最主要的方法是改善群落结构，采取近自然的造林格局，增加生物多样性并提高人工林分维护地力的能力。围绕均衡效应和超产效应机制，Tilman指出增加植被多样性能够维持草地系统的生态稳定性，对于人工建植植被，有管护区域生态稳定性高于无管护区域。同时，有研究指出，氮和磷会限制陆地生态系统中植物的生长，其有效性的变化使植物生产力和群落结构发生变化，从而影响系统的生态稳定性，因此保障植被生长过程中氮元素和磷元素不流失或减少流失也是维持其生态稳定性的关键方法。在干旱或者半干旱区域，以充分利用有限水资源为核心，选择适当植被物种，调节植被密度及植被配置格局，对于维持区域生态稳定性具有重要作用。在湿地生态系统中，加强水文连通性对于湿地稳定性自维持极为重要，增加湿地斑块之间的水文连通能够显著改善离散湿地斑块间的功能连通，连通后的湿地斑块也能够承担更多的生态功能，使得同等规模的湿地斑块能够更好地抵御外来干扰带来的负面影响，从而维持区域生态稳定性。综上所述，已有研究中对于生态稳定性维持方法研究主要集中在增加多样性、优化系统组分、改善群落结构和植被配置、减少氮磷元素的流失、增加水文连通性等。

对于露天矿系统，因挖损、压占、塌陷、复垦等生产建设活动使系统内各组分、结构和功能发生改变，且不同尺度内的表现形式有所不同，必然涉及受损系统与周围环境的关系以及系统之间的结构和功能的恢复，从而影响其生态稳定性。已有研究指出，矿区生态恢复正在从土壤重构、植被重建等单一生态环境要素修复，向生态系统结构及其生态功能恢复方向拓展。露天矿系统是由多个相互作用的异质性地理单元以不同的排列组合方式所组成的，其结构和功能的恢复主要是通过修复、创建或者重组等手段调整系统组分与空间格局，改善受损系统生态功能，从而维持生态稳定性。研究表明，在宏观尺度上识别和保护关键区域、关键组分，并对关键部位进行优化对维持生态稳定性具有十分重要的意义。与此同时，十九大报告中关于生态文明的十大关键词中提到了“空间格局”和“生态廊道和生物多样性保护网络”，认为通过实施重要生态系统保护和修复重大工程，优化生态安全屏障体系，优化空间格局，构建生态廊道和生物多样性保护网络，能够达到提升生态系统质量和稳定性的目的；在山水林田湖草生命共同体的大背景下，要求对空间布局的生态要素进行优化，调整空间布局，推动绿色发展。

目前最常用的就是基于生态学理论来设计一些关键的点、线、面或其空间组合，通过保护和恢复生物多样性，维持系统生态结构和过程的完整性，实现对区域生态环境的有效控制和持续改善，以维持区域生态稳定性。具体步骤涵盖背景分析、总体布局、关键地段识别、生态属性优化、空间属性优化等，优化已形成基本范式，即利用最小阻力面模型（MCR，Minimum cumulative resistance）来确定一些关键性的点、线、面或其他空间组合，并通过修复、创建、控制与重组这些关键性空间组合，以适应生物保护和生态恢复研究的发展需求，对保障生态结构功能的完整性及提升环境质量有重要意义，进而达到维持区域生态稳定性与可持续发展的目的。该方法被广泛应用于自然生态的相关研究中，例如生态安全格局构建、城市扩张规划和煤矿区生态恢复。雷少刚提出了在锡林浩特胜利煤电基地通过识别和构建生态源地、生态网络等关键景观组分构建矿区景观生态格局，保持区域生态稳定性。裴燕如指出通过复杂网络增边优化理论，模拟矿区增边，增加生态节点，其结果能够有效提升整体稳定性。陈荟萍指出通过点、线、面的合理优化，能够保护生物多样性、增加区域连通性并减少景观破碎化程度，从而恢复矿山废弃地生态格局与过程，维持其生态稳定性。在宏观层面，目前已有的煤矿区生态稳定性维持方法主要是通过调整、优化关键生态组分，以最佳格局来维持其生态稳定性。在宏观社会发展规划指导下，优化需要具有一定的可持续性及前瞻性，当前关于生态格局优化与宏观社会发展规划相结合的研究较少，如何保证生态格局优化与未来政策发展相协调，保证研究区生态经济可持续发展，维持其生态稳定性是下一步研究的重点。

由于尺度效应的存在，在煤电基地尺度，采矿扰动下的结构变化主要体现在土地利用结构、景观结构上；在单个矿区尺度，主要表现为植被群落结构的明显改变，可通过改变乔、灌、草的植被配比，增加物种多样性和丰富度来维持区域生态稳定性。但对于干旱半干旱矿区，水资源短缺是限制植被生长最关键的因素，也是植被群落稳定性维持的最主要限制因子，需要通过调配水资源及养分循环，使植被-土壤-水分良好耦合从而维持其生态稳定性。因此，如何充分利用雨水资源，减轻集中降雨引起的土壤侵蚀并缓解旱季水资源短缺，满足植被生长需求是单个矿区维持生态稳定性亟待解决的关键问题。在生态学中，尺度问题可大可小，同样可以在单个矿区尺度引入新的组分，调整生态要素结构，通过调控水土物质流过程，提高水资源生态利用效率，促进植被生长，从而实现维持区域生态稳定性的目的。20 世纪 90 年代，马里兰大学提出了低影响开发（Low impact development，LID）概念，主张通过使用渗透、蒸发或者收集雨水的方法，最大限度地保持受干扰区域的自然特征，减少对土壤、植被和水文活动的影响。区别于传统的雨洪调控措施，LID 是一种绿色的雨水管理技术，从源头上对径流进行调控，试图利用分散的微尺度控制模拟场地的自然水文，从而减少雨水径流及污染物的产生，提高水源质量与水资源利用效率。LID 以“渗、滞、蓄、净、用、排”等为核心，在区域各个尺度下建设雨水花园、生物滞留区、植物沟、草沼泽地和绿色屋顶等，从而实现收集雨水径流、补充地下水、增加入渗、保护河流以及水资源管理等目的。LID 技术现已在新加坡、美国、德国和日本得到广泛开展，形成了较为成熟的实践经验。LID 技术占地少、设施分散，并可与景观建设中的规划相结合，目前主要应用于城市雨洪控制利用工程、减少暴雨污染过程、绿地规划以及区域开发及景观设计中，并形成了相应的设计标准。许多监测数据表明，LID 可以减少 40%～99%暴雨带来的雨水径流，并延迟暴雨径流的峰值时间 5～20 min。

低影响开发技术为解决矿区干旱缺水与土壤侵蚀这一对矛盾提供了新的思路，为局部区域生态稳定性维持提供了新技术。LID 技术占地少、设施分散、造价低，如何将局部区域生态稳定性维持与低影响开发技术相结合，实施关键部位生态稳定性维持技术有待进一步深入研究。研究以水土调控为核心，统筹协调关键部位优化与低影响开发设施营造，依据地形布设 LID 水土调控生态设施，可充分利用雨水资源，发挥植被对雨水的吸纳、蓄渗和缓释作用，缓解水资源压力，优化植被-水系格局，实现局部区域生态稳定性维持。

（三）总结

综上所述，关于露天矿区生态稳定性测度及其维持方法研究还存在以下问题：

（1）目前针对露天矿区生态修复后效果的研究有很多，如生态脆弱性、生态敏感性、生态承载力、生态健康、生态可持续性、生态稳定性都可以用来描述其修复后恢复的程度。这些概念相互之间既有联系又有区别，但是当前研究没有对此进行一个明确的概念区分，概念混用导致测度体系混乱。应当对这些概念进行有目的的梳理，深入理解相互之间的关系，为露天矿区生态稳定性内涵的界定提供依据。

（2）露天矿区是一个开放的系统，系统内外物质、能量不断循环交换，然而露天矿区在自身固有属性和外界干扰的共同作用下自身稳定性是如何变化的还不明确。如何测度露天矿区生态稳定性目前缺乏理论支撑且已有研究的测度指标体系混乱，生态稳定性与多种因素有关，具有显著的时空尺度特征，当选取的范围、尺度不一样时，生态稳定性测度的指标和维持机制往往就不一样。因此，首要任务应当对露天矿区生态稳定性测度框架、模型及指标体系进行深入研究，进而探索相应生态稳定性维持机制。

（3）对露天矿区生态稳定性进行测度并不是最终目的，最终目的是探索露天矿区生态稳定性维持方法，从整体到局部，通过优化关键组分、部位在空间和数量上的分布与连通性，实现以优化生态结构、提升生态功能维持生态稳定性的目的。然而，当前生态结构的优化大多从整体出发，较少考虑局部区域关键部位的优化，且整体优化大都是从生态角度出发，优化生态源地、廊道和生态节点等关键组分，并未考虑生态格局优化与未来政策发展之间的矛盾冲突。

四、露天矿区生态稳定性测度框架及维持理论构建

（一）露天矿区生态稳定性内涵及影响因素辨识

1. 相似生态概念辨析

（1）生态稳定性、生态系统稳定性与生态环境稳定性

在现有的文献中，生态稳定性、生态系统稳定性和生态环境稳定性经常交互使用，严格地讲生态（ecology）、生态系统（ecosystem）和生态环境（environment）的含义是不同的，尽管它们的差别可能很细微。“生态环境”是由生态关系组成环境的简称，是指与人类密切相关的，影响人类生活和生产活动的各种自然（包括人工干预下形成的第二自然）力量（物质和能量）或作用的总和。而“生态系统”是一个自然系统，包括有机体以及该地区内所有其他植物、动物和微生物，其与环境的所有非生物成分共同起作用。“生态”是指生物在一定的自然环境下生存和发展的状态。

（2）生态稳定性、恢复力及脆弱性

生态稳定性最早起源于群落稳定性，主要研究捕食者和被捕食者之间的关系。随着研

究的深入，关于生态稳定性内涵的探讨也更为广泛，有的侧重于描述稳定性的特征，如恒定性、持久性和惯性；有的侧重于强调稳定性的动态过程，例如弹性、抗性和变异性等。生态稳定性的概念繁杂且较难区分，当前生态学家比较一致地将系统受到干扰时抵抗偏离初始状态的能力和受到干扰后返回初始状态的能力作为生态稳定性的概念。恢复力最早起源于力学领域，含义为“跳回”(bounce back)。在1973年，Holling开展了题为Resilience Network的研究项目，后来发展为了“恢复力联盟”(Resilience Alliance)，进而创造性地将恢复力由力学领域引入生态学领域。所谓恢复力，是指系统吸收扰动并保持结构和功能的能力。基于不同的研究视角，恢复力有两种表达方式：工程恢复力(engineer resilience)和生态恢复力(ecological resilience)。脆弱性一词最早出现在20世纪70年代，被地理学家和社会科学家用来在风险管理问题上描述某些面临严重环境或社会经济风险的社区或国家的脆弱性，如地震或食品交换危机。但由于研究背景的差异，脆弱性的概念并不是十分明确，一部分生态学家认为可以通过对脆弱性的度量从另一方面反映其含义。徐广才和Smith认为脆弱性是暴露和适应性的函数，Parrott和Urruty认为脆弱性与暴露、敏感性和适应性能力有关。目前最常见的生态脆弱性定义为系统容易受到气候变化造成的不良后果影响或者无法应对其不良影响的程度，其可表征为外在气候变化的特征、速率和强度及其敏感性和适应性的函数。

(3) 生态健康、生态承载力和生态可持续

生态健康是指在生态学框架下，结合人类学健康对生态系统状态的一种系统表征方式。鉴于是否考虑生态系统对人类社会的服务功能，生态健康的概念并不能统一，主要划分为两类：一类是于20世纪90年代早期以Costanza为代表提出的立足于生物生态学领域的概念，倾向于强调生态系统的自然生态方面，而忽略了人类健康和社会经济；另一类是于20世纪90年代晚期以Rapport为代表所提出的生态经济学方面的定义，它将人类视为生态系统的组成部分，同时考虑生态系统服务功能。随着研究的深入，后者所提出的概念得到了更多学者的认可，即生态健康是指一个系统在时间上具有维持其组织结构、自我调节和对胁迫的恢复能力，可以通过活力、组织力和恢复力三个指标定义。生态承载力一词是由Park于1921年从种群角度出发将“承载力”概念引入生态学领域，最早用于研究人口与环境之间的关系，生态承载力的提出对于承载力理论的研究是一个很大的进步，不同于单因素承载力，生态承载力更多地关注生态系统的持续性、整合性和协调性。生态承载力目前受到广泛认可的定义为某一特定环境条件下(主要指生存空间、营养物质、阳光等生态因子的组合)，某种个体存在数量的最高极限。可持续发展是时代的主题，也是人类面临的最大挑战。可持续一词最早出现在17世纪早期，随着研究的发展可持续的概念有很多，但是最广泛被接受的无疑是1987年世界环境与发展委员会(World Commission on Environment and Development, WCED)所提出的“既满足当代人类的需求又不损害子孙后代满足他们需求的能力”。

(4) 不同系统生态稳定性内涵界定

尽管概念辨析可为露天矿区生态稳定性内涵界定提供参考，但我们并不能简单地用“抗性”“变异性”等其中的一个或多个概念对露天矿区生态稳定性内涵进行描述。由于系统的平衡状态很难确定，且涉及系统组成、结构、功能及外界干扰因素，因此目前还未有统一的生态稳定性内涵。系统内部因素与受到的不同强度、频率的外部干扰相互作用，从而导致系统

不同的生态稳定性表现形式。生态稳定性内涵是与特定研究相联系的，袁正在研究哈尼梯田生态稳定性时，根据哈尼梯田社会-经济-自然复合系统这一特征，界定哈尼梯田稳定性是指哈尼稻作梯田在其所处环境中，农业景观长期维持不变，且能够满足当地社会、经济、文化发展需求，区域经济能在一定水平上维持自我运行，并有效地传承农耕文化，充分发挥其多样性的状态，综合强调了哈尼梯田中要素、景观结构和文化、经济、生态功能在稳定性中的重要作用。在研究干旱沙漠生态稳定性时，除去对稳定性恢复力和抵抗力的解释外，认为干旱沙漠生态稳定性还包括演替稳定性，即群落或生态系统在达到演替顶级后出现的能够进行自我维持和更新并使群落的结构、功能长期保持在一个较高水平的能力，重点强调了结构和功能在干旱沙漠区稳定性中的不可或缺性。对于人工林生态稳定性，有研究将其定义为在一定立地条件下，一定大小的林分能够完成其生命周期，并且能够提供相应净初级生产量的能力，其中也着重强调了林分结构的合理性和林分所提供的功能(生产力的大小)在稳定性概念中的必要性。尽管已有的研究中并未明确给出植被群落生态稳定性的概念，但参照其稳定性度量指标发现，植被群落结构和功能冗余在植被群落稳定性研究中占有重要地位。综合以上研究发现，特定研究生态稳定性内涵的描述离不开目标对象的结构和功能，也离不开特定研究的主体(stability of what)和客体(stability to what)，并且内涵的表述突出了特定研究的本质特征，具有特殊性。因此，基于相似概念辨析，在界定露天矿区生态稳定性内涵时首先应当结合矿区主要特征，其次研究其主体和客体构成，进而归纳总结出露天矿区生态稳定性内涵。

2. 露天矿区生态稳定性内涵界定

研究表明，其他特定研究(如梯田、沙漠、森林)生态稳定性内涵的表述离不开系统的结构和功能。特定研究中生态稳定性内涵的表述既有一般生态稳定性的共性，也有其本身的个性。在生态稳定性、生态脆弱性、生态恢复力、生态健康和生态可持续相关概念辨析的基础上，明确了露天矿系统生态稳定性的研究是要保证在外界干扰和内在组分的共同作用下系统能维持在一定范围内，同时对比参考其他特定研究生态稳定性的内涵，明确露天矿区生态稳定性内涵有别于其他研究的最主要特征是受到煤炭开采的扰动，在扰动作用下其内部组分、结构和功能会随之发生变化，进而影响生态稳定性。

如前所述，生态稳定性的研究是建立在“特定尺度”上的，即生态稳定性的关键问题是主体和客体的确定。露天矿区生态稳定性的主体和客体随着研究尺度的不同而有所差异，露天矿区生态稳定性的主体是整个煤电基地，或单个矿区(包含排土场、挖损区域、未受损自然区域等)，或特定个体(如植被个体)；客体主要是煤炭开采扰动或其他扰动(土地复垦、植被修复、气候变化等)。主客体的研究都需要限定在特定的时空尺度范围之内，原因在于尺度的不确定会造成稳定性主客体不匹配，例如矿区排土场尺度内的人工浇灌(客体)并不会对煤电基地尺度下自然区域植被(主体)产生影响。

因此，对露天矿区生态稳定性内涵作如下表述：特定时空尺度下，在受到煤炭开采及其他干扰后，区域关键生态组分与其所处环境协同进化、动态适应条件下所维持的生态结构完整性以及满足生态功能长期保持较高水平范围内的状态，最终保证煤炭开采与生态环境可持续发展。

(1) 特定的时空尺度。微观尺度上受到干扰所呈现的“不稳定性”在宏观尺度下可表现为结构或功能“同质性”成分，其外在表现为“稳定”。较短时间尺度范围内呈现的“不稳定性”很有可能在较长时间尺度范围内呈现“稳定性”，且在较短时间内由局部干扰导致的微观尺度的失稳不足以影响更高尺度的稳定性。稳定性是许多复杂结构在小尺度上的波动变化和大尺度上的相对稳定的统一，不同尺度下生态稳定性的影响因素有所不同。考虑特定尺度有助于明晰生态稳定性的范畴并为矿区生态管理提供参考。露天矿区可分为煤电基地尺度、单个矿区尺度和特定个体尺度，见图 6-1-1。

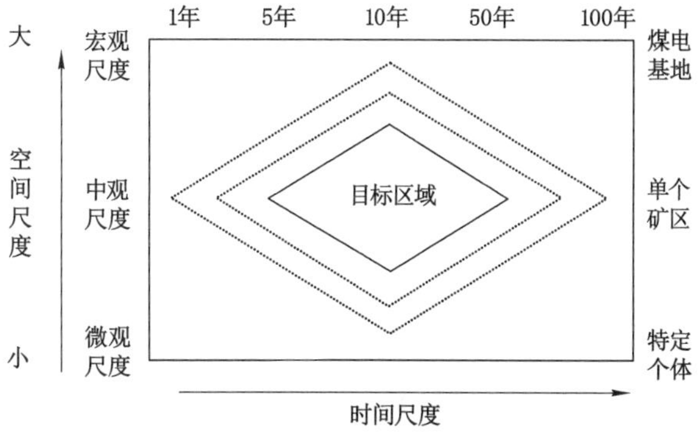

图 6-1-1　露天矿区生态稳定性尺度问题认知

（2）重点强调“生态”。有别于煤炭区复合系统生态稳定性的研究，后者耦合了社会、经济和生态三个子系统。煤炭开采对各个子系统的扰动影响并不是等同的，扰动对生态子系统的影响是最大的。

（3）以“可持续发展”为目标。露天矿区生态稳定性的研究是为生态管理服务的，而生态管理的终极目标是使系统在外界扰动（正向和负向）下实现可持续发展。因此，我们所研究的露天矿区生态稳定性是以“发展”为目标的稳定。

3. 生态稳定性形成基础研究

对于任意一个系统而言，必然存在各种组分，这些组分是系统存在的物质基础。在系统中，各组分以线性或者非线性的关系组合在一起，从而形成一定的结构。在某种结构下，系统内部各组分间、系统与外界环境之间的关联或者反馈使得系统内形成物质、能量和信息的流通，进而产生一定的功能。稳定性是系统的一般属性，系统内部各组分的存在以及相互反馈是系统运行及应对扰动的基础，也是系统稳定性存在的基础。

露天矿区作为特殊的系统，系统内部组成及关联反馈客观存在。该系统内部具有复杂的等级，其内在结构十分复杂。以单个矿区为例分析其内部组分反馈过程，如图 6-1-2 所示。

在露天开采状态下，主要变化过程包括植被、水文、土壤和微地形变化，如在半干旱区域，降雨会补给土壤含水量，促进植被生长，植被枯枝落叶物能够增加土壤有机质的积累等一系列的过程。由于这些过程关联和反馈作用的存在，当受到外界扰动时，系统发生内部调节，系统的结构和功能发生转变。在结构与功能变动、植被修复状态下给出了在露天开采影响下，系统内部地表植被破坏、土壤质量下降、土壤侵蚀加剧、景观连通性下降等一系列组分改变的过程，进而会导致生态结构混乱，生态功能下降的现象。在生态重建、植被修复的作用下，系统内部各组分朝着良好的发展方向变化，植被和土壤得以恢复，土壤侵蚀下降，生态结构逐渐恢复有序，生态功能得以提升，系统中各组分、结构和功能不断变化的过程中，生态稳定性得以形成和改变。

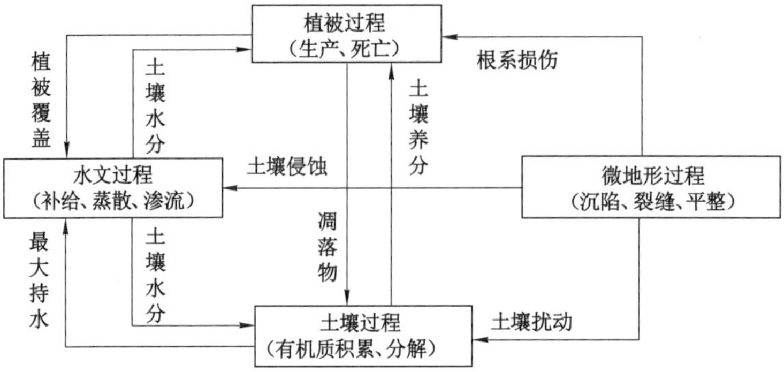

图 6-1-2　系统内部组分关联与反馈

上述简化的关联过程仅从单个矿区角度反映了内部各组分的关联与反馈,从而导致结构和功能变化的过程。实际上,在真实的露天矿内,根据研究尺度还可以分为煤电基地尺度和特定个体尺度,这些尺度内存在着其他关联和反馈,如采矿造成的污染物运移和分解、植物的光合和呼吸、物种间的竞争等。因此,目标对象内部的组分和尺度是关联的,具备动态、开放、自组织的特征。无论是在宏观尺度、中观尺度还是微观尺度,这些组分以及其关联和反馈作用构成了矿区系统发展稳定及应对扰动的基础。

4. 生态稳定性影响因素辨识

露天矿区生态稳定性表现为结构的完整性与系统功能的持续发挥,露天矿区最主要的矛盾是煤炭开采与生态环境可持续发展,可将影响生态稳定性的因素分为自然因素与人为因素两大类。各因素交互作用使系统形成不同的结构并发挥特定的功能,从而影响露天矿区的生态稳定性。

(1) 自然因素包括气候因素、土壤因素、地形因素和生物因素等。

在半干旱露天矿区,大气降水是区域水分的主要来源和限制因子,也是不同时空尺度上各个生物过程的重要驱动因子。降水的增加能够改善矿区土壤水分状况,促进植被生长,改善植被群落结构,进而提升区域生态功能。而降雨季节分配不均以及降雨频率高低的不同会造成裸露区域土壤侵蚀情况加剧。除去大气降雨,干旱也是影响露天矿区生态稳定性的重要因素,它能够通过影响光合作用等生理生态过程,直接影响区域植被生产力的累积,同时干旱会造成土壤水分散失较快,进一步影响区域植被土壤等物质和能量的交换。土壤作为能量交换器,对维持系统生态稳定性具有举足轻重的作用。土壤质地和养分的变化对应植物群落分布、结构及数量特征的变化,露天煤炭开采进行大面积的表土剥离,导致了土壤有机质层被剥蚀,土壤结构退化、养分流失,将进一步影响植被生长。在煤炭开采区域,采矿导致的微地形发生变化直接改变了地表物质和能量的再分配,也在一定程度上影响土壤发育,进而影响植被的分布,造成土壤侵蚀,后续的土地利用类型与方式也受其制约。上述因素均会导致系统组分和结构均发生一定程度的改变,影响生态功能,最终影响区域生态稳定性。

(2) 人为因素可分为积极影响因素(如土地复垦、植被修复等)、消极影响因素(煤炭开采、项目建设和污染等)和可变影响因素(政策支持及资金投入)。

随着国家要求加快西部地区煤炭资源勘查和适度开发,原煤开采产量持续增加。在煤炭开采日益加剧的情况下，煤炭开采技术及工艺却更新缓慢，传统的“粗放式”生产方式以牺牲环境保护为代价，造成煤炭开采过程中耗水量巨大，地下水系统破坏严重，煤矸石利用率低下，煤炭清洁利用水平低，污染严重等一系列问题，加剧了露天矿区向生态不稳定方向发展。煤炭开采的同时配套工矿仓储用地开始建设，大肆占用草地、林地和耕地，导致景观结构和类型发生变化，生态功能丧失。对于露天煤炭开采和项目建设过程中受到损毁的土地，实施土地复垦和植被修复是必要的。通过对生产建设过程中因挖损、压占、损毁等造成破坏的土地采取整治措施，使其恢复到可供利用的状态，调整土地利用结构，进行植被修复，提高植被覆盖度，改善土壤微生物群落结构，从整体上提升生态功能，促进生态稳定性的提升。但由于很多地区环境治理和恢复的技术标准或政策规范不完善，复垦植被管护期结束之后，大量新增物种仍难以适应严酷的气候地理条件，加之部分人工恢复植被成活率低，出现植被生产力下降甚至衰亡的状况。另外，煤炭工业产值与煤炭环保资金投入比例的不协调也会造成露天矿区生态环境每况愈下，生态稳定性逐步降低。

由于尺度问题的存在，不同尺度上生态稳定性的影响因素所发挥的作用有所差异，且往往是由某几个关键因素决定并影响其生态稳定性。

（二）露天矿区生态稳定性测度的理论框架

1. 生态稳定性测度范式梳理

（1）基于数学模型的生态稳定性研究范式

复杂系统具有非线性特征，用线性分析方法会忽略因事物的叠加可能导致的耦合作用或突变。而分形理论中的分维、Lyapunov 稳定性和热力学中的熵都能刻画非线性系统的本质特征。在该范式下，由上述方法计算得到的稳定性指标大都是代表结构稳定性，表示某一点或某一系统的整体稳定性，对于空间上的稳定性不能很好地描述。

（2）基于多样性的生态稳定性研究范式

关于多样性-稳定性的假说被提出来之后，有学者便试图通过相关实验证明二者之间的关系，其关系大致可以分为正相关、负相关和不相关等 3 类。该范式主要适用于野外观测尺度，主要用于动物群落或植物群落的稳定性测度。该类研究的步骤可大致分为以下几种：其一是针对动物群落，往往通过干扰前后的种群密度变化表示其群落稳定性；其二是选择多样性指标，常用的包括丰富度、均匀度和生物量等，通过计算多样性指标的变异系统来确定群落的生态稳定性，在相同外界干扰下，变异系数小的群落抗干扰能力强，反之亦然；其三是基于时间稳定性的计算研究多样性指数与时间稳定性的关系，时间稳定性可由群落中某种生态功能指标在时间序列上的变异程度来表征。

（3）基于多指标综合的生态稳定性研究范式

相较于基于变异系数的单因子生态稳定性研究范式，多指标综合的生态稳定性测度更加注重多因素的耦合集成，指标的选择应当以突出系统关键特征为主，不宜过多。在该理念的指引下，生态稳定性大小取决于多指标的综合集成。在该范式下，不仅可以对时间维度上的生态稳定性进行测度，也可以对空间维度上的生态稳定性进行测度，空间维度包括宏观、中观和微观，主要分为以下 3 个步骤：

① 建立生态稳定性测度的理论框架，在此基础上构建测度模型与指标体系，其中测度模型主要有耦合协调度法、模糊数学法、系统动力学法等，指标的筛选一般包括极大不相关法、文献参考法和频度统计法。

② 测算指标体系中的各项指标所占权重，权重确定的方法一般有德尔菲法、层次分析法等主观方法，以及熵权法、主成分分析法、投影寻踪法等客观方法。

③ 进行综合测度得到生态稳定性的最终结果。在权重确定之前，为消除不同指标量纲单位及量级之间差异所造成的影响，需对原始数据进行标准化，故该范式下生态稳定性的最终结果一般以无量纲、标准化的分值表征。这类研究的核心在于对生态稳定性测度的理论框架与模型的构建，体现了对生态稳定性内涵的理解及应用。

目前已形成的测度框架主要有 3 类，一是基于三效统一的生态稳定性评估，综合社会、经济和自然 3 方面综合考量复合系统的生态稳定性；二是从系统生态稳定性影响源出发，到系统变化状态及响应程度对稳定性进行综合度量；三是从系统生态稳定性的内涵出发，包括生态系统对干扰的阻抗能力和受到干扰后的恢复能力两方面。

2. 生态稳定性测度的理论框架

从上述生态稳定性测度范式来看，露天矿系统是一个动态的复杂系统，在多因素干扰下具有不同的状态。基于 Liapunov 稳定性或热力学熵所得到的生态稳定性仅代表系统某一个点的稳定性或系统整体稳定性，掩盖了系统内部的复杂性和真实性，缺乏对系统的全面了解。而基于变异系数这一单一指标对矿区系统生态稳定性进行量化，难以突出矿区系统与其他系统间的差异。在露天矿土地复垦与人工植被修复（或重建）的实际工程中，人们更希望使用各类生态观测数据对露天矿系统生态稳定性进行测度，以便指导工程的规划、设计、实施和管理。因此，在研究露天矿区生态稳定性时应当基于多指标综合的研究范式。但由于露天矿系统受到的干扰因素众多，选择的生态指标难以代表全部的生态特征。实际上即使能够选择全部生态指标，完全客观量化也存在一定的困难。这就要求露天矿区生态稳定性的测度必须从露天矿区生态稳定性内涵出发，在形成基础、影响因素、维持机制分析的基础上，从结构和功能指标入手，使其具有实际可操作性。

López 基于状态转变模型提出了结构-功能状态转变模型，他认为生态系统中每一种不同的替代状态都可能处于不同水平的动态变化中，例如稳定的、不稳定的、亚稳定的。每一种状态都对应着不同结构和功能间的转换，当外界施加的负向压力过大，系统自身结构和功能难以维持其生态稳定性，系统会越过转折点 P_1，系统由稳定向不稳定转移；当外界施加正向作用力，系统结构和功能出现恢复，当系统越过转折点 P_2 时，系统生态稳定性提升，但是否能够恢复到退化前的状态是未知的。如图 6-1-3 所示，其中图中 a、b、c 球表示系统中不同的生态稳定性状态，a→c 表示生态稳定性依次下降；实线箭头表示负面干扰因素，如煤矿开采活动；虚线箭头表示正向干扰因素，如植被复垦活动；P_1 和 P_2 代表着生态状态转变的关键点。

在煤矿系统中，外界扰动会导致系统内各组分发生改变，导致土地利用类型改变、植被覆盖增加或减少、地形改变、土壤水分或养分流失等问题，从而使系统生态结构发生剧烈变化，进而会改变系统与环境之间物质、能量交换活动，使系统生态功能发生变化。因此，露天矿系统每一种替代状态都具有不同结构功能的反馈特征。根据露天矿生态稳定性内涵，我们可以将露天矿区生态稳定性用下列公式表征。

$$
\begin{gathered}
f(F)=(X_1, X_2, \cdots, X_m) \\
f(S)=(Y_1, Y_2, \cdots, Y_m) \\
\mathrm{ES}=q[f(F) \cap f(S)]
\end{gathered} \tag{6-1-1}
$$

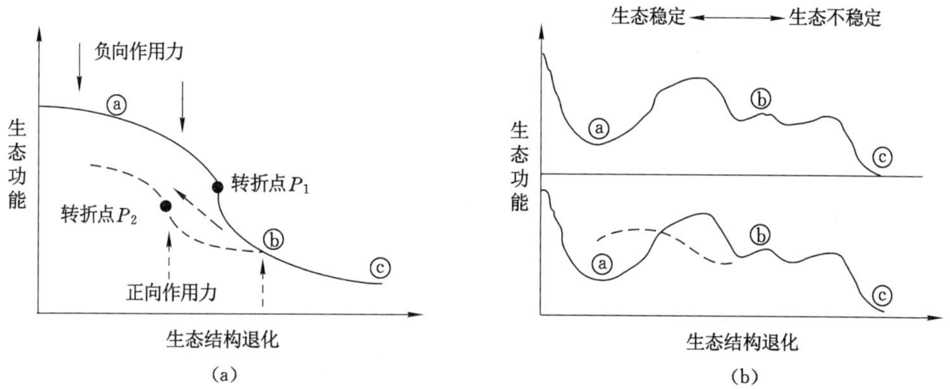

图 6-1-3　结构-功能状态转移模型

式中　ES——生态稳定性指数；

$f(F)$——生态功能综合指标；

$f(S)$——生态结构综合指标；

$X_1, X_2, \cdots, X_n$——各生态功能指标；

$Y_1, Y_2, \cdots, Y_m$——各生态结构指标；

$f(F) \cap f(S)$——生态功能和生态功能交互作用；

q——生态功能综合指标和生态结构综合指标的交互作用能力。

露天矿系统中的结构存在多种形式，如在露天煤电基地尺度中存在采矿扰动下形成的不同土地利用结构、生态修复与未修复占比结构、矿业权设置下不同矿区分布结构等；单个矿区尺度中存在挖损、沉陷下改变地形或径流形式，形成积水坑等结构、人工修复区或自然未受损区的植被群落结构等。在外界扰动下，系统结构发生不同幅度的变化，导致系统内部物质、能量和信息发生变化，从而影响系统内功能的变动，在结构和功能相互作用下，生态稳定性状态改变。无论是煤电基地尺度还是单个矿区尺度，生态稳定性的变化情景均可由图 6-1-4 演示，其中箭头在结构退化中表示负向转移，在结构改善中表示正向转移。

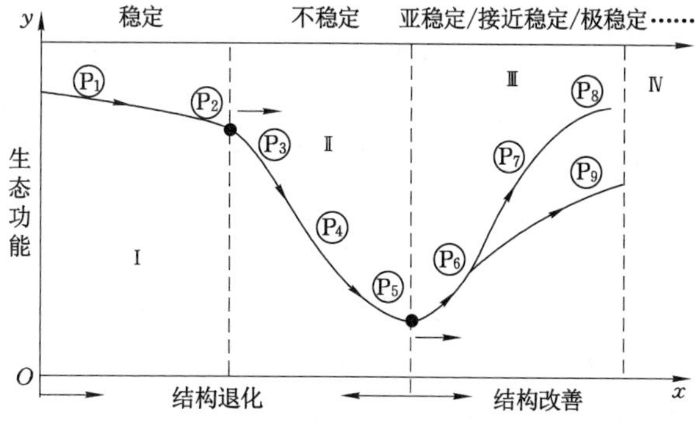

图 6-1-4　“结构-功能”转移理论测度框架下生态稳定性变化示意图

情景Ⅰ：负向扰动出现（如建筑废弃物对土地压占等），系统结构和功能相互作用，结构沿 x 轴变化引起功能沿 y 轴发生相应变化，但结构量变并未引起功能的质变，结构和功能仍在一定范围内平稳运行，系统并未从情景Ⅰ转变为情景Ⅱ。在该情景下，P_1、P_2 两种反馈形式均可定义为系统稳定。可以看到，系统的稳定状态并不是一个固定的值，而是某一个范围。系统扰动不可能消失，但只要其足够小，系统结构和功能能够自我维持，就能使系统在一定值域范围内稳定运行。

情景Ⅱ：负向扰动增加（如采矿引起的挖损和塌陷等），结构沿 x 轴变化引起 y 轴发生显著位移，系统状态从情景Ⅰ发生质的转变，跃入情景Ⅱ。此阶段，扰动造成结构退化功能显著降低，系统不能依靠自身结构和功能的反馈保持稳定系统状态持续下降，由稳定转为不稳定。此时 ESⅡ远低于 ESⅠ。尽管 P_3、P_4、P_5 三种反馈形式均处于情景Ⅱ中，但是 P_5 的综合状态相较于另外两种反馈形式更差，在对 P_5 进行生态修复时要投入更多的人力和物力。换句话说，若不对 P_5 进行及时的正向管理，系统很可能跃入下一个更差的状态（如极不稳定）。

情景Ⅲ：正向扰动出现（如植被重建、景观再现），使系统结构改善，功能随之增加，系统由情景Ⅱ跃入情景Ⅲ。在情景Ⅲ内，可能会出现两种状态：从 $P_6 \rightarrow P_8$ 转移、从 $P_6 \rightarrow P_9$ 转移，尽管 P_8 和 P_9 的结构具有相似性，但是其功能却有明显的差异。这种差异是由于系统结构和功能受干扰活动的影响表现为强烈的空间外延性、集聚性和时序滞后性所造成的。因此，情景Ⅲ的值域范围会出现相应的差异（亚稳定、接近稳定等），此时 ESⅢ要根据系统的结构组分和功能大小来确定。

情景Ⅳ：在系统恢复一段时间之后，出现新的扰动，当扰动足够小，未超越系统所能承受的范围，其状态可自我维持视为稳定；但当扰动较大，系统不能自我维持，若不进行正向干预，系统结构和功能会再度降低，ESⅣ下降。此过程并未在图中表示。

在结构-功能状态转移理论测度框架的指导下，对煤电基地尺度和单个矿区尺度生态稳定性变化的不同情景模式进行分析。而在实际煤矿生产活动中，由于挖损等负向扰动活动影响足够大，系统会直接由生态稳定状态跃入不稳定状态，而生态恢复过程中，并不是直接由不稳定状态跃入稳定状态，中间需要经历亚稳定、接近稳定等多个中间状态，在图中不再描述；同时在实际煤矿生产活动中该过程可能会循环往复，也可能最终保持为情景Ⅰ状态。

（三）露天矿区生态稳定性维持机制研究

1. 理论基础研究

目前，已有不少解释群落稳定性维持机制的理论，其中比较重要的有多样性和复杂性理论、食物网理论、冗余理论和反馈控制理论等。关于多样性与生态稳定性的争论一直存在，Mac Arther 认为生态稳定性取决于物种的多少以及物种间的相互作用大小；E. P. Odum 进一步指出生态系统食物网能量路径的数量是群落稳定性的度量，路径越多，系统越稳定。随着进一步的研究，Garder 和 Ashby 应用数学模型研究了系统的生态稳定性之后，提出了与前述相反的理论，认为系统的复杂性导致了不稳定性。20 世纪 90 年代后期生态学家认为大多数生态系统中，仅有部分物种对于系统的生态稳定性起着关键作用，而其余物种作用有限。在对草地植被群落稳定性机制的研究过程中，群落生态学家关注的是物种间的相互作用、多样性和功能特征在维持系统生态功能稳定方面所起的作用。并不是所有草地植被群落中多样性对生态稳定性的维持都有积极作用，植被的群落结构、组成和多样性的复杂变化决定了系统中存在多种生态稳定性维持机制，一种生态稳定维持机制强度的增加可以弥补另一种机制的损失。另一项研究中分别测试了群落中影响系统生态功能稳定性有物种多样性、补偿动态机制、均值-方差标度和优势种维持机制等四种相关机制，发现物种多样性机制与生态稳定性并没有明显的关系，相反发现了优势种维持机制，即相对稳定的优势种丰度的增加有助于生态稳定性的维持，以及发现了补偿动态机制能够减少生态稳定性的丧失，这种群落中的补偿能力，可以视为生态学上的冗余现象。生态学中的冗余理论是指一种以上的物种或成分具有执行某种特定功能的能力，即其中一个物种和成分的失效并不会造成系统该功能的全部失效。尽管目标群体都是植被群落，但是在不同生境条件和外界干扰下，系统本身具有的自我反馈机制能根据自身条件和外部环境进行反馈调节，保持系统的稳定。反馈分为正反馈和负反馈，正反馈能使系统状态的偏离增加，而负反馈能使系统保持稳定。上述这些理论不仅在植被群落生态系统中适用，也可以用来解释干旱沙漠系统、动物群落系统、梯田生态系统、森林生态系统等其他系统的稳定性维持。

在上述不同系统中，生态稳定性维持机制的研究都在一定的理论基础下开展。生态稳定性是系统存在的前提，生态稳定性的维持是系统发展的保障。在上述各个系统生态稳定性维持研究的对比中发现：不同系统的生态稳定性维持机制不同，要以系统内部关键组成要素和影响因素为依据开展对各自系统生态稳定性维持机制的研究；同一个系统中存在多个生态稳定性维持机制，且这些生态稳定性维持机制可能同时发生也可能先后发生。

2. 生态稳定性维持机制多尺度特性

区域煤炭开发造成的露天矿区生态稳定性问题往往是多尺度的，这些差异往往是由多种影响因素（特别是人类活动）对系统所产生的叠加、交互、协同等作用累积而造成的，这种作用可存在于微观、中观、宏观等不同层次的空间尺度中，影响的时间范围也存在较大的差异。

不同尺度上对影响因素的响应程度是不同的。因此，不同尺度上应具有不同生态稳定性维持机制，在影响源、影响途径和维持过程等方面表现出不同的特点，即表现为不同的“影响因素-关系-结构-功能-稳定性”。根据研究对象空间尺度的不同，露天矿区生态稳定性维持机制可以分为煤电基地生态稳定性维持机制、单个矿区生态稳定性维持机制、特定个体生态稳定性维持机制等三种，见图 6-1-5。

随着不同尺度内的正负反馈作用的发生，系统内的生态稳定性状态发生改变。特定个体的生态稳定性涉及植被生理特性、土壤环境微生物呼吸活动过程等较为微观的研究内容，并非是重点，因此，通常主要聚焦于煤电基地尺度和单个矿区尺度的生态稳定性维持机制分析，煤电基地尺度从整体出发，主要关注全局生态稳定性维持机制；单个矿区尺度从局部入手，主要关注开采实施后局部生态稳定性维持机制，如排土场复垦区。

3. 单个矿区尺度生态稳定性维持机制

结合多样性理论、反馈控制理论、复杂理论、冗余理论和生态耦合理论对单个矿区尺度生态稳定性维持进行分析。耦合理论最早源于物理学概念，后来被引申到生态领域成为研究综合性、复杂性生态系统耦合问题的主要手段。根据尺度及管理目标的差异，单个矿区尺度生态稳定性维持机制的最终目的是使矿区复垦植被群落实现自我维持、永续发展。在单个矿区范围内，主要研究对象为人工修复区，其生态稳定性主要表现为良好自然环境条件下所能提供充足养分和水分供植被生长，从而形成适宜的植被群落结构及功能。这主要取决于不同类型区内植被、土壤、水分等要素间的交互耦合程度，如图 6-1-6 所示。

露天开采过程中地形地貌发生变化，导致光、热、水、土等条件出现显著差异，产生生境

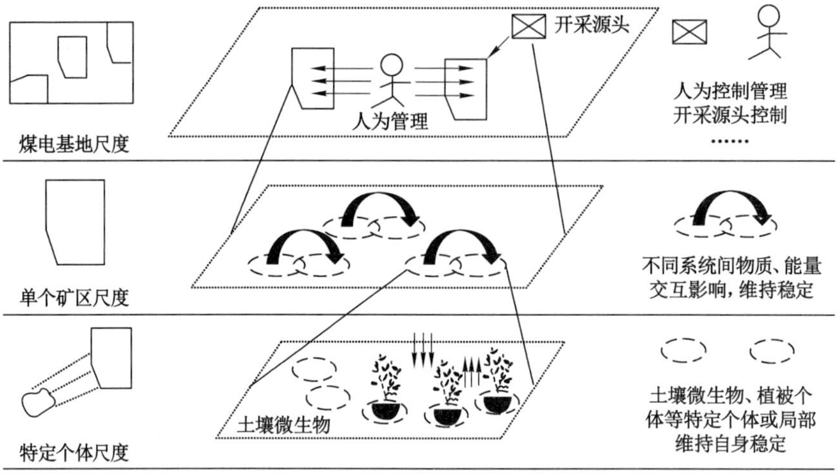

图 6-1-5　露天矿生态稳定性多尺度特性

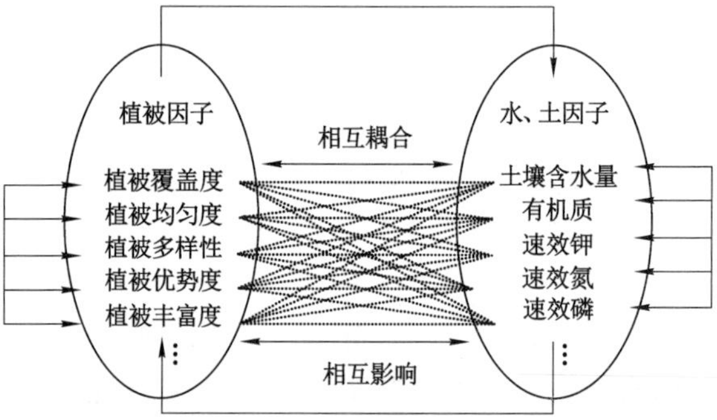

图 6-1-6　单个矿区植被、土壤、水分交互作用

异质性，从而影响植物根系对水分和养分的吸收，生境异质性是植被群落多样性产生和维持的基础，并影响着植被群落的组织过程。其中，水分直接参与土壤和植被间物质、能量转化过程，特别在半干旱区土壤水是制约植被生长和导致植被群落变化的关键因素，也是决定系统生态结构和功能的关键因子。在水分缺失的情况下，只有少数耐干旱植被得以保留，多数植被生长受到限制，一旦超过耐受阈值，植被就会趋于死亡，从而导致植被群落多样性降低。在这种情况下，少数保留植被仅能产生有限的凋落物，其凋落物和根系又能够改变土壤养分和有机质含量，这些养分更多地被具有抗逆性的植被留存，进而加剧了土壤贫瘠，反过来又影响复垦植被生长。在这一过程中，水、土、植被之间出现恶性耦合，土壤养分和水分缺失，植被群落多样性下降，改变了植被群落结构及功能，稳定性不能自我维持，出现生态不稳定。在人工修复初期，主要种植恢复效果快、适应能力强的固氮或固磷植被，并对其进行人工灌溉或者依靠天然沟道洼地的水分聚集使得复垦先锋植被获得充足的水分，植被得以迅速发展，植被覆盖度增加，形成的枯枝落叶层给微生物提供了生存空间，促进了土壤有机质的分解，从而为其他与环境相适应的植被提供了更好的生存环境。随着复垦时间增加，土壤理化性质逐渐恢复，先锋植被发生演替，进一步增加了植被覆盖度，提高了植被群落特征指数，物种丰富度、多样性得到提高，在这一过程中，水、土、植被出现良性交互影响。排土场引入不

同配比的乔灌草或灌草恢复先锋植被，丰富了植被群落结构，在保证水分的前提下，植被迅速发展，促进土壤理化性质的改善，同时进一步促进植被群落向更高层次演替，使复垦生态系统在更短时间内恢复到顶级状态，生态稳定性得以维持。

本节参照前人研究，以“影响因素-关系-结构-功能-稳定性”为主线，结合复垦区域实际情况提出了植被物种适应及多样性维持机制、干旱适应与水分自我调节维持机制和养分适应维持机制等三种机制，三种机制同时存在且交互影响，发生作用强弱及先后顺序不同。

（1）植被物种适应及多样性维持机制

多样性是生态稳定性维持机制的一项必要但非唯一因素。物种多样性表现为复垦区植被组成的多样化，如单一草本植被、灌草组合、乔灌草组合等。不同植被组合方式形成了物种多样性，并提供不同的土壤养分和水土保持能力。采矿活动造成扰动区内天然植被直接被清除，植被景观变为矿业景观，植被退化、面积减少，植被群落结构趋于简单、多样性降低，植被生物量及生产力显著下降，矿区范围内生态稳定性逐渐降低。因此，在维持小尺度矿区生态稳定性时首先应当遵循植被物种适应及多样性维持机制，主要体现在植被群落数量、植被群落组成和植被群落多样性。

① 植被群落数量及组成

在排土场和边坡建立人工修复植被，主要选择根系发达、耐干旱贫瘠、易成活、适应环境能力强的物种。草本植被生命力强、适应性强，且在干旱半干旱区域，小降雨事件频率较高，只能补给表层土壤水分，因此在植被恢复前期，人工恢复区植被主要以苜蓿、草木樨和沙打旺等草本植被为主，使植被能够快速恢复，土壤理化性质也逐渐改善，而沙棘、柠条等灌木以及乔木由于抗旱性强，会过度消耗土壤中的储水，使土壤出现明显的干层，初期恢复效果不如草本植被。但由于苜蓿、草木樨等草本植被的生长期短，在植被恢复后期逐渐退化、死亡，灌木和乔木在后期对于地表保护可以起到长期或者永久的作用。因此，在复垦时多选择乔灌草/灌草模式等结合的方式，在植被恢复初期首先种植耐干旱贫瘠的先锋物种和固氮物种，以恢复土壤理化性质，后期根据土壤改良恢复情况，规划种植灌木或者乔木，同时控制植被优势物种比例。这不仅能使复垦植被快速适应脆弱生态环境，改善土壤理化性质，又能提高植被群落多样性。

② 植被群落多样性

露天矿的开采扰动导致地表植被被清除，降低了植被群落的多样性，导致土壤养分下降，下降后的养分则更多地被具有抗逆性的植被吸收，而这些植被仅能产生少量的凋落物，因此加剧了土壤的贫瘠，导致植被群落均匀度降低，优势种突出向单一方向演变，使植被群落抵抗外界干扰能力下降，生态稳定性降低。而随着复垦活动的出现，在复垦初期由于新覆土排土场区域土壤各因子的不稳定导致植被生长也处于适应阶段，随着复垦时间的增加以及土壤环境因子质量的逐渐改善，使得植被恢复处于快速提升阶段，植被群落由单一趋于复杂，植物群落多样性及均匀度增加。当经过一段时间后，土壤因子和植被均受到气候等外界因素的制约，植物群落达到顶级群落阶段，顶级群落即为生态稳定性的标志。以黑岱沟露天排土场为例，人工复垦模式下的植被群落优势种已由一年生草本向一年生或两年生草本及多年生草本过渡，而对照样地仍处于演替的初级阶段，人工复垦模式下的 Simpson 指数、Shannon-Wiener 指数和 Pielou 指数均高于对照样地，说明经过多年的人工复垦，植被群落多样性有了明显的提高，且乔灌草的混合搭配复垦模式能够更好地增加植被群落的稳定性，缩短植被群落演替时间。

（2）干旱适应与水分自我调节维持机制

水分是制约植被生长的主要因素，也是连接矿区植被-土壤要素的关键桥梁，能够保证物质和能量在植物根系和土壤环境中不断循环，形成特定的“源-汇”斑块格局。矿区植被生长水源主要来源于大气降水、地下水和地表河流。半干旱矿区降雨少且变率大，蒸发量远大于降雨量。矿区地形地貌的变化影响了地表水系分布；露天采矿、排土场及矸石山的形成使地表裸露、坡度发生变化进而造成土壤侵蚀；地下开采形成大量地裂缝，土体结构受到破坏加速了土壤水的流失，潜水位埋深降低，影响地下水对地表水的供给。若单纯依靠灌溉满足排土场植被用水需求，对于在受损矿区大规模实施植被恢复与生态重建的可行性较低。因此，需要积极采用生物措施并建立完善的自集水系统，充分利用自然降雨使重建植被快速适应、生存并维持生态稳定性，干旱适应与水分自我调节维持机制主要是以水分聚集为思路，结合矿区实际情况分别从排土场植被水分聚集和天然洼地沟道水分聚集为切入点阐述矿区干旱适应与水分自我调节维持机制。

① 排土场植被水分聚集

排土场和边坡建立人工修复植被适应干旱环境主要是通过降低自身体内水分散失的“被动”途径和增强吸水能力的“主动”途径来实现。“被动”途径可视为一种耐旱机制，如通过改变气孔导度减少光合利用效率，从而提高水分利用效率；或是减少叶面积，增加叶面角质层厚度，进而减少体内水分的散失。“主动”适应方式主要是指通过植被根系调整，如多年旱生灌木增大根冠比来吸取深层土壤水分；或通过降低植株分株数，减少水分蒸发；抑或降低株高来促进水分从根至叶片的传输等主动调整植被形态适应干旱。

排土场复垦区人工草本植被主要有紫花苜蓿、草木樨、沙打旺、披碱草、油蒿等，灌木植被主要有沙棘、柠条、小叶锦鸡儿等。由于光照、坡度和坡位的差异导致植被获取水分的不同，进而形成不同形状的植被斑块格局，植被斑块存在覆盖度高低差异，覆盖度较低的植被斑块可视为“源”，水分入渗能力减小，保水性差且径流增大；覆盖度较高的植被斑块可视为“汇”，能够截留雨水并保存雨水及营养物质，减弱雨滴对于土壤表面的冲击，可保护土壤自然结构，有利于水分下渗。

② 天然洼地沟道水分聚集

在排土场边坡或者流域尺度上，径流在汇集过程中形成树杈状或者网状分布的沟道、河网系统及洼地，这些区域不仅是水分流经和聚集的地方，也是植被聚集分布的区域，是植被生长的理想地方，是水分利用的空间表达。因此，洼地、沟道等是天然的集水系统，土壤水含量较高，在上述区域进行植被种植，可充分利用聚集水分，形成干旱矿区植被用水自我适应策略，从而可以维持植被生长、演替，保证植被群落多样性，提升群落功能，维持其生态稳定性。

（3）养分适应维持机制研究

土壤养分含量影响植被生长状况，是制约植被多样性的重要因素。在人工植被修复初期，重型机械挖掘和替换表土材料的频繁移动，新复垦的土壤被高度压实，形成较高的土壤容重，土壤容重增大，孔隙度下降，进而导致土壤养分下降，不利于植被的生长。因此，复垦初期应当注重改良土壤性质，如种植固氮作用明显的豆科植被，能够明显提高植被恢复初期的土壤养分，提高土壤氮素归还量，从而反过来促进植被的生长。随着复垦时间的增加，土壤容重下降，土壤养分呈不同程度的增加。土壤养分不仅能决定植被群落的演替方向，同时也影响着植被群落的发生、发育和演替速度。土壤养分的差异性直接影响植被的生物量，进而影响植被物种组成及多样性。例如，土壤中的氮素是决定植被生产量、多样性和其他物种入侵的重要因子，而磷素则决定着植被群落的生物量与物种组成，土壤有机质的增加有助于土壤团聚体的形成和增加土壤渗透性，改善土壤含水量并促进植被生长，最终达到提升区域生态稳定性的目的。

4. 煤电基地尺度生态稳定性维持机制

在较短时间内由局部干扰导致的矿区尺度上的稳定性变化不足以影响煤电基地尺度上的稳定性，在大的空间范围内，由小干扰或微观尺度上自身涨落引起的系统失稳总是此消彼长的，但不会影响宏观尺度上的稳定性。结合反馈控制理论、复杂性理论、煤炭开采生命周期理论和生态矿区建设理论来研究煤电基地尺度生态稳定性维持机制。根据尺度及管理目标的差异，主要结合煤炭开采生命周期展开研究，如图 6-1-7 所示。

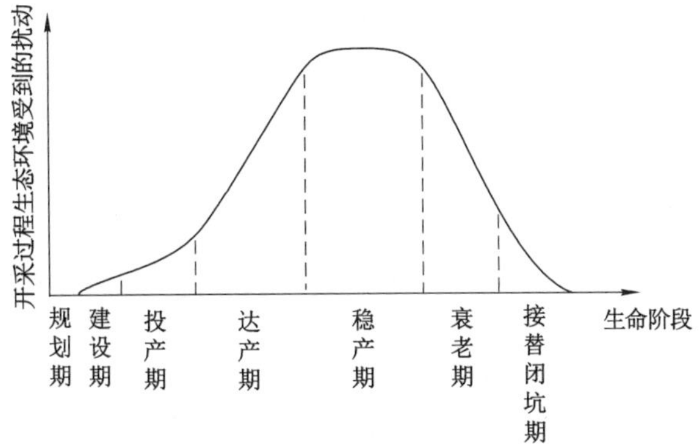

图 6-1-7　煤炭开采生命周期阶段

以“影响因素-关系-结构-功能-稳定性”为切入点，研究不同阶段影响生态稳定性的关键因素，从而探索煤电基地生态稳定性维持机制，其最终目的是使煤炭开采与生态环境保护兼容性持续良好，保证生态效益和经济效益统筹协调发展。煤炭开采不同生命阶段生态环境变化主要特征，根据特征分析分别从规划建设阶段、投产达产阶段、稳产阶段和衰老闭坑阶段等四个阶段探讨煤电基地生态稳定性维持机制，见表 6-1-1。

表 6-1-1　煤炭开采生命周期各阶段生态环境变化特征

开采阶段	煤炭开采特点	生态环境变化特征
规划建设	矿区资源赋存基本符合建井条件，基本按照规划全面开展	对地表影响较小，主要是工矿建筑、建筑废弃物对土地的占用，对区域结构和功能影响较小
投产达产	煤炭产量迅速增加，开采成本趋于稳定，煤炭行业生产利润持续上升，与生态矛盾加剧	煤炭资源开发对生态环境的影响开始显现，挖损、塌陷地开始出现，景观格局发生改变，植被覆盖度下降，土壤理化性质下降，生产力下降，区域结构和功能发生改变；与此同时，复垦工程也相继开展

表6-1-1(续)

开采阶段	煤炭开采特点	生态环境变化特征
稳产	煤炭产量最高,并保持稳定,相应生态环保资金投入也不断增加	生态环境受到的影响持续上升,土地类型和景观格局发生剧烈变化,土壤侵蚀加剧,植被覆盖度出现区域性下降,但由于复垦工程的大规模开展,部分区域植被覆盖度增加,土壤理化性质改善
衰老闭坑	矿区剩余可采资源日益减少,剩余资源赋存条件不断恶化,矿区产量逐渐减少,最后关闭	资源开发对生态环境影响具有滞后性,尽管处于衰老闭坑阶段,但生态环境仍受到影响,而由于土地复垦、植被修复大面积开展,该阶段生态环境开始逐渐恢复

(1) 规划建设阶段生态稳定性维持机制

鉴于煤电基地生态稳定性维持机制的最终目的是经济与生态效益统筹协调发展,在规划建设阶段,生态环境受到的扰动较小,但也需要辅以相应措施应对外界干扰,使系统处于稳定范围内。在这个阶段,影响生态稳定性的关键要素体现为人为因素,包括项目前期建设占用的土地及可能产生的污染,两者会改变土地性质造成污染,导致结构发生改变,通过改变供给功能、支持功能、调节功能和文化功能影响生态稳定性。因此,要求政府部门和煤炭企业具有防范和应对风险变化的能力。当市场需求或资源供给发生变化时,煤炭企业能够及时应对以减少资源消耗或环境污染。如某一年的煤炭需求量低于煤炭供给量,要求妥善规划安排剩余原煤堆放,布设防自燃措施和防灭火系统。在规划建设阶段,植被覆盖不会因为采矿活动而出现大规模死亡,但由于自然灾害这一不确定因素,可能会出现大规模干旱导致自然植被或人工修复区的植被出现死亡,这就要求地方政府和企业能够有灵活调水用水能力,确保水资源充足,保证植被生长。针对规划建设阶段工矿建筑及建筑废弃物对土地的占用,应当实施采前污染预防措施。采前污染预防是基于生态矿区建设理论所提出的,区别于传统开采模式和治理模式,采前污染预防模式主要是从建设阶段就充分采用绿色开采技术和循环工艺,重视并及时解决开采对环境的影响。

生态矿区建设理论通过"熵增"模型对上述三种模式进行对比,"熵增"描述了煤炭开采中生态结构的破坏和功能的退化,通过构建熵增模型,仿真模拟不同开发模式的总熵值,得出趋势见图 6-1-8。

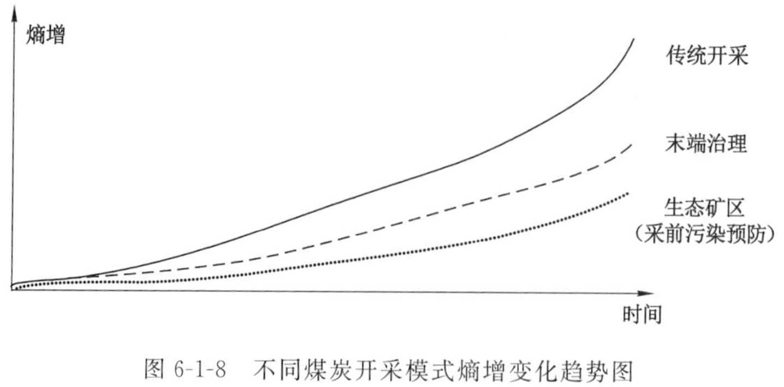

图 6-1-8 不同煤炭开采模式熵增变化趋势图

从图中可以看出,生态矿区建设实施采前污染防治从源头开始采用绿色开采技术,实施持续的环境管理和治理措施,能够使熵增得到有效的控制,使得煤炭开采在规划建设阶段所造成的生态结构破坏、生态功能降低相较于其他两种开采模式得到控制，生态稳定性得以维持。

（2）投产达产阶段及稳产阶段生态稳定性维持机制

在这两个阶段，煤炭资源开采对矿区生态环境的影响不断加大，影响生态稳定性的关键因素主要体现为人为因素及自然因素，主要包括采矿活动、植被修复及降雨因素，通过影响植被覆盖度、改变景观格局及土地生态多样性，改变土壤侵蚀状况及总初级生产力水平，进而改变供给功能、调节功能和支持功能，影响生态稳定性。在该阶段不能单纯地依靠采前污染预防及风险防范等措施维持生态稳定性，需要采取提高环保资金比例开展生态修复措施并发展循环生态经济。

加大植被复垦力度，增加植被覆盖度，调整“源-汇”斑块格局，修筑截水、储水、拦水工程措施，保证边坡稳定性，从而减少雨水冲刷，减少土壤侵蚀。增加煤电基地生态多样性，合理布设源地-廊道-节点，增加景观连通性同时构建具有异质性的景观结构。引入多样化的土地经营方式或后续产业发展模式，注重效益均衡性，保证生态、经济与社会效益均衡发展，例如当过分追求经济效益，如为获取大量的生产能源，无节制地进行煤炭开采，这会使生态和社会效益降低，相应的生态服务功能也会受到损伤。

发展循环生态经济一方面是指煤炭开采企业内部实施物质循环利用和能量梯级利用的状况，如在采煤过程中大量的煤矸石堆积压占会产生严重污染，对煤矸石的物质循环利用主要包括煤炭回收和火力发电，从而实现煤炭开采企业资源利用效率最大化，减少土地占用及污染。另一方面是指煤矿与煤矿之间进行人工植被修复时表土转移，共同利用物质能量等。煤炭开采活动打破了原有物质能量循环，每一次的开采过程都是熵增的过程，因此可有计划地设置相邻矿区的共同外排土场，减少土地压占，减少熵增，同时利用剥离物内排消除露天矿采场边坡形成的地质灾害隐患。

（3）衰老闭坑阶段生态稳定性维持机制

资源开发对生态环境影响具有滞后性，尽管处于衰老闭坑阶段，但生态环境仍受到影响，由于土地复垦、植被修复大面积开展，该阶段生态环境开始逐渐恢复。这一阶段，影响生态稳定性的关键因素主要体现在人为因素上，包括后期土地管理及闭坑后产生的污染，通过土地管理改变土地利用类型，影响土地利用结构、植被覆盖度等，进而影响供给功能、文化功能、调节功能和支持功能。因此，需要进行采后末端维护治理，包括对闭坑之后废水和固体废弃物的处理，同时也包括建立长期监测预警措施，定时定点监测植被生长状况，加强对管护期结束后的监管和维护。此外，在闭坑之后，对矿山土地的管理及利用是一项综合复杂的活动，可能涉及农村建设、产业转型发展、发展旅游业等多功能土地利用问题，需要综合考量以维持煤电基地生态稳定性，但由于衰老闭坑阶段并非研究重点，此处不再赘述。

综上所述，无论是露天煤电基地尺度还是单个矿区尺度，都需要在分析影响其生态稳定性因素的基础上，采取相应维持措施，以通过调整生态结构和提升生态功能的途径维持其生态稳定性。

五、某旗煤矿区露天开采及其生态环境扰动特征

该旗位于我国生态安全“两屏三带”的黄土高原-川滇生态屏障带，同时也是京津风沙源区，全旗总面积 7 500 km^2，旗境东、北两面被黄河环绕，与山西省、呼和浩特市、包头市隔河

相望;南临古长城与陕西省搭界;西与达拉特旗、东胜区、伊金霍洛旗接壤。该旗地势总体呈现为西北高、东南低,海拔为1 100～1 250 m。该旗区域内主要由砒砂岩、风积沙和黄土沟壑区等多种典型地貌构成,区域土壤贫瘠,生态环境脆弱。该旗属于典型的温带大陆性季风气候,光照充足,四季分明。气候特点为:冬季漫长寒冷,夏季炎热短促,春秋气温变化剧烈,降水量少,主要集中在夏秋季节,平均年降雨量为410 mm,而其蒸散量为2 100 mm。该旗是中国最大的煤炭开采能源基地,开采强度高且开采规模大,煤炭资源具有分布广、储量大、煤质好、埋藏浅、易开采等优点。全旗现已探明煤炭储量550亿t,占鄂尔多斯市的36%,煤种为中灰硫长焰煤,热量大,是工业动力的优质煤。煤矿资源主要分布在某旗的西部、西南部和东部。西部矿区属于土石山区,主要土壤类型为粗骨土和栗钙土,西南部矿区属于高原侵蚀性丘陵山区,主要土壤类型为栗钙土,东部矿区属于低山丘陵沟谷区,主要土壤类型为黄绵土和风沙土。

(一)研究区露天煤矿系统构成及其生态环境问题

1. 煤矿系统的组成特点

露天矿系统由于受到以煤炭资源开发为主的人类高强度干扰活动的影响,具有与一般的自然系统不同的特点。

(1)复杂多样性。露天矿系统是一个受到煤炭资源开发等人类活动高强度干扰的系统,除了煤炭资源开采所造成的土地挖损、排土场压占、水质下降、植被恶化、土壤侵蚀等各种生态问题以外,还包括了服务于煤炭生产生活的各项设施所造成的生态问题,因此露天矿系统面临的生态环境问题相较于一般的自然系统显得更加复杂和多样化。

(2)非线性动态特征。露天矿系统的物质和能量在不同尺度间及环境介质下传递过程和规律与多种因素有关,呈现出典型的非线性动态变化特征。

(3)物质能量流动的被动性。一般来说,自然生态系统的能量流动是自发的、天然的,在生物物种之间通过食物网传递能量。但露天矿系统物质和能量传递主要借助资源的采掘、生产、运输和复垦等部门进行,是人为被动的。

(4)人工干预系统。非人工干预系统主要利用自身的物质、能量和信息的循环、传递和交换来达到保证生物生存质量、维持系统稳定性的目的。但对露天矿系统来讲,不仅煤炭资源开发所需要的物质和能量需要从外界输入,并且在开发过程中产生的废弃物质也需要依赖于外界干预,如土地复垦、生态治理等措施。因此露天矿系统表现为一个不稳定的、具有很强依赖性的人工干预系统。

2. 煤矿系统的构成分析

露天矿系统的主要组成和常见表征指标见表6-1-2。不涉及矿区的社会及经济组成,因此排除了人文组成、经济组织、矿产资源、机械组成、生产经营等组成。

一般而言,露天矿系统结构是在组成部分的基础上形成的,是由各个组成部分形成的不同排列组合所构成的,这种排列组合形式最终表现为土地利用类型或者景观类型,并且同一土地利用类型或者景观类型在结构上会有明显的差异性,如斑块形状指数、斑块连接程度、斑块破碎程度的差异。矿区具有多尺度特点,不同尺度内的结构的表现也有所不同,如排土场等小尺度区域结构表现为植被密度、植被多样性等,而煤电基地大尺度区域的结构主要体现为土地利用类型、景观结构等。

表 6-1-2　露天矿系统的组成

组成	表征指标
气候	降雨量、温度、湿度、风速、风向等
水文	地表水、地下水
地形	高程、坡度、坡向
土壤	质地、容重、肥力、土壤含水量、紧实度、砾石含量等
生物	植被覆盖度、生物量、植被多样性、动物数量、微生物含量等
岩石	岩层性状、厚度、化学性质、导水性、强度等

在时间和空间尺度上，露天矿系统的各组成部分会产生物质循环和能量转化，最终形成系统固有的生态功能。在这些内在功能的作用下，系统能够调节水土流失量、涵养水源、调节碳循环等，最终为人类提供生态系统服务。如露天矿系统结构一样，露天矿系统功能在不同尺度上的表现也有所差异，如在煤电基地大尺度上，其功能主要表现为提供生态服务功能；相反，在矿区植被修复区域主要表现为复垦后土壤植被恢复程度。下面我们将分析露天矿区挖损、压占、复垦等生产建设活动对生态环境造成的影响，这些影响会最终改变区域的生态稳定性。

3. 煤矿活动产生的生态环境问题

露天矿区生态环境问题的产生主要与煤炭开采产生的挖损、压占、塌陷和复垦等生产建设活动有关。该旗以露天开采活动为主，共有露天开采煤矿 65 座，主要以露天矿区为研究对象。露天采矿一般包括采、剥、运、排、覆等工艺流程，主要以占用、挖损导致的物理机械破坏和化学污染破坏等形式减少可用的土地资源总量。其中挖损区直接剥离岩土层时会直接摧毁露天矿系统组成部分如水系、土壤、生物等，地表的土壤和植被被剥离移除，耕地、林地、草地消失，原有土地被挖损区替代。采矿后留下的松散岩土或尾矿被堆放在内、外排土场，会产生二次污染并对原地貌的生态组成部分形成压占，原地貌被排土场、排矸场等替代。与此同时，采矿活动使得区域景观和地形发生变化，以生物及资源减少为代价，主要表现为土壤侵蚀、沙漠化、地面形变、景观格局、生产力和生物量变化等。同样，露天开采会造成地下水水位下降、地表水和地下水水质污染等问题。在地貌重塑、土壤重构、植被重建等一系列复垦工作实施之后，系统生态环境开始逐渐恢复，主要表现为植被覆盖度增加、土地类型转变、土壤侵蚀减少等，复垦活动主要是改造或者局部改造系统组成部分和结构，使之恢复到之前或提高生态功能，从而维持区域生态稳定性。目前已有的矿区生态修复工程主要有地貌重塑、平台和边坡治理、土壤重构、兴修水利、植被重建、农田防护、交通建设、生物多样性保护和景观建设，通过对源头、过程、结果进行控制，减少扰动，改变或重组生态结构，提高生态功能，如图 6-1-9 所示。

露天矿开采活动对生态环境影响范围不仅仅局限于开采活动操作区，影响范围可能达几千甚至上万米，而且也会影响到流域的水文系统。

总的来看，露天开采对系统环境的扰动是“快速”的，原有的系统组成部分（耕地、林地、草地等全部消失）及其关系都被重组（转变为采掘场、排土场、工业场地等），系统功能也随之发生变化，如原地貌被重塑，土地利用结构发生改变，松散层的土壤结构被重塑，土壤理化性质发生改变。

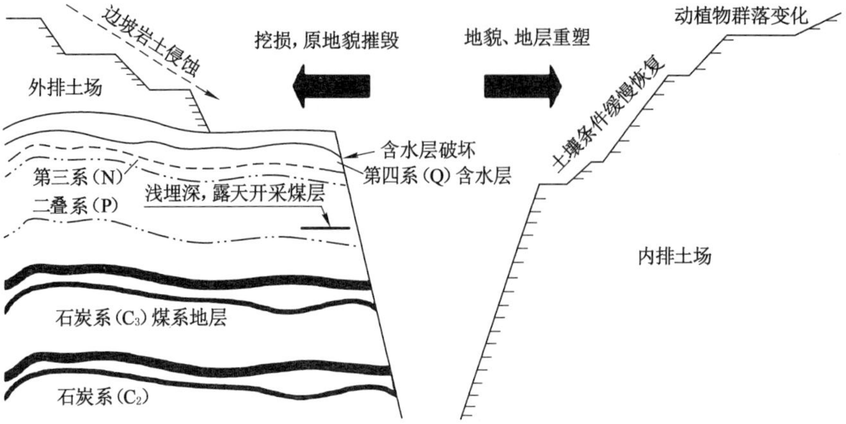

图 6-1-9　露天开采及其生态环境扰动

（二）露天开采对煤电基地生态环境时空扰动分析

1. 煤电基地土地利用及景观格局变化规律

该旗煤电基地 2002 年、2005 年、2008 年、2011 年、2014 年和 2017 年土地利用格局空间分布和面积统计如图 6-1-10 所示。

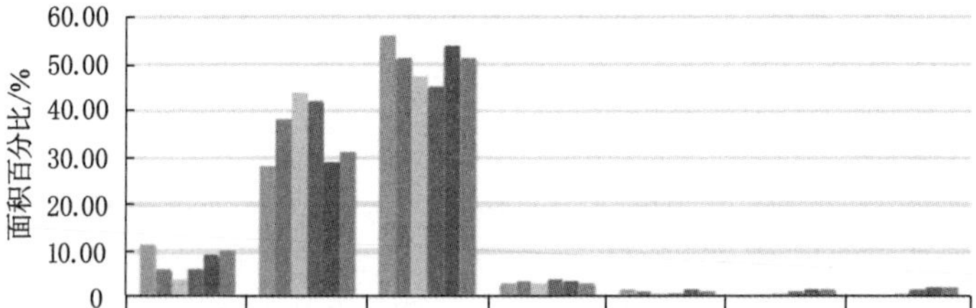

	耕地	林地	草地	未利用	水域	建筑用地	采矿用地
2002	11.20%	27.90%	55.98%	2.80%	1.67%	0.31%	0.14%
2005	5.78%	38.10%	51.07%	3.29%	1.06%	0.47%	0.23%
2008	3.98%	43.55%	47.29%	3.09%	0.76%	0.74%	0.59%
2011	6.03%	41.94%	44.88%	3.56%	0.99%	1.05%	1.55%
2014	8.94%	28.62%	53.73%	3.34%	1.80%	1.47%	2.09%
2017	10.05%	31.13%	51.02%	2.79%	1.30%	1.47%	2.24%

图 6-1-10　各地类面积占比柱状图

不同土地类型数量的变化可以反映出土地利用类型的变化趋势以及土地利用结构的变化情况，对各个时期的土地利用类型进行比较，可以看出采矿用地和建设用地整体呈现逐渐增加趋势。2002—2008 年采矿用地面积仅出现小幅增加，耕地和草地面积呈下降趋势，而林地面积呈现相反趋势，这是由于 2000 年以来该旗大规模开展退耕还林生态修复工程。2008—2017 年，采矿用地和建设用地面积呈迅速增加趋势，在这期间，耕地和草地呈现缓慢增加趋势，林地呈先下降后增加趋势，这是由于随着采矿用地和建设用地的大规模扩张，以林地为主的生态用地被大量占用，而随着复垦活动的增加，草地、林地和耕地都出现不同程度的增加。但综合来看 2017 年生态用地面积之和仍低于 2002 年相应生态用地面积之和。

从整体上看，煤炭资源的开发、城市的扩张不可避免地会造成该旗煤电基地林地、耕地和草地等生态用地减少，但复垦活动的实施打破了生态用地持续下降的现象。

景观格局指数能够高浓度浓缩景观空间格局信息，反映其结构组成和空间配置某些方面的差异，也可以用来定量描述和监测景观空间结构随时间的变化。进一步对不同年份的景观结构指数进行分析，选择斑块数量、斑块密度、景观形状指数、连接度指数、分离度指数和土地利用有序度指数等指数。

2. 煤电基地植被覆盖度变化规律分析

(1) 植被覆盖度时间变化规律

2000—2017年，该旗煤电基地以及三大矿群植被均呈先增加后下降再增加趋势，且时间变化规律基本相似。2000—2009年归一化植被指数(NDVI)呈现明显升高趋势，这是由于2000年以来，该旗政府提出了建设绿色大旗的目标，先后完成了“退耕还林”“三北防护林”“京津风沙源”等重点生态工程163万亩，生态工程项目的实施取得了阶段性成效。2009—2011年，NDVI呈现下降趋势，这是由于煤矿大规模集中化开采，植被覆盖度迅速下降。2011—2017年，NDVI呈现波动上升趋势，随着地方政府开展了大面积矿区植被重建，完成绿化、水土保持以及大面积防风固沙等多项治理措施，植被覆盖度有明显提升。截止到2017年，该旗煤电基地NDVI从2000年的0.27左右提高到0.46左右，西部矿群NDVI从2000年的0.20左右提高到0.38左右，西南部矿群NDVI从2000年的0.26左右提高到0.49左右，东部矿群NDVI从2000年的0.29左右提高到0.48左右。该旗煤电基地与各个矿群平均NDVI变化幅度和变化速率有所差异。其中：2000—2009年，该旗煤电基地、西部矿群、西南部矿群、东部矿群植被覆盖增加幅度分别为0.14、0.17、0.20、0.13，年均NDVI变化速率分别为5.73％、9.36％、8.66％、5.04％；2009—2017年，该旗煤电基地、西部矿群、西南部矿群和东部矿群植被增加幅度分别为0.04、0.01、0.03、0.06，年均动态变化速率分别为0.52％、0.25％、0.77％、1.51％。另外，2009—2011年间大多数煤矿处于集中开采期，不可避免地造成植被退化，因此该旗煤电基地及三大矿群植被覆盖度减少幅度分别为0.07、0.11、0.10、0.08，年均动态变化速率分别为－3.68％、－9.51％、－7.32％、－6.10％，西部矿群植被减少幅度和速率都最大。可以发现，在煤炭集中开采期，西部矿群植被退化的幅度及速率均高于该旗煤电基地及其他两个矿群，且植被恢复幅度及速率低于准格尔全旗及其他两个矿群，这是由于西部矿群生态环境本底条件相较于西南部矿群和东部矿群较差。

(2) 植被覆盖度空间变化规律

① 植被空间覆盖基本特征

该旗2000—2017年平均植被覆盖度自西向东呈现由低到高、自南向北呈现“高-低-高”的整体空间分布格局。该旗内植被覆盖状况较好，中、低以上植被覆盖度占绝大多数比例。随着高程的增加，中植被覆盖度和高植被覆盖度的面积逐渐减少，低植被覆盖度面积逐渐增加；中、低植被覆盖度在不同海拔处分布较为均匀。这是由于在半干旱地区，土壤水是影响植被生长的关键因子，地势越高蒸发越强烈，土壤水就越容易流失。因此，随着地势的升高，中植被覆盖度和高植被覆盖度出现逐渐减少的现象。对矿群横向对比分析发现西部矿群植被覆盖状况最差，NDVI小于0.3的植被面积占23.01％，远高于西南部矿群(1.91％)和东部矿群(3.52％)。这是由于西部矿群的土壤类型主要为粗骨土和栗钙土，土壤质地疏松，黏聚力和保水保肥能力较差，同时采矿活动导致地表裸露加剧了土壤水分的流失。另外，东部矿群中植被覆盖度和高植被覆盖度区域所占面积为 23.28%，分别高于西南部矿群(14.5%)和西部矿群(0.66%)的中植被覆盖度和高植被覆盖度区域面积。

② 空间恢复与退化趋势分析

该旗煤电基地 2000—2009 年植被覆盖度增加与降低的区域面积分别占该旗总面积的 97.96%和 2.04%；2009—2017 年植被覆盖度增加与降低的区域面积分别占总面积的 86.50%和 13.50%；2000—2017 年植被覆盖度增加与降低的区域面积分别占总面积的 96.15%和 3.85%。从分析结果来看，三个时间段各区域植被均以正向变化为主。2000—2009 年间，西部、西南部和东部矿群植被覆盖度极显著增加($P<0.01$)面积占比分别为 62.60%、94.00%、54.26%；显著增加($0.01<P<0.05$)面积占比分别为 17.63%、3.45%、24.29%；无极显著下降和显著下降。2000 年以后国家重视生态建设，区域内植被生长状况均呈好转趋势；由于当地区域政策原因该旗西部和西南部矿群在 2009 年之前仅有小规模的煤炭开采活动，在小规模分散开采活动影响下植被有下降趋势但不显著，占比分别为 1.54%和 0.15%；而东部矿群中的 A、B 露天矿于 20 世纪 90 年代投入生产，开采活动已经形成规模，极显著植被退化($P<0.01$)面积占比 0.07%，显著植被退化($0.01<P<0.05$)面积占比 0.21%。2009—2017 年，三大矿群植被极显著增加($P<0.01$)面积占比分别为 10.07%、10.44%、14.14%，显著增加($0.01<P<0.05$)面积占比分别为 2.94%、3.53%、4.46%。西部、西南部煤矿群开始大规模集中开采，植被极显著下降($P<0.01$)面积占比分别为 1.31%、1.41%；植被显著下降($0.01<P<0.05$)面积占比分别为 1.37%、1.51%，主要分布在露天采场及其固体废弃物堆积场、工业场地和场外道路。这主要是因为大规模且持续的煤矿开采活动发生在 2009 年前后。通过对比 2000—2009 年和 2009—2017 年植被变化趋势面积可知，采矿确实对采区植被具有一定的负面影响，但复垦工程的实施增加了植被覆盖度，对比 2000—2017 年三大矿群植被变化趋势发现，植被改善区仍占主导地位，说明区域性植被恢复将明显弥补采矿活动对植被的负面影响。

③ 空间波动程度分析

该旗及三大矿群年际 NDVI 波动程度(CoV)，低幅度、中低幅度、中幅度、中高幅度和高幅度波动区的面积分别占该旗总面积的 14.10%、74.79%、10.61%、0.30%和 0.19%，以中低变异程度为主。三大矿群开采范围内植被覆盖低波动面积占比分别为 10.87%、4.67%和 14.17%；植被覆盖中低波动面积分别为 73.87%、84.53%和 79.77%；植被覆盖中波动面积分别为 15.26%、10.80%和 5.90%。西部和西南部矿群植被覆盖度波动程度均无中高波动以上，东部矿群中高以上波动植被覆盖面积占比仅为 0.15%。三大矿群中度以上波动区域主要围绕着露天采场周围分布。西部矿群、西南部矿群和东部矿群平均变异系数分别为 0.19(±0.05)，0.22(±0.06)和 0.27(±0.09)。

NDVI 的年际 CoV 在空间分布与年均 NDVI 在空间上存在明显差异，CoV 低于 0.15 的区域主要发生在裸露区域(87.9%)和高植被覆盖地区(81.3%)。CoV 高于 0.25 的区域大多分布在低植被区(28.8%)和中低植被区(10.2%)，这是由于新的植被斑块出现，低植被覆盖度和中低植被覆盖度区的原有植被格局被破坏，NDVI 的 CoV 值随着新增植被斑块而增加。

3. 煤电基地尺度土壤侵蚀变化规律分析

露天煤电基地土壤侵蚀是一种典型的人为加速侵蚀，露天煤电基地土壤侵蚀整体呈现先下降后增加再下降的趋势。该旗煤矿区以轻度侵蚀和中度侵蚀为主,其中微度侵蚀面积总体呈先减少后增加趋势,轻度和中度侵蚀呈现先增加后减少趋势;重度侵蚀和强度侵蚀整体上呈现下降趋势。微度和轻度侵蚀主要分布在北部黄河冲积平原区耕地周围,中度侵蚀区域相对集中,主要分布在研究区中部及南部黄土丘陵沟壑区,重度侵蚀以上主要分布于各个矿群中的露天采场及周边,这与露天开采对地形坡度的改变关系密切,坡度变化对地表径流等造成了持续影响,进而改变了土壤侵蚀现状。因此,在煤炭开采及周边影响区要采取适当的治理措施降低土壤侵蚀程度,例如在外排土场平台布设排水措施并设置挡水围埂,露天采场周边场联络道路两侧土埂种草恢复植被等。

4. 煤电基地尺度总初级生产力变化规律

总初级生产力(GPP)的全局空间自相关 Moran's I 指数斜率均为正值,整体上呈空间正相关,I 值均大于 0.6。在变化趋势上,Moran's I 指数呈现先增加后下降再增加的趋势。大部分 GPP 散点分布于第 1、3 象限,呈现高-高值区和低-低值区聚集分布的现象,只有较少的异常值分布于第 2、4 象限。

GPP 高值区主要分布在该旗煤电基地东部、北部邻近黄河流域附近及西南部部分区域,主要土地利用类型为林地和耕地,由于自然本底条件较好,水土资源相对充裕,无论是自然区域还是排土场复垦区域都表现为显著的高-高值聚集区。低-低值聚集区主要出现在研究区西北部区域,西部区域土壤本底条件差,且水资源缺乏,植被生长状况劣于西南部和东部区域,导致 GPP 值较低。北部低值区位于库布齐沙漠附近,植被缺乏,风沙严重导致区域 GPP 较低。该旗 GPP 高-高值区域所占面积呈现先增加后降低再增加趋势,这是由于随着煤电基地大规模集中采矿活动出现,地表植被大面积遭到破坏,导致 GPP 下降;在这之后,植被修复工程逐步发挥效果,生物多样性增加,GPP 也逐渐增加。该旗 GPP 低-低值区域所占面积整体上呈现上升趋势,这是由于采矿活动及城市建设用地在不断扩张,对 GPP 产生强烈的负影响,导致 GPP 低-低值区域所占面积比例不断增加。因此,在煤电基地 GPP 高值附近的区域,应减少城市开发及采矿活动对系统造成的负面影响,相反在矿区附近及城市自然边缘区应加强生态修复及致力于生态友好的土地用途,保护水域、林地等土地类型,预防 GPP 出现规模性下降。

GPP 的块金值 C_0 并没有明显的变化规律,表明在所选区域中随机因素对 GPP 空间异质性的影响较小,这里随机因素可能来源于混合像元内不同的要素构成。对于基台值 C_0+C 而言,值越大表明空间变异性越强。在拟合结果中,GPP 的基台值变化并不明显,呈现先下降后增加再下降的变化规律。这是由于随着煤炭开采活动对地表植被的影响,原始植被空间格局被打破,采区周围总初级生产力出现下降,导致总初级生产力的空间变异程度增加。而随着复垦活动的增加,植被大面积恢复,区域总初级生产力增加,空间变异程度降低。

(三) 矿区尺度植被群落特征与土壤性质变化规律分析

1. 复垦区与自然对照区植被群落特征分析

以乌兰哈达、柳林沟和金正泰煤矿排土场及自然区域为研究对象,研究表明,相比于自然对照区,复垦区的植被群落特征表现出差异性。总体上看,乌兰哈达、柳林沟和金正泰煤矿中不同复垦年限植被种类、物种数、Shannon-Wiener 指数、Simpson 指数、Pielou 指数和 Margalef 指数都具有显著差异性($p<0.05$)。Simpson 指数和 Shannon-Wiener 指数是衡量群落物种多样性高低的常用指标,其中 Simpson 指数可表征常见物种的多样性优势度,

随着复垦时间的增加，物种数、植被个体总数、Shannon-Wiener 指数和 Simpson 指数均随时间呈上升趋势，说明复垦工程实施之后无论是常见物种还是稀有物种都逐渐恢复。Pielou 指数表征植被物种分布的均匀程度，Margalef 指数反映物种的丰富程度。Pielou 指数随着复垦年限的增加整体呈波动上升趋势，复垦第 4 年之后增长缓慢。Margalef 指数随复垦年限的增加呈现先增加后下降趋势，在复垦 4～5 年后出现下降趋势。

2. 复垦区与自然对照区土壤性质分析

乌兰哈达、柳林沟和金正泰矿区的土壤均呈碱性，pH 值在 8.05～8.31。乌兰哈达煤矿自然对照区土壤含水量、全氮和有效氮含量均高于不同年限复垦区域（$p<0.05$）。乌兰哈达煤矿的全氮和速效钾在较早复垦区域（2014 年和 2015 年）和新复垦区域（2018 年）存在显著差异，然而全盐量、有机质和有效磷并无显著差异（$p>0.05$）。柳林沟煤矿自然对照区土壤含水量、有机质和全氮含量较高（$p<0.05$），然而在柳林沟煤矿不同复垦区域土壤全盐量、有机质和总氮并未发现显著差异（$p>0.05$）。金正泰煤矿自然对照区土壤含水量高于不同年限复垦区域（$p<0.05$），此外，金正泰煤矿的土壤全盐量、有机质和速效氮在较早复垦区域（2012 年和 2013 年）和新复垦区域（2017 年和 2018 年）存在显著差异（$p<0.05$）。然而，土壤 pH 值、全氮、速效钾和速效磷在不同复垦区域未发现显著差异（$p>0.05$）。三个煤矿中，除土壤含水量、pH 值和土壤容重外，土壤中全盐量、有机质、全氮、速效氮、速效钾和速效磷的含量随复垦年限的增加呈波动上升趋势，土壤容重随复垦年限的增加呈下降趋势，说明植被修复措施促进了复垦区土壤养分的改善，降低了土壤容重。

3. 植被群落特征与土壤性质相互影响规律

冗余分析显示西部乌兰哈达煤矿 RDA1 和 RDA2 两坐标轴能够解释 77.7%的植被群落特征-土壤因子关系信息，第一排序轴和第二排序轴分别占总方差的 66.63%和 7.08%，说明排序结果可较好地反映植被群落参数与土壤理化性质之间的关系。并不是每个土壤因子对植物群落都有显著性影响。蒙特卡罗检验（Monte Carlo permutation test）分析了每个土壤因子对植物影响的显著性。结果表明，在西部乌兰哈达矿区速效氮和总氮共同对植被群落组成有显著性影响（$F=20.9$，$P=0.002$；$F=3.8$，$P=0.022$），二者对植被群落解释量占所有土壤环境因子解释量的 65.5%。土壤因子除土壤容重（SD）、土壤含盐量（TS）和 pH 值外，其余所测定指标均与植被群落特征指标呈正相关。呈正相关指标以总氮（TN）、速效氮（AN）、土壤水（SMC）等为中心聚集在一起，表明这些土壤因子之间有很强的相关性。

在西南部柳林沟煤矿，RDA1 和 RDA2 两坐标轴能够解释 86.3%的植被群落特征-土壤因子关系信息，说明该结果能很好地反映土壤理化性质和植被群落参数之间的关系。蒙特卡罗检验表明，在西南部柳林沟矿区土壤水分、速效磷和 pH 值共同对植被群落组成有显著性影响，其对植被群落解释量分别占所有土壤环境因子解释量的 61.6%、9.4%和 6.1%。土壤因子中土壤水分、有机质、总氮、速效氮、速效钾和土壤全盐量与植被群落特征指标呈正相关，其中土壤水分和有机质与植被群落特征指标相关性最强。

东部金正泰煤矿 RDA1 和 RDA2 两坐标轴能够解释 84.2%的植被群落特征-土壤因子关系信息，第一排序轴和第二排序轴分别占总方差的 56.76%和 23.8%，说明排序结果可较好地反映植被群落参数与土壤理化性质之间的关系。蒙特卡罗检验表明，土壤总氮对植被群落组成有显著性影响（$F=4.2$，$P=0.024$），其对植被群落解释量占所有土壤环境因子解释量的 29.5%。土壤水对植被群落解释量占所有土壤环境因子解释量的 14.4%，但其对植被群落的影响并不显著($F=2.3$，$P=0.108$)。土壤因子中土壤水、有机质、总氮和速效钾与植被群落特征指标(物种均匀度指标除外)呈正相关。

随着人工恢复年限的增加，复垦区样点与自然对照区样点间的欧式距离越来越近。这说明随着复垦时间的增加，复垦区域植被群落结构和土壤理化性质会逐渐提高甚至超过自然区域，这与已有文献研究随着复垦年限的增加，研究区土壤环境因子质量不断提升并逐渐接近原地貌的结果相一致。三个矿区研究结果均表明，土壤有机质、总氮、土壤含水量与植被群落特征指标呈正相关，相关研究也表明土壤含水量、土壤理化性质和植被群落多样性变化具有一致性。

从整体上看，煤炭资源的开发、城市的扩张不可避免地会造成该旗煤电基地林地、耕地和草地等生态用地减少，从而导致研究区的连通性被打破，异质性增加，景观破碎化增加，土地利用结构由有序逐渐趋向无序。

露天煤电基地植被覆盖度整体呈现先增加后下降再增加趋势，2000—2009 年呈现上升趋势，2009—2011 年呈现明显下降趋势，2011—2017 年呈现波动上升趋势。植被覆盖度变化与煤炭资源集中开采年份密切相关。植被覆盖度变异程度处于 0.25～0.45 之间，以中低变异程度为主。植被覆盖度显著降低的区域主要分布在露天采场及其固体废弃物堆积场、工业场地和场外道路。植被修复能够有效弥补采矿活动对植被造成的负面影响。

蒙特卡罗检验表明，在西部乌兰哈达矿区速效氮和总氮共同对植被群落组成有显著性影响；西南部柳林沟矿区土壤水分、速效磷和 pH 值共同对植被群落组成有显著性影响；东部土壤总氮对植被群落组成有显著性影响。露天煤电基地土壤侵蚀整体呈现先下降后增加再下降的趋势，这与露天煤电基地 NDVI 的变化趋势相反。该旗以轻度侵蚀和中度侵蚀为主，其中微度侵蚀面积总体呈先减少后增加趋势，轻度和中度侵蚀呈现先增加后减少趋势；重度侵蚀和强度侵蚀整体上呈现下降趋势。微度和轻度侵蚀主要分布在北部黄河冲积平原区耕地周围，中度侵蚀区域相对集中，主要分布在该旗中部及南部黄土丘陵沟壑区，重度侵蚀主要分布在各个矿群中的露天采场及周边。这与采矿活动导致地形坡度的改变关系密切，坡度变化对地表径流等造成了持续影响，进而改变了土壤侵蚀现状。

该旗总初级生产力高-高值区域所占面积呈现先降低后增加趋势，总初级生产力低-低值区域所占面积整体上呈现上升趋势。采区地表植被生长受到煤炭开采扰动，原始植被空间格局被打破，采区周围总初级生产力出现下降，空间变异程度增加，空间自相关降低；随着植被复垦活动的增加，复垦区植被恢复，总初级生产力增加，空间变异程度降低，空间自相关性增加。在煤电基地 GPP 高值附近的区域，应减少城市开发及采矿活动对系统造成的负面影响，相反在矿区附近及城市自然边缘区应加强生态修复及致力于生态友好的土地用途，保护水域、林地等土地类型，预防 GPP 出现规模性下降。

六、某旗煤矿区分尺度生态稳定性测度

(一) 生态稳定性测度模型构建

1. 生态稳定性测度的特点

(1) 测度的动态性

露天矿系统是一个动态的系统，影响其生态稳定性的因素处在不断的变化之中，其结构和功能在不断变化，这就决定了其生态稳定性的测度应该具有动态性，仅关注某个时间点的

生态稳定性情况难以反映生态稳定性随时间的变化规律，也难以满足露天矿区分尺度生态管理的要求。

（2）生态结构和功能耦合的非线性

露天矿区生态稳定性强调生态结构和功能的相互作用，在外界扰动下，露天煤电基地和单个矿区的生态结构和功能响应并非呈线性关系，而呈“协同”和“耦合”的相互关系，具有非线性特征。

（3）扰动的复杂性

由于露天矿区是一个复杂系统，受到多重因素的干扰，且大多数扰动难以量化，因此需要对其受到扰动后的外在表征进行量化。

2. 基于“结构-功能”状态转变的模型构建

综合测度主要包括测度模型建立、指标体系构建、各指标权重确定及分级标准确定等步骤。对于综合测度模型，人们经过长期的理论研究和方法探索，已经形成了多种模型，且已广泛应用于各个领域中，如主成分分析、灰色关联分析、多级模糊综合评价、层次分析和模糊评价等多个分析模型等，每一种模型都有一定的适用范围和限制条件。在实际应用中，需要根据理论框架以及研究对象的特点选择合适的测度模型。

露天矿区生态稳定性离不开结构和功能的相互作用，在构建综合测度模型时要考虑二者之间的耦合作用。因此，在生态稳定性测度的理论框架构建基础之上，我们试图将耦合协调度模型引入露天矿区分尺度生态稳定性评价中。耦合协调度模型是借鉴物理学中的容量耦合（capacitive coupling）概念及容量耦合系数模型。在物理学中，耦合是指两个（或两个以上的）系统或运动形式通过各种相互作用而彼此影响的现象。协调是两种或两种以上系统或系统要素之间一种良性的相互关联，是多个系统或要素保持稳定发展的保证。当系统之间或系统内部要素之间配合得当，相辅相成，为良性耦合；反之，为恶性耦合。协调度体现了系统之间或系统内部要素之间在发展过程中系统由无序向有序的趋势。结合系统熵理论，在外界扰动下，系统内量变引起质变，质变再反过来影响量变，系统从有序变为无序；通过一定作用，系统通过不断地与外界交换能量和物质，就可从原来的无序状态变为有序状态，结构和功能也发生相应变化，这种有序状态可以视为稳定。因此，可以通过构建耦合协调度模型研究二者对露天矿区生态稳定性的综合作用。模型的构建主要分为两步：指标权重的确定及生态稳定性指数的计算。

（1）指标权重确定

决定测度精度和可靠性大小的关键因素之一是人们在测度过程中所获信息的多少，这往往由指标权重所决定，指标权重对生态稳定性测度至关重要。选择熵权法确定指标权重，熵权并不是表示决策评估问题中测度指标实际意义上的重要性系数，而是在给定测度对象集后各种测度指标值确定的情况下，各指标在竞争意义上的相对激烈程度，从信息角度考虑，它代表该测度指标在该问题中提供有效信息量的多寡程度，作为一种综合客观的测度方法，它主要是根据各指标传递给决策者的信息量大小来确定其权数。

在信息论中，用熵来确定权重时，当测度对象在某项指标上的值变异程度越大时，其信息熵值就越小，说明该指标提供的有效信息量较大，该指标的权重也应较大，反之亦然。当各被测度对象在某项指标上的值完全相同时，熵值达到最大，这意味着该指标未向决策者提供任何有用的信息，可以考虑从评价指标体系中去除。所以，熵权法赋权是一种客观赋权方法，在生态稳定性测度中，通过对熵的计算确定权重，就是根据各项评价指标值的变异程度，确定各测度指标的权重。

假设有 m 个测度指标，n 个测度对象，则形成原始数据矩阵 $X=(x_{ij})\_(m\times n)$。对于某项指标 i，指标值 x_{ij} 的差异越大，则该指标在综合测度中的重要性就越大；如果某项指标的指标值全部相等，则该指标在综合测度中几乎不起作用。使用熵权法赋权主要包括以下3个步骤：

① 对原始数据矩阵进行标准化，设 m 个测度指标，n 个测度对象得到的原始数据矩阵为：

$$\boldsymbol{X}=\begin{Bmatrix} x_{11} & x_{12} & \cdots & x_{1n} \\ x_{21} & x_{22} & \cdots & x_{2n} \\ \vdots & \vdots & & \vdots \\ x_{m1} & x_{m2} & \cdots & x_{mn} \end{Bmatrix}=\boldsymbol{R}=(r_{ij})_{mn} \tag{6-1-2}$$

式中　r_{ij}——第 j 个测度对象在第 i 个测度指标上的标准值，$r_{ij}\in[0,1]$。

对大者为优的指标（积极指标）而言：

$$r_{ij}=\frac{x_{ij}-\min\{x_{ij}\}}{\max\{x_{ij}\}-\min\{x_{ij}\}} \tag{6-1-3}$$

而对小者为优的指标（消极指标）而言：

$$r_{ij}=\frac{\max\{x_{ij}\}-x_{ij}}{\max\{x_{ij}\}-\min\{x_{ij}\}} \tag{6-1-4}$$

式中　r_{ij}——原始指数；

$\max\{x_{ij}\}$，$\min\{x_{ij}\}$——原始指数的最大值和最小值。

② 定义熵。

在有 m 个测度指标，n 个测度对象的测度问题中，第 i 个指标的熵定义为：

$$H_i=-k\sum_{j=1}^{n}(f_{ij}\ln f_{ij}),\quad i=1,2,\cdots,m \tag{6-1-5}$$

式中，$f_{ij}=r_{ij}/\sum\limits_{j=1}^{n}r_{ij}$，$k=\dfrac{l}{\ln n}$，当 $f_{ij}=0$ 时，令 $f_{ij}\ln f_{ij}=0$。

③ 定义熵权。

基于第 i 个指标的熵，可确定第 i 个指标的熵权：

$$w_i=\frac{1-H_i}{m-\sum\limits_{i=1}^{m}H_i} \tag{6-1-6}$$

式中，$0\leqslant w_i\leqslant 1$，$\sum\limits_{i=1}^{m}w_i=1$。

（2）生态稳定性指数计算

依据生态稳定性测度的理论框架，首先构建不同尺度生态结构和功能综合测度函数，计算公式如下所示：

$$\begin{cases} f(S)=\sum\limits_{i=1}^{m}(a_i x_i) \\ f(F)=\sum\limits_{j=i}^{n}(b_j y_j) \end{cases} \tag{6-1-7}$$

式中　$f(S)$，$f(F)$——分别代表结构和功能综合测度函数；

i，j——分别代表系统结构和功能的指标个数；

a_i，b_i——分别为结构指标和功能指标待定权重值；

x_i，y_j——分别为结构特征的第 i 个指标的标准化值和功能特征的第 j 个指标的标准化值。

然后计算不同尺度生态稳定性指数(ES)。

$$\begin{cases} \mathrm{ES}=\sqrt{C\times T} \\ C=\sqrt{\dfrac{f(S)\times f(F)}{\left[\dfrac{f(S)+f(F)}{2}\right]^2}} \\ T=\alpha f(S)+\beta f(F) \end{cases} \tag{6-1-8}$$

式中　T——矿区不同尺度结构和功能对生态稳定性的贡献程度；

α，β——待定权数($\alpha+\beta=1$，$\alpha>0$，$\beta>0$)，令 $\alpha=\beta=0.5$；

C——不同尺度生态结构和功能的耦合程度，反映系统结构和功能相互作用程度；

ES 值——系统生态稳定性水平，范围在 0～1 之间，ES 值越大，表明生态稳定性指数越高，反之亦然。

（二）分尺度生态稳定性测度指标体系建立

根据系统生态稳定性形成基础及测度模型，寻找合适的生态结构和功能指标来构建生态稳定性测度指标体系是极其重要的。指标选择过多会造成结果共线性，指标选择过少会降低对复杂系统的理解，应当根据研究对象的一般特征和关键特征对指标进行选择。

根据多指标综合生态稳定性测度范式，指标的选取应重点把握如下 3 个原则：其一，指标与内涵的相关性原则。指标的遴选必须符合露天矿区生态稳定性内涵，围绕结构-功能状态转移的理论模型，选择能够充分反映其特征的指标，同时要避免指标之间存在高度的相关性。其二，易获取原则。指标应当具有易获取性，便于计算和分析，同时指标应当具有连续性，便于不同时相间的比较。其三，实用性原则。指标能够反映露天煤电基地生态稳定性的实际情况，使得测度结果能为矿山生态管理提供参考依据。

1. 煤电基地生态稳定性测度指标体系构建

在不同尺度上，生态稳定性测度的结构和功能有所不同。煤电基地尺度的结构和功能指标主要通过遥感影像获取，其指标的选择需要从整体出发，兼顾易获取性和科学性，同时必须有预警作用和后期指示作用。植被是指示矿山生态稳定性和演替方向的重要标识，采矿扰动又是矿区系统有别于其他系统的关键特征，因此在筛选时也应当注重普适性和特殊性。由于长期大规模的采矿干扰，生物群落结构和景观格局都发生了显著的变化，采矿活动会打破区域已有格局，减少植被覆盖度，改变斑块连接度，加速区域破碎化程度。当露天煤电基地受到干扰时，表征生态稳定性受损的结构响应变量一般是植被结构与整体景观格局。

植被结构的差异主要集中在采前与采后、复垦区与自然区，植被覆盖度不能完全反映这种差异，这是由于相同植被覆盖度的植被类型可能不同，形成不同的植被群落结构和植被功能，这种差异可通过植被高度反映。目前获取植被高度的方法主要有利用无人机搭载激光雷达获取，但不适合用于大尺度矿区；已有研究表明基于 MODIS BRDF 43A1 数据获取的结构散射指数(SSI)可以用红外波段的体积散射核和几何散射核表征，指数的大小可用来反映植被结构，浓密、平展的植被具有更高的体积散射，稀疏、起伏的植被具有更高的几何散射。因此将 SSI 作为一项代表露天矿区生态稳定性的结构指标。除了植被结构，采矿活动也影响了整体景观格局的变化，在煤炭开采中，景观格局指标的选择应具有对抗性和代表性。研究表明，随着采矿活动的开展，景观破碎化程度增加，区域自然景观连接度被打破，分离程度增加。因此，选择景观连接度指数、景观分离度指数和土地利用有序度指数等来代表露天煤电基地景观格局。

植被结构和景观格局的不同排列组合方式会产生一系列宝贵的生态服务功能，但露天煤电基地中植被结构及景观的组成和配置正在被人类大幅改变，生态服务功能也会随之变化。然而，生态服务功能指标具有静态性缺陷，因此我们又增加了总初级生产力(GPP)和土壤侵蚀(RUSLE)两个指标来反映植被系统在矿区生态活动过程中所起的关键作用。GPP 是表征生态系统碳循环的重要指标，它表示为碳吸收能力，植被碳水交换与干旱胁迫密切相关，同时也是表征植被生态活动过程的重要指标，能够衡量植被光合活性，反映植被功能。植被的生长状况及结构会影响区域土壤侵蚀过程，RUSLE 是表征土壤保持量的重要指标信息。最终确定了 4 个结构指标和 3 个功能指标，主要包括植被结构、分离程度、有序程度、连接程度、生态服务功能、土壤侵蚀和总初级生产力。获取 MODIS BRDF 43A1 数据(250 m 空间分辨率，8 d 合成数据)计算结构散射指数(SSI)。

$$\mathrm{SSI} = \ln(f_{\mathrm{vol}}^{\mathrm{nir}} / f_{\mathrm{geo}}^{\mathrm{red}}) \tag{6-1-9}$$

式中　$f_{\mathrm{vol}}^{\mathrm{nir}}$——近红外波段的体积散射所占的权重；

$f_{\mathrm{geo}}^{\mathrm{red}}$——红外波段的几何散射所占的权重。

利用 Fragstats 4.2 移动窗口法来探究景观连接度指数、分离度指数和土地利用有序度指数的空间分布格局。参照前人研究与研究区的范围，在多次窗口调试的基础上，确定最佳窗口范围为 1 200 m。取 1 200 m 的分析窗口后，从研究区的左上角开始逐步移动，每移动 1 个栅格时计算窗口内的景观指数值，并将该值赋给该窗口的中心栅格，最终得到各个景观指标的空间分布图。

在对露天煤电基地生态系统服务功能计算方面，参考了谢高地等做出的蒙宁甘温带半干旱区的草地生态系统服务价值，将该价值作为该旗煤电基地草地生态服务价值基准，同时参照白中科等人计算的内蒙古露天矿不同生态系统类型的平均生态系统服务价值之间的比值，初步确定了该旗露天煤电基地不同土地利用类型生态服务功能系数：林地 3.01，草地 1，耕地 0.95，水域 6.35，未利用地 0.05，建设用地 0，采矿用地 0。

$$E = \sum_{i=1}^{n} (P_i A_i) \tag{6-1-10}$$

式中　P_i——第 i 类土地利用类型单位面积生态服务功能总价值；

A_i——研究区内土地利用类型 i 的面积。

2. 单个矿区生态稳定性测度指标体系构建

单个矿区尺度主要分为未受扰动自然对照区和人工恢复(重建)两类区域，其生态稳定性主要表现为良好土壤条件下能提供充足养分供植被生长。根据露天矿区生态稳定性内涵，指标的选择需要兼顾结构指标和功能指标。单个矿区尺度结构指标主要指植被群落的物种组成，要能够体现区域植被生长状况及植被多样性等，功能则主要指物质的养分循环，主要体现在土壤各指标上，土壤质量的优劣直接影响着植被生长状况，要充分考虑土壤的物理和化学指标，能够充分反映其为植被提供的营养物质和水分的量。

露天开采会导致地形发生改变，地形的差异会导致光、热、水、土壤养分等条件发生显著的变化，从而影响植被根系对水分和养分的吸收。水分直接参与土壤和植被间的物质转化过程，特别在半干旱区域水分是决定生态系统结构和功能的关键因子。土壤养分的差异决定了植被物种组成和植被多样性，植被通过养分循环的反馈对土壤养分的可利用性产生影响，其凋落物和根系又能够改变土壤养分和有机质含量。矿区植被和土壤受到破坏进一步打破了矿区系统的物质循环和能量流动，影响生态结构和功能，最终造成矿区生态不稳定。因此，参照指标筛选原则，对于单个矿区尺度主要选择6个结构指标，包括物种总数、植被类型数、Shannon-Wiener多样性指数、Pielou均匀度指数、Margalef物种丰富度指数和Simpson优势度指数；9个功能指标，包括土壤水分、土壤容重、土壤有机质、全氮、速效钾、速效磷、速效氮、含盐量和pH值等。

3. 测度指标分级及标准

利用自然断点法对综合结果进行分级，可以很好地将相似指标进行聚类整合，类别之间的差异明显，而类别内部的差异很小。对于露天煤电基地尺度，选择自然断点法对其进行分级。露天煤电基地生态稳定性测度标准见表6-1-3。

表6-1-3 露天煤电基地生态稳定性测度标准

项目	极稳定	稳定	亚稳定	不稳定	极不稳定
结构	植被群落结构合理，土地利用结构完整，景观分离程度非常低，连通性很高	植被群落结构较为合理，土地利用结构完整度下降，但仍保持较高水平，景观分离程度较低，连通性较高	植被群落结构不甚合理，土地利用结构受采矿影响部分区域出现中度破碎化现象，景观分离度和连通性中等	有明显的煤炭开采等人类干扰活动，土地利用呈无序排列，景观破碎化程度高，分离度较高，连通性较差	受煤炭开采强烈干扰，地表常年无植被覆盖，景观破碎化及分离程度极高，连通性很差
功能	植被覆盖度极高，植被生产力极高，无土壤侵蚀现象，具有较强的生态服务功能	植被覆盖度较高，植被生产力较高，无土壤侵蚀现象，具有比较强的生态服务功能	植被覆盖度处于中等水平，生产力水平较低，轻度土壤侵蚀，系统各组成部分提供的生态服务功能中少部分缺失	植被覆盖度低，生产力水平极低，土壤侵蚀较严重，系统各组成部分提供的生态服务功能中大部分缺失	常年无植被覆盖，土壤侵蚀严重，系统各组成部分提供的生态服务功能全部丧失

（三）煤矿区分尺度生态稳定性测度结果分析

1. 煤电基地生态稳定性测度结果及分析

（1）生态稳定性时空变化分析

研究发现稳定区域及极稳定区域主要分布在该旗的中部区域和东南角区域，不稳定及极不稳定区域主要分布在该旗的露天采矿、城镇周边附近及研究区北部区域。进一步对该旗煤电基地2002年和2017年生态稳定性指数进行差值计算，得到2002—2017年生态稳定性指数空间变化，结果划分为7类，正值代表生态稳定性指数增加，生态环境改善，值越大代表越稳定；负值代表生态稳定性指数减小，生态环境变差，值越小代表稳定性越差。

此外，还可参照已有研究成果进行划分，分级标准参见表6-1-4。

表 6-1-4　单个矿区尺度生态稳定性测度标准

项目	极稳定	稳定	亚稳定	不稳定	极不稳定
结构	植被类型多，植被总数高，植被多样性等指数高，抗侵蚀能力较强	植被类型较多，植被总数较高，植被多样性等指数较高，具备抗侵蚀能力	植被类型中等，植被总数中等，植被多样性等指数中等，抗侵蚀能力较差	植被类型较少，植被零星分布，植被多样性等指数低，抗侵蚀能力差	植被稀疏或基本无植被覆盖，抗侵蚀能力很差
功能	土地肥沃，土壤养分和水分能够满足植被自我生长需求	土地肥沃，土壤养分和水分基本能够满足植被自我生长需求	土地质量较差，需要人工灌溉补给植被需水，需要种植固氮、固磷等植被以提升土壤养分	土地贫瘠，除人工灌溉外，还需要进行土壤改良，提高土壤养分	土地非常贫瘠，需进行土壤重构，提高土壤养分
范围	0.8～1.0	0.6～0.8	0.4～0.6	0.2～0.4	＜0.2

进行统计得到：该旗露天煤电基地生态稳定性指数增加与减小区域面积分别占煤电基地总面积的 63.2％和 36.8％。其中，变化指数为“3”的区域主要分布在研究区北部，主要位于库布齐沙漠附近以及南部区域，占煤电基地总面积的 9.3％；变化指数为“2”和“1”的区域分布较为均匀，分别占该旗煤电基地总面积的 19.8％和 34.1％；变化指数为“－1”的区域分布较为均匀，占该旗煤电基地总面积的 22.7％；变化指数为“－3”和“－2”的区域主要分布在研究区露天采场及周边区域，分别占煤电基地总面积的 3.1％和 10.8％，说明煤炭开采活动与生态稳定性指数减小密切相关。

该旗煤电基地平均生态稳定性从 2002 年至 2017 年分别为 0.618，0.671，0.702，0.672，0.625，0.628，整体呈现先增加后减小再增加趋势，超过 50％的区域属于亚稳定以上区域，这表明该旗露天煤电基地呈现整体亚稳定局部极不稳定状态。从 2002 年到 2017 年，生态极不稳定区域呈现增加趋势，2017 年较 2002 年增加了 67.0％；生态不稳定区域与生态亚稳定区域整体上呈现下降趋势，2017 年较 2002 年分别减少了 14.1％和 14.8％，但 2008 年之后出现小幅度回弹，下降趋势减慢；生态稳定区域与生态极稳定区域整体呈现增加趋势，2017 年较 2002 年分别增加了 12.1％和 30.1％，如图 6-1-11 所示。尽管工矿用地从 2002 年的 0.1％增加到 2017 年的 2.2％，露天煤电基地稳定和极稳定区域所占面积比例仍有所增加，这与矿区大力开展生态修复、植被重建活动，致力于提高该地区生态功能密切相关。

(2) 生态稳定性空间变化趋势分析

该旗露天煤电基地生态稳定性空间变化趋势，依据 T 检验结果将其划分为六类：极显著上升趋势($P<0.01$)；显著上升趋势($0.01<P<0.05$)；上升但不显著趋势($P>0.05$)；下降但不显著趋势($P>0.05$)；显著下降趋势($0.01<P<0.05$)；极显著下降趋势($P<0.01$)。对结果进行统计得到：露天煤电基地生态稳定性呈升高与降低的区域面积分别占研究区总面积的 48.8％和 51.2％，其中极显著下降和显著下降的面积分别占研究区总面积的 0.7％和 3.0％，主要集中在该旗露天采场及研究区北部耕作区附近；下降但不显著面积占研究区总面积的 47.46％，这部分区域的生态稳定性并非单调递减，说明该区域生态稳定性在研究

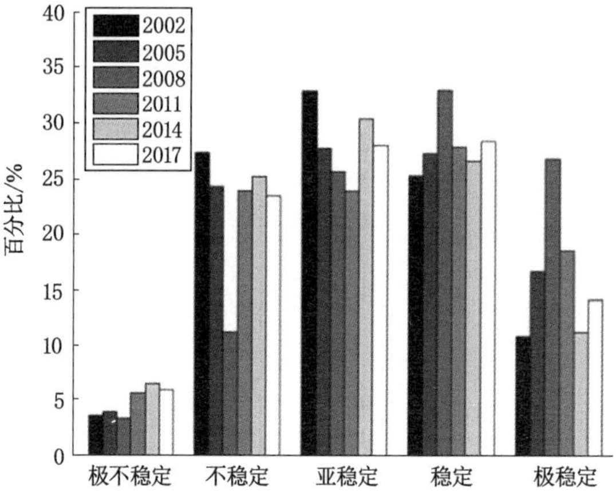

图 6-1-11　2002—2017 年不同生态稳定性等级所占百分比

时间段内有所改善。在维持露天煤电基地生态稳定性时，有针对性地对生态稳定性下降区域进行识别，同时明确维持生态稳定性的目的，根据目标的差异性进行生态稳定性维持机制和方法的研究，可以降低受损区域生态修复和管理的成本。

(3) 结构与功能关系

依据生态稳定性测度结果及实地调研，分别在各个矿群内的露天开采-极不稳定区域(S-Ⅴm)、复垦区-不稳定区域(S-Ⅳr)、复垦区-亚稳定区域(S-Ⅲr)、复垦区-稳定区域(S-Ⅱr)和自然对照区-极稳定区域(S-Ⅰn)内选择随机样点，以自然区为参考对照区，构建包含结构指标的矩阵，计算不同状态下采样点间的马氏距离，然后构建结构退化指标：

$$SDI_i = MD_i \times 100 / MD_{max} \tag{6-1-11}$$

式中　SDI_i——第 i 个样点的结构退化指标；

MD_i——第 i 个样点与参照区样点间的马氏距离；

MD_{max}——对应的所有样点间的最大马氏距离。

所有 MD 值以 MD_{max} 为基准进行标准化，确定其在 0～100%之间变化，值越大表示结构退化越剧烈。进而对各个矿群内的 S-Ⅰn 状态、S-Ⅱr 状态、S-Ⅲr 状态、S-Ⅳr 状态和 S-Ⅴm 状态的随机样点结构退化指标与功能综合指标采用分段回归的形式拟合($p<0.05$)。分段回归是确定不同状态间的突变阈值的有效工具，将结构退化指标作为解释变量，功能综合指标作为响应变量，确定不同稳定性状态间的结构指示阈值。结合该旗生态稳定性分类，分段回归主要在以开采为主的负向状态转移(S-Ⅰn 到 S-Ⅴm)和以复垦为主的正向状态转移(S-Ⅴm 到 S-Ⅳr、S-Ⅳr 到 S-Ⅲr、S-Ⅲr 到 S-Ⅱr)间进行。这可以定量反映煤炭开采和复垦过程中生态结构退化、功能与生态稳定性间动态转换过程。

研究发现：在退化过程中，由状态 S-Ⅰn 退化到 S-Ⅴm 时，自然对照区生态结构发生60%～70%退化时，其状态由生态极稳定转变为生态极不稳定，西部矿群、西南部矿群和东部矿群中状态转换所对应的转折点 T1 分别为(88.70,1.06)，(82.36,1.23)，(83.86,1.11)。在恢复过程中，当状态 S-Ⅴm 过渡到 S-Ⅳr 时，在 T2 转折点，西部矿群、西南部矿群和东部矿群中的值分别为(83.61,1.25)，(81.03,1.47)，(80.24,1.40)，即当采矿区域生态结构朝好的方向产生 15%～20%的变化时，状态发生改变，由生态极不稳定转变为生态不稳定，当状态 S-Ⅳr 过渡到 S-Ⅲr 时，西部矿群、西南部矿群和东部矿群中的 T3 转折点分别为(71.52,1.34)，(67.79,1.30)，(72.05,1.48)，即当 S-Ⅳr 的生态结构水平提升 10%～16.5%时，状态发生改变，由生态不稳定转变为亚稳定。T4 转折点的出现表明矿区生态亚稳定向生态稳定转变，转折点分别为(52.27,1.97)，(47.23,2.43)，(50.52,2.35)，当 S-Ⅲr 的生态结构水平提升 25%～30%时，状态发生改变。在该过程中，不同状态间的结构和功能变量会有所重叠，这符合自然规律。露天煤电基地生态结构阈值出现主要是由于：① 露天开采导致地表覆盖物全部被剥离，扰乱土壤层次和结构，土地利用结构和"源-汇"景观格局遭到破坏；② 植被恢复改善土壤和群落结构，景观组分及"源-汇"格局得以改善。不同矿群的结构和功能恢复速率均低于退化速率，结构和功能的退化速率分别为恢复速率的 1.7～4.7 倍和 1.3～5.2 倍。这说明：以开采为主的负向状态转变过程中，当外界施加负向扰动时，结构和功能很容易发生改变；而在以复垦为主的正向状态转变过程中，当外界施加正向扰动时，结构和功能需要经过相当长的时间恢复到采矿扰动前的状态。基于结构-功能状态转移的生态稳定性测度模型能减少生态系统的不确定性出现概率，提高对露天煤电基地生态稳定性的动态监测能力，在露天煤电基地生态稳定性出现逆向转换时预警，从而可及时采取相应措施，维持其原有生态稳定性状态，避免系统退化为低一级的状态。

2. 单个矿区生态稳定性测度结果及分析

研究结果表明，所调查的人工修复区生态稳定性随复垦年限的增加而增加，且变化规律符合 logistic 函数模型。生态稳定性发展阶段可分为初步适应期、快速提升期和稳中有增期三个阶段。其中，复垦后 3～5 年为生态稳定性快速提升阶段。各个模型相关系数较高，说明该模型能较好地反映单个矿区尺度人工修复区生态稳定性变化规律。西部乌兰哈达复垦区域和西南部柳林沟复垦区域生态稳定性程度表现为 NA＞14RA＞15RA＞16RA＞17RA＞18RA；而东部金正泰复垦区域生态稳定性程度表现为 12RA＞13RA＞NA＞16RA＞17RA＞18RA，2012 年和 2013 年复垦区域生态稳定性程度已高于自然未受损区的生态稳定性程度。这说明，随着复垦时间的增加，复垦区生态稳定性逐渐增加且超过自然未受损区域，应当加强稳中有增阶段的生态管护措施；在生态稳定性快速提升阶段，需要保证充足的水分及养分以满足复垦区植被生长需要。

在人工修复过程中，不同矿区同种生态稳定性程度下所对应的土壤植被发展类型呈现差异化，这符合实际发展规律。随着复垦时间的增加，西部乌兰哈达矿区生态稳定性指数由极不稳定发展为亚稳定。RA16、RA15 和 RA14 生态稳定性程度均属于亚稳定，RA14 的土壤植被发展类型为同步型，而 RA16 和 RA15 的土壤植被发展类型为土壤损益型。乌兰哈达煤矿的土壤本底状况较差，土壤修复相对滞后，应加强土壤管理，在生态稳定性快速提升阶段，乌兰哈达矿区主要植被类型为草本＋灌木，这种方式对排土场土壤性质改良的效果要优于仅种植草本植被。因此随着时间的增加，乌兰哈达矿区的土壤植被发展类型逐渐由土壤损益型变为同步型，土壤植被处于良好发展阶段，但该矿区整体稳定性程度较差，R14 生态稳定性指数为 0.51，低于自然对照区生态稳定性指数，生态稳定性程度要恢复至受损前仍需一定的时间。西南部柳林沟矿区生态稳定性指数由极不稳定发展为稳定，R14 生态稳定性指数为 0.74，低于自然对照区生态稳定性指数。尽管生态稳定性随复垦时间有所增加，R16、R15 和 R14 的土壤植被发展类型均为植被损益型，这说明柳林沟矿区植被修复相对滞后。单个矿区不同生态稳定程度下植被土壤发展程度类型见表 6-1-5。

表 6-1-5　单个矿区不同生态稳定程度下植被土壤发展程度类型

名称	ES	生态	稳定性	$f(F)/f(S)$	植被土壤发展程度类型
乌兰哈达煤矿	RA14	0.51	亚稳定	0.93	同步型
	RA15	0.49	亚稳定	0.64	土壤损益型
	RA16	0.47	亚稳定	0.07	土壤损益型
	RA17	0.22	不稳定	0.67	土壤损益型
	RA18	0.13	极不稳定	0.21	土壤损益型
	NA	0.63	稳定	0.95	同步型
柳林沟煤矿	RA14	0.75	稳定	1.17	植被损益型
	RA15	0.67	稳定	1.49	植被损益型
	RA16	0.44	亚稳定	2.48	植被损益型
	RA17	0.37	不稳定	0.25	土壤损益型
	RA18	0.33	不稳定	0.11	土壤损益型
	NA	0.90	极稳定	1.34	植被损益型
金正泰煤矿	RA12	0.85	极稳定	1.02	同步型
	RA13	0.82	极稳定	0.98	同步型
	RA16	0.40	不稳定	3.60	植被损益型
	RA17	0.28	不稳定	3.92	植被损益型
	RA18	0.17	极不稳定	0.14	土壤损益型
	NA	0.81	极稳定	2.22	植被损益型

在恢复中后期主要为草本＋半灌木，应适当引入灌木以长期适应半干旱矿区环境。

东部金正泰矿区生态稳定性指数由极不稳定发展为极稳定，R12 和自然对照区的土壤植被发展类型分别为同步型和植被损益型，前者生态稳定性高于后者。在初步适应期到快速提升期，东部金正泰矿区土壤植被发展类型由土壤损益型过渡为植被损益型，随着复垦时间的增加，土壤植被发展为同步型，说明人工修复能够使植被土壤发展更为协调，甚至优于自然未受损区域。

3. 分尺度生态稳定性影响因素分析

(1) 露天煤电基地生态稳定性影响因素分析

造成半干旱煤电基地生态稳定性变化的主要原因有自然因素和人为因素。结合研究区实际状况及研究需要，最终选择降雨、高程、坡度、植被覆盖度、距最近水体距离、距最近矿区开采距离、距最近城镇距离、距最近道路距离等 8 个因素，其对露天煤电基地生态稳定性的影响程度见表 6-1-6。

表 6-1-6　全旗煤电基地各年生态稳定性影响因素 q 值

年份	降雨	高程	坡度	距最近水体距离	距最近道路距离	距最近城镇距离	距最近矿区开采距离	植被覆盖度
2002	0.835	0.289	0.289	0.462	0.453	0.743	0.569	0.774
2005	0.840	0.375	0.375	0.458	0.443	0.749	0.604	0.783
2008	0.847	0.468	0.468	0.294	0.269	0.784	0.812	0.796
2011	0.843	0.501	0.501	0.045	0.102	0.224	0.865	0.749
2014	0.831	0.472	0.472	0.039	0.098	0.226	0.843	0.745
2017	0.833	0.485	0.485	0.037	0.086	0.228	0.839	0.737

借助地理探测器对影响露天煤电基地生态稳定性的因素进行分析，地理探测器能够探测多种因素对地理现象影响的差异性，是揭示露天煤电基地生态稳定性影响因素的一种新方法。

$$q = 1 - \frac{\sum_{m=1}^{N} N_m \sigma_m^2}{N\sigma^2} \tag{6-1-12}$$

式中　q——各个指标的影响程度；

N_m——m 层单元数；

N——全区的单元数；

σ_m^2——m 层的 Y 值的方差；

σ^2——全区的 Y 值的方差。

q 的范围为[0,1]，Y 的空间分异性随着 q 值的增加而增加；如果分层是由自变量 X 生成的，则 q 值越大表示自变量 X 对属性 Y 的解释力越强，反之则越弱。

在 2008 年之前，露天煤电基地生态稳定性的影响因素主要是降雨、植被覆盖度、距最近城镇距离和距最近矿区开采距离，而在 2008 年之后，露天煤电基地生态稳定性的影响因素主要是距最近矿区开采距离、降雨、植被覆盖度、高程和坡度。这说明降雨是影响露天煤电基地生态稳定性的关键因素，植被覆盖度和距最近矿区开采距离是影响露天煤电基地生态稳定性的主要因素。气候的变化正影响着地球生物群落的功能和生态系统服务的提供。在半干旱露天矿区，降雨一方面可以通过影响生态系统的组成、结构和功能来改变陆地碳循环和吸收，从而影响 GPP，另一方面能够促进植被的生长，从而抑制区域土壤侵蚀的发生。露天开采会造成地表裸露植被缺乏，改变了景观格局和植被群落结构，使得区域生态功能严重丧失，生态稳定性下降；而随着植被修复工程的开展，植被覆盖度增加，区域群落结构发生改变，生态系统生产力增加，生态功能得以提升，促进了区域生态系统稳定性。与此同时，研究表明高程和坡度对露天煤电基地生态稳定性也会产生一定程度的影响。露天开采会导致区域地形发生改变，从而产生局部汇水路径变化，改变地表径流，影响周边植被生长及土壤水分和养分保持量。

(2) 单个矿区尺度生态稳定性影响因素分析

单个矿区尺度由于研究范围较小，气候因素及地形地貌因素对生态稳定性的影响差异不大。根据影响生态稳定性的关键因素，分别选取自然影响因素(植被和土壤因素)和人为因素(植被修复年限)等,分矿区分析其对生态稳定性的影响,各个因子与生态稳定性的相关关系及显著性见表 6-1-7。

表 6-1-7　各个矿区生态稳定性与关键因子相关性分析

影响因子	C 煤矿	柳林沟煤矿	金正泰煤矿
植被修复年限	0.925 27*	0.973 20*	0.994 53*
pH 值	−0.545 22	0.243 24	−0.517 10
土壤含水量	0.881 51*	0.865 71*	0.835 19*
全盐量	−0.181 04	0.373 01	0.922 37*
有机质	0.861 86	0.716 05	0.777 22
全氮	0.857 03	−0.001 41	0.930 27*
速效氮	0.435 98	0.706 37	0.858 32
速效钾	0.908 38*	0.458 19	0.605 89
速效磷	0.098 54	−0.124 63	−0.123 20
土壤容重	−0.177 81	−0.730 30	−0.784 71
物种数	0.755 94	0.900 82*	0.604 79
植被总数	0.689 04	0.936 10*	0.997 84
Simpson 指数	0.873 75	0.941 80*	0.877 87
Shannon-Wiener 指数	0.841 31	0.968 23*	0.909 21*
Pielou 指数	0.543 59	0.563 88	0.101 68
Margalef 指数	0.700 30	0.764 94	−0.208 65

注:* 表示在 0.05 水平下显著性相关。

结果表明,在西部乌兰哈达煤矿,影响其生态稳定性的最关键因子是植被修复年限,其次是速效钾,影响大小依次为植被修复年限＞速效钾＞土壤含水量,表明西部乌兰哈达煤矿生态稳定性除受植被修复年限的影响外,在植被修复时需注重对土壤钾肥的施加,并且保证复垦区土壤含水量充足。在西南部柳林沟煤矿,影响其生态稳定性的最关键因子是植被修复年限,其次是植被 Shannon-Wiener 指数,影响大小依次为植被修复年限＞Shannon-Wiener 指数＞植被总数＞物种数＞土壤含水量,表明西南部柳林沟煤矿生态稳定性除受植被修复年限和土壤含水量的影响外,在复垦区需要通过增加植被种类,提高植被 Shannon-Wiener 指数来提升区域生态稳定性。在东部金正泰煤矿,影响其生态稳定性的最关键因子是植被修复年限,其次是全氮,影响大小依次为植被修复年限＞全氮＞全盐量＞Shannon-Wiener 指数＞土壤含水量。可以看出,无论哪个煤矿,植被修复年限和土壤含水量这两个因素均是影响矿区生态稳定性的关键因子,土壤缺水会直接导致植被生长受限,影响区域生态结构和生态功能,进一步影响区域生态稳定性。随着植被复垦年限的增加,复垦区域生态稳定性会接近甚至超过原地貌区域生态稳定性。

4. 分尺度生态稳定性维持机制分析

(1) 露天煤电基地生态稳定性维持机制分析

该旗露天煤电基地生态稳定性整体呈现先增加后下降再增加的趋势,如图 6-1-12 所示。生态稳定性始终呈波动重复变化，以研究得到的生态稳定性时间变化趋势为例，在2005年之前该旗煤炭开采并未大规模实施，大都属于开采规划和建设期，这一阶段影响生态稳定性的因素主要是降雨、植被覆盖度、距最近城镇距离和距最近矿区开采距离，降雨是半干旱露天矿区制约植被生长的最关键因素，影响植被群落结构和生态功能，进而影响区域生态稳定性，应实施应对风险措施，预防可能产生的大规模干旱。与此同时，前期建设产生土地占用会改变土地利用结构并产生污染，因此需要对可能产生的污染做好防护措施，布设防自燃措施和防灭火系统。

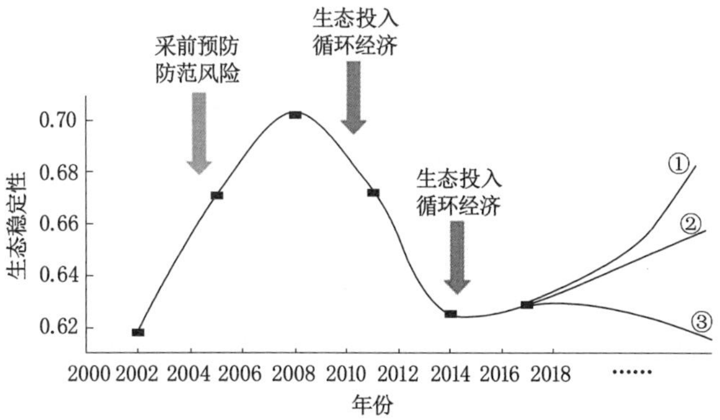

图 6-1-12 全旗露天煤电基地生态稳定性时间变化趋势

2008—2014年生态稳定性呈现下降趋势，在2008年之后，影响露天煤电基地生态稳定性的因素主要是距最近矿区开采距离、降雨、植被覆盖度、高程和坡度。在这一阶段，大规模的露天开采导致地表植被直接被清除，林地、草地、耕地能提供较高生态功能的用地被工矿用地占用，景观连通性被打破，景观破碎化加剧。与此同时，采矿导致微地形发生变化，改变了地表径流流向，“源-汇”格局发生改变，产生局部土壤侵蚀严重现象。因此，在这一阶段，应当有目的地减少不必要的土地压占，规划连片治理，剥离表土堆置场地尽量选择拟剥离区域、未复垦排土场或裸地，减少土地占用，尽可能保证土地有序利用，减少土地利用破碎化。与此同时，加大植被修复力度，对关键组分加强生态修复与保护，通过调整源地斑块，连通生态廊道，加强生态节点保护，实现“源-汇”格局的连通性与完整性建设，以提升生态多样性。在进行土地复垦时，应设置多样化的土地复垦利用方向，避免复垦方式单一化，充分开发复垦后土地多功能性，以保障生态服务能力多样化。随着土地复垦和植被修复工程的进行，露天煤电基地生态稳定性逐渐增加，此阶段应当加强植被修复管护工作，重视发展多样化后续产业发展模式，注重生态、经济和社会效益的均衡性，减少煤炭开采造成的负面影响，保证系统在短时间内步入正轨，保证系统在轨道①或②上运行。随着时间的推移，部分煤矿可能出现衰老闭坑的现象，需进行末端维护治理，例如建立废弃物定点处理站，同时需建立长期定点监测预警机制，定时定点监测植被生长状况，加强对管护期结束后的监管和维护，避免生态稳定性出现大幅下降(轨道③)。

该旗露天煤电基地生态稳定性极显著下降和显著下降区域主要集中在露天开采周边，首先，针对这部分区域，应当从源头控制煤矿开采对生态稳定性的负面影响，引入绿色开采技术和循环工艺，减少污染，有计划地设置相邻矿区的共同外排土场，减少土地压占。其次，针对下降但不显著区域，合理布设源地-廊道-节点等，增加或者调整这部分区域内的生态源地，保证其均匀分布；调整生态廊道，重点布设连通矿区内生态源地、连接矿区内外生态源地的廊道，充分发挥廊道连通性、阻碍粉尘扩散、减少噪声污染、减少土壤侵蚀、加强矿区内部物质能量流通交换等作用；加强对重要节点的保护，维持区域完整性和连通性。再次，从自然地理条件差异出发，注重复垦后土地多样性及效益均衡性发展，从而因地制宜地提高生态服务功能。西部矿群主要位于土石山区，地势较高，植被和土壤条件相对于西南部和东部矿群较差，主要进行生态复绿，以提升生态效益为主要目的，遵循“恢复初期灌草先行、恢复后期乔灌草搭配”的模式，力求相对较短时间内恢复水土保持、防风固沙等生态系统功能，维持区域生态稳定性。西南部矿群主要位于黄土丘陵沟壑区，土壤条件相对较好，可建设生态林，以兼顾提升生态效益和经济效益为主要目的，既能保证调节气候，又能提供饲料、木材、水果等食品、原材料等。东部矿群主要位于低山丘陵沟谷区，紧邻黄河流域，有较为丰富的水资源，可发展生态农业和新能源产业，以提升社会效益和经济效益为主要目的。通过化整为零，成片经营，改变分散小规模农业种植现状，发挥农业生物多样性，同时合理规划布局风力发电和光伏发电产业，充分发挥生态系统服务的多功能性。

综上所述，在上述维持机制下，一方面可以提升矿区内景观连通性，减少景观破碎化，另一方面减少生态环境负面效应，减少土壤侵蚀，整体上提高植被生产力，提高生态服务功能，从而综合改善区域生态结构和生态功能，使得生态稳定性得以维持和提升。

（2）单个矿区生态稳定性维持机制分析

单个矿区生态稳定性维持的最终目的是使矿区复垦植被群落实现自我维持、永续发展。土壤含水量和植被修复年限是影响矿区生态稳定性的关键因子。土壤含水量是半干旱矿区植被生长最重要的限制因素，能直接参与土壤和植被间物质转化过程。因此，在不同复垦阶段都需要保证充足的土壤含水量，干旱适应与水分自我调节维持机制是单个矿区生态稳定性维持的首要机制。在初步适应期，新复垦排土场植被主要为耐干旱贫瘠、固氮能力强的植被，排土场丰富的浅层水可保证复垦植被快速适应周围环境。该时期各个矿区的土壤养分都处于较低水平，土壤养分含量是决定植被演替及恢复的决定性因子。蒙特卡罗检验显示在西部乌兰哈达矿区速效氮和总氮共同对植被群落组成有显著性影响，在西南部柳林沟矿区速效磷对植被群落组成有显著性影响，在东部金正泰矿区土壤总氮对植被群落组成有显著性影响。因此，养分适应机制也是必不可少的维持机制，应当通过施用有机肥或者植物秸秆粉末提升排土场复垦土壤表层土层有机质、氮磷元素等含量，促进土壤团聚体形成，为新复垦的植被提供充足的养分。随着复垦时间的增加其生态稳定性也不断增加，复垦3～5年为生态稳定性的快速提升阶段，这是因为在这个阶段土壤环境因子逐渐改善，成为植被恢复演替的动力，植被群落由单一趋于复杂，多样性和丰富度增加。反过来，植被通过养分循环的反馈对土壤养分的可利用性产生影响，其凋落物和根系又能够改变土壤养分含量。与此同时植被具有涵养水源的作用，可通过林冠和枯落物层的截留和土壤调节降水的再分配来实现，在这一过程中植被、土壤、水相互影响、相互制约，生态稳定性不断提升。在复垦后期，生态稳定性处于稳中有增阶段，研究区土壤环境因子质量不断提升并逐渐接近原地貌，区域植被群落基本可以自我维持，但由于自然干扰的不确定性，需要定时加以人工维护来辅助维持生态稳定性。

煤炭开采活动与生态稳定性指数减小密切相关。该旗煤电基地极不稳定和不稳定区主要分布在北部区域、露天采场和城镇周围。2002—2017年煤电基地平均生态稳定性呈现先增加后减小再增加趋势，超过50%的区域属于亚稳定以上区域，说明煤电基地生态稳定性呈现好转趋势。空间趋势分析识别了露天煤电基地生态稳定性下降区域，可作为露天煤电基地生态稳定性维持方法研究的重点对象。基于结构-功能状态转移模型确定了采矿引起的负向状态转换和由植被复垦引起的正向状态转换结构变化阈值；确定了结构和功能的退化速率分别为恢复速率的1.7～4.7倍和1.3～5.2倍。在采矿引起的负向状态转变过程中，结构和功能极易退化；而在以复垦为主的正向状态转变过程中，结构和功能需要经过相当长的时间才能恢复到采矿扰动前的状态。

在单个矿区尺度，生态稳定性发展主要分为初步适应期、快速提升期和稳中有增期三个阶段。随着复垦年限增加，复垦区生态稳定性呈现增加趋势，符合Logistic模型。在复垦后3～5年为生态稳定性快速提升阶段。不同矿区同种生态稳定性程度下所对应的植被土壤发展类型呈现差异化，在生态稳定性提升过程中，西部乌兰哈达矿区土壤修复相对滞后；西南部柳林沟矿区植被修复相对滞后；在初步适应期到快速提升期，东部金正泰矿区土壤植被发展类型由土壤损益型过渡为植被损益型，随着复垦时间的增加，土壤植被发展为同步型，说明人工修复能够使植被土壤发展更为协调，甚至优于自然未受损区域。

露天矿区生态稳定性兼受自然因素和人为因素的共同影响。煤电基地尺度，在2008年之前，露天煤电基地生态稳定性的影响因素主要是降雨、植被覆盖度、距最近城镇距离和距最近矿区开采距离；而在2008年之后，煤电基地生态稳定性的影响因素主要是距最近矿区开采距离、降雨、植被覆盖度、高程和坡度。单个矿区尺度，土壤含水量和植被修复年限是影响单个矿区生态稳定性的关键因素。除此以外，西部乌兰哈达矿区生态稳定性影响因素主要有速效钾；西南部柳林沟矿区生态稳定性影响因素主要有Shannon-Wiener指数、植被总数和物种数；东部金正泰矿区生态稳定性影响因素主要有全氮、全盐量和Shannon-Wiener指数。

针对露天煤电基地生态稳定性极显著下降和显著下降区域，开展集中连片治理，减少土地压占及污染，减少熵增；针对下降但不显著区域，对区域关键组分加强生态修复与保护，合理布设"源地-廊道-节点"，尽可能地保证生态结构完整性，降低景观破碎程度，发挥防沙固土、涵养水源、水土保持等作用，同时注重复垦后土地效益均衡性，充分开发不同矿区复垦后土地多功能性，全方面提高生态功能。干旱适应与水分自我调节维持机制是单个矿区生态稳定性维持的首要机制，在此基础上应当根据生态稳定性发展不同阶段合理进行植被、水分和土壤调控，增加植被群落结构多样性，改善土壤环境因子，最终实现单个矿区复垦植被群落实现自我维持、永续发展。研究结果为下一步露天矿区生态稳定性维持方法的研究提供了一个重要启示：维持区域生态稳定性要在保证既有稳定区域不受破坏的前提下，通过调整优化生态组分和结构，提升生态功能来提升和维持区域生态稳定性，同时在露天煤电基地尺度，要特别注意复垦后土地效益的均衡性，综合考虑生态、经济及社会效益。

七、煤矿区生态稳定性维持方法技术研究

随着露天煤炭开采的规模逐渐加大，土地资源的开发和利用越来越紧张，露天煤炭开采会导致土地利用结构及景观格局破坏、植被退化、土壤侵蚀、生产力下降等一系列生态环境问题，导致系统难以维持自身生态稳定性，迫切地需要开展露天矿区生态稳定性维持方法及技术的研究，从而实现土地利用结构的合理布局、景观连通性及完整性加强、生态功能提升，

保证社会、生态、经济可持续发展,最终实现维持区域生态稳定性的目标。

（一）露天矿区生态稳定性维持方法技术思路

前期研究表明,维持区域生态稳定性要在保证既有稳定性区域不受破坏的前提下,对重点区域的生态结构进行调整和优化,同时又对区域生态功能进行提升。

露天矿区生态稳定性维持方法技术的研究主要是通过调整和优化关键组分,在关键部位布设低影响开发水土调控生态设施,整体上提升生态功能来达到维持稳定性的目的,其作为指导露天矿区生态恢复与可持续发展的重要公共决策之一,需要具有一定的前瞻性和长期实用性。主要针对露天煤电基地尺度的生态稳定性维持方法和单个矿区尺度的生态稳定性维持技术进行研究。上一章指出要重点针对露天煤电基地生态稳定性下降区域的结构和功能进行调整优化,尽可能地保证生态结构完整性,降低景观破碎程度,同时充分开发复垦后土地多功能性,保证复垦后效益均衡性发展。因此,如何通过调整和优化关键组分与结构,构建新的"源-汇"格局,并且保证其与未来政策发展相协调,保证研究区生态经济可持续发展,维持生态稳定性是露天煤电基地生态稳定性维持方法研究的重点。对于单个矿区尺度,同样可以引入新的生态组分,在关键部位布设技术措施,通过优化植被-水系格局,维持其生态稳定性。影响其生态稳定性的关键因子是土壤含水量,干旱适应与水分自我调节维持机制是单个矿区生态稳定性维持的首要机制。研究区属于半干旱矿区,如何借助引入的生态组分合理、高效利用雨水资源,减轻集中降雨引起的土壤侵蚀与雨水资源分配不均等问题,增加土壤含水量,实现植被-水系格局优化是单个矿区生态稳定性维持技术研究的重点。

1. 生态稳定性维持方法研究

(1) 潜在生态格局构建

利用最小阻力模型(MCR)构建潜在生态格局,确保关键组分和结构在未来政策发展下尽可能减少破坏。首先,依据露天煤电基地生态稳定性测度结果,结合自然因子和生态胁迫,构建生态阻力面;其次,基于最小阻力模型识别潜在生态源地、生态廊道和生态节点,构建全旗露天煤电基地潜在生态格局。

(2) 确定最优目标情景下的土地利用布局

要保证调整后的组分和结构与未来政策发展相协调,就要确定最优目标情景下的土地利用布局,主要包括多目标土地利用结构和土地利用布局优化模拟。其中,土地利用结构由目标函数和约束条件构成,在 2030 年社会宏观经济政策背景下,将目标函数设为自然发展、经济效益优先、生态效益优先和生态-经济均衡等四类,约束条件主要考虑政策对土地利用变化的影响。多目标情景土地利用布局的模拟包括驱动因子设定和 GeoSOS-FLUS 模型参数设定,其中驱动因子包括交通区位因子、自然因子和社会经济因子,GeoSOS-FLUS 模型参数设定包括迭代次数及成本矩阵、邻域权重因子、各目标情景下的土地利用类型面积和约束限制用地转换因子。

(3) 优化最优目标情景下生态格局以维持区域生态稳定性

以现有潜在生态格局为基础,以 2030 年最优土地利用布局为参照,优化生态源地并进一步提升重要源地的生态功能;优化廊道分布进一步加强各个区域的连通性;重视重要生态节点的修复,加强节点的屏障保护作用,以此为基础提出了露天煤电基地生态格局优化方法,以维持区域生态稳定性。

2. 生态稳定性维持技术研究

在矿区关键部位引入新的生态组分，调整生态要素结构，通过调控水土物质流过程，提高水资源生态利用效率，增加土壤含水量，促进植被生长，从而实现优化植被-水系格局，维持区域生态稳定性的目的。主要利用 ArcSWAT 模型确定研究区的关键源区并借助低影响开发技术（LID），在关键部位布设植草沟、蓄水池等地表蓄水与释水 LID 水土调控生态设施，将低影响开发技术设施与关键部位优化相结合，发挥 LID 技术对雨水的吸纳、蓄渗和缓释作用，缓解土壤侵蚀与半干旱矿区水资源生态利用压力，实现植被-水系格局优化，形成局部关键生态稳定性维持技术。

（二）露天煤电基地潜在生态格局构建

构建生态格局需要以景观生态学理论和方法为基础，构建露天煤电基地潜在生态格局的基本思路如下：首先识别“目标源”，确定对露天煤电基地生态格局构建起直接作用的生态因子；其次建立各生态组分之间的空间联系，主要包括累积阻力面的构建和生态廊道、关键节点的识别。基于最小阻力模型和 Linkage Mapper 工具构建露天煤电基地潜在生态格局，建立关键组分之间的空间联系，以实现增加煤电基地整体连通性，提升生态功能为目的。其中 Linkage Mapper 是由几个 Python 脚本组成，可以直接添加到 ArcGIS 工具箱中使用。主要利用 Linkage Mapper、Barrier Mapper、Pinchpoint Mapper 等三个工具模块来识别生态廊道和关键节点。

1. 目标“源”斑块识别

生态源地是指在景观中有一些能够促进生态过程发展的，对于连通整体结构、提升生态功能具有重要作用的景观类型，如核心斑块面积大的林地、草地等。连通性较好的斑块可以更高效地实现其生态功能。因此，在露天煤电基地选择连通性良好的生态源地是保证区域整体性和稳定性的前提。主要基于景观连通性评价来筛选具有重要地位的“源”斑块。除此以外，“源”斑块的选择还应当满足以下要求：

（1）面对干扰具有较高的生态稳定性；

（2）应确保生态系统服务功能的可持续供应；

（3）“源”斑块分布合理。

目前常用于景观连通性评价的指标有基于 Conefor Sensinode 软件计算的斑块景观相合概率（Landscape Coincidence Probability，LCP）、整体连通性指数（Integral Index of Connectivity，IIC）、可能连通性指数（Probability index of Connectivity，PC）。各指标计算公式如下：

$$\mathrm{LCP}=\sum_{i=1}^{NC}\left(\frac{C_i}{A_1}\right)^2 \tag{6-1-13}$$

式中　NC——研究区生态组分数；

C_i——每个组分的面积；

A_1——总景观的面积。

$$\mathrm{IIC}=\frac{\sum_{i=1}^{n}\sum_{j=1}^{n}\frac{a_i a_j}{1+nn_{ij}}}{A_1^2} \tag{6-1-14}$$

式中　a_i——斑块 i 的面积；

a_j——斑块 j 的面积；

nn_{ij}——斑块 i 到斑块 j 之间的连接数，当 $i=j$ 时，$nn_{ij}=0$，当 i 和 j 不能连接时，nn_{ij} 为无穷大。

$$PC=\frac{\sum_{i=1}^{n}\sum_{j=1}^{n}(c_i\times a_j\times P_{ij}^{*})}{A_1^2} \tag{6-1-15}$$

式中 P_{ij}^{*}——斑块 i 和 j 之间的最大可能连通性概率，一般情况下，斑块之间的距离越大，最大可能连通性概率越低，反之则越高，如图 6-1-13 所示。

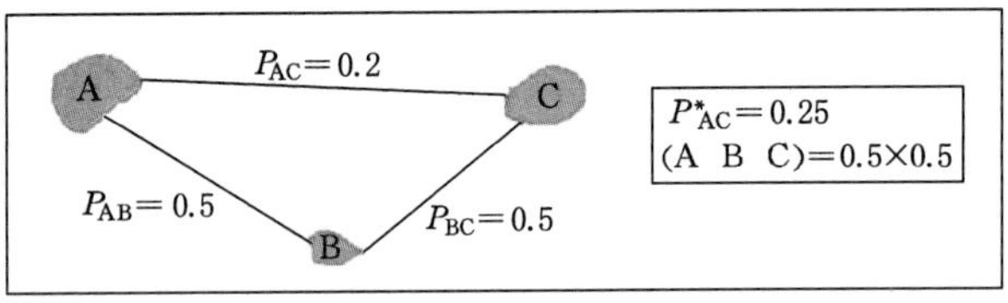

图 6-1-13 P_{ij}^{*} 示意图

从实现露天煤电基地可持续发展、保护生物多样性和维持生态稳定性等多角度出发，结合区域实际情况，保证源地在空间上具有一定的拓展性和连续性，首先选取抗外界干扰能力较强的、面积大于 80 hm² 的林地和面积大于 300 hm² 的草地区域作为预选生态源地，同时基于煤电基地生态稳定性测度结果，筛选出斑块面积大于 300 hm² 的稳定和极稳定区域，进而对上述所选区域进行景观连通性指数评价，综合选取 LCP、IIC、PC 指数均在前 30 名的核心斑块作为生态源地，即提取对连通性贡献最大且生态稳定程度较高的斑块作为生态源地，结果见表 6-1-8。

表 6-1-8 生态源地斑块景观连通性

生态源地序号	dLCP	dIIC	dPC	生态源地序号	dLCP	dIIC	dPC
1	11.33	15.37	12.41	16	7.80	4.81	4.11
2	14.53	9.36	8.30	17	1.05	0.88	3.74
3	16.02	9.03	8.16	18	3.25	4.41	3.56
4	4.27	5.79	7.91	19	4.72	2.13	2.91
5	4.02	5.45	7.79	20	2.51	3.40	2.76
6	14.19	7.57	7.60	21	7.21	3.41	2.28
7	20.46	8.50	7.20	22	0.62	0.84	2.18
8	12.50	7.06	6.57	23	1.75	2.38	1.92
9	2.42	3.28	5.54	24	1.50	2.04	1.65
10	16.69	6.85	5.36	25	1.16	1.57	1.62
11	1.49	1.47	5.24	26	1.35	1.01	1.58
12	16.28	6.75	5.09	27	3.66	1.63	1.51
13	0.86	1.16	4.89	28	0.55	0.75	1.37
14	3.35	4.54	4.69	29	1.15	1.56	1.36
15	3.60	4.07	4.41	30	0.66	0.89	1.20

研究区生态源地总面积为 92.02 km^2，占研究区面积 1.22%。生态源地共 30 块，分布较为分散，主要集中在研究区南部区域，且生态源地面积差异较大。其中，西部矿群由于自然本底条件较差，生态源地仅有 1 块；西南部矿群内生态源地 4 块，分布较为集中；东部矿群生态源地 4 块，分布较为分散。

2. 生态阻力面构建

生态阻力面是生态源地之间进行物质交换、能量传输以及物种迁徙等生态过程中所受到的阻力，选择合适的阻力因子是构建生态格局的关键。依据数据的可获取性、可操作性、全面性和独立性，依据露天煤电基地实际情况分别从自然地理、生态状况、生态胁迫三方面共选取高程、坡度、土地利用、NDVI、生态稳定性指数、距水体距离、距道路距离、距采坑距离和距城镇距离等 9 个因子作为阻力指标。各个阻力指标对物质和能量流动的影响由大到小划分为 5 级，依次赋值为 9、7、5、3、1。各阻力因子分级标准见表 6-1-9。

表 6-1-9　露天煤电基地各阻力因子分级标准

类型	阻力因子	阻力值				
		1	3	5	7	9
自然地理	高程/m	<900	900～1 000	1 000～1 100	1 100～1 200	>1 200
	坡度/(°)	<5	5～10	10～15	15～25	>25
	植被覆盖度	>0.6	0.45～0.6	0.3～0.43	0.15～0.3	<0.15
	土地类型	林地、水域	草地	耕地	未利用地	建设用地、工矿用地
生态状况	生态稳定性	极稳定	稳定	亚稳定	不稳定	极不稳定
	距水体距离/m	<2 000	2 000～4 000	4 000～6 000	6 000～8 000	>8 000
生态胁迫	距道路距离/m	>5 500	4 000～5 500	2 500～4 000	1 000～2 500	<1 000
	距采坑距离/m	>6 000	4 500～6 000	3 000～4 500	1 500～3 000	<1 500
	距城镇距离/m	>6 000	4 500～6 000	3 000～4 500	1 500～3 000	<1 500

为了避免各因子之间产生信息重叠的现象，降低空间计算量及分析的复杂性，采用空间主成分分析法对上述 9 个生态阻力因子进行分析和筛选，以特征值大于 1，累积方差贡献率大于 98%作为选取适宜阻力因子的标准。

3. 潜在生态格局构建

(1) 生态廊道构建

生态廊道是指具有通道或屏障功能的线状和带状的景观要素，是生态源地之间物质传递和能量流通的重要桥梁和纽带，一般由植被和水体构成，具有保护生物多样性、涵养水源、水土保持、过滤或抑制污染物、充当信息交流通道及“源-汇”功能。生态廊道提取的方法包括：基于 GIS 二次开发的工具插件 Linkage Mapper 识别潜在的生态廊道；基于生态源地和景观格局累积阻力表面，利用 ArcGIS 距离分析工具识别潜在生态廊道；根据最小累积阻力面栅格通过水文分析原理提取“山谷线”作为潜在的生态廊道。露天煤电基地利用 Linkage Mapper 和 ArcGIS 水文分析结合的方法识别潜在生态廊道。

① 利用 Linkage Mapper 识别潜在生态廊道

Linkage Mapper 工具相对于距离分析工具更加高效，不需要手动删除重复冗余的生态廊道。区域内共识别出 65 条生态廊道，不存在重合的最小路径，廊道总长度为 1 005.93 km，主要分布在研究区中部和东部，且中部密度较高、西部和南部较少，说明西部和南部生态连通性较差，生态连通性有待于进一步提高。

② 利用 ArcGIS 水文分析原理识别潜在生态廊道

利用 ArcGIS 水文分析工具首先对累积阻力面栅格、洼地进行填洼处理，进而计算无洼地的水流方向和汇流累积量，然后反复设置汇流累积量阈值。确定汇流累积量阈值为 20 000，对大于该值的数据进行矢量化和平滑处理，得到物质能量交流迁移的最小成本路径，从而确定生态廊道的位置。生态廊道包括生态源地之间的廊道和以生态源地为中心向四周扩散的辐射道，由水文分析方法得到的辐射道对生态廊道有很好的补充作用，尤其是在研究区西部、南部和北部区域，水文辐射道弥补了生态廊道较少的缺陷，物质流动和能量循环进一步通过水文辐射道传递，为生态流的扩散增加了更多可以选择的路径，加强生态源地与周围斑块间的连通性，以减少生态流遇到被截流或分割风险的可能性，为后续调整和优化生态源地提供科学依据。

③ 分析结果

分析主要构建了生态源地间的廊道，删除了两种方法合并后位于生态源地内部的廊道及重合廊道，最终得到了 100 条生态廊道。采用最小累积成本距离法对合并后的生态廊道进行分级，根据生态廊道穿越阻力面的阻力值将生态廊道分为Ⅰ～Ⅵ共 6 个等级，等级越高说明生态廊道构建的难度越大，人工投入也越大。研究发现，研究区中部和南部区域廊道密度大于西部、北部和东部，其中：穿越阻力值高的区域Ⅴ级和Ⅵ级廊道主要位于研究区的东部和北部，少量分布于西部区域；Ⅳ级廊道主要位于研究区中部和南部区域，穿越阻力值相对较小；Ⅰ、Ⅱ、Ⅲ级的生态廊道主要分布于研究区的西部和南部。

进一步对各个级别的廊道成本距离及长度进行统计（见表 6-1-10），可以发现研究区以低级别生态廊道为主，成本距离较大的生态廊道对应的实际距离也较长，在实际建设中存在一定的困难，因此在后续生态格局优化中可根据优化目标进行一定程度的筛减。

表 6-1-10 基于 Linkage Mappers 和 ArcGIS 水文分析不同成本距离内廊道数量及长度

廊道级别	成本距离/km	廊道数量	占廊道总量百分比/%	廊道总长度/km	占所有廊道长度百分比/%
Ⅰ	<10	19	19.00	8.91	0.72
Ⅱ	10～30	25	25.00	113.10	9.14
Ⅲ	30～50	17	17.00	133.47	10.78
Ⅳ	50～100	22	22.00	343.55	27.76
Ⅴ	100～200	12	12.00	384.02	31.03
Ⅵ	>200	5	5.00	254.62	20.57
总计		100	100	1 237.67	100

（2）生态节点筛选

生态节点在研究区的整体连通性起重要作用，不仅能够对研究区的物质和能量迁移起引导作用，同时能够连接相近生态源地，增强区域景观连接程度，并且具有一定的生态服务价值。生态节点的识别一般有多种方法，一些学者通过对累计耗费距离进行水文分析，提取

“山脊线”和“山谷线”，将累积阻力面上的最大耗费路径和源地间最小耗费路径的交点作为生态节点；也有学者通过识别生态廊道交点作为生态节点，这类节点往往位于生态廊道最薄弱的地方，对物质流和能量流的传递起着关键作用，被称为结构型薄弱点；另外一种节点在整体景观格局中发挥重要空间战略地位，被称为结构型战略点，其可通过电路理论模型识别“夹点”作为关键生态节点，“夹点”可以有效改善区域连通性。从保护现有生态节点和提升生态源地连通性两个角度出发，分别识别结构型薄弱点和结构型战略点作为研究区的生态节点。通过确定最大耗费距离与生态廊道的交点，确定了 38 个结构型薄弱生态节点。采用 Pinchpoint Mapper 通过电流分析识别最小成本路径中的“夹点”，确定了 35 个结构型战略生态节点，最终得到 73 个生态节点，结构型战略生态节点主要分布于研究区中部以南区域，结构型薄弱生态节点分布较为均匀。生态节点重要性的确定对于维持区域生态稳定性至关重要，因为保护或恢复工作主要集中在这些节点上。以整体连通性指数分析生态节点对研究区内的整体景观连通性的贡献程度。将 73 个生态节点按重要性分为三个等级，其中一级节点 12 个、二级节点 20 个、三级节点 41 个，而一级节点分布较为集中，主要分布于研究区的中部区域。

(三) 露天煤电基地最优目标情景下生态稳定性维持方法研究

1. 多目标情景下土地利用结构优化模拟

(1) 情景设定及约束条件

为了确定该旗在未来政策手段干预下的最优土地利用布局，首先结合全旗社会、经济发展政策，基于多目标规划模型(MOP)设定未来土地利用发展的多个目标，利用 IDRISI 软件和 Lingo 12.0 软件模拟多目标情景下的土地利用结构。多目标规划模型包含决策变量、目标函数、约束条件三部分，在未来政策手段干预下，获得使某个或多个目标达到最优值的决策。

考虑到该旗露天煤电基地经济发展需求与生态环境特征，主要以权衡经济和生态效益为目标，设定不同目标情景进行优化。约束条件主要是由社会效益转化而来，这是由于社会效益主要体现在相关政策文件对各种土地利用类型的保护或限制。因此分别设定了自然演变情景(情景一)、经济效益优先情景(情景二)、生态效益优先情景(情景三)、生态-经济均衡情景(情景四)等 4 种土地利用布局优化模式，相应情景描述及发展要求见表 6-1-11。

表 6-1-11　不同土地利用布局优化模式发展情景设定

情景类型	情景描述	地类转换要求/限制
情景一	遵循土地利用类型的自然演变规律	不对地类间的转换设置限制
情景二	加强城乡建设，进一步推进该区域城镇化，带动基础设施建设和产业结构优化，以经济效益的增长为主要优化目标，生态效益目标与经济效益目标的权重分别为 0.3 和 0.7	除水域外，各地类可向经济产出价值更高的地类转换，以获取更高的经济效益；加速建设用地面积的扩张；推进未利用地的开发
情景三	加强对生态用地的保护，保持生态功能稳定，以生态效益的增长为主要优化目标，生态效益目标与经济效益目标的权重分别为 0.7 和 0.3	禁止林地和水域向其他地类转换；草地和耕地(基本农田除外)可向生态价值更高的地类转换，以获取更高的生态效益；禁止占用生态用地来开发耕地；大力开发未利用地向生态用地转换

表6-1-11(续)

情景类型	情景描述	地类转换要求/限制
情景四	加强对土地资源的综合利用程度，在保障生态环境可持续发展和生态建设稳速进行的前提下，促进经济建设快速发展，生态效益目标与经济效益目标的权重分别为0.5和0.5	严格保护林地和水域等生态用地，禁止林地和水域向其他地类转换；大力推进未利用地的开发，向生态用地和经济用地转换

附注：在综合土地规划、矿山土地复垦、城市规划及生态学领域专家意见后，权重是参照已有研究，并结合德尔菲法确定。

经济效益目标结合该旗2002—2017年统计年鉴中的经济数据(主要包括第二和第三产业产值、林业产值、牧草业产值、农业产值等，不考虑未利用地)，通过表6-1-12中的公式换算得到逐年的各地类经济效益系数 B_i，利用灰色预测GM(1,1)模型预测求得2030年经济效益系数。经济效益目标函数如下：

$$\max F_1 = \sum_{i=1}^{n}(B_i x_i) \tag{6-1-16}$$

式中 F_1——研究区内的国内生产总值，元，用以表征研究区经济效益总值；

B_i——各地类经济效益系数，即第 i 类土地利用类型单位面积所产出的GDP，万元/hm^2；

x_i——不同土地类型面积，hm^2。

表6-1-12 经济效益系数及含义

经济效益系数	具体含义	经济效益系数	具体含义
耕地	农业产值/耕地面积	林地	林业产值/林地面积
草地	牧草业产值/草地面积	建筑用地	建筑业产值+服务业产值/建筑面积
工矿用地	工业产值/工矿面积	水域	渔业产值/水域面积

将预测系代入公式(6-1-16)得到2030年经济效益目标函数为：

$$\mathrm{Max}\ F_1 = 1.3637x_1 + 0.0587x_2 + 0.2137x_3 + 472.8603x_4 + 301.5501x_5 + 0.4789x_6$$

生态效益目标参照谢高地制定的中国陆地生态系统单位面积生态系统服务价值系数表确定。生态系统服务价值系数指生态系统产生的生态服务的相对贡献大小的潜在能力，定义为1 hm^2 全国平均产量的农田每年自然粮食产量的经济价值，以此可将权重因子表转换为当年生态系统服务单价表。生态效益目标函数如下：

$$\max F_2 = \sum_{i=1}^{n}(C_i x_i) \tag{6-1-17}$$

式中 F_2——研究区内生态系统服务功能价值总量，元；

C_i——土地利用类型 i 相对应的生态价值系数，万元/hm^2；

X_i——不同土地类型面积，hm^2。

基于不同区域自然地理因素、人口数量及经济社会发展的差异性，区域内单位面积生态系统服务价值量也存在着较大差异。因此，需要进行系数修正获取该旗露天煤电基地各土地利用类型单位面积生态系统服务价值。系数校正方法为：以2004—2019年露天煤电基地平均粮食单产 3 028.556 kg/km^2 为基准，根据一个没有人力投入的自然生态系统提供的经济价值量为全国平均粮食单产市场价值的 1/7，以及谢高地对农田生态系统生物量的修正（内蒙古自治区修正因子为 0.44），得出该旗单位面积农田每年自然粮食产量的生态服务价值为 605.71 元/(hm^2 · a)，校正后的生态效益目标如下：

$$\text{Max } F_2=0.210\,5x_1+0.749\,4x_2+0.311\,0x_3-0.256\,7x_4-0.256\,7x_5+1.208\,6x_6+0.037\,0x_7$$

选取的约束指标要求在总体上反映社会效益要求，目的在于实现基于未来政策对工矿用地和建设用地扩张加以限制以及对林地、草地、耕地等生态用地数量加以保护的要求。约束指标主要包括土地总面积约束、土地开发强度约束、耕地面积约束、林地面积约束、草地面积约束、建设用地和工矿用地开发强度约束、水域面积约束和其他未利用地约束。根据该旗土地利用总体规划（2009—2020）和城市总体规划（2012—2030），具体约束指标设定如下：

总量约束：各类土地面积之和应该等于研究区总面积。

耕地面积约束：50 770.19 hm^2 $\leqslant x_1 \leqslant$ 76 798.29 hm^2。

林地面积约束：234 910.98 hm^2 $\leqslant x_2 \leqslant$ 250 140.43 hm^2。

草地面积约束：372 130.8 hm^2 $\leqslant x_3 \leqslant$ 385 072.47 hm^2。

建设用地面积约束：11 320.19 hm^2 $\leqslant x_4 \leqslant$ 17 795.76 hm^2。

工矿用地约束：14 786.45 hm^2 $\leqslant x_5 \leqslant$ 16 939.89 hm^2。

水域面积：9 827.46 hm^2 $\leqslant x_6 \leqslant$ 9 889.76 hm^2。

未利用地面积：19 245.28 hm^2 $\leqslant x_7 \leqslant$ 21 023.19 hm^2。

土地开发强度约束面积：$(x_4+x_5)/754\,679.34 \leqslant 0.2$。

(2) 不同目标情景下的土地利用结构优化结果

首先，利用 IDRISI 软件模拟情景一的土地利用结构。其次，基于设定的不同发展情景下的经济效益与生态效益权重，分别得到情景二、三、四 3 种发展情景下的目标函数，同时利用 Lingo 12.0 软件，在政策指标约束下，获得上述不同情景的土地利用结构，结果见表 6-1-13。

表 6-1-13　露天煤电基地不同目标情景下土地利用结构

变量符号	变量	情景一/hm^2	情景二/hm^2	情景三/hm^2	情景四/hm^2
x_1	耕地	70 126	68 597	68 597	68 597
x_2	林地	255 093	254 944	258 341	256 642
x_3	草地	372 012	372 130	374 399	371 274
x_4	建设用地	13 179	15 105	11 688	13 396
x_5	工矿用地	14 806	14 786	12 475	15 031
x_6	水域	9 830	9 827	9 889	9 850
x_7	未利用地	19 588	19 245	19 245	19 843

2. 多目标情景下土地利用布局优化及筛选

(1) GeoSOS-FLUS 模型

GeoSOS-FLUS 模型是由黎夏团队开发，适用于未来土地利用变化情景模拟研究，是进行地理空间模拟、空间优化、辅助决策制定的有效模型。该模型首先利用神经网络算法（ANN）获取各类用地的适宜性概率，然后通过耦合系统动力学模型（SD）和元胞自动机

(CA)模型以提高模型的适用性，其中在 CA 模型中，引入一种自适应惯性竞争机制，以处理多种土地利用类型在自然与人类活动共同影响下发生相互转化时的复杂性和不确定性。主要计算模块如下：

① 基于神经网络的各类用地适宜性概率计算

神经网络算法(ANN)包括预测与训练阶段，由输入层、隐含层、输出层组成，计算公式为：

$$\mathrm{sp}(p,k,t)=\sum_j\{w_{j,k}\times \mathrm{sigmoid}[\mathrm{net}_j(p,t)]\}=\sum_j\left[w_{j,k}\times\frac{1}{1+\mathrm{e}^{-\mathrm{net}(p,t)}}\right] \tag{6-1-18}$$

式中 $\mathrm{sp}(p,k,t)$——k 类型用地在时间 t、栅格 p 下的适宜性概率；

$w_{j,k}$——输出层与隐藏层之间的权重；

$\mathrm{sigmoid}[\mathrm{net}_j(p,t)]$——隐藏层到输出层的激励函数；

$\mathrm{net}_j(p,t)$——第 j 个隐藏层栅格 p 在时间 t 上所接到的信号。

神经网络算法输出的各个用地类型适宜性概率总和为 1，计算公式为：

$$\sum_k \mathrm{sq}(p,k,t)=1 \tag{6-1-19}$$

② 自适应惯性竞争机制

土地利用转化概率不仅取决于神经网络输出的分布概率，还受到邻域密度、惯性系数、转换成本及地类竞争等因素的影响。当前土地数量与目标情景下的土地数量的差距会在迭代过程中自适应调整，决定了不同类型用地的惯性系数。第 k 种地类在 t 时刻的自适应惯性系数为：

$$\mathrm{Intertia}\ a_k^t\begin{cases}\mathrm{Intertia}\ a_k^{t-1} & |D_k^{t-2}|\leqslant|D_k^{t-1}|\\ \mathrm{Intertia}\ a_k^{t-1}\times\dfrac{D_k^{t-2}}{D_k^{t-1}} & 0>D_k^{t-2}>D_k^{t-1}\\ \mathrm{Intertia}\ a_k^{t-1}\times\dfrac{D_k^{t-1}}{D_k^{t-2}} & D_k^{t-1}>D_k^{t-2}>0\end{cases} \tag{6-1-20}$$

式中 D_k^{t-1}、D_k^{t-2}——分别为 $t-1$、$t-2$ 时刻需求数量与栅格数量在第 k 种类型用地的差值。

在计算出不同栅格的概率后，采用 CA 模型迭代的方式，确定各用地类型。在 t 时刻，栅格 p 转化为 k 用地类型的概率可表示为：

$$\mathrm{TProb}_{p,k}^t=\mathrm{sp}(p,k,t)\times\Omega_{p,t}^t\times\mathrm{Intertia}_k^t\times(1-sc_{c\to k}) \tag{6-1-21}$$

式中 $SC_{c\to k}$——c 用地类型改变为 k 用地类型的成本；

$1-SC_{c\to k}$——转换发生的困难程度；

$\Omega_{p,t}^t$——邻域作用，其公式为：

$$\Omega_{p,t}^t=\frac{\sum_{M\times N}\mathrm{CON}(C_p^{t-1}=k)}{M\times N-1}\times w_k \tag{6-1-22}$$

式中 $\sum_{M\times N}\mathrm{CON}(C_p^{t-1}=k)$—— 在 $N\times N$ 的 Moore 邻域窗口，上一次迭代结束后第 k 种地类的栅格总数，$N=3$；

w_k——各类用地的邻域作用权重。

模型精度验证主要观察 Kappa 系数，值越接近 1，精度越高。

确定最优土地利用布局首先需要保证现有生态稳定性较好的区域不受破坏。因此，对于稳定性较好的区域应当限制优化；其次需要保持潜在生态廊道不受破坏。在不同发展情景下，应当根据潜在廊道构建的难易程度来确定其规避率。根据该旗煤电基地现有潜在廊道，Ⅳ、Ⅴ、Ⅵ级廊道主要连通矿区内部与周边区域，其构建所需穿越的阻力值较大，构建较为困难；而Ⅰ、Ⅱ、Ⅲ级廊道主要位于矿群内部，在矿区开展生态复垦时可进行构建和加强，其构建所需穿越的阻力值较小，构建相对容易。因此，根据廊道构建的难易程度，情景二下保留Ⅱ、Ⅲ级廊道，情景三下保留Ⅰ、Ⅱ、Ⅲ、Ⅳ、Ⅴ、Ⅵ级廊道，情景四下保留Ⅰ、Ⅱ、Ⅲ、Ⅳ级廊道，根据廊道长度规避率分别为 42%、100%、83%。由于模拟所得到的潜在生态廊道不具备宽度，而宽度对于廊道的生态功能发挥着重要作用，适当的廊道宽度有利于区域生物多样性的维持。俞孔坚分别针对生物保护廊道和河流廊道的宽度进行了深入的研究，得到了生物保护廊道和河流廊道的最适宜宽度，当生态廊道宽度为 40 m 时，在该种宽度下廊道可涵盖多种植被，具有一定的生物多样性，能基本满足物质迁移、能量流动以及生物多样性保护的功能，能够截获 50%以上的沉积物，防止养分的流失，保证物流循环和能量流动，保证生态结构和功能的完整性，提升区域生态稳定性。

驱动因子主要选择高程、坡度、降雨等自然因子，与建设用地距离、与工矿用地距离、与水域距离、与道路距离等交通区位因子，以及 GDP、人口等社会经济因子。将上述因子空间化显示并在 GeoSOS-FLUS 模型中进行神经网络计算，逐栅格分析各土地类型的出现概率。

(2) 土地布局优化结果对比及筛选

在对各情景进行优化前，首先以 2005 年土地利用数据为基础，模拟自然演变情景下 2017 年的土地利用布局，模拟结果与 2017 年现状图相比，Kappa 系数为 0.825 7，模型精度较高。因此，以 2017 年土地利用现状图为基础，在限制优化区和约束指标的控制下，得到了 2030 年该旗露天煤电基地不同情景下的土地利用布局。

未来土地利用布局优化是否合理，能否为社会生态经济发展提供决策依据，需要对不同情景下的优化效果进行对比。进一步对 2030 年多目标情景下的土地利用优化布局的景观关键指数、多目标函数结果进行对比分析。

① 景观关键指数对比

选择斑块数量(NP)、斑块密度(PD)、景观形状指数(LSI)、连接度指数(COH)、分离度指数(DIVISION)和土地利用有序度指数(SHDI)等指数，采用 Fragstats 4.2 软件对上述各个情景的景观指数进行分析。

在情景一中，未对该旗设定具体发展目标，本着城市自然扩张的法则，各景观指数如下：NP 为 88 588 个，PD 为 11.739 2，LSI 为 199.449 1，COH 为 99.678 6，DIV 为 0.947 9，SHDI 为 1.235 3。类比于其他三类土地利用布局优化情景，其斑块数量、斑块密度和景观形状指数处于中间位置，建设用地与采矿用地布局相对较为规整，整体景观分离程度、景观连接度及土地利用有序程度适中。相较于基期年(2017 年)，尽管采矿用地减少了 11.94%，建设用地却增加了 17.77%，说明未设定具体优化目标时，建设用地会呈现无序扩张状态。在建设用地扩张的同时其周边林地也有所增加，增加了 8.46%，主要集中在薛家湾镇周边及大路新区道路两边，说明在自然演变情景下绿化面积也有所增加，但城镇空间、采矿空间与生态空间的扩张处于不平衡状态，需要进一步加强规划与空间优化。

在情景二中，以追求经济效益最大化为主要目的，相较于其他三类土地利用布局优化情景，其建设用地面积和采矿用地面积之和最大，而林地和水域面积最小。该情景下，各类景观指数分别为：NP 为 91 078 个，PD 为 12.069 1，LSI 为 201.678，COHE 为 99.693 3，DIV 为 0.945 6，SHDI 为 1.236 3。类比其他三类土地利用优化布局情景，其经济效益优先情景下斑块总数最多，斑块密度和景观形状指数较大，说明该类情景下景观破碎程度较高，且各类景观形状复杂程度较高，土地利用布局相对杂乱。其景观连接度指数最低，景观分离度及土地利用有序度指数最高，说明一味追求经济增长忽略生态环境建设会造成区域各类景观连接度差，景观相对分散无序。从土地布局角度看，其建设用地空间呈扩张态势，但随着城镇化水平的提高，该旗的生态空间功能发挥欠佳，土地利用整体布局呈"城镇空间＋采矿空间＞生态空间"态势，区域两极分化现象较为明显，不利于政府总体统筹规划，不利于区域生态稳定性的维持。

在情景三中，以坚持生态优先，绿色发展为主要目标，该旗耕地面积与其他三类情景耕地面积相差不大，未利用地面积主要向林地、草地和水域面积转换，建设用地和采矿用地面积最小，林地、草地和水域面积均优于其他三类情景下同等土地类型面积，生态效果改善明显，为提升研究区整体生态服务价值提供了支撑。该情景下，各类景观指数分别为：NP 为 88 574 个，PD 为 11.733 7，LSI 为 198.279 7，COH 为 99.717 9，DIV 为 0.941 1，SHDI 为 1.215 5。类比其他三类土地利用布局优化情景，其斑块总数最少，斑块密度和景观形状指数最小，说明该情景下景观破碎程度较低，且各类景观形状复杂程度较低，土地利用布局较为规整。其景观连接度指数最高，景观分离度及土地利用有序度指数最低，说明在煤炭城市坚持生态优先可以改善煤炭开采造成的景观破碎化、空间结构混乱、整体生态功能较低的现象。从土地布局角度看，其建设用地和采矿用地空间扩张较缓慢但生态空间功能作用明显，区域内景观连通性明显增加，说明绿色斑块显著增加，土地利用整体布局呈"生态空间＞城镇空间＋采矿空间"态势，尽管有助于政府全面推进绿色矿山建设，实现生态可持续发展，但不利于区域经济的发展。

在情景四中，面对兼顾经济社会发展和生态保护要求，林地和水域的面积高于情景一和情景二中同等地类面积，建设用地和采矿用地的面积高于情景三中同等地类面积。该情景下，各景观指数分别为：NP 为 90 030 个，PD 为 11.930 2，LSI 为 200.411 5，COH 为 99.695 3，DIV 为 0.945 7，SHDI 为 1.235 5。其中，斑块个数、斑块密度及景观形状指数大于情景一和情景三中的相应指数，但小于情景二中相应指数，说明该类情景模拟下，既能兼顾经济效益又能兼顾生态效益。其景观连接度指数仅次于情景三相应景观指数，说明情景四的景观连通性相对较好，景观分离度和土地利用有序度分别小于情景一和情景二中相应景观指数，说明考虑到经济效益和生态效益协调发展，该类情景下建设用地和采矿用地并未肆意扩张。

② 多目标函数结果对比

在煤电基地尺度下，四种情景下经济效益排序为情景二＞情景四＞情景一＞情景三；生态效益排序为情景三＞情景四＞情景一＞情景二，见表 6-1-14。可以发现，生态效益优先情景下仅利于该旗的生态建设，不利于经济发展，经济效益在四种情景中最低。经济效益优先发展情景下的土地利用优化布局大力推进了该地的经济发展，但生态建设却随之放缓，生态效益在四种情景下最低，这说明生态效益优先和经济效益优先情景都将会致使该旗的发展失衡，不利于该旗的生态环境建设和社会经济均衡发展，不利于政府统筹规划发展。而自然演变情景下，经济效益和生态效益相对平衡，其经济效益和生态效益变化比例分别较情景三和情景二增加 14.63%和 0.12%，但相比较生态-经济均衡情景而言，其未能实现效益最大化。生态-经济均衡情境下，其经济效益和生态效益变化比例分别较情景三和情景二增加 15.32%和 0.29%，在保证生态环境和社会经济协调发展的同时能够实现效益最大化。

表 6-1-14　煤电基地多情景效益分析

效益分析	情景一	情景二	情景三	情景四
经济效益/万元	1.08×10^{7}	1.11×10^{7}	9.49×10^{6}	1.09×10^{7}
生态效益/万元	3.27×10^{5}	3.26×10^{5}	3.31×10^{5}	3.28×10^{5}
经济效益变化(以生态优先情景为基准)/%	14.63	16.96	0.00	15.32
生态效益变化(以经济优先情景为基准)/%	0.12	0.00	1.30	0.29

从该旗全局出发，情景四既能够满足建设用地、采矿用地和生态用地在空间上的合理布局，又能满足生态效益和经济效益的最大化。该旗是煤炭城市，分别对其西部、西南部和东部各个矿群进行不同情景下的生态经济效益分析，结果见表 6-1-15。对于情景四，三个矿群的经济效益在四种土地利用布局优化情景中均排序第二，仅次于情景二，生态效益在四种土地利用布局优化情境中排序第三，仅优于情景二。综合生态效益和经济效益来看，情景四同样适用于各个矿群的土地利用布局优化，但由于该情景下西部矿群、西南部矿群和东部矿群的生态效益仅高于情景二中生态效益 0.05%、0.68%、0.10%，下一步需重点加强各个煤矿群的生态恢复、植被修复措施，从而增加生态空间面积，进一步提升生态效益，缓解煤炭开采活动对生态的压力。

表 6-1-15　不同煤矿群多情景效益分析

矿群区域	情景	经济效益/万元	生态效益/万元	经济效益变化(以生态优先情景为基准)/%	生态效益变化(以经济优先情景为基准)/%
西部	情景一	1.08×10^{6}	9.91×10^{3}	38.60	1.97
	情景二	1.15×10^{6}	9.71×10^{3}	48.03	0.00
	情景三	7.80×10^{5}	1.08×10^{4}	0.00	11.33
	情景四	1.15×10^{6}	9.72×10^{3}	47.85	0.05
西南部	情景一	1.81×10^{6}	3.57×10^{4}	27.91	1.41
	情景二	1.94×10^{6}	3.52×10^{4}	37.62	0.00
	情景三	1.41×10^{6}	3.71×10^{4}	0.00	5.47
	情景四	1.92×10^{6}	3.54×10^{4}	36.08	0.68
东部	情景一	4.47×10^{6}	1.14×10^{5}	9.52	−0.64
	情景二	4.44×10^{6}	1.15×10^{5}	8.77	0.00
	情景三	4.08×10^{6}	1.16×10^{5}	0.00	0.73
	情景四	4.43×10^{6}	1.16×10^{5}	8.64	0.10

综上，通过景观关键指数和综合效益对比分析，确定了生态-经济均衡发展情景为该旗2030年土地利用布局优化最优情景，该情景下各类土地利用类型有序扩张，景观连接度适中，保障了各生态斑块间的物质循环和能量传递。生态-经济均衡优化方案在合理限制经济发展速度下，保障了该旗的生态建设稳速推进，尽可能地能将生态效益和经济效益最大化。在平衡各个矿群生态效益和经济效益发展情况下，重点需加强各个矿的生态修复措施，增加矿群内的绿色生态源地及廊道，提升景观连通性，降低景观破碎程度，提高区域水源涵养、水土保持等生态功能，维持区域生态稳定性。

3. 最优目标情景下露天煤电基地生态格局优化

在山水林田湖草是生命共同体的大背景下，从可持续性、整体性和系统性出发，在潜在生态格局和最优目标土地利用布局的指导下，依次对该旗煤电基地关键点、线、面等各要素进行优化，优化调整生态源地并进一步加强重要源地的生态功能提升作用；优化廊道分布，进一步加强各个区域的连通性，弥补现有廊道分布不均的不足；重视重要生态节点的修复并进一步提升其作为屏障保护、引导能量流动物质循环等的作用，从而加强各区域各部分的连通性和完整性，有针对性地进行生态保护和修复，构建绿色生态格局，提升生态功能，从而维持区域生态稳定性，保证区域社会经济生态协调发展。

(1) 面-生态源地优化及功能提升

现有潜在生态格局中，生态源地在空间上分布极不均衡，现有生态源地主要集中在西南部矿群。因此，根据实地调查并参照2030年最优目标情景下的土地利用优化布局，在该旗煤电基地西部矿群、东部矿群和北部区域共增加五块生态源地，在原有生态源地编号0～29的基础上分别对新增五块源地进行编号。新增生态源地位于矿群内部，不仅有助于矿群内部物质和能量交换，同时可以增加区域生态斑块的数量，提高相应生态功能。对于现有潜在存在生态源地，我们根据重力模型来评价相邻生态源地之间的相互作用强度，根据相互作用强弱进行邻近生态源地删减，减少生态源地冗余性，避免过多生态廊道产生不必要的工程量。重力模型源于牛顿的万有引力定律，最早由 Zipf 和 Stewart 建立重力模型对两地的相互作用进行类比，此后被大量应用于相互作用强度分析中，用来识别和优化景观生态组分，计算公式为：

$$G_{ab}=\frac{N_aN_b}{D_{ab}^2}=\frac{\left(\frac{1}{P_a}\times\ln S_a\right)\left(\frac{1}{P_b}\times\ln S_b\right)}{\left(\frac{L_{ab}}{L_{\max}}\right)^2}=\frac{L_{\max}^2\ln(S_aS_b)}{L_{ab}^2P_aP_b} \tag{6-1-23}$$

式中 G_{ab}——斑块 a 和 b 之间的相互作用强度；

N_a，N_b——斑块 a 和 b 的权重值；

D_{ab}——对斑块 a 和 b 之间的生态廊道累积阻力进行标准化的值；

S_a，S_b——斑块 a 和 b 的面积；

P_a，P_b——斑块 a 和 b 的生态阻力值；

L_{ab}——斑块 a 到 b 之间的生态廊道累积阻力值；

$L_{\max}$——研究区内所有生态廊道的累积阻力最大值。

相互作用强度大说明源地之间物质循环、能量流动较易，相邻生态源地可减少；相互作用强度小说明源地之间物质循环、能量流动较难，需要借助人工措施加强能量和物质传递，相邻生态源地不可替代。研究发现原有生态源地 2 和 3、2 和 4、3 和 4、3 和 11、4 和 11、8 和 9、9 和 10、10 和 16、12 和 14、17 和 25 之间的相互作用较大，可相互替代，见表 6-1-16，故而删除现有源地 3、4、9、10、12、25，共得到 29 个斑块优化后的生态源地。

表 6-1-16　基于重力模型的生态源地相互作用矩阵

起点斑块 ID	终点斑块 ID	相互作用力	起点斑块 ID	终点斑块 ID	相互作用力
0	1	71.41	9	23	64.92
0	2	77.50	10	14	33.25
0	3	42.56	10	15	31.31
0	21	11.16	10	16	4 806.40
0	25	12.09	10	23	28.60
1	2	196.91	10	26	2.32
1	5	889.72	11	24	236.50
1	6	222.62	11	25	86.77
1	13	72.80	12	14	3 062 959.97
2	3	1 009.41	12	15	37.36
2	4	6 711.93	12	16	73.61
2	5	489.36	13	18	6.80
3	4	15 871.76	14	16	88.96
3	11	19 455.40	15	16	40.48
3	25	189.17	15	18	17.14
4	5	172.95	15	23	29.23
4	11	2 761.75	15	27	6.26
5	13	205.05	15	28	1.66
6	13	24.92	17	21	387.39
6	18	8.09	17	24	58.92
6	20	3.05	17	26	0.92
6	22	13.25	17	25	974 014.17
6	29	3.06	18	28	0.89
7	12	279.74	18	29	1.43
7	13	17.53	19	22	1 205.66
7	14	210.00	20	22	3.37
7	15	37.93	20	29	3.12
7	18	12.07	23	27	3.68
7	24	24.40	24	25	75.39
8	9	1 530.58	24	26	0.81
8	23	49.59	27	28	0.95
8	26	2.12	28	29	1.98

新增和删减生态源地的情况见表 6-1-17，优化后生态源地分布更加均衡。新增生态源地总面积 1 127.91 hm^2，占优化后生态源地总面积的 12.47%；删除现有冗余邻近生态源地总面积 1 286.40 hm^2，占原有生态源地总面积的 13.97%。其中西部矿群内生态源地增加 1

块，东部矿群内生态源地增加 2 块。

表 6-1-17　煤电基地生态-经济均衡发展情景下新增和删减生态源地

新增生态源地编号	面积/hm^2	占现有生态源地总面积比/%
30	358.99	3.97
31	195.95	2.17
32	238.14	2.63
33	198.64	2.20
34	136.19	1.51
合计	1 127.91	12.47
删减生态源地编号	面积/hm^2	占现有生态源地总面积比/%
3	180.60	1.96
4	152.30	1.65
9	375.30	4.08
10	263.80	2.87
12	100.40	1.09
25	214.00	2.32
合计	1 286.40	13.97

按照地理位置、源地间的相互作用强度和功能性，将优化后的 6、8、17、18、20、22、26、27、28、29、30、31、32 和 33 等 14 块重点生态源地进行分功能类型优化。

① 20、22、27、28、29 号为涵养水源类源地，通过调整乔、灌、草最佳植被配比，减少地表径流，增加入渗，从而减少采矿造成的非点源污染，改善水质。

② 8、17、26、30 号为水土保持防风固沙类源地，通过种植耐旱防风型植被，提升防风固沙能力，减少采矿造成的粉尘向周边扩散。

③ 6、18、31、32、33 号为生物多样性提升类源地，建立自然保护区，以减少放牧活动，限制建设开发，从而提高生物多样性。

(2) 线-生态廊道优化

利用 Linkage Mapper 工具和水文分析原理，根据优化后的生态源地确定优化后的生态廊道，最终得到 80 条生态廊道，见表 6-1-18。可以发现，尽管优化后的廊道总数小于现有潜在廊道总数，但总廊道长度却增加了 10.60 km，主要是由于Ⅵ级廊道数量为零(Ⅵ级廊道长度较长建设较困难，且浪费人力和财力)。与此同时，优化后的各级别廊道分布较为均匀，尤其在西部和北部生态廊道密度增加，增加廊道成本距离主要集中在 10～200 km，适度的生态廊道一方面可减少工程量，另一方面能够促进物质迁移，增加能量信息交流。

表 6-1-18　煤电基地生态-经济均衡发展情景下生态廊道数量及长度

廊道级别	成本距离/km	廊道数量	占廊道总数量比/%	廊道总长度/km	占所有廊道长度比/%
Ⅰ	<10	1	1.25	0.73	0.05
Ⅱ	10～30	15	18.75	71.67	5.74

表6-1-18(续)

廊道级别	成本距离/km	廊道数量	占廊道总数量比/%	廊道总长度/km	占所有廊道长度比/%
Ⅲ	30～50	16	20.00	135.80	10.86
Ⅳ	50～100	25	31.25	396.45	31.75
Ⅴ	100～200	23	28.75	644.09	51.60
Ⅵ	>200	0	0.00	0.00	0.00
总计		80	100	1 248.27	100

采用网络连接度评价优化前后生态廊道的连通性，目前常用的网络连接度评价指标主要有 α 指数(网络闭合度，又称为网络环度)、θ 指数(节点连接率，也称为网络点线率)以及 γ 指数(连接度)，计算公式如下：

$$\begin{cases}\alpha=(L-V+1)/(2V-5)\\ \theta=L/V\\ \gamma=L/V_{\max}=L/[3(V-2)]\end{cases} \tag{6-1-24}$$

式中 L——生态廊道数量；

V——廊道的端点和交点的总数；

$V_{\max}$——最大可能连接生态廊道数量；

α——指数，反映生态网络中实际连接成环程度，取值范围为[0,1]，其值越大说明物质和能量的流通度越高；

θ——指数，反映生态节点连接生态廊道的能力，取值范围为[0,3]，当 $\theta<1$ 时，说明此网络结构为树状形态，当 $\theta=1$ 时，说明生态网络结构比较简单，当 $\theta>1$ 时，则说明生态网络系统较为复杂；

γ——指数，反映生态网络中生态廊道连接节点的程度，取值范围为[0,1]。

网络连接度的大小与整体景观连通性有关，表征了研究区物质循环和能量的流动难易程度，较高的网络连接度在一定程度上增加了系统的稳定性。研究发现 α、θ、γ 三个指数在优化后均有所增加(见表 6-1-19)，说明优化后的生态廊道可提升研究区生态格局的整体性和连通性。

表 6-1-19 优化前后生态廊道网络连接度对比分析

网络连接度指数	原始生态网络	新增源地后生态网络	指数增加率/%
α	0.46	0.52	13
θ	1.76	1.95	11
γ	0.59	0.67	14

根据生态廊道的位置与功能，叠加该旗矿群规划边界，将所有生态廊道分为三类：连接该旗矿群内源地的生态廊道、连接该旗矿群内外源地的生态廊道和其他生态廊道。三种生态廊道数量统计见表 6-1-20。

表 6-1-20 研究区内按类型划分生态廊道数量

生态廊道类型	数量	占总数百分比/%
矿群内廊道	15	18.75
矿群内-外廊道	21	26.25
其他廊道	44	55.00
总计	80	100

① 位于矿群内部的生态廊道占总廊道数量的18.75%，相对于其他两类廊道占比较小。这是由于矿群内部生产活动复杂，人口密集，建设过多生态廊道一方面会增加环保资金的支出，另一方面可能会与工业道路等重合，影响正常的生产运输活动并且自身受到破坏。因此，该类廊道并未建设在矿区分布密集处，主要围绕矿区周边建设。该类廊道能够针对采矿活动引起的周边景观格局破坏、生态功能下降等问题，通过连通区域内景观格局，增强矿群内部物质和能量流通的可能性，同时阻隔土壤侵蚀扩散，减少在土壤侵蚀过程中造成的氮、磷等养分的流失，确保植被生长的养分基础，从而提升生态功能。

② 衔接矿群内-外部的生态廊道占总廊道数量的26.25%，作为矿群内-外部物质传递和能量交换的载体，其主要作用在于分散矿群内部的“熵增”，避免矿群内部的生态环境压力造成研究区生态结构和功能发展极不协调，导致生态稳定性空间差异较大，生态修复困难加大。与此同时，矿群内-外部生态廊道能够有效衔接内-外部基质及“源-汇”斑块，能够优化水资源利用，在一定程度上提高水资源利用效率。

③ 其他生态廊道主要包括邻近矿群外部廊道、城镇附近廊道和公路附近廊道，该类生态廊道占比最大，为55.00%。位于城镇附近的廊道有助于城镇生态景观建设并提升城镇生态功能，能够减少矿业城市造成的大气、噪声污染，同时为野生鸟类提供栖息地。位于公路附近的廊道可以起到降低环境噪声，保护生物多样性的作用。露天开采活动产生的粉煤灰和矸石粉尘是矿业城市重要污染源之一，尤其是在该旗干旱多风的露天煤电基地，大规模集中开采产生的累积效应更是增加了污染的强度，因此在矿群外部边缘大量布设防护林等生态廊道能够起到阻隔开采区粉尘向外扩散的作用，减少粉尘污染对周边环境的影响。

(3) 生态节点优化

优化后生态节点共63个，主要包括结构型薄弱生态节点32个和结构型战略生态节点31个。结构型薄弱节点布局较为分散，对保障网络连接、提升生态稳定性有重要作用，需对结构型薄弱节点进行实时动态监测，避免破坏性人为活动。结构型战略生态节点多数分布于矿群内，对提升整体网络连接效率发挥了重要作用，要注重该类节点的后期建设和培育，对可能覆盖到的边界提前进行生态保护，避免大规模人为性破坏。对优化后的生态节点进行重要性分级，其中一级节点18个、二级节点18个、三级节点27个。尽管生态节点总数较优化前有下降，但一级节点个数增加，占总节点数的28.57%，较优化前一级节点增加了12.14%，说明重要程度高的节点随着生态源地的调整和生态廊道的连通有所增加。加强对一级节点的保护，对保障区域整体连通性和维护区域生态稳定性有着关键的作用。

(4) 生态稳定性分析

重点对优化前2017年、优化后2030年最优目标情景及2030年自然演变情景的生态稳定性进行对比分析，初步分析结果表明：通过调整和优化关键组分，该旗露天煤电基地景观连接度指数由高到低次序为优化后2030年最优目标情景＞2030年自然演变情景＞优化前2017年；景观分离度指数由低到高次序为优化后2030年最优目标情景＜优化前2017年＜2030年自然演变情景。可以发现，优化后2030年最优目标情景下的景观连接度指数和景观分离度指数均是最优，最大限度地保证了该旗露天煤电基地的景观连通性，保证了区域的结构完整性。与此同时，优化后2030年最优目标情景能够最大限度地保证已有的极稳定和稳定区域不受破坏，并且通过对生态源地的优化和调整，增加了矿群内部的生态源地，保证了生态源地分布更加均衡；优化后该旗露天煤电基地西部和北部的生态廊道密度增加，且整体网络连接度优于优化前2017年；同时优化后最优目标情景下的一级节点个数增加，对提升整体生态格局连接效率发挥了重要作用。该旗露天煤电基地生态服务功能由高到低次序为优化后2030年最优目标情景＞2030年自然演变情景＞优化前2017年，说明优化后2030年最优目标情景不仅能够保障生态经济效益均衡性，实现效益最大化，同时能充分发挥其生态服务功能。

综上所述，优化后2030年最优目标情景下的生态结构和生态功能较另外两种情景均有所提升。

（四）关键部位生态稳定性维持技术研究

1. 采矿导致的水系断流对局部区植被覆盖度和土壤侵蚀的影响

选定的研究区为该旗东部D煤矿，矿区面积4.71 km^2，属于低山丘陵沟壑区。该区域太阳辐射强，日照丰富，干旱少雨，蒸发量大于降雨量，风大沙多，夏季降雨集中，7～9月份降水量占全年降水量的60%～70%，且多以高强度降雨形式出现，土壤肥力低，土层深厚，透水性、透气性较差，极易形成地表径流，产生土壤侵蚀。

（1）采矿前后水文网提取及分析

煤炭资源开发过程中产生的挖损、压占、塌陷等活动可形成局部洼地或高地，从而影响区域物质流和能量流的传递，进而对上下游植被覆盖度及土壤侵蚀产生影响。因此，首先利用采前及采后DEM数据进行水文分析，对水流路径、汇水格局、各级汇流总长度等问题进行确定性分析，在此基础上探讨采矿导致的断流水系对矿区上下游植被覆盖度及土壤侵蚀的影响。

① 数据来源

该旗采前DEM数据来源于地理监测云平台（http://www.dsac.cn/）。

② 水文网构建

研究区汇水流域及河网的分级是基于DEM，应用ArcGIS的空间分析技术进行水文分析而自动生成的，具体流程为：首先对DEM数据进行填洼处理，其次将填洼后地点的新值放入原DEM数据中，通过流向分析确定是否还有洼地点存在，直到洼地点被识别为填平，进而利用无洼地DEM数据进行流向和流量分析，通过设定适宜的汇流量求得栅格水系，要根据研究区的地形气候等因素进行汇流量的确定，以避免太大提取出的水文网越粗化从而丢失流域河道信息，或是因为太小而造成无意义的过密的水文网。经过反复多次实验确定累积汇流量为5 000，对得到的栅格水系进行矢量化后分级，得到最终水文网分布。构建流程如图6-1-14所示。

③ 采前采后水文网分析

分析中将河流分为4级，级别越高表示汇水能力越强。与采前相比，采后河流总数较采前有所减少，共减少了6条，主要是3、4级河流数量出现减少。但对比河流总长度发现，采

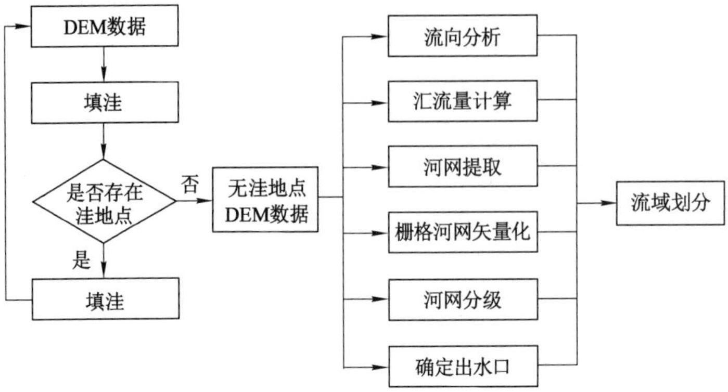

图 6-1-14　水文网构建流程示意图

后 2019 年流域内河流总长度较采前增加了 9 622.59 m，4 级河流长度较采前增加了 1 493.97 m。由于露天开采地形大幅变化，原本平缓的地表下陷或者提高使得坡度增大，相应的地表径流长度也增加。但由于露天开采导致的局部排土场及采坑出现，改变了地表局部汇水能力、采坑等区域无效汇水能力增大，从而导致汇水能力强的河流减少，打破了区域水文连通性，从而影响了上下游的植被生长及土壤侵蚀状况。

(2) 采矿前后上下游植被覆盖度变化分析

分析完成采前采后水文网后，进而分析汇水格局的改变对矿区周边植被覆盖度的影响。矿区的出现会阻断水系续流。分别对采前、采后上游水系和下游水系进行缓冲区分析，缓冲距离设 30 m，60 m，90 m，120 m，150 m，180 m，210 m，240 m，270 m，300 m，450 m，600 m，750 m，900 m，1 050 m，1 200 m，1 350 m，1 500 m，1 650 m，1 800 m。将缓冲区范围内的工矿用地、复垦区域、工业广场等进行掩膜，利用 ArcGIS 区域分析工具分析采前、采后上下游范围不同距离内 NDVI 指数变化规律，植被覆盖度数据源选择分辨率为 30 m 的 Landsat 影像，所有获取的 Landsat^{TM} 和 OLI 遥感影像数据经辐射定标、大气校正、配准、裁剪等预处理。

研究发现，采矿前 D 煤矿上游 NDVI 随着距水系距离的增加呈现下降趋势，NDVI 波动范围在 0.17～0.23；下游 NDVI 随着距水系距离的增加呈现增加趋势，NDVI 波动范围在 0.15～0.19。在距离水系 1 350 m 之前，上游 NDVI 均大于下游 NDVI；距离水系 1 350 m 以外，下游 NDVI 逐渐高于上游 NDVI。采矿后 D 煤矿上游 NDVI 随着距水系的增加波动并不剧烈，NDVI 主要在 0.46～0.50 波动；下游 NDVI 随着距水系距离的增加呈现增加趋势，NDVI 主要在 0.34～0.47 波动。2019 年上下游 NDVI 相较于采前有明显增加，2019 年上游 NDVI 均大于下游 NDVI，随着距离的增加，上下游 NDVI 差值逐渐减小，在距水系 900 m 之后，上下游 NDVI 差值基本保持在+0.3 以内(除 1 350 m 处)。这说明尽管采矿造成的水系断流对上下游植被生长产生了影响，但是人工植被修复措施使采后 NDVI 整体上高于采前 NDVI。

采矿前 D 矿上下游 NDVI 差值小于采后上下游 NDVI 差值，说明采矿活动导致的断流水系阻碍了下游植被的生长，自然水资源的缺乏导致了植被生长受限，一方面会使植被后期维护工程量加大，另一方面会浪费水资源。因此，建议在排土场堆放前期进行合理规划设计，结合矿区洼地布设分布式保水控蚀措施，保证水系不断流，对雨期雨水进行收集，保证植被缺水时利用，从而减少地表径流，加强对自然降雨的积蓄存储能力。

(3) 采矿前后上下游土壤侵蚀变化分析

分析开采前后不同缓冲区土壤侵蚀变化情况，发现采前上下游土壤侵蚀变化情况与NDVI变化情况不尽一致，在距离主水系1 200 m附近，采矿前上游土壤侵蚀小于下游土壤侵蚀，平均土壤侵蚀模数均小于2 400 t/(km^2 · a)；1 200 m之后上下游土壤侵蚀呈现先增加后降低的趋势，上游土壤侵蚀随距离的增加逐渐大于下游土壤侵蚀。可能的原因是采矿前上游NDVI在1 200 m之前大于下游NDVI，地表植被覆盖高，对抑制土壤侵蚀具有明显的效应；而在1 200 m之外，下游NDVI呈上升趋势，且逐渐高于上游NDVI，下游植被抑制土壤侵蚀的能力明显高于上游植被。在采矿后，上游土壤侵蚀在1 200 m之前高于下游土壤侵蚀，这是由于露天开采区和排土场区域主要位于上游附近，开采活动的实施导致地形发生变化，坡度增加，土壤侵蚀较采前出现增加趋势。上下游土壤侵蚀均随距水系距离的增加呈现先上升后下降的趋势，而在1 200 m之外，上游土壤侵蚀呈增加趋势，下游土壤侵蚀呈先增加后下降趋势。

通过上述分析发现：采矿扰动导致汇水格局发生改变，造成水系分散。采矿活动导致的水系断流阻碍了下游植被的生长，同时加重了上游水系附近的土壤侵蚀。矿区干旱缺水与土壤侵蚀问题并存，植被生长受限，生态源地绿色景观减少。因此，建立一套“自我维持、循环利用”的LID水土调控生态设施是十分必要的，将雨水被动利用变为主动利用；同时LID水土调控生态设施能够利用已有的地形，节约成本，因地制宜增加局部生态景观措施，提高区域生态功能。

2. 基于ArcSWAT模型的关键源地确定及LID生态设施配置

(1) SWAT模型简介

SWAT(Soil and Water Assessment Tool)是由美国农业部农业研究中心开发的流域尺度模型。SWAT模型包含水文过程、土壤侵蚀和污染负荷三个子模块，模型开发目的是在具有多种土壤、土地利用和管理条件的复杂流域中，预测长期土地管理措施对水、泥沙和农业污染物的影响。该模型是基于物理机制且将一些过程用“经验模型”进行刻画，其已被广泛应用于不同环境下径流研究，尤其是针对下垫面条件复杂且水文地质条件的区域。它能够模拟流域内的生态水文要素的长期变化。水文过程模拟主要分为两个阶段：陆地阶段和汇流阶段。陆地阶段(包括产流和坡面回流阶段)决定子流域中水、沙、营养物质和化学物质等的输入量；汇流阶段(河道汇流部分)控制水、沙等物质从河网向流域出口的输出量。SWAT模型根据数字高程模型及实际水网将流域划分成若干个子流域，每个子流域中土地利用和土壤类型的唯一组合就被定义为水文响应单元(HRU)。整个水分循环系统遵循水量平衡方程：

$$SW_t = SW_0 + \sum_{i=1}^{t}(R_{\mathrm{day},i} - Q_{\mathrm{surf},i} - E_{\mathrm{a},i} - W_{\mathrm{seep},i} - Q_{\mathrm{gw},i}) \tag{6-1-25}$$

式中 SW_t——土壤最终含水量，mm；

SW_0——土壤前期含水量，mm；

t——时间步长，d；

$R_{\mathrm{day},i}$——第i天降雨量，mm；

$Q_{surf,i}$——第 i 天的地表径流，mm；

$E_{a,i}$——第 i 天的蒸发量，mm；

$W_{seep,i}$——第 i 天存在土壤剖面地层的渗透量和侧流量，mm；

$Q_{gw,i}$——第 i 天的地下水含量，mm。

(2) 基于 ArcSWAT 模型的关键源区确定

在 SWAT 模型中输入 DEM 数据，提取矿区所在流域详细水文网，根据水流流向分析等将流域划分为 27 个子流域，子流域集水面积的大小会直接影响模拟准确性，最佳集水面积设为软件推荐数值。流域水文响应过程差异主要受土地利用类型、土壤和坡度等因素的影响，因此在 SWAT 模型中主要根据上述因素将流域划分为更小的水文响应单元。每个水文响应单元包含一种土地利用、土壤和坡度的组合。为了提高运算效率，减少无效计算，需要对各要素面积设置临界值作为划分条件，设置土地利用类型、土壤和坡度的临界值均为 10%，共生成 244 个有效水文响应单元。

矿区 LID 水土调控生态设施的位置布设主要根据区域的释水能力与吸水能力大小进行选择。释水能力是指流域释放水量以维持区域生态及供人类利用的能力。研究主要涉及地表产流、地表径流系数等指数。地表径流指降水后除直接蒸发、植物截留、渗入地下、填充洼地外停留在地表形成水流的部分。在矿区，地表径流能够起到物质连通，能量传递的作用，但过多的地表径流会造成矿区水土流失，进而造成面源污染。因此，需要通过改变下垫面形式或者布设 LID 水土调控生态设施增加矿区土壤的吸水能力及储水能力，土壤中储存、流动的水可供植被根系吸收、调节地下水位、维持土壤区域植被生长。该旗降雨资料显示 8 月平均降雨量最高，12 月平均降雨量最低。对研究区 8 月和 12 月的流域产水量及地表径流系数进行分析，其参数值分别来源于 SWAT Output 中 sub 文件和 hru 文件，其中产水量以子流域为研究单元，地表径流系数以水文响应单元为研究单元。

D 矿所在流域产水能力的空间差异分化明显。在雨量较多的 8 月份，排土场Ⅰ，挖损区域所在的 1、3、5 号子流域和 11、12、20、22 号子流域有相对较高的产水量，范围为 19.31～43.21 mm，对应区域的地表径流系数取值范围为 40.51～79.71。颜色越深表明入渗量越低，表明对应区域植被覆盖度较低或下垫面吸水能力较差，降雨大部分以地表径流的形式流走。排土场Ⅱ所在的子流域产水能力低于排土场Ⅰ所在子流域的产水能力，但对应区域的地表径流系数取值范围为 31.27～40.51，入渗量高于排土场Ⅰ所在区域。在雨量较少的 12 月份，产水量空间分布基本与 8 月份相似，但 8 月份排土场Ⅰ、Ⅱ和挖损区域所在的子流域产水量却是对应区域 12 月份产水量的 40 倍。在 12 月份，排土场Ⅰ、Ⅱ和挖损区对应的地表径流系数取值范围为 51.22～98.53，远高于 8 月份对应区域地表径流系数。这是因为在 12 月份植被受气温和降雨的影响生长状况较差，地表裸露区域增多，降雨以径流形式流失比例也相应增大。

LID 水土调控生态设施的布设一方面能够积蓄雨水，减少地表径流，另一方面能够吸收地表径流中的营养物质，减少面源污染，净化水体水质。因此，分别对 8 月和 12 月份矿区所在流域进入河道内的有效氮和有效磷进行分析，其参数值来源于 SWAT Output 中 sub 文件，研究单元为子流域。研究区 8 月份和 12 月份的有效氮、有效磷分布基本一致，空间分布差异化明显。有效氮、有效磷负荷产出高值区为 1、3、4 和 5 号子流域，位于排土场Ⅰ及挖损区附近，该区域产水量大，水土流失严重，土壤中的氮和磷会随之流入河道。8 月份有效氮、有效磷流失值约为12月份有效氮、有效磷流失值的17倍。

(3) LID水土调控生态设施筛选及布设

低影响开发设施主要包括结构措施和非结构措施，其中LID结构措施可以概括为渗透技术(透水铺装、下沉绿地、雨水花园、植被缓冲带、渗井)、调蓄技术(雨水花园、雨水罐/储水窖、蓄水池、生态滞留池、小型湿地)、传输技术(下沉绿地、植草沟、渗透渠)、净化技术(绿色屋顶、雨水花园、渗透管渠)等4种主要类型；LID非结构措施主要有保证区域干扰最小化和区域自然特性、不透水面的减少和断开、原生植物利用以及土壤改良剂的使用等。局部区域布设LID生态设施的最终目的是实现雨水的积蓄利用，缓解局部土壤侵蚀，因而初步筛选了以渗透、传输和调蓄技术为主的七类LID结构设施。

① LID措施筛选

考虑到矿区的实际地形，结合LID生态单体设施布设的适宜位置、成本费用及维护频次，拟在矿区选择布设植被缓冲带、蓄水池、生态滞留池和植草沟等LID水土调控生态设施。

a. 植被缓冲带主要布设于排土场边坡与平台之间、自然区域，能够起到减少雨水冲刷、净化雨水、增加雨水入渗的作用。但其对场地空间大小、坡度等条件要求较高，集蓄利用雨水效果较弱，且对径流控制效果有限。缓冲带中的植被需要根据当地适宜种植的物种进行配置。

b. 蓄水池主要布设于排土场平台或排土场边坡与平台之间，主要起到存蓄雨水，为旱季提供雨水的作用。蓄水池建设时周边可以辅以一定植被，不仅有利于植被的生长和蓄滞，而且还能够与周围景观相融合。其具有储水量大、节约土地、避免阳光直射、防止蚊虫滋生等特点，但建设费用较高，并需要定期维护管理。

c. 生态滞留池(植草洼地、景观植物塘)主要布设于矿区地势低洼的局部区域，可通过植物、土壤和微生物系统蓄渗、净化汇水区域的雨水，占地面积较小布设较为灵活分散。雨水中的大量沉积物、重金属等被生态滞留池截流后一部分排入附近的蓄水池中，另一部分直接入渗土壤。生态滞留池入口植被应当选择根系较为发达，耐冲刷，抗倒伏能力强的植物，同时生态滞留池内应当采用乔灌草复合搭配方式，提高生物多样性及稳定性。

d. 植草沟主要布设于排土场平台、坡面小尺度区域和自然区域，是可种植植被的开放式地表浅渠，能够起到地表径流运输作用，具有一定的坡度。植草沟既能起到衔接其他单项LID生态设施，又能起到输送、净化雨水的作用。植草沟植被的布设可相对简单，可选1～2类草本植物，植草沟两侧可适当搭配灌木起到边缘区保护作用。

② LID措施布设

低影响开发设施(LID)的选址应遵循因地制宜，保护矿区生态环境，节约资源，经济适用等原则。综合考虑矿区所在区域释水和吸水能力以及有效氮、有效磷流出空间分布，确定了子流域1、3、4、5、11、12、20和22为关键生态源区。该关键生态源区主要特点为产水量高，但入渗能力差，易形成地表径流和面源污染，因此LID生态设施的选址应着重考虑上述区域。

根据海绵城市建设技术指南、雨水集蓄利用工程技术规范和坡面集水蓄水工程建设对集雨工程一般选址的要求，构建约束集，用来确定不同LID水土调控生态设施的位置。通常约束集的建立需要考虑地表径流量、坡度和土地利用状况等条件。除上述条件外，还考虑了矿区实际开采状况、水系及复垦目标距LID水土调控生态设施的适宜距离。在上述基础上借助 ArcGIS 10.2 平台按照各类 LID 生态设施的约束条件进行求交(intersect)分析，确定最终 LID 生态设施布设位置，共布设 2 处蓄水池；10 处生态滞留池，总面积为 4.394 hm^2；17 处植草沟，总面积为 65.94 hm^2；13 条植被缓冲带，总长度为 70.67 m。

选择草本＋灌木的植被配比模式作为 LID 水土调控生态设施的主要植被构成，同时针对生态滞留池、植草沟和植被缓冲带等易受冲刷部位进行一定比例的耐水淹及干旱的植被配置，从而减少雨水冲刷。LID 水土调控生态设施的布设不仅能为区域植被生长提供所需的水资源，优化区域生态景观，增加生物多样性，提高区域生态功能，同时也实现了径流总量减排，雨水资源化利用，雨水入渗比例提高，氮、磷元素流失量下降等多重目标，最终实现局部区域生态稳定性的维持。

3. LID 水土调控生态设施布设效果分析

构建 LID 水土调控生态设施是本章研究的重点内容，而对 LID 水土调控生态设施布设后相应指标削减率及局部区域生态稳定性维持效果分析是该研究必不可少的环节。

(1) 相应指标削减率分析

对布设 LID 水土调控生态设施后的研究区重新进行 SWAT 水文分析，分析优化后流域产水量、地表径流系数、有效氮和有效磷的空间分布，并分别统计 8 月和 12 月份流域产水量、地表径流系数、有效氮和有效磷产生量，同时计算出 LID 生态设施布设后各相应指标削减率，削减率定义为 LID 生态设施增加后相对于优化前的各个指标的差值与初始情景各个指标间的比值。

$$R=\frac{\mathrm{Pre}-\mathrm{Aft}}{\mathrm{Pre}}\times 100\% \tag{6-1-26}$$

式中 R——削减率；

Pre——优化前的对应指标；

Aft——优化后的对应指标。

研究发现，优化后 8 月份和 12 月份产水量高值区分布基本与优化前一致，但总产水量优化后较优化前分别削减了 9.7%和 15.03%，其中 1 号关键生态源区产水量在 8 月份和 12 月份分别削减了 23.32%和 57.77%，3 号关键生态源区产水量在 8 月份和 12 月份分别削减了 16.47%和 66.53%。这是因为在 1 号和 3 号子流域之间布设了蓄水池，通过拦蓄径流减少了产水量，同时 1 号子流域位于Ⅰ号排土场附近，通过在排土场洼地区域布设植草沟和生物滞留池等 LID 生态设施对雨水产生吸纳、蓄渗和缓释作用，从而减少产水量。通过对比优化前后的地表径流系数发现，优化后 8 月份和 12 月份 D 煤矿所在子流域平均地表径流系数较优化前降低了 33.04%和 23.15%。排土场Ⅰ及矿区中部和南部区域地表径流系数高值区较优化前明显减少，排土场Ⅰ优化前 8 月份和 12 月份平均地表径流系数分别为 52.1 和 67.22，优化后 8 月份和 12 月份平均地表径流系数分别为 36.05 和 51.08，分别降低了 30.81%和 24.01%，这主要得益于在研究区布设集渗透、调蓄、传输为一体的多功能 LID 生态设施。植被缓冲带能够减缓地表径流流速，通过生物滞留池和植草沟等措施增加了地表径流下渗能力，从而大大降低了研究区的地表径流系数。

进一步对比优化前后 8 月份和 12 月份的有效氮和有效磷空间分布及关键源区的氮、磷削减率，发现优化前有效氮和有效磷输出量重点分布在子流域 1、3、4、5 号区域，而优化后有效氮和有效磷的输出量则重点分布在子流域的 1、4、5 号区域。对比整个流域发现，8 月份有效氮和有效磷的削减率分别为 32.27%和 40.58%，12 月份有效氮和有效磷的削减率分别为 31.79%和 36.44%，可以看出，LID 生态设施对有效磷的削减效果相对有效氮的效果较好，因此在布设 LID 生态设施时应当选择固氮效果较好的植被。在 1 号子流域，8 月份的有效氮和有效磷削减率分别为 72.92%和 65.77%，12 月份的有效氮和有效磷的削减率分别为 72.05%和 66.72%。1 号子流域位于排土场Ⅰ附近，这说明通过在排土场布设植草沟、生物滞留池等 LID 生态设施可以通过植被拦蓄和减缓径流，控制径流中污染物的运输和转移，从而大大减少有效氮和有效磷的流失率。4 号子流域 8 月份有效氮和有效磷的削减率分别为−3.45%和 5.55%，12 月份对应有效氮和有效磷的削减率均为 0，有效氮的流出量出现逆向增加，这说明在 4 号子流域附近应加强 LID 生态设施的布设。5 号子流域 8 月份有效氮和有效磷的削减率分别为−2.73%和 7.11%，12 月份对应有效氮和有效磷的削减率分别为−4.02%和 0.15%，尽管在 5 号子流域附近布设了植被缓冲带、生态滞留池等 LID 生态设施，但有效氮流失的控制效果并不如有效磷流失控制效果理想，一方面可能是由于模型对颗粒态的磷截留作用大，另一方面可能是由于 5 号子流域区域附近有耕地分布，耕地中氮流失率更严重。

(2) 生态稳定性分析

以排土场Ⅰ为例，其所在位置主要处于 1 号关键生态源区，优化后 1 号关键生态源区产水量在 8 月份和 12 月份分别削减了 23.32%和 57.77%，削减的产水量一部分被集蓄在蓄水池中，为早期植被生长提供充足的水分，另一部分被排土场洼地区域布设的植草沟和生物滞留池等 LID 生态设施吸纳。优化后 8 月份和 12 月份平均地表径流系数分别为 36.05 和 51.08，分别降低了 30.81%和 24.01%，减少的地表径流一部分以蒸散法的形式流失，另一部分被植被截流，产生土壤入渗，以土壤含水量的形式存在。结合干旱适应与水分自我调节维持机制，经过一段时间后，可逐步形成干旱矿区复垦植被用水自我适应和调节机制，满足复垦区植被生长用水需求。

优化后 8 月份的有效氮和有效磷削减率分别为 72.92%和 65.77%，12 月份的有效氮和有效磷的削减率分别为 72.05%和 66.72%，优化后的有效氮和有效磷流失量减少，一定程度上使土壤中的有效氮和有效磷增加，能够为植被生长提供更多的养分。养分适应维持机制指出土壤养分状况不仅影响着植被群落的发生、发育和演替速度，同时也能决定植被群落的演替方向。与此同时，土壤含水量与生态稳定性呈正相关，相关性高达 0.835，有机氮和有机磷与生态稳定性也呈正相关，相关性分别为 0.858 和 0.606。

(3) 结论

综上所述，随着排土场土壤入渗增加，土壤养分中有效氮和有效磷的增加，排土场植被在生长过程中能够得到更充足的水分及养分以维持自身生长。反过来，植被通过养分循环的反馈对土壤养分的可利用性产生影响，其凋落物和根系又能够改变土壤养分含量，这一过程中植被、土壤、水相互促进相互制约，随着时间的增加，植被群落多样性提高，逐渐发展为顶级群落，区域生态稳定性得以维持。

(五) 生态稳定性维持方法及维持技术研究结论

露天矿区生态稳定性维持方法及维持技术的研究可为后续生态稳定性维持提供一定的依据，其主要研究成果与结论如下。

(1) 确定了该旗露天煤电基地生态稳定性维持方法，通过调整和优化关键组分，提升生态功能，优化后最优目标情景下的生态稳定性得以维持并有所提升。

① 优化后生态源地分布更加均匀，西部矿群和东部矿群分别新增 1 块和 2 块生态源地。按照地理位置和功能性重点对优化后的 14 块生态源地进行功能提升，划分为三类：第一类，20、22、27、28、29 号，优化为涵养水源类源地，通过调整乔、灌、草最佳植被配比，减少地表径流，增加入渗，从而减少非点源污染，改善水质；第二类，8、17、26、30 号，优化为水土保持防风固沙类源地，通过种植耐旱防风型植被，提升防风固沙能力，减少采矿造成的粉尘污染向周边扩散的可能性；第三类，6、18、31、32、33 号，优化为生物多样性提升类源地，建立自然保护区，以减少放牧活动，限制建设开发，从而提高生物多样性。

② 优化后露天煤电基地西部和北部生态廊道密度增加，且整体网络连接度增加。按照功能性和重要程度将优化后的 80 条生态廊道划分为三类：第一类，位于矿群内部的生态廊道，这类廊道对于增强矿群内部物质和能量流通性、景观连通性，阻隔土壤侵蚀扩散，减少氮、磷等养分流失有一定作用；第二类，连接矿群内-外源地的生态廊道，这类廊道对于分散矿群内部"熵增"，连通矿群内-外部基质及"源-汇"斑块，提高水资源利用效率有一定的作用；第三类，其他生态廊道，包括邻近矿群外部廊道、城镇附近廊道和公路附近廊道，这类廊道具有减少粉尘、噪声污染，提高生物多样性的作用。

③ 优化后一级生态节点增加。按照所起关键作用将生态节点划分为两类，分为结构型薄弱生态节点和结构型功能生态节点。结构型薄弱节点布局较为分散，对保障网络连接、提升生态稳定性有重要作用，需避免破坏性人为活动。结构型战略生态节点多数分布于矿群内，对提升整体网络连接效率发挥了重要作用，要注重该类节点的后期建设和培育，对可能覆盖到的边界提前进行生态保护，避免大规模人为性破坏。

(2) 确定了该旗矿区关键部位生态稳定性维持技术，通过增加蓄水池、植被缓冲带、生态滞留池和植草沟等蓄水与释水 LID 生态组分，实现雨水资源化利用，实现以优化植被-水系格局维持关键部位生态稳定性的目的。

① ArcSWAT 水文模型能够通过划分水文响应单元模拟地表产水量、地表氮磷排放量及地表径流系数等。通过综合确定矿区关键源区，构建约束集，能够有效地确定 LID 水土调控生态设施的布设位置，模拟 LID 设施对地表径流的控制效果及氮磷排放量削减能力，它可以作为 LID 技术在矿区生态稳定性维持建设方案设计和应用的有效工具和重要指南。

② 根据 D 煤矿地形地貌及自然环境，选择在研究区布设植被缓冲带、蓄水池、生态滞留池和植草沟等 LID 水土调控生态设施，共布设：2 处蓄水池；10 处生态滞留池，总面积为 4.394 hm^2；17 处植草沟，总面积为 65.94 hm^2；13 条植被缓冲带，总长度为 70.67 m。在 8 月份雨量最多和 12 月份雨量最少月份，优化后的区域总产水量分别削减了 9.7% 和 15.03%，地表径流系数分别降低了 33.04% 和 23.15%，有效氮分别削减了 32.27% 和 31.79%，有效磷分别削减了 40.58% 和 36.44%。

③ LID 分布式水土调控生态技术具有因地制宜、成本低与自然景观融合较好的特点，适用于半干旱煤矿区。它能够使径流雨水储存、渗透、转输与净化，实现了减少地表径流及氮磷流失量、提升水资源生态利用效率及土壤养分保持量等多重目标，通过 LID 蓄水与释水等多项生态设施的布设能够达到优化区域植被-水系格局的目的，加强区域连通性以维持区域生态稳定性。

第二节　国外矿山闭坑环境管理策略研究与启示

在国际上，美国、英国、加拿大、澳大利亚、德国等国家已经历了煤矿大规模开发和关闭的过程，这些国家非常重视关闭煤矿的管理，制定了相关的法律法规，明确了政府监管、利益相关方参与的闭矿管理制度，积累了大量废弃露天矿环境管理的经验。本节综合评述了美国、加拿大、澳大利亚、德国等国家矿山关闭的环境管理策略，总结了关闭露天矿的一般流程，并分析了关闭露天矿环境管理方面的经验，特别对澳大利亚闭矿环境管理框架进行了分析，可为我国关闭露天矿的环境管理提供参考。

一、国外闭矿管理的相关法规

国外部分闭矿管理的相关法规统计见表 6-2-1。

表 6-2-1　国外部分闭矿管理相关法规

序号	国家	相关法规
1	美国	在联邦和州政府层面上重视废弃煤矿的环境管理，建立了一系列的露天矿管理法规和技术指南，如《露天采矿管理与复垦法》(1977)、《矿产规章制度》(1977)和《联邦土地采矿权和工作的规定》(2011)等。针对废弃矿山制定了《矿山废弃地清查及其风险评价手册》(1994)、《矿山废弃地初步评估手册》(1998)、《加利福尼亚废弃露天矿》(2000)、《矿山废弃地界定和治理手册》(2000)等
2	加拿大	与露天矿管理相关的法律法规有《采矿法》(1985)、《加拿大露天矿复垦法》(1989)、《矿业法》(1989)、《矿产开发评估法》(1990)、《加拿大安大略省矿坑复垦导则》(1991)、《矿产资源法》(1991)、《矿产业环境保护条例》(1991)、《不列颠哥伦比亚省的采矿复垦：政策概述》(1991)、《矿山酸性岩石排水临时政策》(1993)等。在废弃露天矿方面有《矿产开发和关闭》(1991)和《加拿大关闭矿坑政策框架》(2010)等文件
3	澳大利亚	与露天矿管理相关的法律包括《采矿法》《环境保护法》《环境和生物多样性保护法》等。针对关闭露天矿澳大利亚联邦及地方政府出台了《闭矿战略框架》(2000)、《昆士兰州矿山关闭规划指南》(2001)、《露天矿修复》(2006)、《露天矿关闭管理手册》(2006)、《矿产行业废弃露天矿管理战略框架》(2010)、《澳大利亚废弃露天矿管理》(2010)、《西奥闭矿规划指南》(2011)、《露天矿修复与关闭计划》(2013)等
4	德国	矿区土地复垦起步早，颁布了《联邦矿业法》(2013)、《联邦矿业条例》(1995)、《联邦德国环境影响评价法》(1990 年颁布，2001 年修订)、《废弃淹水矿坑的水资源管理》(2008)
5	南非	除了在水、气、生态、湿地等方面的通用法律外，与露天矿环境保护相关的法律法规还有《南非矿业法》(1991)、《露天矿健康与安全法》(1996)、《南非矿产资源政策白皮书》(1998)、《南非矿产和石油资源开采法》(2002)等

二、国外闭矿管理程序及环境管理重点

(一) 闭矿管理程序

露天矿从勘探到关闭是一个长期的过程，在整个露天矿生命周期内都应考虑关闭问题。

经梳理，国外闭矿一般程序如表 6-2-2 所示。

表 6-2-2　闭矿管理程序步骤

步骤	内　容
第一步	向主管部门提出露天矿关闭申请
第二步	风险评估：基于现有资料，确定露天矿关闭和关闭后的潜在风险，确定风险管理策略
第三步	露天矿关闭计划草案制定与审查：制定露天矿关闭计划草案，包括露天矿关闭和关闭后需采取的行动以及相关的标准和设计技术，相关主管部门审查矿坑关闭技术方案
第四步	批准露天矿关闭计划：主管部门依据量化的关闭目标和监测计划对草案反馈意见，并作为计划实施的考核指标
第五步	露天矿关闭计划实施与阶段(年度)更新：实施露天矿关闭计划，依据风险管理策略成果更新或调整关闭计划，更新后的关闭计划报送相关上级主管部门备案
第六步	签发证书：主管部门评估露天矿关闭计划实施效果并签发闭矿证书

(二) 闭矿环境管理重点

1. 土地复垦

美国联邦政府组建的露天采矿与复垦执法办公室对露天开采过程中废弃物的处理和堆放、土地复垦技术与目标都有具体规定，要求采矿企业“边开采边复垦”，受到采矿破坏的土地必须恢复到原来的状态。申请露天采矿作业的许可证时，必须提交采矿后的复垦规划，露天矿企业在开采前必须对矿区的地质、地形、土壤状况、植被种类密度、野生动物种类密度、地上地下水文条件等进行调查。在开采许可证颁发之前，申请人还必须缴纳复垦保证金，缴纳数额是根据复垦要求和矿区自然状况测算确定的，保证金在复垦工作完成且验收合格后进行返还。

加拿大立法规定了复垦资金的来源、政府各级部门的职责以及土地复垦技术标准。加拿大各省也建立了政策和法规来管理矿区土地的复垦，规定了露天矿关闭以及修复计划的原则、目标、标准，各省还制定了相应的保证金制度作为复垦的保障机制规定露天矿经营者从矿产品收益中提取部分资金作为复垦基金或保证金，交由第三方的银行或复垦公司保管，闭矿后在政府的监督下由复垦公司用该保证金完成复垦。

澳大利亚政府制定了露天矿开发管理框架，规定土地复垦是露天矿开发的重要内容。澳大利亚政府对矿区土地复垦的管理首先体现在土地复垦目标、标准的指导以及复垦方案的编制上。政府充分尊重土地所有者、社区和地方政府的利益诉求，在综合考虑复垦区域内的环境价值、原土地所有者的利用情况以及相邻土地利用方式的基础上，确定区域土地复垦总体目标，以减少社会成本和社会风险。同时，政府要求露天矿开采或开发前必须进行环境影响评价，编制详尽的复垦方案，也包括闭矿的环境影响评价。澳大利亚政府进行全程监控和责任追究，加强土地复垦过程的管理和监控，督促露天矿企业落实复垦责任，同时加强土地复垦年度计划管理，实施动态监控，实行土地复垦保证金制度。

2. 生态恢复

生态恢复是闭矿计划中十分重要的内容。将矿区生态环境恢复到开采前在经济与技术上是十分困难的。生态恢复不仅仅是进行植物种植，还应该有增加物种多样性、提高生物稳定性、重建栖息地等措施。美国要求相关矿业设施的设计必须能够保护与保持生物资源，并考虑到对整个生态系统的累积影响。敏感资源需要重点考虑，尤其是受威胁和濒危种群及栖息地。植被恢复时，建立的植物种群应符合采矿后土地用途。植被种植必须在一年中最适宜的时间进行，可以使用土壤稳定方法和灌溉方法，露天矿生态恢复通常需要重建地表及模拟周围的自然地形。

3. 水资源保护

露天矿在开采期及关闭后，都会对水资源造成一定程度的影响。减轻及控制露天矿关闭对水资源的影响，是国外闭矿管理中的重要目标。南非对水资源完整性的责任进行了规定，要求对有可能造成污染的露天矿必须采取措施来保护水资源，否则应承担相应的责任，以确保矿主在闭矿期间和闭矿之后采取必要的措施。美国要求废弃物处置必须在密封单元内进行，以确保地表水和地下水的安全，各州也制定了具体的政策和法规，例如加利福尼亚州地质矿产局增加了财务保证书等措施，并在财务保证书中规定露天矿关闭后的水质保护问题，加州要求煤矿在闭矿过程中必须提供复垦的资金，还需要提供财务保证用于“净化与减排”。

三、国外关闭矿山环境管理的启示

国外非常重视矿山关闭及环境管理，积累了丰富的管理经验，见表 6-2-3。

表 6-2-3　国外矿山关闭及环境管理经验

序号	项目	内　容
1	健全的法律法规和技术标准	闭矿除了遵守国家相关法律法规外，还要按闭矿管理框架和技术规范开展闭矿工作，如建立健全的煤矿闭矿流程，编制闭矿技术指南和计划，实施严格的环境管理制度，单独建立完备的环境标准和环保要求体系
2	重视煤矿全过程管理	煤矿从勘探到闭矿生命周期很长，因此需要从可研或环评阶段即考虑闭矿，并在不同阶段修正闭矿规划，以及闭矿和闭矿后一段时间的监管，形成完整的闭合管理系统。同时煤矿的生命周期过程中涉及很多利益相关方，一个成功的矿坑关闭规划需要融合多个利益相关方的意见和目标，所以在整个管理闭合周期内，需明确各方的利益和职责，并在生产阶段缴纳闭矿后的治理基金
3	高度重视闭矿的风险评价与防控	风险评价是闭矿露天矿管理的重要组成部分，通过风险评价可以确定闭矿露天矿的危害及其风险，也为多利益相关方管理决策提供了共同框架，以便在不同阶段精细计算运营所产生的环境风险
4	确保闭矿规划的高效执行	闭矿环境保护以土地复垦、生态恢复和水资源保护等为工作重点，为确保闭矿环保工作的执行，除了技术保障外，各国还赋予了严格的财政保障和约束机制。此外，应该重视公众参与，以增加闭矿环境保护工作的透明度和执行力

第三节　国内矿山闭坑区域生态恢复规划进展

在煤炭经济繁荣时代，煤矿区域社会活动频繁、基础设施完善，集成了社会、经济和自然的多重属性,甚至比城市区域更加具有吸引力,属于一类小型的“社会-经济-自然复合生态系统”。早期粗放式经济开发模式多是以牺牲生态环境为代价,煤矿区域的自然生态环境已深度受损,严重影响可持续发展,多方面限制未来社会结构与经济体系转型。而且在煤矿关停后,以煤炭开采和交易为主的经济活动停止,一系列社会问题逐步浮现。至此,关闭煤矿区域主要面临社会服务功能退化、经济发展受限、自然生态环境受损等挑战。此时关闭煤矿区域属于一类严重受损的“社会-经济-自然复合生态系统”,制约可持续发展,阻碍生态文明建设的进程。

出于人民福祉、社会和谐稳定以及民族未来等多方面的考量,关闭煤矿区域必须进行全面生态恢复与转型开发,继续在社会、经济和自然等方面发挥重要作用,实现生态文明建设从负担到抓手的转变。在生态恢复方面,“社会-经济-自然复合生态系统”中社会、经济、自然 3 个子系统是相互依赖、相互制约、协同发展的关系,任意一个子系统的发展,必将能够带动另外 2 个子系统协同进步。基于此,首先对受损的自然生态系统进行生态恢复是关闭煤矿区域整治的关键,也是继续生态文明建设的第一步。在转型开发方面,关闭煤矿区域仍有很高的资源禀赋可供矿坑转型升级,例如,大量自然能源资源(煤炭资源、非常规天然气资源和地热资源)、丰富的水资源、广阔的地下空间资源和多样的旅游资源等,可为后期的再次发展提供相应的能源与经济驱动力。因此,关闭煤矿区域不是社会发展滞后与退化的代名词,不是经济体系衰退与崩溃的象征,也不是生态环境损毁的标识,而是一种错位的资源,在科学的生态恢复规划和工程实践之后便可充分发挥其复合生态系统服务的禀赋。

综上所述,关闭煤矿区域的生态恢复规划是中国生态文明建设与发展的必由之路,国土空间规划的核心价值观是优先进行生态文明建设。因此,关闭煤矿区域的生态恢复规划和国土空间规划均统一于生态文明建设。关闭煤矿区域生态恢复规划是国土空间规划的重要组成部分,需要国土空间规划在宏观方向和规划目标方面给予充分指导;另外,关闭煤矿区域生态恢复规划可以通过在制定过程中的研究基础,对国土空间规划进行适当反馈调整,以在不影响国土空间规划的前提下满足当地实际情况与需要。我国关闭煤矿的生态恢复规划应充分应用生态学原理,以达成生态恢复的目标;可参考国际社会的成功案例,但绝决不可照搬照抄;必须走出一条具有中国特色的关闭煤矿区域的生态恢复之路。

一、关闭煤矿区域生态恢复规划的含义与必要性

国土空间生态恢复关系到全民福祉,其本质是通过少量人工辅助,发挥大自然自我恢复的能力,完成受损生态关系的恢复与重建,并且在此过程中收获生态系统服务。关闭煤矿区域生态恢复规划是站在动态发展的视角,基于大量基础资料、科学论证及专家决策,对关闭煤矿区域受损的自然环境要素、物种组成、景观单元、生态关系的恢复制定合理的规划。关闭煤矿区域生态恢复规划需要在国土空间规划体系的指引下,执行国家生态文明建设方针,完成对煤矿区域受损生态系统的恢复。需要针对已关闭和未来可能关闭的煤矿区域,通过调查、预测和分析现存的以及未来可能产生的一系列生态问题,对生态恢复工程的规模和布局进行预估,并在时间、空间及保障措施上进行合理布局与安排。

我国自 20 世纪 80 年代开始进行生态修复规划,早期人们保护生态环境的意识薄弱,大多数煤矿在建设时缺少预防性生态恢复规划,一般仅有少量治理性方案(通常只在环境评价中涉及煤矸石利用及其环境污染治理、采煤塌陷地治理以及土地复垦方案),甚至治理方案

也一并缺失，如开采百余年的抚顺露天矿和扎赉诺尔煤矿；更不会系统性地考虑和制定流域和全国层面的关闭煤矿生态恢复规划。因此，从煤矿建设到关闭，自然生态环境遭受持续破坏，包括地表形态变化、土壤污染和植被损毁等方面。所以，应该从“点”“带”“面”不同层级对已经关闭、即将关闭以及正在建设的煤矿区域制定生态恢复规划，以指导具体的生态恢复工作，来重建因采煤被破坏的自然生态环境，为中国生态文明建设提供良好的自然本底，为国土空间规划实施夯实基础。

二、关闭煤矿区域生态恢复规划研究尺度

关闭煤矿区域生态恢复应遵循生态学的基本原理——物物相关，切忌头痛医头脚痛医脚，合理选择恢复的尺度十分重要。我国早期对关闭煤矿区域生态恢复规划的相关工作以指导小尺度上的生态恢复工程实践为主，属于对“点”上生态环境损伤的修复。如今国土空间规划要求对全部疆土进行全局统筹，因此关闭煤矿区域生态恢复规划需要着眼于更为宏观的尺度，从“带”和“面”上进行规划，并且促进流域和全国尺度上关闭煤矿区域之间以及关闭煤矿区域与其他区域的互补与互惠。

（一）矿区尺度

我国幅员辽阔，地大物博，关闭煤矿分散于不同地理环境和气候带之中，各类受损情况与生态环境问题具有较大的差异，制定较大尺度的生态恢复规划颇有难度。但是在较小的矿区尺度进行生态恢复规划研究中所涉及的生态环境问题同质性较高，复杂性较低；另外，由于煤矿权属和行政权限等原因，大尺度的统筹治理方案制定难度很高，关闭煤矿区域的生态恢复规划研究一般仅集中在同一地区的一个或多个矿区。因此，在较小的矿区尺度上，各个矿区单独制定生态恢复规划、进行相应生态恢复工程的实践案例非常丰富，侧重点包括生态调控、土地复垦、景观重建和综合性全面规划。不同学科背景的学者对关闭煤矿区域生态恢复规划理解与侧重点均不相同，例如生态调控、土地复垦、规划流程、预防与治理及矿区转型发展等，但最终目的均是创造和谐的自然生态环境，营造良好的人居环境，并为将来更好地进行可持续发展而服务。此外，关闭煤矿区域的生态恢复规划需要集成诸多学科的相关理论与实践经验，需要不同学科领域的学者通力合作，完善关闭煤矿区域的生态恢复规划方法、体系与原则，为众多关闭煤矿区域的生态环境质量提高共同发挥力量。

（二）流域尺度

流域尺度上良好的生态环境是“山水林田湖草生命共同体”繁荣的象征，也表征众多类型的生态系统，包括森林、草原、河流、湖泊、城市、矿区和乡村等生态系统之间的复合作用机制。但众多的重要流域均因为高强度国土开发建设和矿产资源采掘利用等因素影响而遭受严重破坏，生态系统退化严重，甚至丧失为人类生存和发展提供生境的能力。自党的十八大提出“山水林田湖草生命共同体”以来，流域尺度的生态恢复规划已经正式提上日程。与小尺度的生态修复规划不同，国土空间总体规划指导下的关闭煤矿区域生态恢复应考虑流域范围内所产生的生态环境问题，并且能对流域的生态环境起到调控作用。即在对上游区域生态环境治理的同时，尽可能惠及下游区域；同时下游区域的生态系统服务也可反哺上游区域。基于此，流域的生态恢复已经成为“全国生态总体规划”的重点工作内容。

在以往中国生态恢复研究当中，流域尺度的生态恢复规划比较罕见，大尺度流域生态修复技术与规划的研究也较少出现。其原因可归结为两个方面：一方面是大尺度生态恢复技

术与规划方法不成熟;另一方面则是区域管辖权的限制,很少能够形成跨省域的生态恢复规划与工程。因此,早期的流域生态恢复规划研究尺度均较小或者仅集中在省域内。值得一提的是,流域尺度生态恢复的理念早在20世纪80年代已经出现。长江流域的生态工程从1988年开始,之后规模逐步扩大。这一生态工程主要针对水土流失及其相应后果。随后,一系列生态恢复工程相继实施并取得良好的生态恢复效果,长江流域的水土流失问题确实有所减缓。但是,早期的工程并未在国土空间规划层面上进行通盘考量,否则可能取得更好的生态恢复成效,这也正好映衬长江流域生态修复工程的关键对策是规划这一观点。这说明,流域尺度上的生态恢复工程需要对总体规划和专项规划进行指导,突出生态恢复规划的重要性。

《全国重要生态系统保护和修复重大工程总体规划(2021—2035年)》指出,黄河重点生态区(含黄土高原屏障)在未来15年内需要进行重点生态保护和修复重大工程。黄河流域是我国第二大流域,也是我国重要的能源流域,其中黄河中游地区是最重要的煤炭生产基地。早期的煤炭开采对黄河流域生态环境造成严重损坏,加剧了水土流失和沙漠化速度,耕地生产力直线下降,生态恢复势在必行。基于黄河流域煤炭开采重任和生态恢复压力,中国工程院院士彭苏萍等提出黄河流域煤矿区生态环境修复关键技术与战略,指出应根据黄河流域的地质构造和生态敏感特征研发关键技术,实现煤炭开采与生态恢复一体化,在煤炭开采的同时改善当地脆弱的生态环境技术战略。作为中华民族的母亲河,黄河流域需全方面生态保护与恢复,构建黄河流域生态安全格局,并在此基础上实现全面协同发展。基于此,黄河流域需要科学制定生态恢复规划,落实生态保护与恢复,同时也需要针对不同分级和类别的国土空间规划指导,以实现高质量发展。

(三)国家尺度

我国以往煤矿区域生态恢复规划研究主要聚焦于小尺度范围,通常为一个或几个矿区,而对较大尺度流域和地区的生态恢复关键技术以及生态恢复工程规划理念则刚刚列入"全国生态总体规划"中。这说明较大流域尺度和国家尺度的国土空间生态恢复规划仍然需要在目标和方法上推进。如何进行国土空间生态恢复规划、如何聚焦全国范围内关闭煤矿的生态恢复、如何落实具体的重大生态恢复工程,都将是值得着重研究的重大课题。全国范围内的关闭煤矿生态恢复规划尚未成功绘制清晰蓝图,打造"山水林田湖草生命共同体"仍需全民共同努力。

另外,目前我国煤矿关闭是采取循序渐进的过程,应确定存在的煤矿区的生态恢复方法和具体规划流程;也需要完善国土空间层面有关法规政策体系和技术标准体系,以确定关闭煤矿区和将要关闭的煤矿区生态恢复实施保障和方法;还应基于国家总体规划发展要求,省、市总体规划对煤矿片区的定位,结合自身特点,因地制宜地确定生态恢复后的发展定位,确定几种不同发展定位类型的基本规划、实施、监督体系。

三、煤矿区域生态恢复规划目标

中国工程院在2017年和2020年先后两次就"我国煤矿安全及废弃矿坑资源开发利用战略研究"议题设立重大咨询研究项目,而废弃矿坑生态开发与生态文明战略均列为其重要的子课题,说明国家在战略层面上非常重视关闭矿坑在未来发展中的定位与走向。根据诸多学者对关闭煤矿区域生态恢复最终目标与成效的分析,关闭煤矿区域的生态恢复规划最终目标包括农业复垦、工业遗产开发、地下空间开发与利用和公共空间营造。

关闭煤矿再利用必须以生态恢复为前提。良好的自然本底，为资源开发利用和产业转型提供物质基础和生态资本。关闭煤矿区域生态恢复需要以生态演替理论为指导，充分认识和利用生态演替过程规律，在最大程度上发挥自然恢复力量。根据我国植被区划分和产煤基地分布情况，以自然植被区系为最终可达到的生态恢复目标；另外，依据国土空间规划视角指导关闭煤矿区域的不同定位，制定各个关闭煤矿区域相应的生态恢复规划目标，且将其置于生态演替进程之中，避免过度恢复。国土空间规划是由“五级三类四体系”构成，因此关闭煤矿区的生态恢复规划应逐级满足国家级、市级、县级、乡镇级的国土空间规划要求，结合当地煤矿区的生态恢复规划特点，统筹考虑各级开发规划要求；并基于总体规划和详细规划，从时间和空间上对煤矿区作出生态修复、保护和开发的具体实施性专门安排；在此基础上，在国土规划指导下的煤矿区生态恢复规划运行体系中，确定编制审批体系、实施监督体系、法规政策体系、技术标准体系等 4 个子体系。

（一）土地复垦

土地复垦是中国煤矿区域生态恢复的常用技术，目标是使因煤炭开采受损的土地重新达到可以耕作进行农业生产的状态。《土地复垦规定》自 1988 年颁布以来，使土地复垦成为我国耕地增加、土地资源保护及生态环境改善的重要技术手段，并于 2011 年升级为《土地复垦条例》。长期以来，土地复垦方面一直缺少能够起指导作用的规划设计研究成果，反而土地复垦工程实践较多。目前，中国土地复垦率已经超过 25%，复垦的土地既可以恢复传统农业，也可用于现代化设施农业，甚至可以发展观光农业等旅游项目。同时，土地复垦也可结合当地自然灾害或者环境问题一并进行处理，如利用黄河淤积泥沙对采煤塌陷区土地进行充填复垦，以便能够进行农业种植。

（二）工业遗产旅游开发

逐步关闭煤矿区域内存在大量煤炭开采工业遗存，同时也是工业遗产旅游开发的基础。我国关闭煤矿的工业遗产在建筑形式、历史呈现、精神财富和文化特征方面均具有独特性，通过科学合理的开发路径便可实现其旅游价值，如河北省唐山市开滦煤矿工业遗产开发与生态环境整治在相应规划的指导下取得了良好的效果。一些学者对关闭煤矿的工业遗产旅游价值和策略进行了研究，如范薇等对北京门头沟区煤炭工业遗产旅游资源保护与开发进行相应的研究，并提出了相应的策略，指出煤炭工业遗产资源必将成为未来煤炭行业新的经济增长点；罗萍嘉等对津浦铁路沿线的煤矿工业遗产进行了价值分析，构建了“点-线-面”的工业遗产廊道格局，并形成开发策略。此外，还有一些较为类似的研究，也阐明了关闭煤矿工业遗产旅游开发策略与构想。但是，目前的研究和项目均未在以生态恢复规划作为良好自然本底的基础上进行，同时也未契合国土空间总体规划；更未与特定分级与类别的国土空间规划产生互动联系，构成协同改进的模式；尤其是跨省域的工业遗产旅游开发，并非单一省市可以完成，因此，关闭煤矿区域的工业遗产开发必然需要国土空间总体规划及生态恢复规划的双重指导。

（三）公共空间营造

关闭煤矿区域自然生境的破坏以及经济系统的崩溃导致社会服务功能急剧下降。在以往研究中，对关闭煤矿和工业废弃地的常见恢复目标是将受损的生态环境进行景观型的改造，最终成为高品质的公共空间，继而发挥生态恢复后的社会服务功能。其中，最为常见的是露天矿公园规划与建设。成方畔论述了露天矿公园的5种表现形式，即国家露天矿公园模式、湿地公园模式、休闲旅游模式、农业观光模式以及红色旅游模式。国内很多煤矿在关闭之后进行露天矿公园建设，如开滦集团下属唐山矿对采煤塌陷区进行生态恢复，进而改造成为唐山南湖城市中央生态公园(国家 AAAA 级景区)，距离市中心仅1 km，并在2016年成功举办了世界园艺博览会；同样，江苏省徐州市将贾汪煤矿塌陷区进行生态恢复并建设了潘安湖国家湿地公园(国家 AAAA 级景区)，是市级重点现代服务业集聚区，并且成功举办多次国际音乐节。另外，艺术园区建设也是关闭煤矿区域进行生态恢复规划的方向之一。此类案例在国外的工业区转型中比较多见，但是目前还未在国内见到直接由关闭煤矿改造而成的大型艺术园区，仅有在废弃工业区基础上进行改造而形成的艺术园区，例如北京的798艺术园区等。造成这种现象的原因可能是艺术园区的建设对当地城市人口规模、居民生活水平、关闭煤矿区位等因素均有较高的要求。可见，关闭煤矿生态恢复规划目标应该与当地的生态文明建设目标相匹配，使群落结构停留在适合当地生态文明发展的阶段，避免过度恢复，而当地的生态文明发展目标必须由国土空间规划来确定，生态恢复规划也需要按照国土空间规划指导进行制定。

四、煤矿区域生态恢复规划研究

党的十八大以来，生态文明建设被纳入中国特色社会主义事业的总体布局，城市生态恢复则是生态文明建设中的重要工作内容，尤其适用于262座资源型城市。尽管生态恢复规划研究在我国已经有一段时间的发展历史，并且也已经在露天矿区域、河流区域、沿海地区和生态敏感地区完成过大量的实践项目和工程，但生态恢复规划的方法论暂未得到有效发展，始终停留在简单借鉴和利用其他学科方法的阶段，具体包括生态恢复理论、生态区划、区域空间规划以及煤矿区域生态恢复工作方法4个方面。

(一) 生态恢复理论

生态恢复理论是当前生态文明建设中不可或缺的组成部分，也是城乡规划中需要重点参考的知识组成。生态恢复的工作方法需要以生态恢复理论为基础，再进行整体统筹、系统修复，最后完成生态恢复；整个过程顺应生态演替进程，尽可能让自然做功。与单一的景观恢复不同，生态恢复规划必须尊重和依赖生态恢复理论；其中的工作又必须建立在科学地融合社会、经济和自然的基础之上，将关闭煤矿区域从时间、空间、数量、构成、秩序5个层面融入自然山水格局；另外，生态恢复规划在方法和技术上均需要提升。

(二) 生态区划

生态区划方法主要是根据生态环境性质结构与功能的变化规律，来进行不同生态功能分区界限的划定，既强调生态系统整体性的规律，又注重人类与生态系统的互动特征。在生态恢复规划的研究工作中，生态区划可用来表达各专项研究的成果，如生态敏感区划和水源涵养区划等。2015年由环境保护部和中国科学院联合发布的《全国生态功能区划(修编版)》中对中国生态功能区类型进行了划分，也为生态恢复目标提供了依据，同时也指导着煤矿区域生态恢复规划的制定。

(三) 区域空间规划

区域空间规划涵盖的内容较多，包括地理、社会、经济、自然资源、可持续发展等领域。但由于区域空间规划的工作目标较为宏观，并且其自身定位更加偏重于整体空间系统的协调，因此在指导区域生态环境恢复相关工作时具有很强的局限性，欠缺精准度。但是，区域空间规划中所强调的整个空间系统的协调可以作为生态恢复规划的工作前提，尤其是对于关闭煤矿区域这类受损严重的“社会-经济-自然复合生态系统”的生态恢复规划工作具有较强的指导意义。

（四）煤矿区域生态恢复规划工作方法

根据煤矿开采后的生态环境以及社会经济情况特点，煤矿区域生态恢复工作方法分可以为 4 类，包括经验分析法、目标规划法、景观规划法和生态工程规划法。在实际规划过程中，往往不能单独依靠某一种方法，而是需要多种方法协同使用，或者根据既定修复目标，综合应用多种方法，才能得到较为科学的规划方案。我国现有的生态保护和恢复工程方法仅适用于矿区尺度的生态恢复，在解决较大的流域尺度以及国家尺度的生态恢复问题时将会出现速度慢、精准度低等问题。因此，全国范围内关闭煤矿区域亟需能够统筹全局的生态恢复规划，以保证这些煤矿可以得到合理有效的生态恢复，继续为我国的生态文明发展提供可持续的生态系统服务和自然本底。

科学合理的生态恢复规划是多个学科共同协作的结果，绝非单一学科可以独自胜任。面对国内现存以及未来持续增多的关闭煤矿，生态恢复的压力与日俱增，需要制定全国范围内关闭煤矿生态恢复规划。国土空间规划以及“全国生态总体规划”的颁布，标志着国家对国土空间规划的全局统筹以及国土空间生态恢复规划的系统性考量，这也是系统科学、规划科学、生态科学、水土保持科学、矿业科学等多个学科进步的标志，同时也给这些学科提出了相应的挑战，需要相关学科的科技成果应用于中国梦的实现进程中。此外，这些学科之间的配合与衔接程度也是执行和调整国土空间规划以及“全国生态总体规划”的重要保障。综合多学科的科学生态恢复规划可以为全国关闭煤矿生态恢复制定科学合理的时间安排，也能为全国关闭煤矿生态恢复勾勒适宜的空间格局，最终将生态恢复工程落实在关键点、关键带和关键面上，实现国土空间范围内的全局生态恢复，推进生态文明建设的进程，实现全域高质量发展。基于此，提出如下发展建议：

1. 探索具有中国特色的生态恢复规划方法并补充国土空间规划架构体系

关闭煤矿的生态恢复规划方法建立在多学科交叉的基础之上，不应是多种方法的简单拼凑，而是有机的融合。关闭煤矿区域的自然生态环境的损毁情况具有特殊性，需要特别注意地表塌陷与损毁情况，相应的地表和地下水文情况，土壤肥力、持水能力和发生发育情况等，这些均需要纳入其生态恢复规划中。另外，我国关闭煤矿区域的生态恢复方法依托自身的生态环境特点和国土空间规划要求，必须以适应我国关闭煤矿区域的生态恢复为出发点，为生态文明建设服务。

我国关闭煤矿区域生态恢复规划依赖于国土空间规划的指导，但是作为新生事物，国土空间规划架构仍未充分完善。不同于传统的规划架构，国土空间规划架构是一个需要迅速搭建的全新架构，既不能照搬国外经验，也不能复制既有传统。此外，国土空间规划的全局统筹性一方面需要协调各种专项规划，例如恢复生态学等；另一方面则需要摆脱以往空间性规划体系混乱的状况，并且应该能够探索构建属于我国的规划理论体系，既能服务于生态文明建设的需要，又能为世界提供中国的规划智慧，体现大国应有担当。

2. 促进多学科交叉与融合、培养跨学科人才

关闭煤矿区域生态恢复规划需要依托国土空间整体规划进行。作为国土空间规划体系

的一部分，关闭煤矿的生态恢复规划也一样需要交叉与融合多个学科。生态恢复规划的制定需要考虑多学科所关注的不同问题：在生态学方面需要考虑当地的气候、地形、生物组成及演替可能性等要素；在水土保持学方面需要考虑水土流失等自然与工程要素；在土壤学方面则需要思考土壤质地、团粒结构、土壤发育等条件；在矿业与地质工程学方面需要思考煤炭开采过程与地质结构变化的耦合过程，及其造成地表损坏的可能性等问题；在城乡规划学方面则需要思考如何权衡土地的使用，恢复时序与空间格局；此外，还有很多学科（地理学、测绘学等）也应当在关闭煤矿区域生态恢复规划的制定中发挥应有的作用，真正做到学科的交叉与融合。

学科的交叉与融合需要通过不同学科的有效沟通与交流来完成，更需要跨学科的人才作为桥梁，协助生态恢复规划最终高效成功制定，进而服务于已经或即将关闭以及即将筹建的煤矿区域。同样，多种学科交叉人才协同制定的生态恢复规划将既能在宏观层面上把控生态恢复的时间序列和空间格局，又能进行微观层面上技术的组合与集成。

3. 加强先进技术的应用

大数据、人工智能、移动网络以及云计算都是当今最受关注的技术，在很多领域已经得到了广泛的应用，但是在关闭煤矿区域的生态恢复规划或生态恢复工程实践中应用还不多见。这些先进技术在生态恢复规划之中具有非常广阔的应用前景：可以广泛收集数据，精准分析，快速传输与计算，并可以精确分析现状和预测未来的情况，辅以地理信息系统可为生态恢复规划提供可靠的基础数据。采煤活动是获取能源的重要方式，煤炭类能源将在未来很长一段时间内继续作为驱动我国社会、经济、自然协同发展的能源主体。煤炭开采与生态恢复技术应该相互结合，实现采煤与生态恢复的高度同步：即在煤炭开采的过程当中，依托生态恢复技术，可改良当地的生态敏感程度；并可健全生态系统的反馈机制，使当地的自然生态环境更加具有韧性，生态系统更加稳定，抗干扰能力更强。这种先进技术作为生态恢复规划中的一个参数，可以让生态恢复规划更加精准。

4. 建立健全煤矿区域长期观测与生态普查机制

关闭煤矿区域生态环境并非一成不变，可能由于持续沉陷或其他因素发生较大变化；也可能达到较为稳定的状态而维持一种动态平衡，其中不乏地质、气候和其他因素引起的扰动。因此，需要对关闭煤矿区域和当地的生态因子进行长期定点观测，以获取这些变化信息，提供最原始的数据，以便对当地的生态环境进行精确的预测与判定。另外，一些无法通过自动观测获取的基本生态环境信息需要定期定点借助人工生态普查的方法采集，为生态恢复规划服务。总之，需要在关闭煤矿区域建立健全长期观测与生态普查机制，为精准制定生态恢复规划提供依据。

第四节　矿山闭坑生态修复技术应用

矿山开采与利用促进了我国经济建设的快速发展，但矿产资源过度开采后遗留下的露天矿边坡和废弃地，不仅存在滑坡、崩塌等地质灾害隐患，而且破坏自然景观、地表植被及土壤质量，造成严重的水土流失，降低生物多样性，浪费大量的土地资源。党的十八大以来，党中央、国务院高度重视生态文明建设，为实施“山水林田湖草沙”生态保护修复工程，全国各地积极开展露天矿生态修复工作。基于生态理念下的露天矿岩质边坡稳定性评价及地质灾害防治和生态修复，是科学有效消除露天矿地质灾害隐患、改善生态环境、储备与利用土地资源、优化国土空间格局的良策。

以 A 关闭露天矿生态修复为例，调查分析露天矿地质环境问题，针对露天矿植被覆盖度低、地貌景观破坏造成视觉污染及地质灾害现状，采用削坡清坡、浆砌片石格构植被护坡、客土喷播、鱼鳞坑砌筑、锚固铁丝网砼筑围堰、废弃地平整覆土、截排水及植被养护等技术对露天矿进行生态修复，取得了良好的经济效益、社会效益和生态效益。

一、研究区概况

A 关闭露天矿位于苏州市吴中区木渎镇北郊天平山景区东侧，地貌类型属于构造-剥蚀低山丘陵，占地面积 $1.18\times10^6\ m^2$，其中裸露边坡 $1.6\times10^5\ m^2$、废弃地占地 $1.02\times10^6\ m^2$。边坡高度 30～150 m，坡度 50°～80°，局部坡面节理较发育，残坡积覆盖厚度达 1.5 m，表层岩石风化强烈。废弃地存在多处残丘，零星分布水塘，地形错落、起伏较大。边坡和废弃地残留松动张裂的岩体，存在崩塌、滑坡地质灾害隐患。露天矿周边分布乡镇、村庄、天平山风景区及城市主干道等。

露天矿出露基岩主要为燕山期的花岗岩，岩性质地坚硬，第四纪地层在露天矿内发育较差，残坡积层分布于低洼处和边坡顶部，厚度较薄，主要为棕黄色含砾砂粉质黏土。废弃地内蓄存大量水体，露天矿基岩裂隙水主要赋存于花岗岩裂隙、节理及构造发育部位，一般水量不大，水质良好，边坡坡脚及坡体沿节理裂隙常有基岩裂隙水以渗流形式出露。

二、研究区地质环境问题

（一）地质灾害及安全隐患

根据现场调查，露天矿边坡发育多处地质灾害隐患点，极易诱发崩塌、滑坡等地质灾害，暴雨后水土流失严重，局部已发生多次崩塌和滑坡，严重危及露天矿周边交通主干道、附近居民的生命财产安全及基础设施安全。露天矿内分布 14 处矿坑，深度 20 m 以上，最大水域面积达 $6\times10^4\ m^2$，由于缺少安全防范措施，曾发生多起溺水事件，存在安全隐患。

（二）地形地貌景观破损

露天矿边坡和废弃地内岩石裸露，岩体松动，坡面植被遭受破坏，山体破损严重。废弃地陡坎纵横交错，地形起伏较大，山体地质景观、地形地貌景观破坏严重，不仅造成视觉污染，也极大浪费土地资源。

（三）生态环境负面影响

露天矿原始山体植被生态系统遭受破坏，其面貌与周边自然环境极不协调，水土流失和扬尘污染严重，工业与生活垃圾凌乱堆放，污染水体和空气，对苏州城市生态环境产生恶劣影响。

三、生态修复技术应用

（一）边坡生态修复

1. 削坡清坡

在露天边坡坡顶和中上部，采用浅孔定向爆破和 CO_2 致裂技术进行削坡。削坡最终坡度角小于 55°，消除崩塌、滑坡等地质灾害隐患，保证边坡安全稳定，为边坡生态修复创造基本条件。削坡时先清除岩体表面覆盖层黏土，回收用于边坡绿化。削坡后，采用人工结合机械清除坡面上的浮(悬)石，消除不稳定岩块(体)崩落等地质灾害，满足绿化需要，保证边坡生态修复后长期稳定，在挂网客土喷播区域要保证坡面基本平整。

2. 回填压脚

在边坡坡脚和下部位，利用削坡清坡的碎石土回填压脚。通过回填压脚，不仅增加了边坡抗滑能力，提高了边坡稳定性，而且为绿化提供有利的地形条件。对回填碎石土分层压实，粒径较大的碎石土用于回填层的下部，自下而上，逐步减小回填碎石土碎石粒径，回填压实结束后，覆盖种植土。经济技术指标：回填压脚后边坡坡度小于 30°，形成凹曲面；种植土层厚度 60 cm 以上；碎石粒径小于 8 cm，碎石土中碎石含量 30%～80%；碎石土以每 30～40 cm 分层碾压和夯实，距表层 0～80 cm 的填料压实度≥93%，距表层 80 cm 以下填料压实度>90%。

3. 浆砌片石格构植被护坡

在边坡滑坡及其地质灾害隐患区域，采用浆砌片石骨架植被护坡技术进行边坡防护。格构护坡坡面应平整、密实，无表层溜滑体和蠕滑体。经济技术指标：格构以花岗岩石块、M10 水泥砂浆砌筑；锚杆嵌置于边坡基岩中，深度大于截面高度的 2/3；骨架的断面形式为 L 形，分流坡面径流水；骨架与边坡水平线呈 45°，左右互相垂直铺设，方格间距 1.5 m；在骨架底部及顶部和两侧范围内，用 M10 水泥砂浆砌片石镶边加固；每隔 15 m 宽度设置伸缩缝，缝宽 20～30 mm，填塞沥青麻筋或沥青木板。在格构内回填种植土，种植小乔木、灌木及藤本植物。

4. 挂网客土喷播绿化

在削坡清坡和回填压脚坡面进行挂网客土喷播。绿化植被以乡土植物为主，配置耐贫瘠植物，以少量草本植物为先锋、乔灌木为主体。经济技术指标：包塑 14# 镀锌铁丝网，网孔 4 cm×4 cm，网宽 200 cm；镀锌铁丝网向坡顶上方延伸 60 cm 以上；挂网搭接距离 10 cm 以上；网面和坡面之间保持 3～4 cm 空隙；沿坡顶线每米设置 1 枚主锚钉，与铁丝牢固连接，在岩面上按 2 m×2 m 设置；主锚钉采用 ϕ16 mm 钢筋，长 200～250 mm；其他锚钉采用 L 形 ϕ6 mm 钢筋，钢锚钉长度 150 mm，按间距 50 cm×50 cm 设置，锚钉嵌入岩体深度 5 cm 以上；对覆盖层较厚的非岩质边坡，采用长 250～300 mm 或更长的 T 形竹钉紧固，每平方米不少于 8 个竹钉；分二次喷射，第一次喷射厚度 12 cm 以上的植生基质，第二次喷射厚度 2 cm 以上的植物种子及营养液混合料，在岩性破碎或岩石坚硬部位喷层厚度可适当增加。

5. 鱼鳞坑砌筑

在露天边坡岩体裂隙较多、岩质疏松和较平缓部位砌筑鱼鳞坑。采用小型爆破技术挖凿坑穴、浆砌花岗岩石技术围筑坑穴。经济技术指标：坑穴面积 0.50 m^2，直径 0.80 m，坑深 0.60 m；砌筑水泥砂浆标号不小于 M10，围堰的墙体厚度 0.25 m，高 0.6 m；砌筑结束后，及时做好墙体水泥凝固期内的养护工作，最少养护 7 d。岩面较陡、墙体较长的部位应在墙体上部和下部分别埋设 2 根 ϕ8 mm 的拉结筋，以防墙体倒塌；砌筑结束后，及时做好墙体水泥凝固期内的养护工作，最少养护 7 d。

6. 锚固铁丝网砼筑围堰

在露天边坡岩壁陡立甚至反坡的区域采用锚固铁丝网砼筑围堰技术进行绿化。经济技术指标：15～20 mm 的螺纹钢做防锈处理后竖向打孔锚固，孔深 40～60 cm，采用 6～8 mm

的盘条做防锈处理后横向编绕，形成围堰槽体的骨架；孔径 20～30 mm 的铁丝网由内侧绑贴，围堰形成通透槽壁，以 M10 水泥砂浆护砌槽壁，回填种植土，围堰槽体直径 80～100 cm，穴深 60～90 cm，平均 9 $m^2$1 个。

7. 修整平台与绿化种植

边坡削坡修整形成 2 m 宽平台，在平台外缘砌筑挡土墙，台面回填种植土，种植乔灌草立体植被，利用攀援性强的藤本植物沿斜坡延伸，绿化石壁，形成立体效果。在平台外缘种植悬垂植物与攀援植物绿化覆盖裸露岩壁。经济技术指标：墙体高度 100 cm，平均宽度 50 cm，一般适当保持下大上小，以花岗岩石块浆砌，水泥砂浆标号 M10，砌筑后做好墙体保养；回填种植土厚度 60 cm。

8. 坡脚挡土墙及内侧绿化种植

根据露天矿地形地质条件，在距离坡脚 2 m 处砌筑挡土墙，在挡土墙内覆土进行绿化种植，营建露天矿边坡景观绿化带。经济技术指标：墙体高度 180 cm，下底宽 100 cm，上顶宽 50 cm；C30 混凝土浆砌花岗岩石块；泄水孔采用 ϕ100 mm PE 管，进口用 25 cm×25 cm 透水土工布包裹，进口底部填筑 30 cm 厚的黏土；伸缩缝间距 10 m。

9. 摩崖石刻

A 矿裸露坡面是苏州地区保存最完好的花岗岩剖面，对边坡岩体稳定、相对平整且规模较大的岩面予以保留并自然裸露，结合摩崖石刻艺术化修饰，在降低修复成本的同时，形成地质剖面遗迹观赏价值。

（二）废弃地修复治理

1. 机械挖掘及人工撬挖

采用履带式碎石机震碎岩石，用挖掘机挖运土石方，挖高填低，结合人工撬挖清理，修整边坡坡脚附近和废弃地边角，回填小型沟槽，整理场地。

2. 废弃地平整

拆除露天矿留存的陈旧机械设备、生产及生活设施等，根据场地地形地貌现状进行场地平整，清理残留的岩土体，降低陡坎坡度等。场地整治产生的土石方用于边坡回填压脚和低洼地及矿坑回填。平整后的地面坡度一般不超过 5°，局部坡度不超过 25°。

3. 回填种植土

在平整后的场地回填种植土，厚度 60 cm，回填均匀，保持场地平整。从场外运入种植土需检测，应是无污染的山土或田地土壤，保障露天矿废弃地整治复垦后的土地达到农林用地安全标准，为土地资源储备及开发利用做好基础性工作。

（三）配套工程及设施

1. 截排水

根据边坡和废弃地的地形地貌，减少雨水（洪水）对坡面和废弃地内植被和土壤的冲刷，防止水土流失，在边坡坡顶、边坡平台、坡脚和废弃地内修建连通的截排水沟，截排水沟与矿坑水塘贯通，保障露天矿生态修复区排水通畅。沿边坡坡顶界线外延 5 m 处，修筑截水沟；在边坡平台邻近坡面坡脚处修筑平台排水沟；沿边坡坡脚挡土墙外侧修筑排水沟；根据地形地貌在废弃地内修筑排水沟。坡顶截水沟和边坡平台排水沟采用钢筋混凝土浇筑，开挖沟槽净宽 40 cm、深 30 cm，ϕ10 mm 钢筋绑扎铺设沟槽，C30 混凝土浇筑。坡脚和废弃地排水沟采用花岗岩石块浆砌，开挖沟槽净宽 50 cm、深 40 cm，浆砌水泥砂浆强度 M7.5，沟体两侧顶部以C20混凝土浇顶，用M10水泥砂浆勾缝。

2. 浇灌系统及植被养护

在边坡绿化区域布设浇灌系统。横向主水管沿坡顶布置，水管采用4寸PVC水管；纵向水管沿垂直坡顶线方向间距25 m布设，每15 m坡高间距布设喷头。以主水管从矿坑水塘抽水，用增压泵增压，保证有足够的水压到达坡面植被养护区。在坡面种植区布置旋转喷头，使水流呈雾状喷灌养护，旋转喷头间距15 m。植被养护包括浇水、施肥、病虫防治及苗木补植等，养护期为2年。

3. 防护设施

沿矿坑水塘岸边1.5～2.0 m修建挡土墙，防止复垦场地的水土流失。挡土墙高度100 cm，平均宽度50 cm，通常保持下大上小，以花岗岩石块浆砌，水泥砂浆标号M10，砌筑后及时做好墙体保养。因矿坑水深、面积大，设置安全防护栏。栏网顶部高出地面线1.8 m，网孔150 mm×50 mm，钢丝网丝径4.8 mm，立柱采用ϕ48 mm/2.5 mm钢管，间距3 m，埋入基础300 mm。

（四）生态修复成果监测

矿山生态修复工程结束是植被生长、土壤质量提高、系统演替和稳定的开始，只有通过长期监测，才能判断生态修复工程的成功性。参照《生物多样性观测技术导则 陆生维管植物》(HJ 710.1—2014)对已完成生态修复区域进行植被种类、植被长势、植物多样性(α多样性指数体系、β多样性指数体系)等进行监测与记录，定期对复垦土壤养分水平、重金属等污染物进行测定，对生态修复成果进行综合评价分析，预判潜在风险并及时调整生态修复方案。

四、技术应用创新

（一）削坡综合型技术

针对高陡花岗岩边坡的工程地质特征与地质环境问题，因地制宜采取浅孔定向爆破、CO_2致裂、机械处理等综合型技术。对边坡岩体稳定性较好的区段不削坡，对边坡岩性破碎、节理发育的不稳定区段，在保证边坡安全稳定的前提下少削坡，尽量减少对原始山体及其植被的破坏，满足坡面植被生长的需要，同时节约修复工程资金。

（二）山体边坡喷播优化技术

为改良露天矿边坡植物生长的土壤环境，在客土喷播基质中加入适量微生物菌剂，计量0.010～0.015 g/m^2，提高了植物对土壤氮、磷、钾等养分的吸收效率，增加了土壤的渗透性和保水能力，促进岩石坡面植物群落的自然演替。

（三）坚硬岩石高陡边坡绿化技术

在花岗岩露天矿边坡陡立、反坡、凹陷及小平台部位，充分利用边坡微地形，在不破坏山体和有利于绿化美化的前提下，采取锚固铁丝网砼筑围堰技术，进行高陡岩壁绿化。构筑钢筋混凝土围堰，在围堰体内回填土种植适地适生的草花、抗逆性强的小乔木、灌木及藤本植物。此技术实施效率高、效果好，适用于陡立岩石边坡生态修复。

五、综合效益评价

通过综合生态修复技术的应用，修复绿化露天矿边坡面积1.3×10^5 m^2，复垦废弃地

1 500 亩，有效消除了露天矿崩塌、滑坡等地质灾害隐患，保障了人民群众的生命财产安全。这既保持了水土，又绿化美化了山体，改善了露天矿及周边的生态地质环境，提升了生态景观，使之与邻近天平山风景区的优美环境相得益彰，融入了环太湖风景区自然环境。

综合应用浅孔定向爆破和 CO_2 致裂技术削坡减载、回填压脚和浆砌片石格构技术防护边坡，可以有效消除花岗岩陡立岩质边坡崩塌及滑坡地质灾害隐患，并为边坡生态修复提供有利的地形条件。针对性地应用挂网客土喷播、锚固铁丝网砼筑围堰、鱼鳞坑及坡脚绿化等生态修复技术措施，可以显著修复边坡生态环境，提升绿化景观。采取挖高填低、场地平整、覆盖种植土等废弃地修复治理技术方法，结合景观绿化、截排水、植被养护、摩崖石刻等措施，不仅改善了露天矿及周边生态环境和景观面貌，而且复垦储备了宝贵的土地资源，为其他地区露天矿地质环境治理与生态修复工程设计与实施提供了参考。

六、前沿技术与展望

（一）表土替代材料

表土替代材料是指从矿区土地复垦环境建设可持续发展的角度出发，利用非表土等资源的理化性质，将其合理配比，综合利用，使之成为适合植物生长的新型土壤。表土替代材料多以矿山剥离物作为研究对象，通过添加有机质、改良剂以及植物措施等改善表土替代材料的物理性状、提高肥力，为植被重建提供必要的条件。

胡振琦教授测定了内蒙古某露天矿Ⅲ层亚黏土的原装基质的土粒间空隙、保肥性能、pH 值及重金属含量后，发现其具备作为表土替代材料的潜力。在其他研究中胡振琪教授将按风化煤∶煤矸石∶粉煤灰＝5∶1∶4 的比例混配成表土替代材料，施入适量煤基混合物加以改良，研究结果表明，煤基混合物的施入提高了土壤保水保肥能力，可加速土壤熟化速度，提高作物产量和抗逆性，证明了以矿山废弃物代替表土的可能性。

表土替代材料有效地解决了露天矿区土地复垦与排土场生态重建过程中表土缺失的问题，实现了矿区固体废弃物的资源化利用，减少了土地的占用。表土替代材料的理化性质决定了植被群落的演替方向和发展速度，良好的表土替代材料可以快速提高复垦用土的理化性质及土壤中微生物的活性，提高植物的成活率，植物根际微生物的生命活动，使复垦区重新建立和恢复土壤微生物体系，加快表土替代材料的熟化速度，缩短了矿山生态修复与重建的周期。因表土替代材料可以就地取材，既可以实现废弃物的资源化利用，又具有较高的经济适用性，对绿色矿山的建立与实现可持续发展具有重要意义。

（二）表土替代材料改良剂

表土替代材料的研究尚处于探索阶段，有技术专利提出采用碳质泥岩作为原料并对其进行氧化酸化处理，提取并富集其中的黄腐酸、棕腐酸等腐殖酸，提高表土替代材料中有机碳含量，解决表土替代材料 pH 值偏高、有机质缺失以及微生物数量少及活性差等问题，使表土替代材料快速提供适合植物生长的立地条件。

该项技术提出使用 H_2O_2 溶液对碳质泥岩进行常温浸泡离心，获得黄腐酸一次浸提液和一次离心固体；将一次离心固体加入混合酸溶液搅拌离心，获得黄腐酸二次浸提液和二次离心固体；将黄腐酸一次浸提液与黄腐酸二次浸提液混合浓缩得到黄腐酸浓缩液；所述黄腐酸浓缩液中添加木醋液和竹醋液，得到改良剂液体组分；将二次离心固体进行风干研磨，与农产品废弃物、磷石膏粉混合，加入土壤微生物菌群，获得改良剂固体组分。使用时固液组分混合搭配使用。

该技术改良剂的使用可以全面提高表土替代材料中氮、磷等大量元素含量，镁、锌、铁、锰等植物生长所必需的微量元素，提高腐殖酸含量，降低表土替代材料容重，促进团聚体形成，降低表土替代材料 pH 值，提高表土替代材料中微生物水平，改善土壤微环境，从养分供应、物理性状及微生物含量等全方面对表土替代材料起到改良作用，加速表土替代材料的熟化进程。

（三）水肥保持结构

露天矿需进行土地复垦的排土场地块具有面积大、土壤熟化程度低、保水保肥能力差、物理性状差、养分水平低等植物立地条件较差的特点，尤其是对于需复垦的坡面排土场，排土场场地不平整，易在排土场及地下土壤中产生径流，在低洼处出现积水现象，不利于植被生长。现有技术不能有效解决坡面复垦种植后水肥流失及或低洼处积水等问题。

有专利提出一种水肥保持结构，包括复垦底板、肥力持有层、下渗层、持水层、截留层、复垦地支撑装置。肥力持有层、下渗层、持水层、截留层的厚度分别为总厚度的 5%～15%、35%～55%、40%～60%、5%～15%；肥力持有层原料由采矿剥离物软岩与采矿剥离物生土按 6∶4 的质量比组成，采矿剥离物软岩粒径为 1.5～0.5 mm，采矿剥离物生土粒径 1.5～0.5 mm。从坡底底板开始，将生土小粒径部分与丙烯酰胺类保水剂混合，作为间隔带，将生土小粒径部分与丙烯酰胺类保水剂混合，作为截留层，将软岩 1.5～3 mm 部分作为下渗层；将生土中粒径部分、软岩中粒径部分与长效缓释肥料混合，作为肥力持有层，并施入不同类型的肥料。

保水单元中下渗层粒径较大，有利于水的纵向运动，持水层有丰富的空隙结构，可以保存大量水分，凝胶保水剂可以锁住自身体积 300～500 倍，仅靠保水剂即可锁住 15～25 t 水，截留层为细粒心土，具有较好的黏性，与丙烯酰胺类保水剂共同作用，形成一层隔水屏障，截住大部分水分。间隔带采用截留层的原料堆积而成，在各保水单元中采用间隔带，可以保证各保水单元中的持水肥效果，避免各保水单元中的水肥随坡面流失。未吸水的保水剂受到土壤压力作用会降低其吸水效果，使用吸涨后的保水剂可以保证其释水后再次吸水胀大的空间，还可以增加土壤的孔隙度和透气性。该技术所用的基质来源于矿区，可实现就地取材，操作方便可行，降低生产、运输成本。

第五节　矿山闭坑的正负生态环境效应与对策

与世界其他矿业大国相比，我国是一个矿业集中度较低的国家，就产量与从业人数而言，我国的小矿可谓世界之最，这与我国大中型矿床少、小型矿床和矿点多的矿产资源禀赋特点有关，也是我国小矿居多的客观原因；主观原因则是我国改革开放初期“有水快流”政策的实施，大小矿、集体、个体一哄而上的政策导向使小矿如雨后春笋般地发展起来。

随着我国众多小型露天矿浅部资源逐渐枯竭、能源供给侧结构性改革、国家关井压产和淘汰落后产能政策实施以及露天矿准入门槛提高等，大量不符合国家安全与生态环境标准、无效益的露天矿企业被迫关闭。据统计，20 世纪 90 年代中期全国露天矿总数尚有 28 万多个，但经数次治理整顿，2005 年减少为 12 万余个，2016 年底减至 6.7 万个。20 年全国共关闭露天矿超过21万个，且未来将有更多露天矿实施关闭。

露天矿建设与开发的目的是获取矿产资源，发展经济，提高社会生产力，改善人类生存质量，但由于多种原因，实际上有相当数量的小型露天矿在其建设、开发、闭坑的全生命周期过程中，对其周围生态环境产生了相互伴生的正、负两种效应。以往研究多集中在露天矿建设与开发过程中的生态环境负效应问题，笔者不仅分析闭坑矿山生态环境负效应的基本类型和有效防控与治理对策，而且剖析与其伴生的生态环境正效应的类型、特征和合理开发与利用初步设想，闭坑矿山伴生的正、负生态环境效应演化机理，调查勘探，评价预测，修复治理，开发利用，监测预警，政策法规和信息系统建设等，这是我国闭坑矿山未来应该解决的重大课题。

一、生态环境负效应

（一）形成污染矿坑水源

闭坑矿山一旦停止排水，原有井工露天矿的采空区、老窑和废弃井巷构成的庞大的地下存储水空间，可能形成“人工湖”。受区域水文地质条件控制，矿坑水体的水位将随着含水层地下水或地表水补给逐渐抬升并趋于稳定，最终形成了巨大的矿坑水体。由于许多矿床（特别是煤系）含有黄铁矿等含硫矿物质，氧化后易形成硫酸盐，甚至硫酸，使得矿坑水多呈酸性；金属矿床常含有大量金属离子，甚至有害重金属离子；其次，丢弃在井下的腐蚀腐朽后的金属、木质支护材料、污泥、机油和人员生活排泄物等，往往成为矿坑水的污染源。因此，闭坑矿山的矿坑水的水质一般较差，常为污染性水源。

（二）串层污染地下水与地表水

露天矿生产阶段形成的顶板导水裂隙带和底板扰动破坏带既是采掘时期地下水向矿坑充水的通道之一，也是闭坑矿山水反向补给地下含水层的主要通道。在天然和人为充水通道控制下，劣质矿坑水将通过多种通道以多种途径和方式串层污染地下含水层，甚至污染当地地下水水源地。山东淄博矿区中奥陶统岩溶裂隙水曾经是当地生活和工业供水的主要优质水源地，但随着大量煤矿的关闭，污染了的矿坑水反向补给地下水，导致优质奥灰水被严重污染，且污染区域还在不断扩大，已造成上百口供水水源井报废，严重影响了当地城乡和矿区居民的正常生活与生产。污染矿坑水或受污染的地下水，一旦渗流出露地表，就会形成污浊的泉水或使清泉变污，从而污染地表水系，损害土壤，破坏地表生态系统。露天矿污水反向补给含水层和直接地表排放以及污染矿坑水自然溢出，正是山西娘子关泉域岩溶地下水和地表水系统受到污染的主要原因之一。

（三）矿区地面二次塌陷

闭坑矿山充水后，井工露天矿采掘区域原来已经处于应力平衡稳定状态的煤岩柱体被水浸泡后，由于强度降低可能失稳，诱发矿区地面二次塌陷，甚至出现山体崩塌和滑坡等地质灾害。如湖北省荆门市石膏矿区在2010年停产后发生了数十次采空区地面塌陷，造成工业园道路和建筑物等的破裂。对于闭坑矿山，特别是沉积型露天矿，由于矿坑坑底积水，矿坑边坡极易失稳，形成大面积滑坡灾害，特别在雨季，这种现象更为严重。如阜新海州露天矿在闭坑后仍然存在滑坡问题。

（四）矿区高层建筑地基失稳和基础设施危害

随着我国城镇化进程不断加快，城区持续扩张和房地产业蓬勃发展，受征用地限制，不少工业与民用建筑(甚至高层建筑)、高速铁路和公路等基础设施工程建设在矿区采空区之上或附近。由于采空区历经多年稳沉演变,上覆岩层和地面已趋于稳定,且由于生产矿坑连续开采排水而处于非充水状态,高层建筑物地基和基础设施等稳定性尚好;但露天矿一旦闭坑,井下采空区将逐渐积水,抬升的矿坑水位将使建筑物地基岩土和基础设施等被水长期浸泡,破坏岩土体地应力场与水动力场的原有平衡,如果建筑场地断裂构造或裂隙密集带发育,这些原生地质构造因被水长期浸泡,可能被二次激发活化。这些因素可能会影响采空区上或附近高层建筑物地基和基础设施等的稳定,甚至诱发建筑场地和基础设施等地面鼓起或塌陷等变形,导致建筑物和基础设施等破裂损毁等。针对采煤沉陷所造成的居民住房、学校、医院以及供水设施、道路等的损害,我国投入了大量财力、物力和人力进行治理,仅山西省就投入超过 300 亿元,其中约 158 亿元用于受影响的 65.5 万居民搬迁,约 60 亿元用于公共基础设施建设,约 60 亿元用于沉陷区环境治理与土地复垦。随着采空区条件改变,貌似稳定的采空区地表仍可能失稳,进而破坏高层建筑物地基和基础设施。

(五) 威胁周围生产矿坑安全,增加安全投入

闭坑矿山坑形成的大面积巨大积水体,严重威胁着周围生产露天矿的安全运行,若两者之间防水隔离煤(岩)柱尺寸不足或受到后期扰动破坏,位于高势能一侧的采空区积水就会透水淹没所有低于积水采空区标高的采空区(如积水量充足),其后果不堪设想。其次,闭坑矿山若与生产矿坑之间存在连通通道,闭坑矿山的火灾、瓦斯等灾害也极易蔓延到相邻生产矿坑。

二、生态环境正效应

(一) 储藏效应

1. 农作物储藏场所

在我国北方,冬季寒冷漫长,而许多农作物并不耐受低温。如果将红薯、大白菜、萝卜、香蕉、南瓜等这些并不耐受低温的农作物储藏于温暖的煤矿井巷中,不仅能够节省储藏室的建设费用和用地,还可以节省不少供暖设施的购置、安装与运行费用。夏季,井巷温度又明显低于地表,湿度又较大,适合韭菜、黄瓜、大葱、番茄、冬瓜等农作物较长时期的储存和保鲜。西北地区比较干燥的闭坑矿山井巷还可以建成粮库。井巷空间作为农作物储藏场所开发利用,储藏量巨大,节能环保,节约土地,效益可观。此外,闭坑矿山的地下采掘空间也可为大量物流货物提供仓储场地。

2. 流体资源和有害气体储藏场所

如果地质条件适宜,闭坑矿山井巷和采空区可作为石油、天然气等流体资源的储藏场所,能够节省大量建设费用。为降低温室效应,也可将 CO_2 等工业废气封存于闭坑矿山的采空区之中。1973 年第一次世界石油危机以后,美国、法国、德国、比利时等国就利用废弃矿坑建设了大量"地下油气库"。例如:20 世纪七八十年代,美国能源部在得克萨斯和路易斯安娜两个州的地下盐岩矿坑建立了五大战略石油储备基地,总储存能力达 1.37×10^9 t。法国也利用矿坑废弃井巷作为轻油等战略物资的地下储库。1963 年,美国利用科罗拉多州的一处废弃煤矿建成了世界首座废弃矿坑地下储气库。比利时 SA 燃气供应公司 1975 年和 1982 年分别在安德鲁斯和佩龙先后建成了两座废弃煤矿天然气地下储存库并投入使用。1965 年,德国在布伦瑞克利用废弃采矿空间建成了天然气储气库。中国第 1 个盐穴地下储

气库金坛储气库于2005年开始建设，2007年正式投产注气，2023年1月19日累计采气量突破50亿 m^3。国内也有将工业废气、废水等注入资源枯竭的油气地层或封闭条件良好的闭坑煤矿之中的研究与建议。

3. 城镇垃圾和固废储藏场所

城镇在建设和改造过程中产生大量沙土、瓦砾和废渣等建筑垃圾，居民日常生活也产生大量生活垃圾。填埋城镇垃圾，往往需要在城镇周边购买占用大量耕地。长此以往，城镇会被“垃圾山”所包围，既影响观瞻，又影响城镇日后发展；随着购地成本逐步增加等，城镇垃圾填埋日益成为市政部门的棘手问题。经过环保处理改造的露天矿坑和井巷采空区若作为无害或经过无害化处理的城镇垃圾和其他固废储藏地，既可解决令人头痛的城镇垃圾和固废堆放填埋问题，也能够减轻采空区沉降或二次塌陷等不稳定问题，还可为露天矿坑的环境再塑创造条件。

（二）资源效应

1. 土地资源与办公场所及辅助设施

中大型露天矿企业往往占有大量土地资源，建有办公楼、澡堂、职工食堂、设备维修车间等，不少露天矿企业还建有相当数量的家属楼以及医院、学校、幼儿园、救护队等，有完善的供水、供电、供暖、通讯、安保、医疗、教育等设施和系统。露天矿闭坑后，若土地资源弃之不用，人去楼空，地面生产、生活设施闲置，将造成极大浪费，曾经繁华的矿区多年后将杂草丛生、房倒屋塌、一片狼藉、满目疮痍，从而成为不安全、不稳定的场所。如果政策到位、措施得力，闭坑矿山的土地与建筑等资源得到充分利用，就可以实现华丽转身，再现繁华景象。例如：结合国家的新农村建设、脱贫攻坚等战略，吸引农村人口就近转移，将矿区建成新型村镇，将原有办公场所改建成村镇政府驻地，将职工澡堂改建成社区洗浴中心，将职工医院改建成社区医疗中心，将职工食堂改建成农家乐美食城等，将闲置土地复垦或绿化修葺成为休闲公园。这样，矿区转化成新型村镇，既可为农村人口转移提供条件，又可为地方政府节省大量基建投资，还可通过资源变现为闭坑矿山转型发展和职工安置创造条件以及为继续留在矿区生活、工作的职工提供生活服务保障，一举多得。另外，也可以充分利用闭坑矿山的土地资源与现成设施，积极安置露天矿职工重新就业。河南能源焦煤集团小马煤矿关闭后，焦煤集团就充分利用小马煤矿的土地、办公与地面设施，将其防治水中心、瓦斯治理公司、供应处物资总库、物资分公司车间、神龙公司等单位设置在闭坑矿山大院之内，还引入社会资金将原来的职工宿舍装修改建成为焦作市伍福养老院等，取得了良好的社会、经济效益。至于地理位置偏远、规模微小、开发利用价值不大的闭坑矿山，则应采取复垦、植树、种草等措施，恢复或再造美好生态。

2. 残留煤资源

大部分闭坑矿山仍然残留着相当数量的煤炭资源，如端帮压煤、遗留零散煤炭、不可采或不好采煤炭等资源。应用煤炭地下导控气化技术，可将闭坑矿山这些废弃残留煤资源在地下直接气化为高附加值的清洁能源，实现“变废为宝”。

3. 地热资源

不少闭坑矿山开采深度达数百米，甚至超千米，地温较高，有的还存在地温异常，大多数矿坑生产时期把地热作为热害处理，少部分矿坑也作为热源开发利用。矿坑一旦闭坑后，地热已有益无害，可充分开发利用。例如：可将较高温度的矿坑水抽出，再将热能交换出来，为洗浴、社区住户供暖、井口冬季保温等提供热源。开发利用地热资源，绿色清洁环保。

4. 煤层气资源

有的闭坑煤矿虽然煤炭资源枯竭，但仍有较丰富的煤层气资源可供发电或为城镇居民提供燃气。煤层气的主要成分是甲烷，甲烷对臭氧层具有很强的破坏作用，其温室效应是 CO_2 的 21 倍。开发前，应首先对闭坑矿山的煤层气资源量和聚积规律进行评估和分析，预测经济效益。开发利用闭坑矿山煤层气资源，既有经济价值，又有环保意义；既要看重经济效益，更要看重环保效益。法国、德国等已将关闭矿坑的采空区煤层气开发后输送到城镇社区作为居民生活气源。

5. 伴生固体资源

保留并利用闭坑矿山的原有通风、运输、供电、通信等系统以及部分井巷工程和地面的办公、生活、仓储设施等，开采煤系共伴生固体资源，能够为新资源开采节省大量矿坑建设投资；同时闭坑矿山也可以减少设备拆除费用，盘活原有固定资产。例如河南能源义马煤业集团拿到全国首个煤铝联采许可证，计划在煤炭开采过程中和结束后同时和继续开采铝土矿资源。

6. 矿坑水资源与防洪

闭坑矿山的矿种资源不同，矿坑水的水质差异较大，即便是煤矿，不同的煤种及其理化特征、围岩条件，矿坑水的污染程度也差别明显。不同行业用水，对水质要求不同。将矿坑水资源化，直接从矿坑地面抽水或将矿坑水净化处理后，可以用作建筑、除尘、农林灌溉、选煤厂、电厂等的供水水源，能够缓解水资源不足的问题，特别在我国北方干旱半干旱地区，其意义重大。利用巨大的矿坑在汛期拦洪，可有效降低洪峰流量，减轻洪水灾害，这也是闭坑矿山的一个正效应。

（三）种养殖场地

闭坑矿山，特别是平硐，由于具有避风、避雨、避暑和避寒等功能，是畜牧业养殖的好场所，未受污染的含水层地下水又可为牲畜提供良好的饮用水源。井巷既可以作为北方牧民冬季的养殖场，如羊圈等，让牲畜躲避严寒，也可以作为酷暑时节放牧时牛羊等的"纳凉之地"和极端天气条件下的"避风港"，还可以改造成为鹿、麝、熊、貂、狐、鸡、鸭等的饲养场。根据露天矿井巷阴暗潮湿的特点，还可以养殖蛇、蜗牛、蝎子、鱼、鳖等药材或高档食材，也可以种植蒜黄、蘑菇等作物，为新兴农业发展提供种养殖场所。

（四）军事防御工程场地

闭坑矿山的大量井巷空间原来支护条件好，结构稳定，可以开发为地下防护工程，作为地下军事指挥中心、防空洞、士兵和军用装备隐蔽地、核防工程等，成为国家军民融合战略试验区。

（五）疗养场地

一定深度下的井巷空间，温度基本恒定、湿度适宜，有的盐矿还具有特殊的空气质量，有的矿坑水具有特殊的矿物组分，对某些老年性疾病、呼吸道疾病、过敏性疾病以及部分皮肤病等有很好疗效。例如：波兰维利奇卡盐矿曾利用 210 m 深处的废弃岩盐井巷建成了一座过敏性疾病研究所，供呼吸道疾病患者治病疗养；乌克兰曾在喀尔巴什州地下深度 206～282 m 的岩盐矿坑内开办了一所医院和一个国家疗养院，用于治疗哮喘病人，治愈率达 84%。

（六）地下城市

在我国闭坑矿山中井工矿居多，有的露天矿斜井开拓，但坡度较小，有的则是平硐开拓，不少露天矿井底车场、大巷以及排水泵房、配电硐室、炸药库、材料库、避难硐室等主要硐室空间宽畅，围岩条件好，支护强度高，结构稳定，并有一定装修，有的煤矿还曾建有井下小卖部，井巷内部常年气温相对恒定，湿度适宜，通风条件好，可开发为宾馆、医院、博物馆、地下超市、停车场等，也可建成养老院，或城市高端社区供人们日常居住生活，也可开发成为老年人或慢性病患者冬季躲避严寒、夏季躲避酷暑的恒温场所，形成新的产业。这既开发利用了闭坑矿山的地下空间，又可节省地面土地资源，经济、社会、生态效益显著。上海天马山世茂深坑五星级酒店就建设于深度 80 m 的废弃矿坑之内，共 19 层，坑外为 3 层，坑内 16 层，其中有 2 层在水下，包含酒店客房、会议、餐饮层，总投资百亿元。该酒店既是世界上首座利用闭坑矿山建设的高档豪华酒店，也是世界上海拔最低的现代化特色建筑，融天然室内花园、大型景观瀑布、水中情景房等为一体，于 2013 年 3 月正式动工，已于 2016 年竣工并营业。

（七）旅游休闲体能健身场地

闭坑矿山通过改造与环境整治，打造成露天矿公园、生态公园、地质公园、体能健身等场所，开发为旅游专线或综合旅游项目的支线，国内外已有不少相关开发实例。我国不少闭坑矿山邻近城市或旅游区，依山傍水、四邻环境秀美，交通便利，有很好的开发条件和发展前景。选择条件适宜的闭坑矿山，将其通风、排水、运输、通信、供电等系统以及井筒、车场、风门、溜煤眼、防水闸门、上下山等设施整体或局部保存下来作为旅游场所，供人们休闲健身、体能训练和体验井下生活。露天矿坑也可以通过环境再塑，深部蓄水后形成“人工湖”，开发为“水上乐园”或游泳池，再将浅部绿化，把生产时期的台阶改造成走廊，从而华丽转身，成为城乡居民的休闲之地；有的露天矿，揭露地层较多，又蕴含丰富的动植物化石，可以看到清晰的断层、褶皱、层间滑动等地质构造和各类化石，能够看到在地层天然出露头区或井下难以看到的各类地质现象，非常适宜开发为地质公园或地质专业学生的实习基地。

辽宁阜新海州露天矿于 2005 年关闭，2006 年被列为首批国家露天矿公园，2009 年又被批准为全国首家工业遗产旅游示范区。该露天矿公园占地 28 km^2，由露天矿坑、主题广场、博物馆和环坑公路等部分组成。在露天矿坑可以看到侏罗纪、白垩纪等中生代沉积地层；在主题广场陈列有挖掘机、蒸汽机车、推土犁、钻孔爆破机等大型采掘运输设备；环坑公路把地质遗迹、采矿遗迹、大型设备、选矿场地等具有科普价值的景点连成一线。其他已建成的还有湖北黄石、河北开滦煤矿、内蒙古赤峰巴林石、吉林白山板石、河南焦作缝山等国家露天矿公园。多家单位曾做过河南义马北露天矿闭坑后建设露天矿地质公园的可行性研究和环境再塑方案，在露天矿坑的西南侧现已建有银杏化石石阶考察路线。

湖南长沙大王山旅游度假区湘江欢乐城，是目前世界上唯一一个废弃矿坑华丽转身为冰雪游乐世界的工程，也是湖南省规模最大的旅游综合项目。项目中，220 m 长、160 m 宽的巨型室内雪乐园主体建筑悬浮于深坑之上，并将部分水乐园活动项目置于雪乐园屋面之上，形成水与雪的垂直主题叠加。矿坑既能让戏水的游客尽情领略深达百米的矿坑工业遗址风光，又为雪乐园独特的室内保温环境提供了天然的隔热屏障，矿坑水通过过滤、净化处理后还能为戏水池、景观水、海豚表演、潭底鲨鱼互动探秘等场所提供水源。

（八）利用势能差与电价差建设坑口抽水蓄能电站

虽然国家推行峰谷电价，低谷电价仅为高峰的一半左右，鼓励用户合理错时用电，削峰填谷，以降低发电与电网企业的调峰与运行成本，并提高系统设备容量的利用效率和节约能源，但实际效果仍不够理想，仍存在高峰时供电不足，低谷时电力有余。煤矿不仅采空区体积大，而且采深大，不同水平之间又留设有防隔水煤岩柱，因此，不少矿坑既有巨大的蓄水能力，不同水平之间也存在数十米，甚至数百米的势能差。再者，不同露天矿开采的水平也不一致。这样，就可以将地面抽水蓄能发电技术应用于闭坑矿山。为了解决供用电之间的平衡问题，国内外建有不少地面抽水蓄能发电站，但地面建站受地形、岩性、构造等条件限制，地面蓄水要大量占地，还改变自然景观与环境，并且蓄水高度受限，其势能差不能与矿坑相比。一些欧美国家对闭坑矿山建设地下抽水蓄能发电站的可行性做了大量研究，有的项目已列入计划或正在实施。利用不同矿坑的采空区高差、同一矿坑不同水平之间的高差，甚至将闭坑矿山与露天矿坑相结合，建设抽水蓄能发电站，在我国具有独特的优势，有很好的发展前景。如辽宁阜新海州露天矿，面积为 7 km^2，开采深度达 350 m，可利用坑底作为下水库，地面作为上水库，利用采矿造成的人为势能差和白昼电价差，建设矿坑抽水蓄能电站。

（九）闭坑矿山瓦斯发电

对于大量瓦斯抽采发电煤矿，应该在其闭坑后继续综合利用瓦斯将其资源化，避免成为新的灾害点。由于闭坑前瓦斯抽采发电煤矿一般均有完整的瓦斯地面卸压孔、瓦斯集输管网和瓦斯地面电站等成套设施，闭坑后部分矿坑虽然可能因停止排水、水位抬升导致瓦斯解吸强度降低，但通过疏降水位、增加地面卸压孔数量、对未采动区实施压裂增渗等技术措施，仍可保持闭坑煤矿的瓦斯抽采发电。

（十）利用露天矿坑或井工露天矿沉陷区以及排矸场等光伏发电

露天矿坑基岩裸露，较难恢复植被；有的井工露天矿采矿沉陷区或变得陡陡坎坎或大量积水，难以继续耕作；闭坑矿山的排矸场（矸石山）由于土石混合、土质较差，不宜种植农作物，甚至因残存少量煤炭而自燃发热，造成无法种草植树。这些地方反而适合建设光伏发电站，实现闭坑矿山的资源化利用，还能减少燃烧煤炭，降低温室气体排放，属清洁能源发展项目。例如：浙江湖州利用废弃矿场，投资约 2 亿元，建设占地约 700 亩的光伏电站；安徽淮南在潘集区田集街道采煤沉陷积水区建成了世界最大的水上漂浮式光伏发电站，总装机容量为 40 MW，由 16.5 万块太阳能电池板组成，面积相当于 121 个足球场大小，还做到了“水下养鱼，水上发电”，一举多得。我国类似的光伏发电站还有山西吕梁孝义、山西盂县、宁夏石嘴山、江苏徐州沛县等采煤沉陷区光伏电站，霍林河矿区露天煤业 20 MW 光伏电站，安徽铜陵狮子山上的废弃矿坑光伏电站等。

三、主要对策与建议

（一）做好闭坑前地质测量工作

矿山在关闭前，应仔细对照井下采掘工程与相关矿山图纸是否一致，将停掘、停采位置以及之前漏绘的采掘工程全部真实地绘制在采掘工程平面图、矿井水文地质图等主要矿图上，并将存在偏差和漏填的部分加以校正和补充。按照规定的内容与程序编写并向有关部门提交矿井闭坑地质报告。

（二）采掘资料归档

将收集、校审过的采掘工程平面图、矿井水文地质图等矿图、井下水文孔（水源井）的井孔结构图及其封堵报告、突水点封堵报告、矿井水文地质台账、矿井闭坑地质报告等的电子与纸质资料及时归档并长期保存，以供今后开发利用闭坑矿山、在相关区域进行建设活动前开展安全环境评估以及有关科研工作使用。

（三）开展相关专题研究

资源种类不同，开采方式各异；即便同一矿种，由于所处位置、地表形态、含隔水层特征、生态植被、工农业发展程度等各不相同，露天矿关闭后的生态环境效应也千差万别。既可以针对单一露天矿，也可以就整个矿区在部分露天矿或全部露天矿关闭条件下可能出现的正、负生态环境效应开展专题研究，以便尽早发现负效应，及时处置，做到未雨绸缪、防患于未然；同时也可尽早发现其正效应，及时规划开发利用方案，避免盲目拆除设备、破坏系统而造成不必要的浪费和重复建设，从而趋利避害、化害为利。

（四）闭坑矿山生态环境效应分类与差异化处置

根据开采资源种类、环境脆弱性、区域水文地质条件、当地工农业发展程度与旅游资源状况、交通位置以及露天矿的开采范围、井巷工程质量等，对闭坑矿山的生态环境正、负效应进行研究、分析、评估、论证和分类。根据分类结果，采取差异化的政策和对策措施。列入关闭计划的露天矿，若没有开发利用价值并存在严重环境负效应，应在当地政府主导下，制定严密可靠的防治对策措施，最大限度地减小其关闭过程中和关闭之后可能产生的生态环境危害；若具有良好开发利用价值，则应规划保护范围，制定保护与安全措施，编制综合开发利用方案，限定开采资源种类与区域，加强监督管理，避免盲目闭坑、“粗暴”封井。

（五）次生地质灾害防治

对露天矿闭坑后可能诱发的类如露天矿坑边坡、陡峻或松散山体、沉降不充分区等次生地质灾害，应采取削坡、河流改道、施工抗滑桩等对策措施进行防治，以避免地质灾害发生，或最大限度地降低地质灾害程度。如果灾害仍难避免，应拆除区域内的建筑物，搬迁住户，设立标志，限制人员进入，切实防止地质灾害伤及人员。

（六）水环境污染防治

应根据矿坑水的不同污染程度、特点和危害，采取针对性的防治对策措施，避免对当地生态环境和区域地下水造成污染。矿坑水污染防治应与其资源化综合利用相结合。

（七）生态环境监测与预警

闭坑矿山关闭后，还应继续定时或在线实时监测矿田及周边生态环境，直到形成新的稳定的生态环境条件。主要监测内容包括：矿坑水位动态与水质变化、相邻生产矿坑涌水量与水质变化、地裂缝与地表沉陷、地表泉水和河水流量与水质变化、含水层水位与水质变化、地表建筑物稳定性、农作物及地表植被与水生物生长情况等。监测过程中，应不断分析监测数据，及时总结规律，并对演化趋势进行预测预警，以科学数据指导生态环境改善和灾害预防。

（八）建立开发利用相关法规和标准

在开发利用闭坑矿山的正效应时，特别是将闭坑矿山作为城市垃圾、固体废料、工业废水、有毒有害气体的储藏场所前，应充分研究所利用露天矿与其所在区域的地层、岩性、构造、与地下水补给径流排泄之间的关系以及所处位置、当地经济发展、人口密度与分布等，进行环境安全风险评估，国家也应当建立相关法规、标准，企业（开发者）应严格遵循程序，制定并落实严密措施，避免盲目开发利用而造成在开发利用闭坑矿山环境正效应时出现新的环境负效应。

（九）密切结合当地经济发展和产业接替整体规划

应根据闭坑矿山的地理位置、规模、开采深度、井巷条件、地质环境、伴生资源、地面设施以及特殊品牌等因素，权衡露天矿闭坑后的生态环境正负效应，再与当地经济发展水平与规划、区位优势、产业接替，甚至气候气象等条件相结合，统筹谋划，并与国家发展战略相适应，做到合理开发挖掘正效应、科学预控治理负效应。例如：义马矿区的陕渑煤田、新安煤田等伴生有丰富的铝土矿资源，而当地建有同人铝业、东方希望、义翔铝业、万基铝业等铝产品企业，还建有数座火电厂等，当地政府就可以支持闭坑煤矿保留原有的通风、运输、供电、通讯、排水等系统，鼓励开采铝土矿，为当地铝生产企业提供铝土矿原料，开发矿坑水为火电厂提供中水。义煤集团北露天矿曾是关内第一大露天矿，坑内地层蕴含70余种动植物化石，其中银杏化石在世界上最为久远，曾作为第六届国际古生物大会的会徽，国内外古生物专家经常到矿坑考察；坑内还可以看到断层、褶皱、各种层理、波痕等地质现象以及较完整的中生代地层等。义马市作为资源枯竭城市，利用这些优势将关闭后的北露天矿坑建设成为国家特色露天矿地质公园，推动当地旅游经济的发展和产业转型升级。

（十）采取多种融资模式开发与防治

开发挖掘闭坑矿山正效应和预控治理闭坑矿山负效应，具有工程量大、周期长、风险大、困难多、涉及专业与领域广等特点，需要大量资金投入。政府没有必要，也难以大包大揽；关闭露天矿企业也无力承担；没有鼓励性政策，民间资本也不愿介入。因此，采取可行有效的多种融资模式是解决问题的关键之一，例如政府出台鼓励性政策，闭坑矿山企业提供土地、厂房以及原有生产、生活设施，民间提供资金支持，做到相互取长补短、公私协力、多元融资，进而利益共享、风险共担、全程合作，就可以很好地开发挖掘闭坑矿山的生态环境正效应，有效预控治理其生态环境负效应，实现社会受益、企业解难、个人获利、环境改善、树立政府良好形象的多赢目标。

总之，闭坑矿山生态环境效应复杂，既有负效应需要防控治理，也有正效应可供开发挖掘。大量小微露天矿关闭，已经出现了相当多的环境问题；今后还会有更多的中型、大型、甚至特大型矿山关闭，所带来的生态环境效应问题将愈发突出、更加复杂。为趋利避害，最大限度地避免闭坑矿山的生态环境负效应，最大限度地挖掘其生态环境正效应，开展相关研究正当其时。闭坑矿山的环境负效应主要包括劣质矿坑水污染地下水与地表水、破坏生态、危害城乡供水安全，煤柱浸泡后失稳、断层活化等引起地面二次塌陷、山体崩塌、滑坡、高层建筑破裂等次生地质灾害，以及威胁相邻生产矿坑安全等问题。闭坑矿山的大量采掘空间若合理开发利用，则可以发挥其生态环境正效应。例如：开发成为农作物储藏、农业种养殖、垃圾填埋、储油气场地，也可以开发为旅游、科教、休闲、疗养场所，还可以开发为地下科技试验场、地下宜居城市、防空洞、疗养院等；可以将矿坑水资源化、开发地热与煤层气资源，为当地生产供水，为城乡居民供热、供气；可以利用巨大的采空区汛期拦洪，服务当地“雨季三防”工作；可以利用不同标高采空区的势能差和峰谷电价差发电；可以利用原有的通风、运输、供电等系统开发伴生资源。应当做好闭坑矿山的收尾地测工作，将地测、采掘资料完整归档，及时开展闭坑效应研究并分类，加强闭坑矿山的地质环境监测与地质灾害、环境污染防治等工作；切实做好闭坑矿山相邻生产矿坑的防治水工作，避免闭坑矿山水危害生产矿坑安全；对于有开发利用价值的拟停产露天矿，切忌盲目关闭，应及时提出开发方案。尽快建立闭坑矿山正效应开发挖掘的相关法规和标准等，严格遵行闭坑程序，绝对避免因盲目开发挖掘正效应而造成在开发利用过程中出现新的环境负效应。密切结合闭坑矿山所在地区经济发展和产业接替整体规划，根据闭坑矿山的地理、地质、开采、伴生资源和地面设施等特点，权衡露天矿闭坑后的生态环境正负效应，做到合理开发挖掘与科学预控防治。针对闭坑矿山正负效应的开发挖掘和预控治理具有工程多、资金投入巨大的特点，应采取可行有效的多种融资模式，实现社会受益、企业解难、个人获利、环境改善、树立政府良好形象的多赢目标。

第六节　闭坑露天矿生态环境保护与恢复治理方案(规划)

自 2017 年 1 月 3 日起，国家施行矿山企业矿山地质环境保护与治理恢复方案和土地复垦方案合并编报制度。为贯彻《中华人民共和国环境保护法》和《国务院关于加强环境保护重点工作的意见》(国发〔2011〕35 号)，落实十八大报告“树立生态文明理念、努力建设美丽中国”相关要求，根据《矿山生态环境保护与恢复治理方案（规划）编制规范（试行）》（HJ 652—2013）、《煤炭行业绿色矿山建设规范》(DZ/T 0315—2018)，加强闭坑矿山生态环境管理，加快推进矿山环境治理和生态恢复责任机制建立，指导和规范各地“矿山生态环境保护与恢复治理方案”(规划)编制。指导露天矿开采至闭矿阶段及后期的生态保护、治理与恢复具体工作，结合闭坑露天矿特殊属性，提出闭坑露天矿生态环境保护与恢复治理方案(规划)编制规范。

一、编制的基本原则和程序

方案(规划)编制的基本原则见表 6-6-1。

表 6-6-1　矿山生态环境保护与恢复治理方案(规划)编制基本原则

序号	原则	内　容
1	保护优先，防治结合	闭坑露天矿企业要遵循从源头上控制生态环境的破坏，减少对生态环境影响。对矿产资源开发造成的生态功能破坏和环境污染，通过生物、工程和管理措施及时开展恢复治理
2	景观相似，功能恢复	根据矿山所处的区域、自然地理条件、生态恢复与环境治理的技术经济条件，按“整体生态功能恢复”和“景观相似性”原则，宜耕则耕、宜林则林、宜草则草、宜藤植藤、宜景建景，注重成效，因地制宜采取切实可行的恢复治理措施，恢复矿区整体生态功能
3	突出重点，分步实施	坚持矿产资源开发与生态环境恢复治理同步进行，按照轻、重、缓、急，分步实施，优先抓好生态破坏与环境污染严重的重点恢复治理工程。以典型示范和以点带面的方式，有计划地推广试点经验，稳步推动方案的全面实施
4	科技引领，注重实效，选择资源节约型、环境友好型开发方式	坚持科学性、前瞻性和实用性相统一的原则，鼓励广泛应用新技术、新方法，选择适宜的保护与治理方案，保护环境、保护资源、城乡建设相协调，最大限度减少对自然环境的扰动和破坏，努力提高矿山生态环境保护和恢复治理成效和水平

方案(规划)编制的工作程序如图 6-6-1 所示。

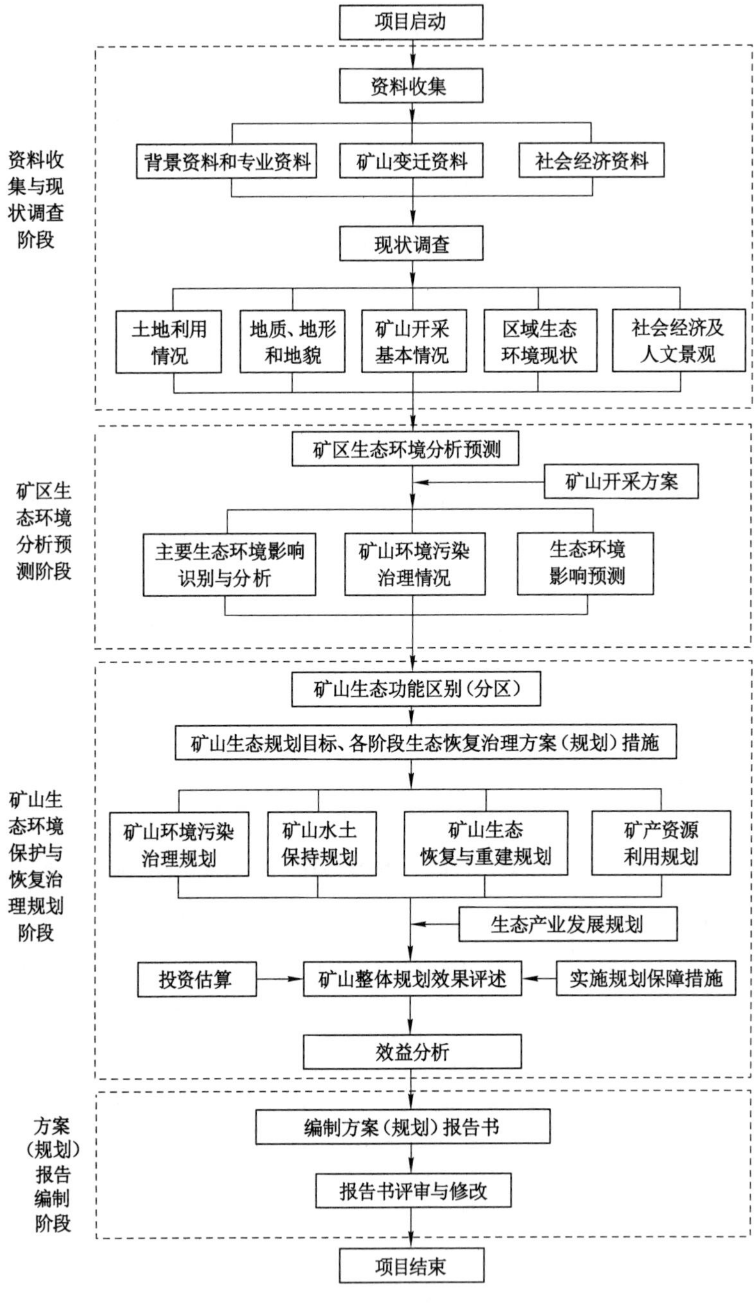

图 6-6-1　矿山生态环境保护与恢复治理方案（规划）编制工作程序

二、编制背景资料收集与现状调查

通过资料收集、现场踏勘、监测分析、人员访谈等方式开展调查，确定矿山生态环境保护与恢复方案（规划）范围、时限。

1. 资料收集

(1) 背景资料和专业资料

矿区自然地理资料、地质资料;土地利用、农业、林业、城乡建设等规划资料;矿山开发利用规划、地质灾害防治规划;矿产资源开发利用方案、矿产资源开发建设项目环评、矿山土地复垦方案、矿山地质环境保护与恢复治理方案、水土保持方案等生态环境保护相关资料;煤矿闭坑地质报告;矿山开发相关政府文件等。

(2) 矿山变迁资料

反映矿山及其邻近区域的开发及活动状况航片或卫片,其他有助于评价矿区生态破坏和环境污染的历史资料;矿山资源开发利用变迁过程中的建筑、设施、工艺流程和产生污染等的变化情况。

(3) 社会经济资料

矿山所在地的经济现状和发展规划、人口密度和分布、敏感目标分布等。

2. 现状调查

(1) 调查方式

现场踏勘:应对矿山开采工艺过程、矿山及周边生态环境状况、自然环境及人文景观、社会经济状况进行全面踏勘。

监测分析:必要时,应对矿山及受影响区域大气、水体、声环境、土壤环境质量状况进行监测分析。

人员访谈:访谈对象为矿山的现状或历史的知情者,包括地方政府的行政人员、矿山及其周边居民、矿山土地不同阶段使用者以及熟悉当地情况或矿山的第三方等。访谈内容主要包括矿区生态破坏、环境污染的历史及现状、社会经济状况等。

(2) 调查内容

土地利用现状:踏勘和记录矿区土地功能和性质,土地利用的类型,废弃地恢复利用情况等。

地质、地形和地貌:踏勘和记录矿山及其周围区域的水文、地质与地形地貌。

闭坑矿山开采时期基本情况:踏勘和记录矿山范围、矿床赋存条件、采选矿工艺与设备、废石及矸石处理与处置能力、水耗、电耗等矿山工程项目的基本情况。

区域生态环境现状:踏勘和记录矿区大气、水体、土壤、固体废弃物污染及环境质量状况,动植物分布状况,植被破坏、地表沉陷等生态破坏状况,矿山开采历史遗留的环境污染问题等。

社会经济及人文景观情况:踏勘和记录矿山所在地的工农业总产值、人口数量、人均耕地、人均收入、三大产业组成比例、重点发展产业、周边景观位置及分布,以及区域所在地的经济现状和发展规划等。

三、生态环境影响分析与预测

1. 主要生态环境问题识别与分析

结合矿区生态环境现状调查,分析大气、水体、土壤等环境污染及生态破坏的范围、程度。包括:对矿区生态系统和生物多样性的影响与分析(主要是对动物、植物、森林、草地资源等的影响);矿山生产对大气污染的影响与分析;矿山生产对水体(地表水、地下水)的影响与分析;矿山生产对土壤质量及污染的影响与分析;水土流失影响与分析;地表沉陷对土地资源的破坏、生态功能下降的情况；工业场地“三废”排放对环境的污染情况；人文景观的防护措施等。新、改(扩)建矿山可根据环境影响评价预测结果说明方案实施期内生态环境破坏情况。

2. 矿山环境污染治理情况分析

根据调查结果，分析矿山目前环保装备水平、“三同时”履行情况、运行状况、污染治理技术水平、污染物排放情况、是否满足现行环保标准要求和总量控制要求等，分析存在的主要环境问题。

3. 生态环境影响预测

结合矿床开拓布局和采掘规划或计划，对采矿活动在方案(规划)期内不同年份造成的生态破坏和环境污染进行预测，包括生态破坏和环境污染的范围和强度。

四、方案(规划)编制要点

1. 范围与时限

以矿区为基准，包括其生态环境影响范围，编制方案。方案应根据不同矿种特点，原则上3～5年为一个周期，滚动编制、审批、实施和验收。

2. 方案(规划)分区

分区应根据矿山企业生态破坏与环境污染状况现状调查、评价与预测确定，按照重点治理区、次重点治理区和一般治理区进行分区。

重点治理区一般指排土场、矸石场、边坡塌落区等；一般治理区指矿山生活区、办公区等；其他为次重点治理区。

3. 方案(规划)目标

编制规划，应按照国家和地方对矿山清洁生产、污染控制、水土保持、生态恢复治理等方面的要求提出生态环境保护与恢复治理的总体目标、阶段目标和具体指标，制定各阶段规划的切实可行目标指标体系。

制定方案，应根据矿山企业生态破坏与环境污染状况及相关技术政策和标准，分阶段确定目标和指标。

(1) 清洁生产指标

按照减量化、再利用、资源化的原则，综合开发利用共伴生矿产资源，科学利用固体废弃物、废水等，发展循环经济资源能源利用指标、综合利用指标、环境管理要求，并符合相应的国家和地方环境保护标准要求。

(2) 资源能源利用指标

包括采矿回采率(%)、采矿贫化率(%)、选矿金属回收率(%)、耗水量(m/t)、电耗(kW·h/t)等。

(3) 综合利用指标

包括采矿废石(矸石)利用率(%)、矿坑(露天)涌水利用率(%)、选矿水重复利用率(%)等。

(4) 污染控制指标

包括工业废水排放达标率(%)、工业废气排放达标率(%)、作业环境粉尘合格率(%)、固体废弃物安全处置率(%)、生活垃圾无害化处理率(%)、生活污水处理率(%)、环境空气质量达标率(%)、地表水环境质量达标率(%)、声环境质量达标率(%)等。

(5) 水土保持指标

包括扰动土地整治率(%)、水土流失总治理度(%)、林草覆盖率(%)等。

(6) 生态恢复指标

包括矿山损毁土地复垦率(%)(TD/T 1036—2013《土地复垦质量控制标准》)、工业广场及办公生活区绿化率(%)、污染场地治理达标率(%)等。

4. 方案(规划)工程措施

方案(规划)应对各类生态环境保护与恢复治理工程所采取的技术措施、技术指标、实施时间等进行说明,对各类生态环境保护和恢复治理的要求应当符合 HJ 652 规定。

(1) 污染防治工程

大气污染防治工程:包括对废弃矿坑及未利用的共、伴生资源存放,实施污染控制及有害气体防治等工程。

水污染防治与水资源保护工程:包括废弃矿坑水、排土场淋溶水、生活污水等的治理。根据矿山废水形成的条件和原因,从减源、减量、减时三个方面进行预防或减轻其危害程度,采取截流减源、减少疏干水量、改进工艺减少废水产生量、废水循环利用等工程措施,保护矿区地表水和地下水资源。

固体废弃物处理与处置利用工程:包括排土场、排矸场及其他有价值元素选别、进行建筑及其他材料应用,固体废弃物处理与处置包括安全贮存、植被复垦等。

噪声与振动控制工程:共、伴生矿物综合利用时,选矿设备及道路运输噪声控制等工程。

(2) 生态恢复与重建工程

废弃矿坑、排土场、排矸场生态恢复与重建,工业场地生态恢复与重建,以及必要的土壤污染治理工程等。

(3) 水土保持建设工程

包括土地整治、拦渣、防洪排导、植被复垦等工程。

(4) 地质环境保护与治理恢复工程

包括矿山开采服务期满后矿山地质灾害防治措施(地表塌落、地裂缝的防治措施,滑坡、崩塌的防治措施,泥石流的防治措施等);地下含水层保护措施;矿区地形地貌景观(包括人文景观)保护与恢复工程措施等。

5. 生态产业工程

指可产生经济效益的生态产业,如建材业(固废利用)、花卉苗圃园等。

6. 矿山生态环境监测与评估

提出闭坑露天矿矿山生态环境监测(地面与遥感)方案和生态环境评估方法等。

7. 矿山生态环境保护与恢复治理效果

依据建设工程和生态监测绘制矿山生态环境保护与恢复治理工程实施后的生态恢复与重建效果,并附效果图。

8. 投资估算

包括生态恢复与重建、环境污染治理、水土保持、资源综合利用(固废资源)、生态产业发展等工程所需要的资金估算,工程实施与执行计划(含资金计划)。

9. 效益分析

效益主要体现在社会、经济及生态环境效益三个方面。

10. 实施方案(规划)保障措施

包括组织管理措施、技术保障措施、资金保障措施(资金来源、渠道、责任主体)等。

五、方案(规划)编制内容

编制内容提纲示例见表 6-6-2。

表 6-6-2 矿山生态环境保护与恢复治理方案(规划)编制内容

序号及项目			内容
1	总论	1.1～1.4	任务由来、必要性和意义、编制依据和实施期限
2	指导思想与基本原则	2.1	指导思想
		2.2	基本原则
3	调查与评价	3.1	自然地理概况
		3.2	矿产资源开发状况
		3.3	矿山环境污染与生态破坏状况
		3.4	矿山生态环境评价与预测
4	目标与指标	4.1	总体目标
		4.2	阶段目标与指标
5	主要任务	5.1	矿山生态环境保护与恢复治理分区与设计:(1) 保护与恢复治理分区;(2) 总体方案设计
		5.2	矿区毁损地植被及景观恢复:(1) 毁损地景观恢复;(2) 露天采矿场植被恢复;(3) 排土场、排矸场植被恢复;(4) 生物多样性保护
		5.3	水资源保护与水污染防治:(1) 地表水与地下水资源保护;(2) 矿坑废水治理与利用;(3) 生活废水处理与利用;(4) 污染水体治理与修复
		5.4	大气污染防治:(1) 废弃矿坑、排土、排矸、排石等区域大气污染防治;(2) 生活区大气污染防治
		5.5	固体废弃物污染防治:(1) 排土场污染防治;(2) 矸石场污染防治;(3) 其他工业场地污染防治;(4) 固体废弃物资源化利用
		5.6	矿区土地复垦与土壤污染防治:(1) 矿区土地复垦[具体内容参照《土地复垦方案编制规程 第一部分:通则》(TD/T 1031.1—2011)];(2) 污染场地治理与恢复;(3) 污染农田治理与恢复
		5.7	水土流失控制[具体内容参照《开发建设项目水土保持方案技术规范》(SL 204—98)]
		5.8	地质环境保护与治理恢复[具体内容参照《矿山地质环境保护与治理恢复方案编制规范》(DZ/T 0223—2011)]
		5.9	矿山生态环境监测与评估:(1) 生态环境监测(地面与遥感);(2) 生态环境评估

表6-6-2(续)

序号及项目			内　容
6	治理工程及投资概算	6.1	治理工程(附治理工程信息表)
		6.2	经费概算与资金筹措
		6.3	工程实施与执行计划
7	效益分析与评价	7.1～7.3	包含经济、社会和生态效益
8	保障措施	8.1～8.4	包含政策、组织、资金和技术保障

六、成果要求

方案(规划)的成果包括文本和附图。

1. 文本

文本要求总体思路清晰,内容全面、重点突出,数据充分翔实,措施切合实际,工程技术经济可行,方案可操作性强。

2. 附图

要求数字化成图,采用地图学常用方法表示,层次清楚,清晰直观,图式、图例、注记齐全。图件比例尺应满足工程布局要求。底图应包括地表水系、水库、湖泊、交通网、重要管线、重要城镇、村庄、居民点、行政区域界线、环境敏感目标等要素。附图应包括矿区位置与总体平面布置图、矿区土地利用现状图、矿区植被类型图、矿山生态环境恢复治理工程规划图以及其他相关图件。

第七节　矿山环境恢复治理基金

实施矿山生态修复是生态文明建设的基本要求。多年来,在我国矿业快速发展的同时也造成了严重的矿山地质环境破坏、土地损毁与生态系统功能受损等问题。2016 年,国土资源部等五部委联合印发《关于加强矿山地质环境恢复和综合治理的指导意见》(国土资发〔2016〕63 号),明确了"新老"矿山生态问题的认定原则和修复责任:历史遗留矿山由各级政府统筹规划和修复,中央财政给予必要支持;在建和生产矿山由矿山企业负责修复。对于生产建设矿山,如何督促矿山企业履行生态修复法定义务,将采矿活动所产生的环境负效应内化,一直是行政监管的重点。矿山地质环境治理恢复保证金制度的建立实施在这方面发挥了重要作用。

一、矿山环境治理恢复基金的建立与使用规定

2017 年 4 月,《国务院关于印发矿产资源权益金制度改革方案的通知》(国发〔2017〕29 号),将矿山环境治理恢复保证金改为矿山地质环境治理恢复基金,该制度以降低矿山企业运行成本作为改革的优先考量,调整了资金的性质与运作模式,释放了基金由矿山企业自主使用开展修复的激励作用。为贯彻国发〔2017〕29 号,健全矿产资源有偿使用制度,落实企业矿山环境治理恢复责任,2017 年 11 月,财政部、国土资源部、环境保护部联合印发了《关于取消矿山地质环境治理恢复保证金 建立矿山地质环境治理恢复基金的指

导意见》(财建〔2017〕638 号),就取消矿山地质环境治理恢复保证金,建立矿山环境治理恢复基金提出具体指导意见。随着系统修复与综合治理理念不断强化,《土地复垦条例实施办法》(国土资源部第 56 号令,2019 年修正)调整了基金使用范围,明确"采矿生产项目的土地复垦费用预存,统一纳入基金进行管理",从而影响了基金对矿山企业履行修复义务的激励和约束效果。

二、基金制度建立前后修复费用管理方式比较

矿山土地复垦费用预存、保证金和基金都是生产矿山生态修复管理中运用的经济手段,在设立目标、资金列支渠道及使用权等方面基本相同:目标均为促使矿山企业投入修复资金,完成法定修复义务;均可列入生产成本或者建设项目总投资,使矿山企业合理负担资源和环境成本;资金均为矿山企业所有。但三者在资金使用方式、性质、监管手段和作用等方面有明显区别。

(一)资金使用方式

土地复垦费用由矿山企业在项目动工前预先缴存到政企约定的银行专户,企业向监管部门申请,经其同意后从账户支取资金,专项用于土地复垦,使用方式为:预先缴存土地复垦费用—申请支取资金—履行复垦义务。保证金由矿山企业预先缴存到政府指定的银行专户,矿山企业另行筹集资金履行治理义务,经验收合格后申请返还保证金,使用方式为:预先缴存保证金—另行筹资履行治理义务—申请返还保证金。基金由矿山企业计提到企业的银行账户,自主用于履行矿山生态修复义务,验收合格后对基金进行核算,使用方式为:预先计提基金—自主使用资金—履行修复义务。预存的土地复垦费用和基金的使用时序相同,但前者需申请同意后才能支取,后者则由企业自主使用。

(二)资金性质

资金性质主要取决于资金使用方式。矿山企业对预存的土地复垦费用的支取行为发生在复垦义务履行之前,预存的土地复垦费用不具有备用或担保属性。但《土地复垦方案编制规程 第 1 部分:通则》(TD/T 1031.1—2011)的资料性附录"土地复垦费用双方/三方监管协议"相关条款规定:土地复垦义务人在完成相应土地复垦任务且验收合格后,才能向政府监管部门申请支取预存的土地复垦费用;银行在收到政府监管部门的验收合格确认书和土地复垦费用支取通知书后才可将土地复垦费用支付给土地复垦义务人。在实际管理中,政府主管部门多是按照该标准中的监管协议规定对矿山企业进行要求,土地复垦费用预存的性质发生改变,一些地方政府则明确规定矿山开采前必须缴纳土地复垦保证金。保证金是为了保证矿山企业履行法定治理义务而缴纳的备用治理费或质保金,有学者认为保证金属于一种行政担保。基金由矿山企业于修复前支取使用的方式决定其不再具有担保属性,其性质类似于部门规章中规定的土地复垦费用预存。有学者认为基金也具有一定程度的担保属性,但与保证金的"行政担保"性质明显不同。

(三)监管手段

土地复垦费用按规定预存是办理相关用地手续的前置条件,土地复垦费用采取地方政府、企业和银行三方签订协议方式进行使用监管,能有效约束矿山企业如期计提且按规定使用资金。当复垦义务人不履行复垦义务或者履行不到位时,需缴纳土地复垦费,由政府代为复垦。保证金的缴纳与采矿权申请、变更、延续等登记手续和办理采矿许可证年检挂钩,具

有一定的强制性：当矿山企业不履行治理义务或者履行不到位时，保证金账户中的资金则由政府部门拨付用于治理。基金通过信息报送、信息公示、抽查检查等手段实施监管，不再与采矿许可证办理及年检挂钩，侧重于动态监管。

（四）作用变化

保证金具有风险预防功能，便于法律责任的追究和实现，但在制度实施后期，保证金制度不再符合行政法的妥当性和必要性原则：一是总体上呈现出缴存标准低、缴存率低、返还率低的现象，不能达到有效约束矿山企业履行治理义务的行政目标；二是矿山企业既缴纳保证金，又需要筹集资金完成治理任务，资金压力较大，而保证金返还程序烦琐，致使资金滞压而增加了企业负担。

将保证金调整为基金，主要产生了以下结果：首先，风险预防功能减弱而企业的资金负担降低，基金税前列支，由矿山企业自主使用进行修复的激励作用增强；其次，强制性责任约束作用虽然减弱，但在基金账户设立、计提和使用方面仍有监管要求，对矿山企业履行修复义务依然具有一定约束力；再次，土地复垦费用预存纳入基金统一管理后，基金对矿山企业的约束和激励作用会依据具体制度规定而有所改变。

基金制度是对生产矿山生态修复资金保障途径的优化，实施基金制度旨在实现减轻企业负担和落实企业修复主体责任的双重目标。地方政府基于对基金制度约束或激励作用的考量，根据当地实际对基金制度进行细化，促进了矿山生态修复，但在矿山土地复垦费用预存纳入基金管理后，也存在监管上的一些差异与问题。完善基金制度，应明确该制度的作用定位，且应结合矿山生态修复整体监管制度体系予以考虑，才能最大化发挥基金制度的实施效果。

三、地方矿山环境治理恢复基金管理办法

为贯彻落实国务院《关于印发矿产资源权益金制度改革方案的通知》（国发〔2017〕29号）和财政部、国土资源部、环境保护部《关于取消矿山地质环境治理恢复保证金 建立矿山地质环境治理恢复基金的指导意见》（财建〔2017〕638号）精神，健全矿产资源有偿使用制度，落实矿山地质、生态等环境治理恢复与监测责任，规范矿山环境治理恢复基金提取、使用和监管，一些省份建立了矿山环境治理恢复基金管理政策，但各区域缴纳标准不同。

（一）《山西省矿山环境治理恢复基金管理办法》（晋政发〔2019〕3号）

摘要主要条款如下：

第四条 基金的提取和使用管理，遵循“企业所有、政府监管、专户储存、专款专用”的原则。

第五条 取消山西省矿山环境恢复治理保证金制度，对原保证金专户的资金进行划转、清退，取消原设立的保证金专户。

对国有重点煤炭企业集团经批准自设专户储存的保证金，一律划转到基金专户。

对企业储存到财政专户的保证金，由企业申请，按照企业实际缴纳资金数额与企业经财政、生态环境等相关部门审批动用的保证金之间的差额归还企业，企业应将退还的保证金及时转存为基金。对治理责任主体已灭失的企业，不予退还保证金，由政府统筹用于矿山地质、生态等环境治理恢复。

对企业按规定应储存到财政专户而未储存、仍留置在企业的保证金，一律划转到基金专户。

第六条 矿业权人按规定在其基本开户行开设基金专户。基金专户开设情况报属地县级财政、自然资源、生态环境部门备案，并出具基金专项用于矿山地质、生态等环境治理恢复和监测的承诺书。

第七条 基金提取方式：

(1) 探矿权人或经探矿权人委托的地质勘查部门应一次性足额提取基金。已设探矿权人应在本办法施行一个月内提取；新立探矿权人自取得探矿权证起三个月内提取。

(2) 采矿权人按季度提取基金。已设采矿权人应在本办法施行后当季度内提取基金，已设采矿权人未完成矿山地质、生态等环境治理恢复义务的，首次提取基金时，除应提取本季度基金外，加提本季度应提取基金的8～10倍，用于履行偿还历史欠账义务；新立采矿权人自取得采矿权证起，当季度内提取基金。

(3) 矿业权人本年度累计提取的基金不足于本年度矿山地质、生态等环境治理恢复与监测费用的，应按照本年实际所需费用提取。

第八条 基金提取标准：

(1) 探矿权人为企事业单位法人的，按探矿权出让收益的5%提取；各级政府出资委托相关地质勘查部门探矿，探矿权人为各级政府的，由项目实施的地质勘查部门建立基金专户，按委托合同费用的5%提取。

(2) 采矿权人按下列方式计算：

直接销售原矿的：季度应提取基金数额＝原矿季度销售收入×矿种系数×影响系数

非直接销售原矿的：季度应提取基金数额＝深加工产品销售收入×70%×矿种系数×影响系数。

矿种系数依据开采矿种、对矿山环境破坏影响等因素来综合确定；影响系数依据开采方式、开采矿种以及开采活动对矿区内环境影响等因素来综合确定。

同时开采两种以上矿产资源且空间位置不重叠的，按照不同矿种系数分别提取基金。

采矿权人变更开采矿种、开采方式、开采规模及开采范围的，应当按照变更后的开采矿种、开采方式、开采规模及开采范围重新确定基金提取标准。

第九条 矿种系数和影响系数由省自然资源厅制定，实行动态调整机制，根据经济社会发展情况每三年调整一次。

第十二条 基金使用范围：

(1) 因矿产资源勘查开采活动引发的矿区地面塌陷、地裂缝、崩塌、滑坡、地形地貌景观破坏、地下含水层破坏、地表植被损毁的预防、治理及矿区居民环境条件改善；

(2) 因矿产资源勘查开采活动造成的土地资源损毁的修复；

(3) 矿区废水、废气、废渣等污染治理和废弃物综合利用、水资源保护、水土保持、植被恢复、生物多样性保护、矿山绿化等；

(4) 矿山地质、生态等环境的监测；

(5) 与矿山地质、生态等环境保护、治理和恢复相关的其他支出。

第十三条 探矿权人勘查矿产资源的，应当在勘查实施方案中增加因探矿行为引发的矿山地质、生态等环境问题和治理恢复与监测的措施等内容，并由探矿权人组织实施环境治理恢复与监测工作；采矿权人开采矿产资源的，编制《矿山地质环境保护与治理恢复方案》（以下简称《方案》），《方案》应包含矿山生态环境保护与恢复治理的内容，并按照采矿权发证权限，报具有相应审批权的自然资源部门和同级生态环境部门组织审查。

第十四条　矿业权人应按照边勘探、边开采、边监测、边治理的原则，严格落实矿山地质、生态等环境治理恢复与监测责任，及时使用基金，对存在的矿山地质、生态等环境问题进行治理修复。

（二）《内蒙古自治区矿山地质环境治理恢复基金管理办法（试行）》（内自然资规〔2019〕3号）

该办法规定，基金按年度提取，年度基金提取额按照矿类计提基数、领土开采影响系数、地下开采影响系数、土地复垦难度影响系数、地区影响系数、煤矿价格影响系数、上一年度实际生产矿石量综合确定。矿总基数和各类影响系数实行动态调整机制，自治区将根据经济社会发展情况进行调整。

第八节　矿山闭坑生态修复案例

一、矿山闭坑环境保护与恢复治理方案

矿产资源开采、分选以及冶炼可能会对露天矿环境产生非常大的负面影响，直接或者间接地损害露天矿周边生态环境和人民群众的身体健康。以B矿为例，研究矿山基本情况和地质环境构造，梳理矿山地质环境保护与恢复治理原则及目标，提出环境保护与恢复治理方案，进行效益分析和治理效果分析，以期改善闭坑矿山环境。

（一）B矿概述

B矿位于北京市西南部，距离北京45 km，行政区隶属房山区周口店镇管辖。矿区南北长为9.3 km，东西宽为5.4 km，矿区面积为25.82 km^2。铁路包括京广线周口店支线和京源线，公路有107国道，交通十分便捷。矿区气候类型是温带大陆性季风气候，春季干燥，夏季多雨，秋季干燥，冬季寒冷。矿区年平均气温保持在12 ℃左右，1月最低温度为−4.7 ℃，7月属于全年气温最高的月份，平均温度介于26～27 ℃，评估区年降雨量为650 mm，因受地形影响，区内雨量分布差别很大，一般迎风坡雨量偏大，年平均在700 mm左右，而背风坡则偏小，在550 mm左右。B矿地处北京西山地区，为太行山之余脉，矿区范围内主要为山区，地势西北高、东南低。矿区最高峰海拔为1 307 m，当地人称其为猫耳山，煤田东部主要是丘陵，高程一般为100～150 m。B矿生产的煤炭为无烟煤，主要供给工业炼钢及出口。该无烟煤为低灰、低硫、高发热量，只需要人工捡出矸石，然后进行筛分，煤炭不需要分选加工，就可进入市场直接销售。受国家政策引导，B矿于2016年3月停产。

（二）矿山地质环境保护与恢复治理原则目标

1. 矿山地质环境保护与恢复治理原则

一是谁开发谁保护、谁破坏谁治理的原则。B矿是治理主体，有责任对矿山环境进行保护，对于开采中出现的地质环境问题及生态环境破坏，必须由矿方进行治理，而且矿山在开发前就要制定保护性开发方案。二是科学合理、因地制宜的原则。矿山地质环境保护与治理主要是对矿区进行监测，及时发现和治理威胁采矿活动生产安全的塌陷坑、地裂缝，保证

矿区行人人身安全。同时,按照矿区规划,全面做好矿区地形地貌景观及土地资源恢复工作。

2. 矿山地质环境保护与恢复治理目标

通过开展保护与治理工作,及时处理目前存在的矿山地质环境问题,有效消除潜在地质灾害对矿区行人带来的威胁,最大限度地修复生态环境,进而实现被损毁的土地基本恢复,达到保护和恢复评估区自然生态环境,与周边生态环境相协调的最终目标。

(三) 总体部署

1. 地面塌陷防治工程

由于已有塌陷坑已进行治理,未来将坚持随时发现、随时治理的理念,实施废弃巷道的矸石井下回填,减少地下采空的空间和面积,降低地面采空塌陷灾害发生的可能性。

2. 矸石山防治工程

针对矸石山存在的次生地质灾害隐患及对地形地貌景观的影响和破坏,主要采取削坡卸载、坡面和坡顶覆土绿化的方式进行治理。

3. 地形地貌景观恢复治理工程

矿区地表为低山区,第四系的冲积、洪积、坡积的砂砾卵石及次生黄土等很薄,主要分布在河谷中和河谷阶地两侧,基岩裸露面积占比超过80%,植被不发育。本着经济、合理的原则,在地貌受损区根据地形条件进行植被绿化,可种植适宜当地生长的植被。

(四) 露天矿地质环境保护与恢复治理工程方案

矿区内存在的地质环境问题主要是采空区地面塌陷、含水层破坏、地质地貌景观破坏和土地资源被矸石山挤占。结合矿山地质环境保护与恢复治理工程总体部署和年度实施计划,针对存在的问题,提出具体的恢复与治理方案。

1. 采空塌陷灾害防治

治理方案为近年一直采用的清淤、回填、平整、混凝土钢筋预制块浇筑、沟道两侧修建浆砌石挡墙的方式。在采取塌陷区土地生态恢复措施后,还需要采取生物措施对水土保持体系进行完善,达到治理水土流失的目的。生物措施主要是塌陷区复垦后农田防护林网的建设,以提高地表植被覆盖率,降低风速,有效保护农作物。

2. 含水层破坏防治

针对采矿活动对含水层的破坏,采用遥感结合人工巡视对地面塌陷、地形地貌景观和土地资源进行监测。按照《水污染物综合排放标准》(DB 11/307—2013)的要求,采用污水处理系统处理后进行回收、排放。对于没有回收价值的酸性污水,采用中和法,用碱性物质,如石灰或石灰石作为中和剂。对于含铁、锰等重金属离子的污水,采用混凝、沉淀、吸附、离子交换和膜技术等处理方法。

3. 地形地貌景观破坏防治

目前,矿区有一座矸石山需要治理,拟采取直接覆土绿化措施进行治理,路边竖立警示标志牌。种植与矿区周边植物系相同或相似的植被,恢复其生态功能。对矸石山的坡面及顶面进行覆土、绿化,降低矸石山对矿区地形地貌景观的影响,矸石山治理工程绿化面积约为7.6 hm^2。对于高陡边坡,可以采用“上爬下挂”的方法进行治理,即在坡底和坡顶种植攀爬植物。边坡下部一般存在由上部崩落形成的碎石土坡,坡面较缓,进行机械或人工整形后客土播撒或穴栽高大乔木。

4. 水环境破坏防治

B矿污水主要为矿坑排水和生活污水。矿坑排水主要来自井下，据B矿近年矿坑涌水量观测统计，矿坑正常涌水量为7 128 m^3/d。生活污水主要由行政办公楼、食堂、浴室、宿舍等单元产生。

针对矿坑排水，B矿建立了污水处理系统，污水处理能力为7 200 m^3/d，采用絮凝、沉淀、过滤、消毒处理后，2 880 m^3/d中水供井下降尘、消防洒水、地面降尘和绿化洒水使用，净化后的矿坑水用于热泵供暖（该矿坑有净化矿坑水设备），扩大净化后矿坑水的利用范围，剩余达标水外排。同时，将来自浴室、食堂等地的生活污水引入污水处理系统进行处理，使处理后的污水达到《水污染物综合排放标准》(DB 11/307—2013)二级标准限值要求。

（五）效益分析

1. 社会效益

B矿露天矿环境保护与恢复治理工程的实施可以减缓和消除露天矿型地质灾害的发生，工程的实施还能够为矿区附近居民提供更多的就业机会，对于维护社会安定起到积极的促进作用。

2. 环境效益

通过对矿区的治理，将修复矿区各种不良地质环境条件，消除影响环境的不利因素，改善当地生态环境，使生态系统逐渐恢复原有生态。

3. 经济效益

矿山地质环境保护与恢复治理工程将恢复一定面积的土地，通过草本植被和经济林的种植，可以创造经济效益，而且促进区域内社会经济的持续发展。重点开展防洪沟治理工程、河道治理工程、综合污水处理站建设工程，完成了矿综合污水处理站建设工程，污水站处理能力达7 200 m^3/d，最终回收利用废水1 900 m^3/d，每年节约水资源费用181万元。

（六）治理效果分析

B矿已经于2016年3月停产，评估区属于“重要区”，本次露天矿地质环境影响评估级别为“一级”。现状评估认为，矿区现状地质灾害对露天矿开采的影响为“较严重”，对地下含水层影响为“较严重”，露天矿开采对地形地貌及土地资源的影响和破坏为“较轻”。经现状评估，评估区内露天矿地质环境影响较严重区面积为10.22 km^2，影响较轻区面积为15.6 km^2。预测评估认为，矿区潜在地质灾害对露天矿开采的影响为“较严重”，对地下含水层影响为“较严重”，露天矿开采对地形地貌影响和破坏为“较轻”，对土地资源的压占和破坏为“较轻”。经预测评估，评估区内露天矿地质环境影响较严重区面积为11.67 km^2，影响较轻区面积为14.15 km^2。闭坑露天矿生态环境问题治理分为重点、次重点、普通治理三个等级，需要科学制定对应治理策略。针对植被破坏与压占土地的情况，以覆绿为原则，种植和生态环境相符合的植被，选择乔木、灌木以及草皮结合的办法，边坡选择攀爬植物、鱼鳞坑、植生袋法等方式实施治理。地面沉陷或者塌陷选择填充复垦和非填充复垦方法，提升经济效益。

在开展闭坑露天矿环境保护和恢复治理的过程中，人们必须转变传统的开发管理模式，构建完善的闭坑露天矿环境保护和恢复治理责任制度，明确责任主体；必须从根本上改变恢复治理模式，结合实际情况来制定保护和恢复治理方案，还大自然一个绿水青山。闭坑露天矿环境保护是一项综合系统工程，应以地质环境的影响评价分级治理为基础，以循环经济资源综合利用为原则，制定具体规划，分区、分阶段实施恢复治理方案，申报建设特色露天矿公园、博物馆、红色教育培训和旅游基地，建设示范性工程，逐步推进露天矿生态环境保护与恢复治理。

二、矿山地质环境及其恢复治理方案

一般情况下，引发煤矿地质环境问题的主要原因就是对煤矿的开采，其地质环境问题的表现形式也多样，如地面坍塌、滑坡、泥石流、含水层遭到破坏等。这些地质环境问题不仅对当地的生态环境造成了严重影响，对当地群众的生产生活也造成了严重威胁。有些矿还有土地荒漠化、有害气体释放等问题。因此有必要对露天矿闭坑地质环境及其恢复治理方案加以研究，提升闭坑地质环境恢复的效果与质量。以下以歙县洪村口废弃矿闭坑为例，研究分析矿山闭坑环境问题，最后提出了一些关于矿山地质环境恢复与治理的建议。

（一）煤矿概况

矿区位于安徽歙县县城 21.0 km 处，由歙县溪头镇管辖，矿区所在地有三处采坑（采坑1、采坑 2、采坑 3），开采面积分别为 17 957 m^2（采坑 1）、14 436 m^2（采坑 2）、804 m^2（采坑3）。矿坑是由溪头镇五一砖厂和凌火荣石灰厂造成。其中溪头镇五一砖厂矿权期限为1998 年 6 月—2000 年 7 月，矿区面积为 0.1 km^2，开采深度自 207 m 标高至 150 m 标高，采矿后形成了不规则纺锤形矿坑（采坑 1），该矿坑北东走向，两侧为不稳定的陡坎，采坑最低标高为 149.82 m，北西侧陡坎最高为 189.11 m。凌火荣石灰厂矿权期限为 1998 年 8 月—1999 年 8 月，矿区面积为 0.05 km^2，开采深度自 210 m 标高至 170 m 标高，其采矿后形成了不规则苹果形矿坑（采坑 2），四周为不稳定的陡坎，东侧陡坎标高为 187.65 m，西北侧陡坎最高为 188 m。采坑 1 与采坑 2 相邻，中间最窄处的距离不超过 5 m。此外，在采坑 2 西侧公路旁就是采坑 3，是 20 世纪 80 年代遗留下的采坑，其平面呈半圆形，最低标高为174 m，最高 187.85 m。

（二）地质环境条件

1. 气象、水文

矿区地处亚热带，属亚热带湿润季风气候区，四季分明，气候多变，降水年际变化大，梅雨集中。根据黄山市气象局（1953—2010 年）资料，区内无霜期 240 d 左右，年平均气温16 ℃，年极端最高气温达 41 ℃，年极端最低气温达－15 ℃。年平均降雨量 1 760 mm，年均降雨天数 152 d；降雨年际、年内分配不均，矿区降水量的季、月分配不均，年内降水多集中在5～7 月份，而且常降暴雨，占全年总降水量的 60％以上，每年 11 月至次年 1 月降水量最少。多年平均蒸发量为 1 243 mm。区内属钱塘江流域新安江水系上游，山间溪流较发育，由大气降水补给，经汇聚形成终年流水的杨之河由南向北汇入新安江。

2. 工程地质条件

矿坑内岩土体工程地质条件简单，岩土体类型为沉积岩。根据岩土体工程地质特征，区内岩土体可划分为两个工程地质岩组。

① 松散破碎的软弱岩组：为分布于地表的残坡积层及洪村口河两岸的第四纪芜湖组。残坡积层为含碎石粉土，芜湖组为含碎石粉土、粉土、粉细砂、圆砾、卵石等，土体结构呈散体，该岩组工程地质性能较差。

② 薄层状碎裂镶嵌状碳硅质板岩岩组：为矿区内出露的碳质板岩、含炭硅质板岩、含炭

钙质板岩，呈薄层板岩性，板理发育，新鲜岩石呈碎块状，岩石较软，易破碎，岩石抗压强度 5～15 MPa。

开采中形成的人工边坡相对高差大，为超高边坡。矿区内岩石节理发育，开采过程中将岩石切割成块状，岩石前缘被切断，在凌空状态下，开采过程中易沿顺坡向结构面形成崩塌危岩体，如 BW1、BW2、BW3 等危岩体。

3. 水文地质条件

区内地下水类型主要为第四纪松散堆积物孔隙潜水和基岩裂隙水。第四纪松散堆积物孔隙潜水主要赋存在阶地及河漫滩的卵砾石层中，渗透系数 4×10^{-2}～9×10^{-2} cm/s，地下水位埋藏浅，主要受大气降水的补给，排泄补充地表水体，水量较丰富，地下水动态随季节的变化而变化；基岩裂隙水赋存于基岩裂隙中，受大气降水补给，排泄于河床及沟谷，水量较贫乏。区内及附近地下水动态类型属降雨～径流型。

（三）矿坑地质环境问题

多年无序采矿，引发了诸多露天矿地质环境问题，主要表现为资源毁损、形成地质灾害隐患与环境污染等。

1. 矿区植被等资源毁损

(1) 破坏地形地貌景观：露天矿开采时形成了规模较大的露天开采边坡，破坏原有的自然地形地貌景观，改变了地貌形态，同时使原本青翠的林地岩石裸露，植被严重破坏，据调查破坏植被林地面积约 7.72 万 m^2。

(2) 毁损土地资源：本矿区的露天开采使岩石直接暴露，废渣堆放压覆了土地，破坏了地表土壤，使之丧失了土地种植功能，据统计毁损土地资源面积约 3.49 万 m^2。

(3) 水资源被污染：露天矿开采过程中形成的采坑成了地表水的集水坑，矿层中含有大量的硫化物，使采坑水体呈酸性，污染了原有的地表水。

2. 矿区环境污染

环境污染主要为废渣堆，露天矿在开采与矿石加工（生产建筑用石料）过程中，已形成多处规模较大采坑和废渣堆。

采坑 1(CK1)：位于开采场北东部，采坑长约 251 m，宽 77～109 m，最大高差 23 m，形成三个陡边坡分别位于南北两侧以及南西侧，在采坑 1 中的低坳处有积水。

采坑 2(CK2)：位于采坑 1 的南西侧，采坑长 120 m，宽 111 m，最大高低差 40 m，形成三面高陡边坡，采坑有积水。

采坑 3(CK3)：位于采坑 2 的西侧，采坑长 32 m，宽 18 m，最大高低差 12 m，采坑无积水。

弃渣场 1：位于采坑 1 的东侧，沿坡面自然堆放，堆积物成分为烧制石灰的弃渣，体积约 24 390 m^3，废渣堆坡度 15°～35°。

弃渣场 2：位于采坑 2 的西侧，沿公路两侧堆放，堆积物成分为矿渣，体积约 3 400 m^3。

3. 地质灾害发育

根据现场调查，多处开采边坡表面裸露，无任何支护措施，且边坡坡度陡，高度大，局部岩体悬空，边坡表面存在多处危岩体。根据调查结果对边坡表面危岩体分别简述如下：

(1) BW1 崩塌危岩体：位于采坑 1 北、西侧边坡，边坡坡向 160°，坡顶高程 168～189 m，坡底高程 151～155 m，边坡高度 17～34 m，长度 212 m。原始开挖边坡在后期停采后发生崩塌,崩塌堆积体堆落在边坡底部,崩落块石粒径最大可达 2.5 m。边坡中下部发育有一背斜构造,在背斜的南东翼发育有一正断层,该断层造成地层的重复。

(2) BW2 崩塌危岩体:位于采坑 1 北侧边坡南东侧,边坡坡向 340°,坡顶高程 161～188 m,坑底高程 151～155 m,边坡高程 10～33 m,边坡陡立,坡度 8°～85°,局部呈倒立,组成边坡岩性为薄层状炭硅质板岩夹中层状含炭硅质板岩,地层产状为 140°∠30°,边坡长 167 m。

(3) BW3 崩塌危岩体:位于采坑 1 与采坑 2 交界处,为人工开挖所形成危岩体,边坡长度 78 m,坡顶高程 172～188 m,坡底高程 159～165 m,边坡高程 13～23 m,坡度 85°。坡面近直立,坡体表面岩体破碎,组成坡体岩性为薄层状炭硅质板岩。

(4) BW4 崩塌危岩体:位于采坑 2 南东边坡,边坡坡向 335°,边坡长度约 109 m,坡顶高程 174～207 m,坡底高程 162～168 m,边坡高度 8～39 m,坡度 85°～90°,坡面局部近直立,坡体表面岩体破碎,组成坡体岩石为薄层状炭硅质板岩,地层产状 145°∠25°。

(四) 闭坑环境治理恢复方案

露天矿治理是一项非常复杂的恢复工程,具体实施过程中还有着很多不确定的因素,因此对于治理设计来说,往往都是一次性完成总体的治理方案,在施工过程中不断完善具体细节。

1. 危岩体清理

针对陡立开采边坡的危岩体治理恢复,可以采取 1∶1 坡比的方式进行削坡处理。值得注意的是,具体施工时的施工工具应尽量选择风镐挖掘机进行相应的挖凿处理,对于体积较大的岩体来说,若具备可靠的施工条件,在削坡时可采用风镐钻孔爆破法。预计削坡石方量 3.49 万 m^3。

2. 回填整平覆土

分别对采坑 1、采坑 2 和采坑 3 进行回填整平,然后进行覆土处理,覆土厚度为 0.6 m,覆土的来源为外购土。一般情况下,新治理恢复区的土层具有土层薄、土质差、微生物活性差、土壤肥力贫乏等特点,因此对草地土壤采取 3∶1 的氮肥和磷肥混合,进行深耕施肥处理,有效实现了土壤肥力的提升。预计采坑平整场地 3.51 万 m^2、弃土场平整场地 1.36 万 m^2。

3. 边坡坡面绿化

(1) 削坡后坡面采用爬藤进行复绿,复绿面积 9 215 m^2。

(2) 在削坡后马道处和削坡后坡顶种植树苗,间距 2 m,种植总长度 1 200 m,种植数量 600 棵。

(3) 3 个采坑回填整平后覆土,覆土厚 0.6 m,然后播撒树种(籽),使之成为林地。

(4) 弃土场整平后覆土,覆土厚 0.6 m,然后播撒树种(籽),使之成为林地。设截排水沟,共计设置 1 600 m 长。

4. 植被绿化恢复

植树物种选择石楠(马尾松)为宜,株距为 2 m,具体管理如下:

(1) 选择无病虫害、无明显伤痕、树干挺直的苗木,并尽量保持大小均匀一致。根据现场施工情况及时起运到工地,尽量减少运输时间,提高苗木成活率。

(2) 树穴大小和深度符合有关规范,穴壁垂直,穴底平整,土壤疏松。

(3) 苗木栽种时做到大扩浅栽,大树逐株扩好支撑,当天运到的苗木尽量加班加点栽完，并及时浇水。树干尽量保持垂直，回填时边回填边踏实，回填到位后做浇水穴，浇水穴径大小比原树穴略大。对苗木按照设计地点、形状、密度均匀进行栽植，栽植后用绿篱修剪机修剪整齐，浇透水。

(4) 栽植带土球苗木时，把土球放于树穴中央，填土后用工具柄沿土球外缘将土捣实。栽植裸根苗木要求施工人员做到根系在树穴中均匀分布并充分舒展，采用“三埋二踩一提苗”的方法，使根系与土壤充分接触。栽植填土后修鱼鳞形蓄水坑。

(5) 浇水第一遍一定浇透，以浇水穴浇满后 10 min 不渗完为参考依据。

(6) 后期管理。从苗木栽种日起，就有专门的管护班组进行后期管理，后期管理周期为 2 年，及时做好扶正、除草、施肥、修剪、治虫等工作。在栽植完成浇第一遍水后 5～6 d，进行第二次浇水。以后正常养护浇水，3～6 周浇水 2 次，7～10 月视降雨情况来确定浇水次数，11～12 月每月浇水 1 次，浇水量为松树 30～40 kg/株，以保证苗木周边不能有明水为准。每年对种植松树进行施有机肥料 1 次，每株施肥饼 0.25 kg；追肥 1 次，每株施复合肥、尿素 0.1 kg，采用穴施、喷洒、水肥等。对苗木及草地要及时防治病虫害，及时做好预测预报，采取有效防治措施。

5. *废渣处理*

露天矿废渣堆放占压大量土地资源，对矿区周边环境造成破坏，影响居民生活环境，并在一定程度上容易引发地质灾害，因此需要及时对矿区废渣进行处理。在实际进行矿渣处理时，一般包括两种方式：一种是修筑坝坡，有效防止矿渣流失，例如可以进行黏土心墙石坝修筑，坝坡控制在 1∶1.75 左右，实现渣石拦截，有效保护下游河水农田。另一种是做好废渣的处理，一是可将矿渣当做采矿充填料使用，减少采矿后对地质造成的不利影响，有效限制围岩移动，降低地质灾害发生概率；二是做好矿渣的加工利用，有的矿渣多以花岗岩、玄武岩、石灰石、石英石、河卵石、铁矿石等矿石为主，是很好的人工砂石原料，可以利用矿渣回收生产线，以破碎机、制砂机等进行处理，最后实现尾砂回收，进行可持续循环利用。

露天矿地质环境治理是一个特殊的岩土工程，因而要求施工队伍要具有丰富的施工经验，能够在复杂地质灾害条件下保证施工质量。承担施工的单位要有专门的施工组织设计。露天矿地质环境治理工程具有复杂性和不确定性，因而治理设计往往总体设计是一次完成的，细部设计则需要在施工过程中不断完善和修正，即所谓动态设计-信息法施工。当施工过程中揭示出的地质条件与设计有出入时，要及时反馈设计，从而调整设计，确保设计意图的准确落实，这是露天矿地质环境设计不同于其他建筑设计的地方。因此，建议施工要和设计紧密结合，采取“动态信息化施工法”，设计要随地质条件变化进一步细化，必要时对原设计做调整和补充。施工要尽量避开雨季，确保施工安全。

三、全生命周期地质环境治理与生态恢复治理规划

(一) 项目简介

D 矿田面积 30 km^2，项目规模 18 Mt/a，剩余服务年限为 27 a，开采方式为露天开采。《D 矿全生命周期地质环境治理与生态恢复治理规划》(以下简称《规划》)基于 D 矿地质环境治理与生态恢复治理现状及成果，结合煤矿初步设计、用地性质、开采进度计划、用地进度计划、中长期规划及年度设计等技术文件，对采矿过程进行推演，依据各阶段采矿模型对 D 矿全生命周期地质环境变化及生态治理区域进行规划，为 D 矿剩余服务期限生态恢复及转

型发展方向提供指导。

《规划》制定了矿山全生命周期绿色发展的总体目标和主要任务，对露天矿开采进度计划和矿山生态恢复治理进行动态响应，坚持尊重自然、顺应自然、保护自然，坚持循环发展、绿色发展、低碳发展，结合矿山企业的主体发展方向和矿山生产实际，实事求是，按照“五位一体”总体布局，牢固树立和贯彻落实创新、协调、绿色、开放、共享的发展理念，坚持生态环境保护优先，突出问题导向，强化部门联动，实现矿产资源开发利用与生态环境协调统一发展。

（二）矿山概况

1. 基本信息

D矿属于霍林河煤田，矿区对外交通方便，露天矿位于山前平原地带，南侧为低山丘陵区，东侧为一低平地表分水岭，地形总趋势为东南高西北低。受地形控制，地表分水岭将煤田分为东、西两个水系：东部为霍林河水系，西部为乌拉盖水系。年平均降水量为353 mm，年最大降水量为481 mm，日最大降水量51 mm。

2. 生产概况

D矿为大型生产露天矿，生产规模为18 Mt/a，表土剥离采用轮斗工艺，中部岩石层采用一套半连续剥离工艺（单斗-卡车＋半移动式破碎站-带式输送机半连续工艺）和单斗卡车工艺。采煤采用单斗-卡车＋半移动式破碎站-带式输送机半连续工艺，现状有两套半连续系统。现有南排土场、北排土场、轮斗排土场和内排土场，其中南、北以卡车排弃为主现已停止使用，内排土场用卡车及排土机进行排弃。

（三）规划内容

1. 地质环境与生态恢复治理目标与技术路线

通过项目实施可以加快矿区产业结构调整，大力推进畜牧养殖，做强做优现代牧业，结合区域文化引入游牧文化元素，使矿区成为内蒙古矿区复垦转型模式的样板。在采矿结束后，将矿区恢复为原生草原地貌，消除采矿对区域环境的影响。

坚持生态环境保护与煤炭资源开发并进的原则，在时间尺度上以2020—2023年为基础准备期，该阶段以提升水土保持功能为总体原则，局部区域建设景观点；以2024—2049年为生态提升转型收益期，在矿区前阶段生态恢复的基础上，发展以农林牧畜合理配比的现代生态农业模式，把采矿后形成的排土场改良成土壤肥沃、生产力强的土地，发展全产业链生态循环可持续农业；以2050—2051年为生态提升转型收益期，在采矿结束后，逐步消除工业生产痕迹，恢复原生草原地貌，使矿区与周边草原地貌相协调。

在空间尺度上，将露天采场的治理贯穿整个开采过程，对生产期、过渡期、末期等不同阶段、不同位置（中、长期揭露的台阶等）采取的不同治理措施。在开采期间对采坑边坡生态恢复采取永临结合的生态治理模式，对到界的固定端帮采取永久的生态治理措施，对2～3年不外扩的端帮采取临时的生态治理措施，保证将露天采场裸露面降到最小，同时满足露天矿的正常生产需要；对排土场通过地形重塑、截排水措施、土壤改良、植被恢复等技术手段实现生态恢复，基于修复基础发展生态循环经济。

2. 时间尺度地质环境与生态恢复治理规划

(1) 生态恢复基础准备期（2020—2023年）

以2020年为现状节点，2020—2023年为第一阶段，2021年D矿通过技术优化、空间综合利用等方式提前实现全面内排，减少土地资源的占用，切合目前国家提出的“生态优先，绿色发展”的理念。排土场实现全部内排，持续进行生态恢复工作，提升水土保持功能，提高生态恢复区域生物多样性，涵养水土，局部区域建设景观点，为下阶段生态转型打好基础。

(2) 生态提升转型收益期(2024—2049 年)

在煤矿正常生产阶段，在不打破矿山上阶段生态恢复成果的基础上，避免生态恢复产生空窗期，将生态成果转化为经济收益，发展畜牧养殖、文化旅游、景观公园等生态产业，构建生态、生产、生活三位一体的人工生态型矿区。

2024—2031 年该阶段外排土场已全部到界，应充分利用外排土场的土地资源，通过建立生态养殖区改变土地性质，实现矿山经济转型，扩大经济增长点，着力打造畜牧养殖新模式。

2032—2040 年在大力发展畜牧养殖的同时，以休闲观光区为核心，将游牧文化体验、畜牧养殖参观、创意农业和区域景观相融合，构造旅游区，形成“创意农业＋畜牧养殖＋文化旅游”的经营模式。

2041—2049 年为 D 矿逐步实现闭坑的阶段，同时也是逐步实现转型发展的时期，该阶段主要任务是消除采矿带来的地质灾害问题，基于前期的成果大力发展农业、畜牧业和旅游业，将经济转型和矿山生态完美结合，通过构造矿山遗迹、游牧文化、畜牧养殖和生态农业等元素，形成全新的 D 矿生态篇章。

(3) 退出工业化生产恢复原生草原期(2050—2051 年)

在煤矿生产结束后，对工业生产设施进行拆除，消除工业化痕迹，将排土场、露天采场、地面道路等区域进行近自然的地形重塑，与周边草原地貌相协调，恢复原生的草原生态系统。

3. 空间尺度地质环境与生态恢复治理规划

(1) 露天采场治理

为避免在煤矿开采过程中开挖面的长时间裸露，对裸露的端帮和台阶进行临时复垦绿化，开采结束在消除采矿地质灾害后，对采坑进行全面生态恢复，形成草原坑塘地貌。

(2) 外排土场治理

利用外排土场人工排弃形成的高低错落，层次分明地貌条件，在生态恢复的基础上，发展绿色生态农牧业、肉牛、文化旅游等生态产业，构建生态排土场。

(3) 内排土场治理

采坑向前推进，内排及时跟进，缩短作业面工作长度，减小扰动土地面积及破坏草原植被的时间，成熟一块，治理一块，将生态恢复与内排共同推进，滚动治理，打造平缓的草原生态地貌。

4. 远景规划

《规划》结合区域背景、政策要求、开采实际，树立集科技、文化、旅游为一体的矿山转型发展新思路，构建一轴(生态展示观光轴)、一心(矿区综合管理中心)、一带(景观大道观光带)、两园(绿岛湿地公园、矿坑生态园)、八区(游牧文化主题区、休闲观光区、矿山工业技术展示区、生态试验基地、现代农业科技示范区、蒙中药材种植区、光伏农业区和生态养殖区)的生态转型模式。

（四）效益分析

1. 生态效益

矿区生态恢复治理将采场和排土场恢复成草地，并分区规划，将原本的裸地变成草原上的绿色景观，草场的恢复将逐渐提高牧草产量，促进区域内畜牧业的发展。矿区地表裸露盐渍化严重，地表水蒸发严重，通过植物的种植，可提高地表覆盖度，改善土壤盐渍化。同时植物还可以调节区域小气候，植被覆盖地表，太阳不会直接照射地面，保持了土壤水分的充足，使区域内温度和湿度不会发生明显变化。

2. 社会效益

矿区经过逐年改造最终将建设多个功能分区，有休闲观光区、光伏农业区、游牧文化主题区、生态养殖区、现代农业科技示范区、绿岛湿地公园、矿坑生态园、综合管理中心、矿山工业技术展示区及生态恢复试验基地。在矿区土地复垦绿化的基础上，发展农林牧畜合理配比的现代生态农业模式，把采矿后形成的排土场改良成土壤肥沃、生产力强的土地，发展全产业链生态循环可持续农业。绿岛湿地公园和矿坑生态园的建设丰富了当地居民的休闲文化生活，提高了生活幸福指数，更能吸引外来游客，提高当地的旅游产业收入。此外游牧文化主题区还可以吸收当地牧民，对牧民起到帮扶作用。

（五）案例评价

(1) 本项目为全国首个自创的露天矿全生命周期生态恢复治理规划，具有引领行业发展的意义。

D矿自2019年以来积极推进矿山生态修复工作，真正实现“一年大变样，三年彻底整改”的既定目标，目前已成为内蒙古自治区矿山生态修复的新标杆。在此背景下，2020年编制完成该《规划》，《规划》一方面对全生命周期的生态修复工作提出了全方位的进一步指导，另一方面为矿山转型发展提出了新的方向。规划的成果得到内蒙古自治区领导的肯定，逐步在自治区形成一定的影响力，引领了矿山生态修复领域的发展。

(2) 对生态修复的重点及难点进行剖析，并针对性提出解决方案。

《规划》提出的D矿生态修复重点及难点主要包括露天采场边坡的治理以及露天采场临时到界边坡的治理。对最终形成的露天采场边坡提出具备条件的区域进行削坡整形，形成近自然地貌，对一些高差较大的边坡进行回填压脚以缩小高差，改善矿坑边坡视觉效果。对采坑岩层边坡采取挂网客土喷播、飘台护坡、种植槽＋SNS柔性防护网等技术进行生态治理，最终将露天采场治理成水草丰美的草原景观。对于临时到界的边坡通过客土喷播的方式进行修复，采用喷播、机械作业的方式制成最适于植物生长的土壤培养基，进行临时治理。

(3) 协调生态与发展的辩证关系，定位精准，科学合理制定生态产业转型方向。

《规划》结合区域背景、政策要求、开采实际，树立集科技、文化、旅游为一体的矿山转型发展新思路，构建了层次和内容丰富的生态转型模式。

(4) 分年度及阶段进行投资估算，生态效益和社会效益显著。

《规划》按照生态修复阶段和具体年度进行投资估算及收益估算，细化了具体建设内容及工程量，避免了生态修复只投入不产出的特点。《规划》通过生态修复治理可以有效涵养水源，控制水土流失，增加土壤肥力，改善气候条件，促进矿区生态环境的良性循环，提高抗自然灾害能力，调节区域小气候及生物多样性，各方面都起到显著提高生态效益的作用。

四、矿山地质环境保护与土地复垦方案

（一）矿山简介

1. 基本信息

E矿位于锡林郭勒盟贺斯格乌拉牧场，地处大兴安岭西麓，属半湿润、半干旱大陆性气候，气温低，冷空气活动频繁，风雪较大，积雪期长，作物生长期短，降水适中，小区域气候表现明显，最大冻土层厚度3.6 m，地表水属乌拉盖水系，地貌为贺斯格冲洪积盆地平原。

2. 生产概况

E矿是总体规划的煤矿，开采方式为露天开采，矿山产能为15 Mt/a。目前，露天矿已形成2个采掘场即试采区和南部采区，以及3个排土场即北排土场、东排土场和南排土场。

3. 矿区土地利用现状及土地损毁现状

目前矿山包括两个采区，分别为试采区和首采区。

试采区：位于露天矿北部的试采区损毁土地面积408 hm^2。损毁土地类型主要为采矿用地、天然牧草地及农村道路。

试采区内排土场：试采区已于北侧形成内排土场，仍有剩余容量，预计2028年结束排土。目前试采区内排土场占地面积99 hm^2。试采区内排土场已于2021年完成试采区到界台阶的复垦工作，复垦面积99 hm^2，主要措施包括对边坡进行削坡整形覆土，台阶平台与坡面设排水沟、排水暗管与沉淀池、喷灌系统，对平台及边坡种草，主要复垦方向为人工牧草地。

首采区：2010年开始开采首采区，主要开采2-1煤、3-1煤，采区东西长2.1 km，南北宽2.2 km，采深144 m。东帮、西帮、南帮已达设计分区界，后期以推进北帮和降深为主。截至2022年损毁土地面积431 hm^2，损毁土地类型主要为采矿用地、天然牧草地及农村道路。

已建立三座外排土场，分别为北排土场、东排土场、南排土场。排土场压占土地彻底改变了原土地利用类型以及地形地貌。

（二）矿区土地损毁评估与矿山地质环境影响评估

1. 矿山地质环境影响评估

E矿的主要地质灾害为滑坡不稳定斜坡，经过工程地质勘察、岩土物理力学实验、边坡稳定性分析和排土场基底极限承载力计算等研究，表明影响露天矿边坡稳定性的主要因素包括：基底条件，排弃物的岩土性质及地下水的赋存状态；出现的滑坡形式为排土场排弃物料部的圆弧形滑动，如南排土场北侧滑坡，排土场基地承载力不够导致排土场整体座落式滑动，如北排土场的北侧滑坡，采场端帮受浅层地下水影响岩土体强度降低而出现的片帮，如首采区的东南端帮和试采区东帮。

含水层结构直接破坏的剥离区判定为严重；位于潜水含水层疏干影响半径内的影响程度为较严重；位于潜水含水层疏干半径外且位于承压含水层疏干影响半径内的影响程度为较轻；承压含水层疏干影响半径外为较轻。

2. 土地损毁预测

根据前述章节对损毁土地的分析，E矿已损毁土地主要包括采坑挖损以及排土场土地压占，已损毁土地总面积1 963 hm^2，方案服务期内新增压占损毁、新增挖损损毁、拟损毁土地面积为998 hm^2（扣除重复损毁面积），因此E矿方案服务期内土地损毁总面积为2 961 hm^2。

（三）矿山地质环境治理与土地复垦工程设计

1. 矿山地质环境保护与土地复垦预防

（1）矿山地质灾害预防

本项目矿山地质灾害问题集中体现在以下两个方面：采掘场边坡滑塌以及由此引发的地表裂缝，排土场边坡滑塌。根据地质灾害现状分析，采取以下地质灾害预防措施：

① 采掘场边坡地质灾害预防措施：采掘场地表设置地面排水沟及防洪坝；采掘场以及采坑疏干排水；露天采掘场帮坡角严格按照主体工程设计实施；对露天采掘场边坡变形进行实时监测，制定完善的应急处理体系与应急预案。

② 排土场地质灾害预防措施：已到界排土场进行实时监测，制定完善的应急处理体系与应急预案，并根据稳定性分析结果必要时候采取适度放坡；正在排弃的南排土场剥离物应合理有序堆放，严格按照设计边坡角堆放，同时对其进行实时监测；建立地质灾害提前预警、动态监测网，对采掘场、排土场、工业场地等进行航飞测绘，建立实景三维模型。

（2）含水层保护

矿山建设和生产过程中，自始至终都要认真做好水文地质工作，切实掌握水文地质情况。布设监测点，加强第四系孔隙水、潜水含水层以及裂隙承压含水层水位变化监测。建议成立专门机构或者委托第三方机构进行实时监测。根据矿山地质环境保护工程，大力开展绿化工程，通过大规模植树种草的方式，扩大矿区内植被覆盖面积，增加植被密度，起到减少蒸发量，涵养水源的作用。

（3）地形地貌景观预防措施

控制矿山地面工程建设强度，不随意扩大工业广场及煤炭、煤矸石堆放场地。严格根据初步设计要求的排土场边坡角、排土场台阶高度合理堆放固体废弃物。为预防露天矿开采后造成的生态系统退化，本方案设计在煤矿开采后对项目区排土场采取撒播草籽等生物措施，增加单位面积植被覆盖度，减轻矿山开采对生态系统的影响。排土场平台、边坡形成后，及时恢复植被，尽快与周边环境相协调。

（4）水土环境保护与预防

矿山开采产生的疏干水和生活污水全部经污水处理达标后重复利用，不外排。重点监测地表水与地下水水质，及剥离物周边土壤状况。

（5）土地复垦预防措施

按照规定线路行驶，防止对原地貌的扰动。工程建设中尽量做到挖填平衡，减少外排土场占地。对于采掘场与内排土场之间采取边排边覆，并在排土场平台形成后及时进行撒播草籽。表土剥离与保存，南排土场压占区土壤类型为黑钙土，采掘场拟挖损区土壤类型主要草甸土，前者腐殖质层一般厚度 30～40 cm，后者一般厚度为 30～70 cm。在施工前首先对表土进行单独剥离，剥离厚度一般取 50 cm，对于一定范围内腐殖质层较厚的可根据土壤剖面特性调整。剥离表土采用卡车运输，单独存放在表土堆放场，在表土保存过程中在迎风面采用密目网苫盖，防止风蚀沙化。

2. 矿山地质灾害治理

（1）露天采场与排土场警示牌设置

加强露天采场地质灾害监测的同时，对露天采场工作帮及端帮不稳定的边坡削坡。对采场周边与排土场不稳定边坡设计警示牌，禁止外来人员进入以及提醒施工人员注意安全。

（2）露天采场防排水工程

首采区所在区域的地表径流模式为四周高处的雨水向露天矿区汇集，并最终流至色也勒钦高勒河。为防止地表水流入采掘场，减少采掘场坑内排水量，根据达产期采场位置及推进方向，设计在采场周边设置临时防洪堤坝，以拦截和导流采场周边的降雨汇水，根据区域地形分析，采场西北侧为丘陵区，雨季和暴雨时，丘陵区大面积汇水将流经采区。随着首采区采掘场的持续北扩，其工作帮一直处于动态推进状态，因此其临时防排水措施列入矿山正常生产基建计划，不纳入本方案预算。

（3）采场东帮边坡治理

露天采场东帮边坡单级坡面角约 70°，为保证采坑安全，需对其进行削坡治理，单级坡面角降低至 55°。

（4）排土场防排水工程

对于拟压占的南排土场对基地进行清理，排放过程严格按照规范执行，尽量减少滑坡（崩塌）隐潜在危险，该部分内容纳入主体工程。对于已建排土场，加强对排土场地质灾害监测，及时发现滑坡（崩塌）隐患。同时完善已有排土场的边坡与平台防排水工程。

3. 土地复垦方案

（1）工程技术措施

土地复垦工程设计中的首要原则是将工程复垦与生态重建相结合。尽管矿区复垦分为工程复垦和生物复垦两个阶段，但是两者并不是孤立割裂的，无论从时间上还是空间上都存在着紧密的联系，目的都是为了恢复被损毁土地的利用价值，因此在确定工程技术措施时应将两者有机地结合起来，主要体现在工程复垦阶段要为生物复垦阶段打好基础。矿区范围内的工程技术措施主要为网格围埂、表土剥离、土壤回覆、土地平整和道路工程等。

（2）生物和化学措施

生物化学措施包括植物措施和土壤综合整治措施，植物措施主要包括边坡防护及植物栽植；土壤综合整治措施包括土壤改良及土壤深翻等措施。

（3）灌溉措施

设计水源采用矿区疏干水，疏干水通过引水管引入蓄水箱，蓄水箱外设加压泵，高区位置采用加压泵加压供水，低区采用重力流供水。设计采用喷灌、喷雾花洒水枪灌溉方式。灌溉工程设计主输水管沿坡顶横向布置。

4. 含水层破坏修复

采矿过程中露天剥离、采挖破坏了地下水含水层结构，且在疏干工作影响下，使周边地下水位较大范围降低，形成了一定范围的降深漏斗。本方案的含水层修复本着自然修复原则，随着露天采坑逐步回填，内排土场地貌重塑，地下水流场重新分布，形成新的平衡。采掘场内排回填工程量不纳入本次地质环境治理中。在矿山的生产建设过程中，需对地下水进行水位监测，必要时需成立专门机构或委托第三方机构开展地下水监测工作。

（四）矿山地质环境治理与土地复垦工作部署

1. 地质环境恢复治理工程

（1）近五年工作部署（2022—2027 年）

对未来采矿活动可能引发或加剧的地质灾害进行预防，对现有发育的不稳定斜坡、滑坡地质灾害设置安全警示牌，警示生产人员车辆注意边坡情况，避免造成安全事故。针对首采区采掘场设置临时排水系统和本阶段末即将到界的南外排土场设置完整排水系统。对已到界的北排土场和东排土场两处外排土场设置完整的排水系统；对现有不稳定斜坡地质灾害进行治理；对不稳定斜坡进行平盘平整、清坡、压脚作业，避免崩塌、滑坡地质灾害的发生；在生产过程中，严格按照设计进行开采，对产生的终了边坡处形成的危岩进行清理；建立完善矿山地质环境监测系统，对不稳定斜坡、泥石流等地质灾害以及含水层、水质等进行监测；对地形地貌压占破坏等影响进行遥感监测，保证矿区内地质环境问题、地质灾害等各类相关信息及时准确反馈至管理机构，及时排除矿山地质灾害隐患。

（2）中远期工作部署（2027—2050 年）

继续完善已有的排水系统、边坡监测点等矿山地质环境预防设施，同时针对 2027 年到界的南排土场补充完善排水系统，对 2028 年开始内排的试采区内排土场进行地质灾害预防措施，并对其边坡进行监测。对即将转向的首采区采掘场、首采区内排土场进行地质灾害预防措施，并设置长期监测点进行监测。组织管理体系正常运转，资金及时到位，近期工作部署中设立的监测网点正常运作，并随着矿山的开采增设监测点，对重点防治对象进行保护，历史遗留问题得到有效恢复治理，新出现的地质灾害得到有效监控与治理。对监测过程中发现的采煤引发的不稳定斜坡、滑坡等地质灾害进行勘察治理。

2. 矿山土地复垦阶段

（1）近五年工作部署

主要对南排土场进行生态修复，根据初步设计，南排土场计划于 2026 年末全部排弃到位，因此第一阶段 2022—2027 年实现南排到界区域全部复垦。目前南排临时到界区域已经全部复垦，因此未来损毁到界边坡将不再损毁，永久保留复垦的区域面积 33 hm^2。

（2）中期部署

主要对试采区和首采区内排到界台阶进行生态修复。根据初步设计，南排土场计划于 2026 年末全部排弃到位，2027 年 1 月～2030 年 12 月排弃至试采区东帮，试采区排弃到界后应采用绿化措施进行修复，主要措施包括表土回覆、撒播草籽，复垦平台面积 127 hm^2。该时段 3 号储煤场已拆除完成，对 3 号储煤场进行复垦，复垦面积 14 hm^2。

2031 年 1 月～2032 年 6 月全面内排，内排逐渐压覆南排占地区域，与南排顶部平台相衔接，复垦压覆南排的顶部平台面积 111 hm^2，主要构建网格围梗、道路及喷灌系统，对到界内排土场顶部平台构建网格围埂，边坡平台进行削坡整形、表土回覆、撒播草籽、边坡布置草帘。复垦平台面积 149 hm^2，复垦边坡面积 27 hm^2。该阶段对北排、东排、南排、首采区内排已复垦区域进行监测及养护。

（3）远期部署

最后阶段管护期，该阶段对北排、东排、南排、首采区内排、试采区内排已复垦区域进行监测及养护。

（五）效益分析

1. 经济效益

矿山地质环境防治工程是防灾工程，防灾工程是以防止和减轻正在或可能发生的各种灾害为主要目的工程。防灾工程的经济效益主要由减灾效益和增值效益两部分组成，并以减灾效益为主，增值效益为辅。矿山地质环境保护与土地复垦方案实施后，对土地进行有效治理，可以有效保障当地草原植被，有效减少当地牧民经济损失，从而产生较大的经济效益，有利于地方经济的可持续发展。

2. 生态效益

矿区采矿单元治理后，改善了区内生态环境质量，减轻了对地质地貌景观的破坏，使得区内部分土地使用功能得到良好利用。符合当前政府提倡可持续发展政策，能够促进经济和社会的可持续发展，有利于和谐矿区、和谐社会的建设。对矿山地质环境进行综合治理，土地得到整形，土壤得到改善，使破损土地得以恢复，地面草植被增加，水土得于保持促进。茂盛的草木能净化空气，调节气候，美化环境，并能促进野生动物的繁殖，改善生物圈的生态环境。进行土地复垦，可防止水土流失，再现草地可放牧，荒坡荒沟可长草。

3. 社会效益

防治地质灾害发生，保障矿区人民生命财产安全。矿山地质环境保护与恢复治理方案实施后，可有效防治地质灾害的发生，保护矿山职工的生命财产安全，达到防灾减灾的目的。最大限度地减少采矿对土地资源的破坏，方案的实施可恢复土地功能。通过方案的实施可及时恢复矿区土地功能，发展经济，具有明显的社会效益。综合治理提高土地利用率。矿山地质环境保护与恢复理方案因地制宜、因害设防，采取工程措施、生物措施等方面的综合治理措施对矿山地质环境进行治理。方案实施后，一方面防止了崩塌滑坡等灾害的发生，另一方面通过治理将显著提高土地利用率和生产力，并增加了环境容量。

第七章　露天矿闭坑计划、报告编制

第一节　露天矿闭坑计划

露天矿闭坑是指按设计开采采空后或因意外原因而终止开采的露天矿。

为保证在矿山开采末期(或资源枯竭期)产量的均衡稳定,维持企业经营的持续性,一般应编制期间施工计划(或规划),称之为闭坑计划。闭坑计划应由企业连同具有相关资质单位共同编制。

在实施闭坑计划时的开采(经营)过程即为闭坑过程。闭坑过程一般是以年为单位实施,时长也多在3～5年,视露天矿设计开采规模而定。

与其他工程建设项目不同,矿产资源开发利用项目自身是一个伴随着生命周期环节发展及演化而使得相关信息不断完备的过程。因此,露天矿闭坑计划也是一个不断深入、调整和细化的过程。根据国外经验,可以把闭坑计划按照两个阶段来处理,首先是“概念性闭坑规划”,然后是“实施性闭坑计划”。

一、概念性闭坑规划

概念性闭坑规划对应于矿业项目初期阶段,其内容需要体现前瞻性,对最为关切的重要问题诸如矿床开拓方式、采后土地利用目标、资金保障、相关方沟通等进行早期研究与规划;实施性闭坑计划对应于矿业项目中后期,其内容基于更为确定的工程地质、工艺技术等条件,需要体现可实施性,包括露天矿项目背景、基点数据及状况、闭坑核心内容及实施方案等,并伴随时间的推移及新情况而进行适时调整。

概念性闭坑规划涉及的主要问题有:闭坑目标、风险评估和管理、监测和评估、闭坑成本、计划更新。

(1) 闭坑目标

概念性规划中的闭坑目标需要通过与利益方协商形成,能够符合企业和社区的长远利益。此时的规划目标简明扼要,用于为后续闭坑工作提供方向和原则。

(2) 风险评估和管理

露天矿闭坑概念性规划中,需要考虑人员健康与安全风险、自然环境风险、社会风险、商誉风险、法律风险、财经风险等六类风险的评估与管理。应该通过风险评估,辨识闭坑风险的潜在因素,并在后续相关工作中对这些风险因素采取预控措施。

(3) 监测与评估

概念性规划中应确定监测方案,涉及生态环境监测和经济社会监测。监测与评估内容主要有:基点条件;因生态环境和经济社会发展(在无采矿活动条件下)可能发生的量变;受采矿活动影响而发生的量变;给出评估目标进展情况的方法和验证目标实现的标准。

(4) 闭坑成本

概念性规划中,需要根据闭坑主要开支内容对闭坑成本进行估算,使得闭坑成本处于企业的有效监控之下,减轻后期财经压力。涉及的主要闭坑支出可能有:基建设施的拆除、改造、生态恢复等工程费用;环境监测、现场管理等监测维护费用;裁员补偿、提供新就业机会、再培训等人员费用;退出及为终止支持社区所做的补偿等费用。

(5) 计划调整

概念性闭坑规划需要及早制订,但会随着一些因素的发展而改变,需要不断地对其做出适时调整、更新。变化因素包括国家法律政策、企业技术能力、企业经营状况、利益方需求、经济形势等。

二、实施性闭坑计划

实施性闭坑计划较之概念性规划深化、优化部分项目,又将概念性规划中的内容通过细化更系统地表达出来,所以主要包括露天矿项目概括、闭坑责任分工、矿区原始数据收集处理、利益相关方咨询、闭坑目标、土地利用(恢复)规划、闭坑措施重点关切内容、财经保障、闭坑申请、闭坑实施方案、闭坑后监测与维护等十余项内容,其核心原则是保护环境和公共卫生,消除停产露天矿对环境的影响,全力保证采后土地利用与预期一致,建立长期有效的监测维护体系,最终达到保障公共健康、缓解或消除环境损伤、土地恢复利用等目标。

(1) 露天矿项目概况

简要介绍露天矿历史背景、现有生产情况和未来经营规划等。重点提供的信息有:露天矿土地所有权、采矿权、联系地址等;露天矿地理位置、交通条件、矿体范围;采掘扰动范围、矿权边界和未来采矿影响区域;地区气候条件、生态环境情况(包括动植物群落情况)、矿区地质和水文地质情况;矿区内各功能区(办公区、停车场、道路等)规划情况。

(2) 闭坑责任分工

合理安排闭坑前、中、后期工作,明确责任到具体部门和具体负责人员。

(3) 矿区原始数据收集处理

主要内容是收集和处理矿区原始数据,建立当地可接受的闭坑目标,设立后期闭坑监测工作的基础标准。

(4) 利益相关方咨询

面对当前经济社会发展目标与方式转型,露天矿企业应当高度重视现有土地使用权人和当地社区居民等公众相关方的利益与民意。所以利益相关方参与闭坑进程是实现社区人文关怀最有效的方式之一。实施性计划中需要明确的相关内容主要是界定闭坑利益相关方、明确各方权利义务和具体的参与形式和日程。

闭坑利益相关方包括:内部利益相关方,如业主、矿山管理层、员工等,是矿山闭坑的决策和实施主体,主导着闭坑进程和结果;外部利益相关方,如业主政府管理部门、社区居民、金融机构、供应商等,主要是参与决策过程、监督闭坑进度和效果。利益相关方参与有利于促进矿山企业改进闭坑计划、优化闭坑决策、强化对闭坑煤矿监管以及提高当地居民对矿山闭坑后恢复的接受程度等。

（5）闭坑目标

相较于概念性规划，实施性计划中的闭坑目标进一步被细化。一般从物理稳定性、化学稳定性、生物稳定性、地理和气候影响、土地利用和景观美学、自然资源状况、财经负担、经济社会问题等角度进行阐述和要求。闭坑的评价标准主要用于检验闭坑成果，衡量闭坑计划、闭坑报告内容完成的质量。

（6）土地利用规划

采矿活动最直接的负面影响就是造成了露天矿及周边土地不同程度的破坏，使功能性土地（耕地、林地、草地、居住用地等）不能发挥效用，所以闭坑问题实质是土地修复、土地使用权转换、土地二次开发的问题。因此土地利用是闭坑计划中的重点内容之一，一般由露天矿企业负责编制利用方案，在获得政府监管部门批准和其他利益相关方认同后实施。闭坑矿山无论采取何种土地利用方式，都是为保证土地的可持续利用和整体美观度。

（7）闭坑措施重点关切内容

露天矿闭坑工作中涉及的事项繁多，其中一些问题会对闭坑进度和完成质量产生关键影响，是闭坑工作中应该特别关注和管理的对象，称之为重点关切内容。它们一般包括：有害物质的产生、暴露和迁移，危险设施设备的状态，受污染场地的范围和危害程度，矿坑水的产生、排除，矿区水区的管理，对地表水/地下水造成的不利影响，地表水管理，排水结构的设计维护，烟尘排放、噪声污染，生物多样性，整体环境景观等。

需要说明的是，采矿方法不同，需要关切的内容也不尽相同；露天矿资源种类不同，所关切对象也会不同。

（8）财经保障

实施性计划中的财经保障工作主要涉及成本估算和资金筹集。成本估算是指对闭坑所需开支按照一定财务标准进行预先估计，所以这项工作启动较早，国外一般在预可行性研究阶段就着手实施。成本估算的一项重要原则就是：越临近露天矿停产，露天矿企业对闭坑成本的估算就应当越具体、全面。作为整个财经保障工作的基础，闭坑成本的估算结果影响着后续资金筹集的人员安排和渠道选择。因此成本估算需要考虑到露天矿闭坑和治理修复的所有活动，涵盖生态环境保护、污染治理、人文关怀和地区社会经济扶持等方面。同时，成本估算也要考虑相关因素的动态性，及时调整，不断适应新情况。

资金筹集是紧跟成本估算展开的，目前国际上一般可有两种筹资途径：一种是以储备金制度、保证金制度和政府拨款等方式为主的规制途径；另一种是以发行闭坑债券、实施金融担保、设立闭坑基金等方式为主的市场途径。

（9）闭坑申请

矿山需要闭坑时，应编写闭坑地质报告，矿山停办时也应该编制闭坑地质报告和闭坑申请报告。

（10）闭坑实施方案

闭坑实施方案要求内容明确具体，对闭坑施工操作的指导具有科学性、可行性和经济性。其主要内容包括（但不限于）：闭坑工作范畴界定（包括区域面积，工程对象等）；日程安排、责任分工；具体施工方法和验收标准；所需设备、材料及管理措施；数据收集、施工过程的监管等。

（11）闭坑后监测与维护

闭坑后监测与维护是检验闭坑效果的必要手段和采后保证矿区安全与稳定的重要保障。只有在监测维护期满后仍然达到闭坑计划目标的露天矿才能被认为是闭坑效果满足要求。

露天矿企业在计划中需要明确监测维护工作的思路、原则，拟订工作方案。

三、闭坑计划整体规划过程

一份闭坑计划的制定、修改、完成到最终实施通常应该伴随露天矿全生命周期，见图 7-1-1。

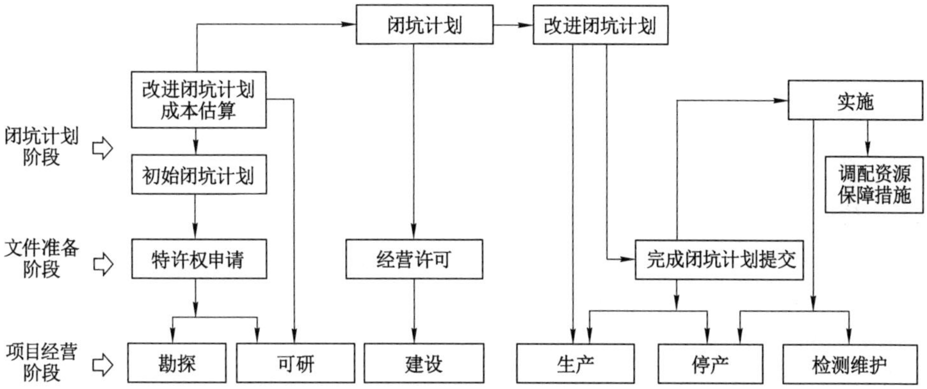

图 7-1-1　闭坑计划在矿山生命周期中的过程

四、对露天矿闭坑后监测及维护、关闭计划、关闭报告的建议条款

（一）地表环境监测

（1）县级以上环境保护主管部门应定期组织对矿山生态环境质量状况进行监测与监督检查。根据矿山生态环境保护与恢复治理方案分阶段目标，对矿山生态环境保护与恢复治理成效进行评估。

（2）恢复治理后的采掘场、排土场、生产系统场地、工业场地等用于农业种植或养殖时，需连续进行 3 年以上农产品安全性检测与评估，达不到要求的，禁止种养殖食用农产品或能够进入食物链的农产品。

（二）复垦效果监测

（1）关闭露天矿土地复垦义务人，应开展复垦效果监测工作，及时掌握矿区土地复垦效果，保证复垦后土壤质量、植被效果达到土地复垦质量要求。

（2）关闭露天矿土地复垦管护对象包括土地复垦义务人复垦的全部土地，管护时间一般为 3～5 年。

（三）水土保持监测

对关闭治理后的露天矿需进行水土保持监测及水土保持效果评价。其中水土保持监测应包括水土流失状况监测、水土流失危害监测和水土保持措施监测。具体监测内容、监测方法和频次应符合现行国家标准《生产建设项目水土保持监测与评价标准》(GB/T 51240)的相关规定。水土保持效果应按照现行国家标准《生产建设项目水土保持技术标准》(GB

50433)的规定,从治理水土流失、林草植被建设、水土保持设施运行状况、保护和改善生态环境等方面进行评价。

（四）采掘场环境监测

露天矿采掘场在关闭前应对水害、火灾、粉尘进行监测。监测设备应与地方应急管理部门系统连接。

（五）关闭计划

（1）关闭计划应由县级以上人民政府和关闭露天矿主体企业主导进行编制,县级以上人民政府和关闭露天矿主体企业自身具备编制能力的可自行完成计划的编制,不具备编制能力的可委托咨询机构进行编制。

（2）关闭计划应包含以下方面内容:剩余资源储量及利用,建筑设备拆除方案,采掘场、排土场的综合利用,伴生资源综合利用意向方案,矿山生态环境保护与恢复治理方案,土地复垦及利用方案,水土保持恢复方案,沉陷区治理方案,社会影响及职工安置方案,地区经济影响评价报告,闭坑退出可行性结论。

（六）关闭报告

（1）编制“露天矿闭坑地质报告”提纲及审查提纲。

（2）编制“露天矿闭坑报告”提纲及审查提纲。

（七）关闭申请、施工

（1）闭坑工程对象。

（2）人造工程处理。

（3）采后环境恢复。

五、对露天矿闭坑基本规定和关闭标准的建议条款

（一）基本规定

（1）露天矿闭坑应符合国家法律、法规与相关标准规定要求,切实保护相关部门、工作人员、职工、公众和环境安全。

（2）露天矿闭坑前主导部门应充分考虑引起露天矿闭坑的原因,如煤炭资源枯竭、开采成本增加引起效益失衡、生产安全难以保障、环境政策影响、生产能力不满足要求等。

（3）项目所在地县级以上人民政府和关闭主体企业应组织相关单位(发展和改革局、自然资源局、应急管理局、生态环境局等)负责对露天矿实施闭坑活动。露天矿最终闭坑前,生产运营单位应按政府部门和关闭主体企业指示制订关闭计划以实现矿井由生产向关闭的安全过渡。

（4）计划关闭的露天矿应能够保证在闭坑前处于稳定状态并保持必要的安全配置,保证最终露天矿闭坑计划实施前矿井处于安全状态,并为露天矿的闭坑提供有利条件。

（5）在编制和实施闭坑计划时,应根据露天矿的自身特点,科学合理地考虑体制和程序的关系、政府和民众的关系、企业与地方的关系、环境与社会的关系,实现高效、经济地由生产向关闭过渡。

（6）露天矿安全关闭后的最终状态应与关闭计划和所确定的关闭策略相适应。

（7）露天矿安全关闭活动应包括确定关闭对象、编制关闭计划、组织实施关闭和检查验收环节。

（二）闭坑完成的基本标准

（1）吊销或注销采矿许可证、安全生产许可证、煤炭生产许可证、营业执照、矿长资格证和矿长安全资格证。

（2）根据关闭露天矿的企业性质，结合实际情况适宜拆除供电、供水、重要建筑等设施。

（3）重要设施拆除必须设立警示标志并配备监控系统。

（4）公安机关收缴全部爆炸物品和危险化学品，并登记。

（5）完成生态环境恢复、土地复垦和沉陷区治理并验收合格。

（6）妥善处理职工安置，并保持社会稳定。

（7）结合财务制度，完成必要的财务清算。

第二节　露天矿闭坑地质报告

闭坑地质工作是指矿山开采生产末期，关闭生产系统前，为论证矿山关闭所进行的全部地质工作。

露天矿闭坑地质报告是露天矿企业建设经营的全面的、系统的总结，露天开采最终地质勘查报告，详细记录了矿产资源勘探到开发利用的整个全过程，也是法律法规赋予国土资源管理部门的重要职责，是矿产资源管理的重要环节之一、矿产资源开发用技术反思和升华的重要载体，同时也是露天矿闭坑的主要依据之一，关系着资源合理开发和有效保护。

露天矿闭坑地质报告应全面系统地收集和整理露天矿已有资料，客观真实地评价和论证矿产资源的开发利用程度，科学实际地分析资源远景的结论和露天矿剩余资源的利用远景，使露天矿闭坑资源方面不遗留问题，为露天矿闭坑报告提供科学的结论性意见。①

一、露天矿闭坑地质报告编制

（一）资料收集、地质调查和论证

建议一般在闭坑前2～4年开始进行，其主要内容如下。

1. 资料收集

（1）建矿前的地质资料、生产期的补充勘探以及露天矿历年储量变动及水位、工程、环境等地质资料。

（2）露天矿控制网说明、地面测量资料及主要测量成果等测量资料。

（3）露天矿开采境界、采掘场、开拓运输系统、排土场、生产系统、工业场地等的设计及实际资料。

（4）选矿工艺流程设计改造、历年选矿技术经济指标、废水处理等选矿资料。

（5）露天矿采矿许可证、技术操作规程、各种管理制度等文件资料。

（6）历年产值、利润完成情况以及露天矿开发的经济、社会、资源效益等其他资料。

---

① 笔者通过对相关文献资料的梳理，结合自身露天矿咨询设计工作经验，查阅、调研已“关闭”露天矿相关资料，归纳、总结了露天矿闭坑地质报告编制的内容以及审批申请流程，成果发表于《露天采矿技术》2022年第6期。

2. 地质调查和论证

(1) 调查矿区找矿勘探历史，系统收集、整理历次找矿勘探工作提交的和矿山基建、生产过程积累的全部地质资料。总结矿床成矿规律，论证矿区内是否还有找矿远景。对已做的地质勘探、生产勘探工作作出评价，评定勘探技术手段、勘探工程网度和勘探程度的正确性和合理性，论证资源是否已探清。

(2) 系统统计历次地质勘探、生产勘探提交的储量、历年矿山采出储量、报销开采损失与非开采损失储量的吨数、级别、矿石平均品位和各种储量分布范围，论证可采储量是否已采完。

(3) 探明的伴生、共生矿产的种类、储运吨数及其在开采、选矿过程中的综合回收情况。

(4) 暂不能利用储量(端帮压煤)品位、分布范围及其利用前景，尾矿的数量、物质成分、有用组分、品位及其再回收或综合利用前景。

(5) 矿山生产情况调查，包括生产规模，开采范围和深度，开拓方式，开采方法，回采顺序，运输、排水、防尘系统，开采技术经济指标等，并对开采工作作出评价。

(6) 采空区、陷落区的现状和处理情况，闭坑后拟采取的安全措施。

(7) 选矿厂生产规模、工艺流程、技术经济指标，并对其作出评价。

(8) 矿山地质、测量工作经验教训总结。最后作出能否闭坑的结论。

(二) 基础资料

(1) 包括露天矿地质(储量、水文)、环境、土地、地灾安全以及其他资料，并将收集资料按类分别进行登记，形成资料收集清单台账。

(2) 地质报告：包含建矿前详(普)查、勘探地质报告，储量核实报告，水文地质报告(水文类型划分报告)；建设(运营)中应补充的勘探生产地质等报告，包含附图(表)。

(3) 环境、土地等报告：包含单独的矿产资源开发利用、地质环境保护、土地复垦与生态环境恢复治理方案或“四合一”报告以及土地规划类报告等，包含附图(表)以及地灾(地质灾害危险性评估)、安全(安全现状评价)等报告。

(三) 露天矿闭坑地质报告的内容

露天矿闭坑地质报告是矿山企业建设经营的全面的、系统的总结，也是露天开采最终地质勘查报告，详细记录了矿产资源勘探到开发利用的全过程，形式包含文字、表格、图纸三种，编制提纲一般包括概况、露天矿地质概述、露天矿开采和资源利用、探采对比、环境影响评估、结论及建议等六部分及必要的附表、附图和附件等。

1. 概况

(1) 基本情况：矿区交通、位置、自然地理概况，区域构造位置，矿田范围及四邻关系。

(2) 露天矿矿业权设置及沿革情况等。

(3) 露天矿地质勘查简史：历次地质勘查、生产勘探工作的时间、勘查单位、主要工作量、资源/储量估算方法、获得的资源/储量类别和数量、勘查报告评审认定情况。

(4) 露天矿闭坑或停采原因及其他概况(报告编制目的、任务、具体要求及编制过程)。

(5) 本次工作评述。

2. 露天矿地质概述

(1) 地质勘查及质量评述：地层、构造、岩浆岩及围岩蚀变特征、空间位置、形态、产状、地层勘查方法、网度、采掘揭煤、地质编录及质量评述等。

(2) 矿区(床)体地质特征:矿体分布、空间位置、规模、地层、构造,岩浆岩形态、产状等。

(3) 煤质特性,煤质物理、化学特征,煤种,煤的风氧化特性及工业用途等。

(4) 矿床开采技术条件:地质特征(地层、煤层、构造等)、水文地质、工程地质、老空区和其他开采地质条件以及发生地质灾害的主要原因等。

(5) 分选技术条件:分选难易程度等。

(6) 露天矿生产过程中累计探明新增(或减少)资源/储量及其品位情况。

(7) 露天矿地质测量工作及其质量评述:生产勘探的方法、网度,生产探矿工程和采矿工程的地质编录、取样、地质测量工作及质量评述以及储量管理(三级矿量和三率管理)。

(8) 对露天矿地质概况的新认识及影响露天矿开采的主要地质问题。

3. *露天矿开采和资源利用*

(1) 开采开拓情况

① 露天矿开采简史:露天矿设计时间、设计单位、设计(生产)规模,采区划分及拉沟位置,开采工艺及开采方法,矿建工程和开采进度计划,排土场、开拓运输系统,基建工期及实施计划,产品方案,服务年限,生产管理,资源利用率,基建投资,经济评价,生产管理等。

② 地下水控制、地面防排水及采掘场排水。

③ 生产系统、选煤厂的规模、工艺、技术经济指标。

④ 总平面布置、地面运输。

⑤ 公用辅助工程(机修、油库、专业仓库、供配电、通信、控制、爆破、建筑、给排水、暖通、智能化等环节)评价。

⑥ 环境保护、水土保持。

⑦ 职业安全与卫生。

⑧ 技术经济指标(历年采矿生产规模、产值、成本及盈亏情况等技术指标,列表说明)。

(2) 资源/储量及利用评述

① 矿田境界及开采储量:开采境界、资源/储量计算原则、工业资源/储量、设计利用的资源/储量、开采方式、开拓系统、采矿方法、选煤场工艺、资源回收率、历年采掘工作量、历年采出矿量、采矿回收率、选矿回收率等的述评。

② 工业指标实际运用情况及合理性评述。

③ 损失量:包含正常和非正常两部分损失、损失率,其中还有批准非正常损失量(损失率)的机构、批准理由等情况的述评。

④ 储量计算:储量计算方法、质量管理(各类储量台账的建立与管理)及剩余储量情况的评述;评述、资源/储量增减变化原因。

⑤ 剩余资源量和尾矿:如剩余资源/储量较大的,一般属于政策性关停露天矿,则需详细说明资源/储量估算方法、范围、参数及资源类型、资源/储量等内容;对露天矿端帮压煤量应在保障安全和正常生产的前提下,“应采尽采”,对未进行及时回收的资源/储量要说明其分布、损失储量,分析资源/储量剩余原因。

⑥ 共生(伴生)矿产的综合开采与利用情况及矿石加工工艺评述。

⑦ 资源利用评述:开采回采率,采矿贫化率和选矿回收率完成情况;保有储量的评价及处理意见等。

⑧ 通过露天矿生产地质工作对地质情况的新认识、新发现,影响露天矿开采的主要地

质问题。

4. 露天矿探采对比

(1) 探采对比:主要是矿体形态和储量的对比,包含工业指标和资源量估算。具体可分为生产勘探、地质勘探与开采资料对比,也有个别地质勘探与生产勘探资料对比,包含矿体形态、厚度变化、赋存条件变化、产状、矿石品位和资源/储量对比(对比条件、绝对误差和相对误差)、构造变化以及水文和工程地质开采技术条件、勘探网度等对比。

(2) 对勘查方法、手段、可靠性、有效利用系数及回采率等合理性的评述。

(3) 对资源/储量估算方法的评述。

(4) 露天矿剩余资源量:对于资源量较大的政策性关停露天矿,详细说明资源储量估算的工作指标、估算范围和对象、估算方法、资源储量类型的确定、资源储量结算等。

(5) 影响勘探和生产的主要问题。

(6) 采掘场、排土场现状:矿山地质公园、科普旅游基地、蓄水成湖发电、赛车场等综合开发利用。

5. 环境影响评估

(1) 对放射性、有毒性矿物评述(可选)。

(2) 对地质灾害及其隐患处理措施:包含采掘场、排土场及其周边边坡崩落范围、滑坡等地灾防治措施及效果;对未能在开发过程中治理的对象,提出闭坑后的防治对策。

(3) 对地面景观及建筑物的影响。

(4) 对地下水、地表水影响、防治措施和治理效果:包含疏干范围、水位及其恢复程度等情况的评述;地表水污染及其自净情况的评述。

(5) 对土地资源的影响:工业场地、排土场占地及复垦利用和生态恢复措施及其效果。

(6) 对大气环境影响、地质环境、保护与治理恢复主要工程措施、评估方案、资金情况、执行情况、治理效果。

对上述内容需提出闭坑后的防治措施。

6. 结论及建议

(1) 取得成绩

包括露天矿地质工作、露天矿建设和生产等环节开发保护的经验教训以及露天矿生产的经济、安全、资源和社会效益评述。

(2) 存在问题

露天矿闭坑资源/储量的核销结论及能否作为闭坑的依据。

(3) 闭坑后工作安排的建议与建设

① 露天矿深部和周边找到接续露天矿开发的潜力、方向。

② 露天煤剩余资源/储量的处理、采掘场和排土场利用等建议。

③ 矿剩余储量处置方案、再开发利用存在问题、建议。

④ 露天矿生态环境及地质灾害防治的建议。

⑤ 露天矿采掘场、排土场及工业场地等区域建立露天矿地质公园、旅游科普基地、防空避险设施、蓄水成湖、置换土地等废坑综合利用。

⑥ 建立全寿命周期闭坑规划规范、实施细则、闭坑储备金制度等。

（四）露天矿闭坑地质报告附图（表）

地质报告中附表、附件、附图统计见表 7-2-1 和表 7-2-2。

表 7-2-1　露天矿闭坑地质报告中附表、附件统计

序号	附　表	序号	附　件
1	钻孔坐标及综合成果（测斜）表	1	编制单位资格证书
2	资源/储量估算（包括历次地质勘查、生产勘探的资源/储量增减）及汇总表、矿体厚度（品位）对比	2	委托书
3	疏干水试验成果表、水质分析成果表	3	合同书
4	历年露天矿排水量基本情况表	4	采矿许可证（复印件）
5	岩石力学试验成果表	5	矿产资源储量评审备案证明
6	土样分析成果表	6	露天矿地质环境保护与恢复治理方案评审表
7	探采矿体形态误差、厚度、品位对比表	7	野外调查照片
8	闭坑储量表，包含历年采出量、损失（包括正常和非正常损失）矿量、回采率、损失率、剩余储量	8	露天矿投资人或上级主管部门对报告的审核意见
9	露天矿水文、工程和环境地质调查表及主要工程、环境地质危害台账等	9	矿产资源储量主管部门对报告的评审认定文件（在报告评审认定之后补入）

表 7-2-2　露天矿闭坑地质报告中附图统计

序号	图　名	比例尺
1	露天矿交通位置图	1∶10 000/5 000
2	矿区地质地形图、水文地质图	1∶10 000/5 000
3	露天矿典型剖面图、地层综合柱状图、煤矿地质构造纲要图	1∶2 000/5 000
4	煤层底板等高线及储量估算图（平面、剖面）	1∶10 000/5 000
5	总平面布置图、工业场地平面图	1∶10 000/5 000
6	探采矿体对比图（露天矿最终开采平面图）	1∶10 000/5 000
7	露天矿闭坑范围及其周边环境地质图	1∶10 000/5 000
8	露天矿地质环境现状评估图以及其他有必要的附件等，根据每个矿的区域分布、规模等因素不同可能略有不同	1∶10 000/5 000

二、露天矿闭坑地质报告审批方法

（一）主要法律法规依据

（1）《矿产资源法实施细则》第三十三条规定：“矿山企业关闭矿山，应当按照下列程序办理审批手续：

① 开采活动结束的前 1 年，向原批准开办矿山的主管部门提出关闭矿山申请，并提交闭坑地质报告。

② 闭坑地质报告经原批准开办矿山的主管部门审核同意后，报地质矿产主管部门会同矿产储量审批机构批准。

③ 闭坑地质报告批准后，采矿权人应当编写关闭矿山报告，报请原批准开办矿山的主管部门会同同级地质矿产主管部门和有关主管部门按照有关行业规定批准。”

(2)《国务院关于第六批取消和调增行政审批项目的决定》(国发〔2012〕52 号)将“矿山闭坑地质报告审批”由国土资源部或省级人民政府国土资源部门下放至省级国土资源部门。

(二) 申报材料

一般包含如下：

① 矿山闭坑地质报告申请表(含专家评审意见)。

② 采矿权人关于资料真实性的书面承诺书。

③ 报告编制单位关于报告真实性的书面承诺书。

④ 矿区范围、资源储量估算范围叠合图。

⑤ 采矿许可证。

⑥ 闭坑地质报告编制合同(委托、协议)书等资料。

上述材料均为纸质原件 1 份。

(三) 审批流程

露天矿闭坑地质报告审批一般包含申请和受理两大环节，流程如图 7-2-1 所示。

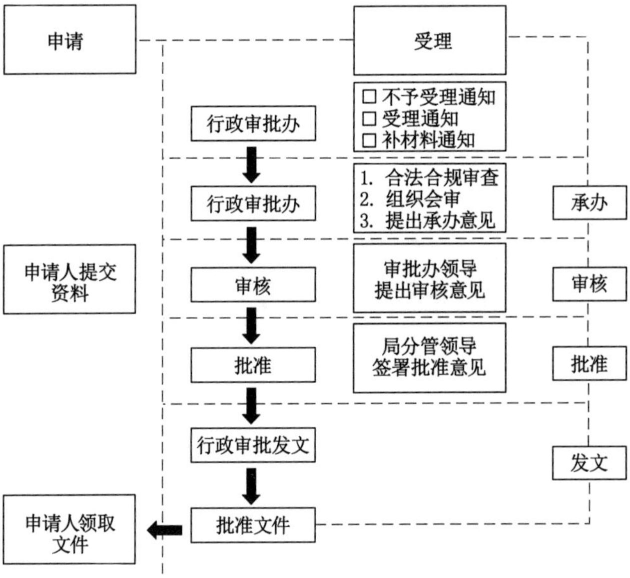

图 7-2-1　露天矿闭坑地质报告审批流程

露天矿闭坑地质报告是露天矿闭坑的最主要依据之一，是露天矿闭坑管理机制重要组成部分，因此，编制露天矿闭坑地质报告要坚持务实的精神，科学地研究和分析露天矿闭坑后剩余资源的利用、保护及综合治理的计划，为露天矿闭坑的实施提出科学的意见。

三、对露天矿闭坑地质报告监管工作的建议

建议基于露天矿全生命周期的闭坑规划及实施机制，将编制“煤炭工业露天矿闭坑标准”进行立项研究(填补空白)，逐步建立露天矿闭坑储备金制度。

露天矿闭坑地质报告不仅需要满足矿产资源储量及地质管理内涵的要求，更是服务于

我国“五位一体”建设布局及经济社会发展方式转型，逐步建立贯穿于露天矿全生命周期的闭坑规划及实施机制，将闭坑规划前置，编制适用各种闭坑矿山的地质报告编写规范，建立露天矿闭坑储备金制度，不断提高我国露天矿关闭管理能力和水平。

第三节　露天矿闭坑报告

露天矿闭坑地质报告是法律法规赋予国土资源管理部门的重要职责，是矿产资源管理的重要环节之一，同时也是露天矿闭坑的主要依据之一，其侧重点是资源管理；而露天矿闭坑报告则涉及环境影响、地质灾害、水土保持和土地复垦等一系列问题。露天矿闭坑报告的编制应该坚持科学的、实事求是的精神。

一、主要法律法规依据

《矿产资源法》第二十一条规定：“关闭矿山，必须提出矿山闭坑报告及有关采掘工程、不安全隐患、土地复垦利用、环境保护的资料，并按照国家规定报请审查批准。”

二、露天矿闭坑报告内容

（一）基本情况

1. 露天矿概述

（1）露天矿概况：包含位置交通、气象、地形地貌及水、地震情况。

（2）矿区范围开发简况：设计单位、产能规模、产品煤、目标市场、基建投资和盈利情况。

2. 露天矿资源条件及矿业权设置

（1）地质勘查概况。

① 建矿前勘查工作。

② 建矿期间投入的地质工作：工程布置原则、手段、工程间距、主要工作量、质量及探矿效果（探矿成本、获矿比指标、探矿坑道利用率）；开采范围储量增减变化情况。

③ 露天矿地质勘查工作：包含勘查单位、审批单位、批准时间、批准储量及主要结论。

（2）矿田地质构造及煤层产状特征。

（3）矿床开采技术条件。

侧重对矿山地质情况的新认识及影响矿山开采的主要地质问题。

① 岩石工程地质特征：矿体围岩及露采边坡的稳定性，采空区与塌陷区的情况。

② 水文地质特征：水文地质条件及降段延伸的出水量，疏干排水对地表水和地下水的影响，停采后地下水位恢复及坑内积水情况（插历年矿坑排水量统计表，附气象要素）。

③ 环境地质特征：露天开采中有害元素、气体、粉尘、废水、废渣和尾砂对环境的污染及治理，闭坑后对环境恢复及复垦工作的措施。

④ 煤质特征。

（4）分选技术条件。

（5）露天矿地质测量工作及其质量评述。

（6）累计探明资源/储量及其品位情况。

（7）矿业权设置及沿革。

3. 露天矿开采简况

包含边坡稳定、开采境界、资源/储量和设计规模、采区划分及开采顺序、开采工艺设备选型、剥离方式与开拓运输系统、开采进度计划、矿山运输与排土、地下水控制、采掘场排水及地面防排水、地面生产系统、公用辅助工程(机修、专业仓库、供配电与控制、通信、建筑、给排水、暖通)、总平面布置及地面运输、选煤厂(可选)、共生与伴生矿产的综合开发和利用、露天矿综合经济效益评价、露天矿基建投资(生产期追加投资)、历年产量、成本及盈亏情况(列表)。

(二) 露天矿闭坑条件及申报材料

1. 露天矿闭坑基本条件及原因

(1) 闭坑的基本条件

① 已通过系统的普查找矿工作,证实矿区深边部和邻近外围已无开发远景,已发现的矿床、矿体已进行了系统的地质勘探和生产勘探工作,且勘探方法正确,工作质量符合要求。

② 采场、阶段或平台采矿工作已结束,并通过了鉴定验收,矿区范围内所探明的可采储量和一切可利用的伴生、共生矿产均已采完。

③ 因技术、安全原因不能回采的储量,已经上级主管机关批准核销。

④ 暂不能利用储量,已经技术经济论证。

⑤ 废石、尾砂经过试验暂无综合利用价值。

⑥ 露天矿永久保留的地质、测量和采矿生产资料已系统收集和整理。

(2) 闭坑原因

资源储量枯竭、地质构造变化、政治因素等。

2. 相关证件注销情况

(1) 采矿许可证。

(2) 安全生产许可证。

(3) 爆破作业许可证。

(4) 机电设备回撤情况。

(5) 职工安置工作方案情况。

对编制露天矿闭坑标准涉及职工安置的建议条款如下:

① 露天矿关闭前,县级以上人民政府和关闭露天矿主体企业总工会应召开职工代表大会,充分征求职工的意见。职工意见将作为关闭计划的组成部分。

② 县级以上人民政府或关闭露天矿主体企业应对关闭露天矿的职工进行妥善安置,必须保持社会的稳定性和保证职工的合法权益不受损害。

③ 职工安置可采用提前退休、补偿、发放抚恤金、转岗安置、技能培训转交社会等方式。

④ 对于历史拖欠问题,地方政府和关闭矿井主体企业根据当地政策予以补偿完善妥善处理。

3. 露天矿闭坑申报材料

(1) 采矿权注销申请登记书。

(2) 采矿许可证正、副本。

(3) 采矿权使用费、矿产资源补偿费缴纳完毕凭证复印件。

(4) 矿山闭坑前有关劳动安全、土地复垦利用、环境保护及验收等相关材料。

(5) 闭坑地质报告及审查意见(正常闭坑的)。

(6) 采矿权人义务履行情况证明材料。

(7) 矿山生态环境保护与治理的履行情况,治理备用金缴纳完毕证明。

(8) 国务院国土资源管理部门规定提交的其他资料。

(9) 其他需提供的有关材料。

(三) 露天矿开采和资源/储量动用情况

(1) 露天矿开采情况。

采终储量计算:工业指标、储量计算方法、矿体圈定原则、储量计算参数、储量计算结果[开采范围内的设计利用储量要与生产勘探储量增减、开采量、损失量(端帮压煤)和保有储量平衡]。

(2) 工业指标实际应用及合理性评述。

资源利用评述:"三率"指标的完成情况。

(3) 资源储量注销情况。

非正常损失矿量报销及原因,保有储量的评价及处理意见。

(4) 剩余储量估算、剩余原因及处理建议(损失矿量)。

① 剩余资源储量概况。

② 剩余资源储量估算。

③ 剩余原因。

(5) 共生、伴生矿产的利用评述。

(6) 影响矿山开采的主要地质问题。

(四) 环境地质灾害治理建议

(1) 工程地质灾害治理。

(2) 水文地质灾害治理。

(3) 环境地质灾害治理。

(五) 环境影响评估及安全隐患

(1) 地下水疏干范围、水位及其恢复程度等情况的评述。

(2) 露天采掘场及其边坡崩落范围等情况评述。

(3) 矿区地质环境变化情况。

(4) 水污染及其自净情况的评述。

(5) 外排土场占地及处理。

(6) 地质环境保护与治理恢复主要工程措施。

(7) 地质环境保护与治理恢复方案治理资金。

(六) 水土保持和土地复垦影响评估

(1) 水土保持影响评估。

(2) 水土复垦影响评估。

(七) 闭坑后对周边露天矿/矿井或下部井工开采资源存在的安全威胁

(1) 边坡安全(角度,是否做工程)。

(2) 疏干、地表水安全。

(3) 防灭火安全。

(4) 采空区安全(可选)。

(5) 下部资源井工方式开发的安全。

(八) 闭坑后综合治理规划

露天矿闭坑后综合治理规划。

(九) 结论

(1) 露天矿生产的经济、社会、资源效益评述。

(2) 露天矿地质工作、设计、建设和生产的经验教训。

(3) 露天矿资源储量结算及注销结果。

(4) 存在问题及建议。

露天矿闭坑地质报告是露天矿闭坑的主要依据之一,为合理开发和有效利用矿山资源,矿山闭坑前必须编写矿山闭坑地质报告,报送矿山储量委员会审批。

三、露天矿闭坑报告附件

露天矿闭坑报告中附图(表)、附件统计见表 7-3-1～表 7-3-3。

表 7-3-1 露天矿闭坑报告中附图统计表

序号	图 名	比例尺	序号	图 名	比例尺
1	露天矿地质地形图	1∶5 000	10	露天矿通信系统图	1∶5 000
2	露天矿综合水文地质图	1∶5 000	11	露天矿地面防排水系统图	1∶5 000
3	露天矿综合地层柱状图	1∶5 000	12	露天矿总平面布置图	1∶5 000
4	露天矿典型位置剖面图	1∶2 000	13	露天矿端帮最终布置图	1∶5 000
5	露天矿煤层底板等高线及储量估算图	1∶2 000	14	露天矿边坡监测系统图	1∶5 000
6	露天矿开采现状最终图(实测图)	1∶5 000	15	露天矿地质环境影响现状评估平面图	1∶5 000
7	露天矿采掘工程平面图	1∶5 000	16	露天矿闭坑范围及周边环境地质图	1∶5 000
8	露天矿运输系统图	1∶5 000	17	露天矿关闭退出前后对比图(照片)	1∶5 000
9	露天矿供配电系统图	1∶5 000	18	露天矿闭坑规划图	1∶5 000

表 7-3-2 露天矿闭坑报告中附表统计

序号	图 名	备注
1	资源/储量总表(包括历次地质勘查、生产勘探的资源/储量增减)	
2	露天矿历年采出量、损失量、回收率、损失率、贫化率统计表	
3	露天矿历年排水量基本情况表	
4	露天矿主要水害、工程及环境地质危害的基本情况统计表	

表 7-3-3　露天矿闭坑报告中附件统计

序号	附　　件	备注
1	编制单位资格证书	
2	委托书	
3	合同书	
4	采矿许可证等相关证照及说明	
5	《××有限公司××煤矿煤炭资源储量核实报告审查意见书》(××地矿协储核审字〔年号〕文号)及《矿产资源储量评审备案证明》(××国土储审备字〔年号〕文号),其他与闭坑有关的如储量审批决议书,露天矿最终储量年报	
6	《××关于进一步做好××露天矿关闭工作的通知》(〔年号〕文号)	
7	《××人民政府关于××三年关闭××煤矿的通知》(××府发〔年号〕文号)	
8	《露天矿闭坑地质报告》批准文件	
9	露天矿地质环境保护与治理恢复方案评审表	
10	露天矿隐蔽致灾因素普查报告	
11	露天矿边界互保协议	
12	关闭露天矿过程记录、野外调查照片及影像资料	

第四节　露天矿闭坑申请报告

露天矿闭坑地质报告是矿产资源管理的重要环节之一,侧重的是资源/储量管理,露天矿闭坑报告则涉及环境影响、地质灾害、水土保持、土地复垦等一系列问题,而露天矿闭坑申请报告则涉及露天矿闭坑工作在政府管理、土地利用、利益相关方参与、闭坑施工、监测维护、财经保障等方面的管理,需要由露天矿企业向政府部门一并提交内容更全面的闭坑申请,包含申请信息、闭坑计划、主管部门审核意见以及必要的附录等,待申请通过审核后方可开展具体施工工程。

一、申请信息

包括露天矿名称、隶属关系、所处行政区域、矿长、闭坑第一责任人、闭坑县级以上主管部门、闭坑原因、闭坑区域及面积、申请时间、计划闭坑起止时间以及闭坑资金预算等信息。

二、闭坑计划

(一) 基本情况

(1) 位置与交通、自然地理、区域构造等。

(2) 地质勘查简述:历次地质勘查、生产勘探工作的时间、勘查单位、主要工作量、资源/储量估算方法、类别和数量以及勘查报告评审认定情况。

(3) 地质简述:煤岩赋存特征、地质测量工作及其质量评述、生产过程中累计探明增减资源/储量及其品位情况、探采对比(矿体形态变化、厚度变化、顶板及底板位移、品位变化、资源/储量对比、构造变化的对比以及开采技术条件变化的对比)。

（4）开采简述：设计时间、单位、生产规模、服务年限、生产管理、对共生/伴生矿产的综合开采和利用情况及煤炭加工工艺的评述。

（二）责任分工

包含统筹管理、前期准备工作、中期闭坑施工管理、后期监测维护工作、财经保障工作以及利益相关方管理。

（三）目标与评价标准

（1）明确对居民健康和安全方面的保障，具体说明露天矿开发遗留问题引发的健康安全事故次数和影响程度。

（2）实现对矿区生态环境的恢复，具体说明对矿区水系、地区空气、矿区土地和动植物的恢复或保护目标，期望达到的量化水平，说明污染治理目标。

（3）实现对矿区土地的可持续利用，包括土地复垦和后续开发利用总体规划、方向和预期达成的环境、社会经济目标。

（4）具体阐述闭坑对社会经济领域的最大化正面影响目标和最小化负面影响控制目标，主要包括期望的社区经济发展、就业情况和居民生活水平达成目标。

（四）利益相关方咨询

（1）闭坑利益相关方和关键利益相关方的判定及判定依据。

（2）露天矿在利益相关方咨询方面的责任内容。

（3）基于露天矿生命周期，露天矿对于利益相关方（尤其是关键利益相关方）影响闭坑工作的会商安排和利益相关方所拥有的权益。

（4）利益相关方已完成的会商内容和成果以及后续会商预期成果。

（五）采后土地利用

（1）露天矿开发前矿区土地原始状态描述：土壤土质、地质结构、地形地貌等。

（2）露天矿开发对土地已经造成的影响：排土场、工业场地等占用土地情况评述，开采活动对地形地貌、土壤土质、地质结构和植被等环境因素的破坏评估。

（3）明确露天矿开发之前、露天矿让渡之前和露天矿让渡之后的土地所有权归属，国有土地露天矿让渡之后所有权归属地方政府。

（4）根据露天矿开发对土地的影响情况，结合闭坑目标计划来制订土地的生态恢复措施。措施必须能使土地恢复到开发前的原始状态或等价水平。

（5）闭坑后土地的开发利用由此时的土地所有权人基于土地恢复情况单独规划实施。

（六）闭坑基础工作

（1）矿区基点数据的采集：综合评述露天矿开发前原始数据的采集工作和收获成果。

（2）所有材料的表征和堆存：综合评述所有材料的表征结果和堆存情况，分析潜在风险因素，说明现有的对材料堆存的管理措施和事故应对办法。

（3）教育培训：简要说明企业对员工和工程承包商开展的关于闭坑理念、安全环保意识教育和闭坑管理培训完成情况。

（4）健康和安全：简要说明企业在闭坑的健康安全方面对员工和社区居民开展的教育、宣传、事故应对和例行身体检查等工作的完成情况。

（5）资金筹集：简要说明闭坑成本的包含内容，对闭坑成本的估算和调整结果，并介绍基于成本和企业经济实力的闭坑资金筹集方式和效果。明确说明已完成的资金筹集数额和来源比例。

（七）闭坑施工

（1）人为工程的处置和矿区环境治理，简介内容涉及工程对象基本情况、各项目施工特点或难点、预期耗费资金和工期等。

（2）技术方法、施工程序、质量验收、所需设备材料、负责人员和其他资源等具体实施方案和预期施工效果。

（八）监测维护

（1）对排水沟等保留的功能性工程设施的监测维护方案，主要监测工程安全隐患和日常运转情况，并提供针对隐患和正常运转要求将采取的防范维护措施。

（2）对露天矿、采空区等废弃场所的安全监测维护方案，主要监测排（积）水情况和滑坡、塌陷等地质灾害出现的可能性，并提供针对可能出现的灾害将采取的防范性措施。

（3）对其他可能引起突发环境污染事故或安全事故的影响因素监测方案和应对方案。

（4）对已完成的生态环境恢复成果的监测维护方案，主要监测维护土地复垦的后续效果。

（5）针对社区经济发展、居民生活水平和居民安全健康的监测维护方案，主要跟踪监测GDP、人均收入水平和失业率等体现经济发展和生活水平的经济指标，并提供使上述经济指标不受闭坑影响的维护方案，要求方案具体明确，具有可操作性，此外还应提供在指标出现异常的情况下采取的应对方案。对居民安全健康的监测维护方案应以日常例行体检和宣传教育为主。

（6）对水体质量、空气质量、土壤环境质量、生物多样性等由政府主管部门采用专业方法的监测方案，政府相关主管部门已经制订出了专业的方法，此处不再赘述，但企业在监测数据异常时仍需在政府主管部门指导下提供应对方案。

（九）财经保障

（1）闭坑成本估算和调整：对闭坑成本的组成部分进行简要介绍，明确说明成本估算所采用的财务标准和财务方法。提供已经完成的每次成本估算的结果和之后进行成本调整的依据。

（2）闭坑资金筹集和使用：明确说明已经采用的闭坑资金筹集手段和效果（筹集金额，各手段所占比例和潜在风险），以及后期计划的资金筹集手段、时间安排、预期筹集金额、潜在风险和风险应对措施。闭坑资金使用包括已经发生的资金使用情况综述和对后续资金使用安排。

（十）主管部门审核意见

由主管部门填写对企业闭坑计划的综合评价和指导意见，并明确表示是否允许露天矿按计划闭坑，最后由部门负责人签字并加盖部门公章后，报告方能视为批准通过。

（十一）附录

除闭坑地质报告所附的图、表、件外，还需提交以下附录和附件：

（1）露天矿排土场、废物堆存布置图及其他图件。

（2）露天矿原始环境和社会经济数据采集表，利益相关方会商时间/内容安排表，闭坑成本估算明细表。

（3）附件：露天矿投资人或企业管理层对该报告的审核意见。

第五节　露天矿闭坑的责任划分及申报材料

一、露天矿闭坑责任划分

露天矿企业应合理安排闭坑工作和闭坑后修复/复垦工作的分工和工期，明确责任到具体部门和具体负责人。

闭坑责任类型和对应负责人员安排见表 7-5-1。

表 7-5-1　露天矿闭坑责任分工表

序号	责任项目	具体内容	建议责任人
1	统筹	全面负责露天矿闭坑工作，指派闭坑单项具体工作责任人，承担总体管理职责	矿长
2	前期准备工作	负责矿区原始数据收集、除资金外的闭坑需求资源保障、初期闭坑规划的编制和调整	副矿长
3	中期闭坑施工	负责审查监督施工项目的进展，保证工程质量并负责施工事故应对	
4	后期效果监测维护	负责闭坑后矿区的闭坑成果监测维护，地质灾害防范，日常安全巡视和应急事故处理及上报	
5	资金保障工作	负责贯穿于整个露天矿生命周期的闭坑成本估算、核查调整，闭坑资金筹集和使用，直至矿区土地移交完成	副矿长（兼）矿财务科科长
6	利益相关方参与的组织	负责随着闭坑准备工作展开便持续进行的利益相关方确认、会商安排和信息反馈等工作，直至矿区土地移交完成	矿长

二、露天矿闭坑申报材料

《矿产资源法实施细则》第三十四条规定，关闭矿山报告批准后，矿山企业应当完成下列工作：① 按照国家有关规定将地质、测量、采矿资料整理归档，并汇交闭坑地质报告、关闭矿山报告及其他有关材料；② 按照批准的关闭矿山报告，完成有关劳动安全、水土保持、土地复垦和环境保护工作，或者缴清土地复垦和环境保护的有关费用。

综上，露天矿矿山闭坑申报材料主要包含如下内容：

① 采矿权注销申请登记书。

② 采矿许可证正、副本。

③ 采矿权使用费、矿产资源补偿费缴纳完毕凭证复印件。

④ 矿山闭坑前有关劳动安全、土地复垦利用、环境保护及验收等相关材料。

⑤ 闭坑地质报告及审查意见（正常闭坑的）。

⑥ 采矿权人义务履行情况证明材料。

⑦ 矿山生态环境保护与治理的履行情况、治理备用金缴纳完毕证明。

⑧ 国务院国土资源管理部门规定提交的其他资料。

⑨ 其他需提供的有关材料。

第八章　露天矿闭坑内容

结合国外矿山闭坑实践，总结出实施闭坑性闭坑计划的具体内容和实施过程包括：责任分工、目标与评价标准的确定、利益相关方咨询、土地利用方案、闭坑基础工作、闭坑申请、闭坑主体施工、监测与维护、财经保障和责任移交等内容，本章着重介绍闭坑主体施工相关内容。

露天矿闭坑施工过程中涉及的核心问题有：有害物质的产生、暴露和迁移；危险设施设备的状态；受污染场地的范围和危害程度；对地表水/地下水造成的不利影响；地表水管理/排水结构的设计维护；噪声污染；生物多样性；整体环境景观等。

第一节　露天矿闭坑治理工程

一、露天矿闭坑治理工程

实施露天矿闭坑后治理工程的目的就是将露天矿开采后在空间、环境、经济社会带来的负面影响降到最低甚至消除和提升，因此闭坑治理工程包括人造工程设施处置和露天矿采后环境影响恢复等两方面的内容（见表 8-1-1）。对经济社会负面影响的补偿则主要是通过采后土地的可持续利用、进一步开发利用及经济促进等方式予以实现。

表 8-1-1　闭坑工程对象

序号	项目	具体内容
1	人造工程	坑内外工程及采空区、采掘场、排土场、机械设备、危险材料和危险废弃物以及他建筑和设施，包括交通运输线、地表非生产建筑、选煤厂
2	采后环境	受污染土地、地下水/地表水、被破坏的地形地貌、生物多样性

二、人造工程

（一）露天矿闭坑涉及的人造工程处置

施工建议见表 8-1-2～表 8-1-4。

表 8-1-2　坑内外工程及采空区、采掘场施工建议

风险因素	目标	内容
坑内外工程	使其符合安全要求	防止公众接近；建立围栏隔离危险区域，建立清晰安全标识、关闭进出通道

表8-1-2(续)

风险因素	目标	内容
地表沉降、塌陷	避免塌陷沉降或者使其发生的可能性最小化	通过加固、绿化对陡帮进行美化、增强稳定性，围栏隔离危险区域，建立清晰安全标识；定期检查
给地表的排水、渗水和地下水补给造成的影响	加强地表排水和径流管理，保证地下水补给和水质	美化环境、开(排水)沟
侵蚀、淤积	防止侵蚀和淤积	绿化、开沟、美化环境
坑内污水、工业场地污染物、残留化学反应物质浸出、其他污染	使地表水/地下水达到质量标准	积极主动处理坑内排水，跟踪分析水的化学性质和转移
残留设备机械泄漏的油污	避免油污泄漏	转移矿内的所有设备，转移所有油品和被油污染的材料
露天矿的永久废弃不利于环境美观；影响地表排渗水和地下水补给	允许可持续的土地利用；加强地表水管理，保证地下水补给和水质	美化环境，防止沉降，实施绿化

表 8-1-3　排土场施工建议

风险因素	目标	内容
沉降、滑坡，侵蚀；对地表径流和地下水渗透的影响	降低边坡的不稳定性，缓解侵蚀和淤积现象	通过削减边坡角度、开沟、改进排水系统、设立沉淀池和挡土墙，实施绿化、现场监测对其进行安全加固、美化
安全性	符合已制订的安全规范	防止公众接近；围栏隔离危险区域，建立清晰安全标识
对地表径流、地下水渗透和流动的破坏	加强地表排水和径流管理，保证地下水补给	开沟，改进排水系统
不利于环境美观；对闭坑后活动的限制	恢复到自然状态，能维持生态多样性的土地利用形式；利用剥离物	美化/绿化环境、削减边坡；利用剥离物进行填充作业或者其他土木工程

表 8-1-4　其他建筑设施施工建议

风险因素	目标	内容
建筑、道路、基础设施和设备的安全性	最大限度地再利用和循环利用拆除建筑里的材料，确保对保留下的建筑设施的维护保养；明确责任分工；符合安全要求	首先决定哪些建筑、道路和基础设施保留，并指定未来用途(如博物馆)，对场所进行日常维护和结构加固；对其他建筑设施全部拆除，平整土地；同时设立标识和围栏限制公众接近
对地表径流、地下水渗透和流动的破坏	加强地表水系的管理	修建排水系统，对保留堤坝定期维护，确保导管、排水沟、涵洞等的畅通

表8-1-4(续)

风险因素	目标	内容
因为建筑材料、受污染土壤和化学品仓库带来的环境危害；一般性的安全风险	减轻环境危害，确保安全	确定污染范围；负责搬移、处理化学品和受污染材料，治理受污染的土地；清除地下储罐
对建筑和道路持续使用的选择	最大限度地利用保留的设施设备	确定潜在的建筑和道路利用选项
不利于环境美观；对闭坑后的活动有限制	生态系统功能的发展，具有休闲消遣的价值	美化环境，实施绿化，清除不需要的建筑设施

（二）机械设备

所有露天矿生产机械设备都需要在停产后从生产场所转移清理，并且清理的方式必须不带有任何对于环境和安全的风险。无法再利用的设备需要送到专门的处理场所进行填埋或者报废处理。

（三）危险材料和废弃物

露天矿常见危险材料主要有炸药、雷管、燃料等，危险废弃物主要指废油、废电池、残留化学品、化学品包装材料等。

1. 对危险材料的管理原则

对它们的运输、储存和处置原则是防止因接触明火、高温裸露、泄漏和溢出等管理问题造成的人员伤亡、财产损失和环境破坏。

(1) 对危险材料需要由专业人员运用行业公认或国家规定方法进行风险评估。要求记录闭坑所涉及的危险物质类型和数量，并编制汇总表格，包括物质名称、描述、分类、危险特点、月(周、日)使用量和国家规定的危险物质监管报告临界量等基础信息；之后运用已有的事故发生统计数据，分析各种可能的事故情境和发生可能性；再根据矿区的地形地貌等现场特征，估量潜在后果。

(2) 结合风险评估结果，制订事故预防及控制预案。包括：对操作人员进行防范事故的培训演练，材料储存状态的检查，留存危险材料和作业点的记录；明文规定应急所需个人防护用具和培训，突发紧急情况后的应对机制，还包括预案的更新和培训；同时做好相关工艺安全参数及文档记录，包括书面规定工艺安全参数、操作规程和审计规程；开展社区宣传，向潜在受影响社区居民介绍露天矿企业现有危险材料的管理情况和风险管理措施，普及发生事故后应采取的安全行为知识，鼓励社区合理参与对危险材料的管理决策。

(3) 一旦发生事故，露天矿企业要迅速准确地启动应对机制。

2. 危险废弃物的处理原则

尽量由持有资质的专业机构对危险废品进行处理；或者在规定允许的条件下，露天矿自行建立专业的废品处理部门，由专业人员或经过专业培训的员工进行处置。

(1) 明确危险废弃物的储存方式，一般将危险废弃物储存在封闭容器内，避开阳光直射、风雨吹淋。但同时应避免对危险废弃物使用地下储罐和地下管道，防止意外泄漏对土壤、水体造成难以补救的污染。对于挥发性废弃物的储存应当提供适宜的通风环境。另外，任何时候都只能允许受过专业培训的员工进入危险废弃物储存区域。

(2) 构筑废弃物二次围堵体系，体系构筑所用材料应与所围堵危险废弃物相适应且能较好地发挥作用。

(3) 明确标注危险废弃物存储点并告知所有员工;定期检查废弃物储存区域,并记录检查结果;制订和实施溢漏处理及应急预案,以防危险废弃物的意外泄漏。

(4) 危险废弃物转运时在防止泄漏等事故的前提下应最大限度减少同公众的接触。此外,运输过程中容器的危险标示应清晰明了,运输人员对所运输废弃物的特征和基本情况应完全掌握。

第二节　露天矿闭坑后环境恢复

露天矿闭坑后环境恢复内容一般包括受污染的土地、地下水(地表水)、破坏的地形地貌、生物多样性、文物古迹等,见表 8-2-1。

在文物古迹周围圈定安全范围并设置围栏,派专人看护并上报文物管理部门处理。

表 8-2-1　露天矿闭坑后环境恢复

恢复项目	污染源/污染物	恢复措施
污染的土地	污染源包括剥离物、选矿厂。污染物包括矿物离子、金属化合物或其他化学物质。传播方式包括风、水、沉淀物或者运输设备	若污染物是有机的,受污染土壤可用于尾矿覆盖;若污染物是无机的,受污染土壤可用于地下采空区回填
污染的地下水(地表水)	水污染源包括矿石、剥离物、选矿厂。污染物包括矿物离子、金属化合物或其他化学物质。传播方式包括流动、渗透	在矿区水系的上、中、下游均安装水质水量监测设备;实施必要土建工程保证该地区人畜饮水安全;对地表径流进行覆盖或隔离,从而限制其与潜在产酸材料的接触;避免潜在产酸材料接触氧气或水,及时将矿坑内的积水清除以减少酸性物质产生
破坏的地形地貌	矿区及周边地形地貌的破坏会影响人的视觉美观,造成景观缺陷。潜在的视觉影响源包括露天采掘场、未拆除的建筑结构、已腐蚀的地表、废弃的道路、受次生地质灾害影响的山体土地、遗弃的机械设备和功能退化的植被	对于扰动地形地貌,需要进行美化性施工,使施工完成后矿区地形地貌与周边环境协调一致。首先需要与社区居民协商后拟订合理的土地利用方案,然后将影响视觉美观的因素与土地复垦、环境修复过程结合,修复平整后的土地山体应尽可能与周围景观协调,最大限度地保证闭坑后地形地貌的视觉美观性
生物多样性	生物多样性的保护和保持是可持续性发展的根本条件。在闭坑施工中,可以根据地区实际,通过建立湿地、复垦、合理搭配种植树种/草种等方式保护动物栖息地,优化植物生长环境,使矿区环境形成完整生态系统结构	考虑进行生物多样性替代补偿,将类似生物种类复制到闭坑矿区;积极与科研机构合作开展生物多样性监测、评估和保护计划;进行土壤质量的保护与修复;保证复垦植物培养基的特征、作用尽可能与原有土地一致,确保本地植被的良好生长;清除外来入侵的生物物种,增加本土物种

第九章　监测维护、责任移交及资金保障

第一节　矿山关闭后的监测维护

一、遥感(RS)和地理信息系统(GIS)技术动态监测土地利用情况

随着空间技术的发展,特别是RS和GIS技术的发展,使得资源动态监测成为可能,并成为区域土地利用变化研究不可缺少的重要技术手段,对于矿区土地资源合理利用、科学管理和综合治理具有重要的意义。遥感动态监测是对同一研究区域,运用不同时相的遥感图像,来识别土地利用状态或现象变化的过程。通过对研究区域多年土地利用RS与GIS动态监测分析发现,受煤炭开采驱动力的影响,矿区短期的土地利用结构形式变化较大,破坏了原始的用地模式。煤矿关闭前土地利用类型之间相互转换明显,随着开采力度加强,呈现出建设用地和水域面积增加的趋势。关闭后,水域面积趋于稳定,而农用地得到增加,缓解了当地人地矛盾,土地利用集约化水平得到提高。整体发现,地类之间的转换并没有体现出什么明显的规律,矿区土地利用粗放,没有一个合理的土地利用结构方向,缺乏一个土地利用总体规划,但通过长期复垦整治,在一定程度上缓解了当地人地矛盾。利用RS和GIS技术作为矿区土地利用动态监测的技术手段,可快速提取土地利用变化信息,为合理进行矿区土地复垦整治提供参考依据,同时,也有利于上层管理部门加大监管力度,科学决策。

二、矿山闭坑资源综合管理系统

随着我国绿色、低碳理念的倡导与践行,高碳的煤炭行业的发展将会受到较大的影响。同时,我国对矿山开采活动进行了严格的政策管控,关闭的煤矿越来越多,如何对关闭煤矿资源进行管理和再次开发利用成为一个亟须解决的问题。

关闭矿山是指因矿产资源枯竭、不符合安全开采条件以及其他政策原因而被关闭报废的矿山。随着人们对关闭煤矿剩余资源的进一步认识,如何高效管理和再次利用关闭煤矿剩余资源成为国内外的研究热点。

GIS支持地理空间数据的采集、储存、管理、运算、分析、显示和描述,其空间数据库、地图可视化以及空间分析功能已经被广泛应用于煤矿的各领域。如武俊红等基于组件式GIS,集成GIS与MIS系统,设计并实现了钻孔信息管理系统,为建立地下资源管理空间辅助决策支持系统提供支持和依据。

我国的关闭煤矿有许多研究成果和开采资料数据,这些资料数据大多是纸质资料,容易损毁和丢失,并且使用起来不方便。随着矿井的关闭、相关人员的变动,这些资料数据往往得不到很好的保存,难以发挥对关闭矿井进行资源管理和利用的指导作用。因此,建立关闭

煤矿资源GIS综合管理系统，对关闭煤矿地上空间的厂房、机器设备以及大量的土地，地下空间的剩余煤炭、水资源等进行管理，为关闭煤矿的再次开发利用提供辅助决策支持，具有重要意义。

（一）GIS综合管理系统概述

关闭煤矿资源GIS综合管理系统是基于关闭煤矿的基础地理信息数据、地上实景三维数据、地下三维模型数据等，利用GIS和网页开发技术实现地上地下空间资源可视化管理。本系统主要包含矿区实景三维一体化、地上地下空间资源管理、煤矿相关信息管理以及工具管理。

（1）矿区实景三维一体化：具体表现为矿区地表实景三维数据的采集、部分井巷模型的建立，然后将矿区地表实景三维模型与井巷模型进行地理配准，使得两者具有相同的空间参考，将地表的实景三维与井巷三维模型结合起来，实现矿区实景三维的一体化。

（2）地上地下空间资源管理：地上空间资源包括工业广场的各类建筑、机器设备以及土地资源等，地下空间资源包括煤炭、水资源以及井巷空间等。该系统可实现对矿区的地上地下资源进行可视化统一管理、便捷查询。

（3）煤矿相关信息管理：数字化煤矿的各类开采数据、人员信息数据以及各类生产报告等，将数据进行图表化，实现煤矿相关信息的Web端查询与管理。

（4）工具管理：由量算工具和绘制工具组成，实现了距离、高度和面积的量算，各种要素的绘制，较好地实现了用户与系统之间的交互。

（二）系统构建

1. 系统架构设计

关闭煤矿资源GIS综合管理系统主体采用B/S架构模式，矿井基础地理信息数据、影像数据、地形数据以及模型数据存储在数据服务器中，客户端通过浏览器在Web端进行场景的浏览以及系统功能的操作。

2. 系统场景设计

矿区实景三维场景由两部分组成：采掘场和工业广场实景三维模型。其中，工业广场实景三维数据利用无人机进行低空倾斜摄影测量采集。采掘场三维模型利用3Ds Max建模软件建成，通过地理配准，实现矿区实景三维一体化。

3. 系统功能设计

关闭煤矿资源GIS综合管理系统功能主要包括三维场景操作、地上地下空间资源管理、关闭矿井相关信息管理以及工具管理四个模块，各个模块设计如下所述。

（1）三维场景操作：该模块包括三维场景浏览和显示。三维场景浏览主要包括场景漫游、旋转缩放以及多种图层的切换、管理；显示包括煤矿及周边的地形数据和地理位置。

（2）地上地下空间资源管理：该模块由地上空间资源管理和地下空间资源管理两部分构成。其中，地上空间资源管理包含建筑信息管理、机器设备管理、交通信息管理以及其他管理。建筑信息管理主要是对工业广场内办公大楼、实验室、车间等建筑的属性信息进行统一管理；机器设备管理包括对储煤、选煤和运煤设备的管理；交通信息管理是对煤矿及周边地区的公路、铁路信息进行管理；其他信息管理包括矿区绿化、水资源等的管理。地下空间资源管理主要是对井巷空间的管理，包括巷道空间、井底车场等。

（3）煤矿相关信息管理：该模块主要包括煤矿的基本情况、生产情况、工业广场概况、剩余资源概况以及相关报告，上述五项又可细分为建设概况、关闭概况、生产概况、广场平面图、建筑概况、煤炭剩余储量、土地资源概况以及开采报告、关闭报告等。

（4）工具管理：该模块主要由量算工具和绘制工具组成。量算工具包含距离量算、高度量算和面积量算工具；绘制工具包括点线面等要素绘制工具和矩形、圆形等图形绘制工具。

三、矿山闭坑地面探测方法

国家为积极发展先进产能，加快依法关闭退出了一大批产能、技术、设备落后小煤矿，采用高新技术和先进适用技术重点建设大型矿井。随着大量的小型煤矿的关闭，大量采掘形成的采空区可能存在越界开采，造成采掘边界不清晰，易诱发地面塌陷、地裂缝、地震、崩塌、滑坡等多种地质灾害，破坏耕地，存在严重的安全隐患，对新整合组建矿井安全生产及人们生产生活形成严重的威胁。摸清采空区的分布情况，积极预防，为后续的恢复治理提供可靠数据，可以极大程度减少地质灾害的发生，为煤矿安全生产、人们生产生活提供安全保障。另外，探明采空区的分布及含水情况，对于煤矿的安全生产、地质灾害的预测及防治工作有极大的指导作用。

目前煤矿采空区探测工作，通过使用常规物探方法多方面对比分析，提出优选方案。依据采空区与围岩不同物性的差异，对煤层采空区探测的地球物理方法主要有三维地震勘探、高密度电法、瞬变电磁感应、探地雷达、测氡法等技术，各技术的适用性及效果如表 9-1-1 所列。

表 9-1-1　采空区物探探测方法

方法	适用性及效果
三维地震勘探	探测较深，分辨率高，成本较高，解决采空区富水性等问题有限
高密度电法	100 m 以浅的目标体分辨率较高，探测深度有限（200 m 以浅）
瞬变电磁法	600 m 以浅目标体分辨率相对较高，易受地面导体或高压线的干扰，积水采空区优势明显
探地雷达	探测深度非常有限（50 m 以浅）
测氡法	方法方便灵活、简单直观、异常较明显，探测深度 300 m 以浅

三维地震勘探技术能够给出采空区的空间分布，探测精度、可靠性最高；但其施工成本高、工艺复杂、工期长，整体探测效率较低，施工存在劣势。测氡法能够定性圈定采空区及巷道分布区，探测精度、可靠性一般，但其施工成本低、工艺简单、工期短，整体探测效率高，施工存在一定的优势。瞬变电磁法受地层的电性特征影响较大，探测精度、可靠性一般；其施工成本、工艺复杂性、工期均介于测氡法和三维地震勘探之间。鉴于三种常规物探方法的对比，开展相关工作首先应考虑地质任务及地表、地质条件和采空区特征；其次考虑物探方法本身局限性，科学选用物探手段，最后还应考虑投入成本等问题。为实现最优化，提出以下工作路线：

（1）开展采空区区域排查工作，建议采用测氡法，定性圈定异常范围，为进一步的精细探测提供基础资料；

（2）开展采空区精确探测工作，建议采用地震勘探方法，定量给出采空空间范围；

（3）富水采空区，采用瞬变电磁探测方法，大致了解采空区巷道的分布及富水性，为矿井安全生产提供保障；

(4) 必要时，宜采用两种或多种手段综合探测。今后采用三维地震探测采空区时，建议探索多属性反演技术探测采空区的有效性。

四、监测维护

在对矿区人造工程处置、采后环境修复及污染治理等闭坑主体施工完成后，闭坑工作进入闭坑效果的监测维护阶段，这是检验闭坑效果的必要手段，是采后矿区安全与稳定的重要保障。

监测维护方案主要内容有水土保持、地形地貌、地质水文、生物多样性、水质、污染物等生态环境监测维护；留存的人造工程设施的状态及变化趋势监测维护，当地中小企业发展、就业、社会医疗卫生等社会基础设施状况的监测维护。监测结果和维护状况需要及时准确地报告监管部门。监管维护工作一般要持续到闭坑完成之后 5～10 年甚至更长时间。维护工作除了保障矿区日常安全稳定外，还需要在出现闭坑效果未达标或者突发情况时采取有效的补救措施。

(一) 监测对象

包括环境主题和社区主题。

(二) 监测维护体系

监测指标一般是以自然资源、市场监督管理、人力资源和社会保障、统计部门为主的政府主管部门进行操作实施和信息发布，矿山企业则根据收到的监测反馈，对闭坑后出现的问题采取维护措施，及时解决问题。

矿山闭坑后监测维护体系是由企业监测，政府监督，包括保留的工程结构、排土场、生态状况和水土质量等环境主题和区域经济、就业、居民健康等社区主题。

矿山闭坑后监测指标包括矿山水体质量、矿山气体质量、矿山土地质量、地区生物多样性、矿山土地利用计划完成度以及地区 GDP 与人均年收入、社会就(失)业率和安全健康事故次数和受影响人数等。

(三) 监测要素

1. 水体质量

参考标准/法规：《地表水环境质量标准》(GB 3838—2002)，《地下水质量标准》(GB/T 14848—2017)。

监测单位(闭坑验收单位)：中国环境监测总站和省、市(区)环境监测中心。

监测方法(来源)：《地表水和污水监测技术规范》(HJ/T 91—2002)，《生活饮用水标准检验方法》(GB/T 5750 系列标准)。

监测记录频度：地表水常规监测每月 1 次，同步监测按需确定；地下水每年 2 次。

2. 气体质量

参考标准/法规：《环境空气质量标准》(GB 3095—2012)。

监测单位：县级以上政府环境保护行政主管部门。

监测方法(来源)：《环境空气质量评价技术规范(试行)》(HJ 663—2013)，《环境空气质量监测点位布设技术规范(试行)》(HJ 664—2013)。

监测记录：实时监测，每小时、每天和每年分别记录一次监测结果。

3. 土地质量

参考标准/法规:《土壤环境质量 农用地土壤污染风险管控标准(试行)》(GB 15618—2018)。

监测单位:县级以上政府环境保护行政主管部门。

监测方法:《土壤环境监测技术规范》(HJ 166—2004)。

监测记录:常规项目和选测项目每3年1次,矿山特定项目根据污染情况和趋势灵活确定。

4. 地区生物多样性

参考标准/法规:《区域生物多样性评价标准》(HJ 623—2011)。

监测单位:同土地质量监测单位。

监测方法:《关于发布全国生物物种资源调查相关技术规定(试行)的公告》。

监测记录:根据调查对象的特性等,选择合适的调查时间,并确定调查次数。

5. 矿山土地利用计划完成度

参考标准/法规:闭坑后土地利用计划。

监测单位:同土地质量监测单位。

监测方法(来源):现场勘查认定。

监测记录:1次/年。

6. 地区GDP与人均年收入

参考标准/法规:《中华人民共和国统计法》《中华人民共和国统计法实施细则》。

监测单位:县级以上政府统计行政主管部门。

监测方法:经济普查。

监测记录:1次/年(月)。

7. 社会就(失)业率

参考标准/法规:《中华人民共和国统计法》《中华人民共和国统计法实施细则》。

监测单位:县级以上政府人力资源和社会保障、统计行政主管部门。

监测方法:失业登记。

监测记录:任意工作日均可登记,每月统计1次。

8. 安全健康事故次数和受影响人数

参考标准/法规:《突发环境事件信息报告办法》《危险废物污染防治技术政策》《矿山安全法》《矿山安全法实施条例》《生产安全事故报告和调查处理条例》。

监测单位:县级以上政府自然资源、安全监管、卫生健康和统计行政主管部门。

监测方法:事故调查。

监测记录:每次事故发生时需要进行鉴定和统计。

(四)矿山闭坑监测指标的评价项目及验收标准

监测对象指标的评价项目是指能够量化表征,并从监测指标中细分出来,以体现监测指标特性的测度。验收标准是指企业闭坑后监测维护工作按期完成后,政府主管部门评判企业能否进行矿地移交的对象指标及其测度的量化依据。

1. 水体质量

根据《地表水环境质量标准》(GB 3838—2002),地表水水域环境功能和保护目标,按功能高低共分为五类。其中Ⅲ类水域的描述为：主要适用于集中式生活饮用水地表水源地二级保护区、鱼虾类越冬场、洄游通道、水产养殖区等渔业水域及游泳区。考虑到闭坑之后的人畜饮水、生活生产和日常娱乐等因素，闭坑之后矿区内的地表水水体质量应该在Ⅲ类水质及以上。

（1）地表水水体质量评价必测项目

① 河流/湖泊水库：水温、pH 值、溶解氧、高锰酸盐指数、化学需氧量、BOD、氨氮、总氮、总磷、铜、锌、氟化物、铁、锰、硒、砷、汞、镉、六价铬、铅、氰化物、挥发酚、石油类、阴离子表面活性剂、硫化物、粪大肠菌群。

② 集中式饮用水源地：水温、pH 值、溶解氧、悬浮物、高锰酸盐指数、化学需氧量、BOD、氨氮、总氮、总磷、铜、锌、氟化物、硒、砷、汞、镉、六价铬、铅、氰化物、挥发酚、石油类、阴离子表面活性剂、硫化物、硫酸盐、氯化物、硝酸盐、粪大肠菌群。

③ 还要注意剧毒和矿山致突变、致癌、致畸的有毒化学品的监测。

（2）地表水水体质量评价选测项目

① 悬浮物、油类。

② 地表水水体质量验收标准值在监测期内均应优于《地表水环境质量标准》中Ⅲ类水质的标准或不差于矿山开发前最后一年矿区地表水水体质量。

③ 根据《地下水质量标准》(GB/T 14848—2017)，我国地下水质量划分为五类，其中Ⅲ类描述为：地下水化学组分含量中等，主要适用于集中式生活饮用水水源及工农业用水。

考虑到闭坑之后的人畜饮水和生活生产用水等因素，闭坑之后露天矿所在地区的地下水体质量应该在Ⅲ类水质以上。

地下水水体质量评价项目主要包括：pH 值、氨氮、硝酸盐、亚硝酸盐、挥发性酚、氰化物、砷、汞、铬、总硬度、铅、氟、镉、铁、锰、溶解性总固体、高锰酸盐指数、氯化物、大肠菌群。

地下水水体质量验收标准值在监测期内均应优于《地下水质量标准》中Ⅲ类水质标准或不差于矿山开发前最后一年矿区地下水水体质量。

2. 空气质量

根据《环境空气质量标准》(GB 3095—2012)，环境空气功能区分为两类：一类区为自然保护区、风景名胜区和其他需要特殊保护的区域；二类区为居住区、商业交通居民混合区、文化区、工业区和农村地区。

闭坑后的监测项目评价采用二类区标准，使用二级浓度限值。

地区空气质量基本评价项目包括二氧化硫、二氧化氮、一氧化碳、可吸入颗粒物、细颗粒物。

地区空气质量其他评价项目包括总悬浮颗粒物(TSP)、氮氧化物、铅。

地区空气质量验收标准污染物浓度值，在监测期内均应低于《环境空气质量标准》中二级浓度限值，或不差于矿山开发前最后一年地区空气质量的年度监测结果。

3. 土壤质量

因《土壤环境质量标准》(GB/T 15618—1995)已作废，矿区土地复垦为农业用地时，土壤质量评价可参考《土壤环境质量 农用地土壤污染风险管控标准(试行)》(GB/T 15618—2018)。

矿区土壤环境质量评价常规项目包括 pH 值、阳离子交换量、镉、铬、汞、砷、铅、铜、锌、镍等。

矿区土壤环境质量评价矿山特定项目，可根据矿山矿石种类和采选配套化学品和燃料、累积污染情况、环境影响范围和危害程度等确定。

4. 生物多样性

根据《区域生物多样性评价标准》(HJ 623—2011)，闭坑完成之后的地区生物多样性监测指标为生物多样性等级和生物多样性指数，其中生物多样性等级有高、中、一般、低 4 个级别。闭坑地区的生物多样性等级建议恢复为中级以上，若难度较大则至少恢复至一般级。一般级描述为：物种较少，特有属种不多，局部地区生物多样性较丰富，但生物多样性总体水平一般。

地区生物多样性评价项目包括野生维管束植物丰富度、野生动物丰富度、生态系统类型多样性、物种特有性、受威胁物种的丰富度、外来物种入侵度。

地区生物多样性验收标准可参见《区域生物多样性评价标准》，生物多样性分级结果根据监测期最后一次监测情况不低于《区域生物多样性评价标准》中的一般级或不差于矿山开发前最后一年地区水平。

5. 土地利用计划完成度

土地利用计划完成度可以运用复垦面积、矿区已按计划开发利用的土地面积占扰动土地总面积的比例和已完成开发项目与计划方案的契合度等三项指标来评估。

(1) 指标符合《土地复垦条例》《土地复垦条例实施办法》要求的土地复垦面积不少于闭坑计划中的复垦面积。

(2) 指标平均每年增加的比例能实现矿区扰动土地面积在验收时利用比例达 100%，且每年新增利用面积不小于矿区扰动总面积的 10%。

(3) 绿化区、商业区、住宅区等指标的功能区验收时，由县级以上国土资源部门和环境保护部门确定实际面积与计划面积误差保持在一定范围内。

6. 地区 GDP/社区人均年(月)收入

监测期内每年地区 GDP 呈增长态势，且增速呈现逐年递增趋势，监测期内最后一次统计显示 GDP 年增速恢复至矿山停产前水平。

监测期内社区居民人均年(月)收入呈增长态势，且增速呈现逐年递增趋势，监测期内最后一次统计显示人均年(月)收入年增速恢复至露天矿停产前水平。

7. 社区失业率

社区从业人员通过再培训、分配其他矿山、转业等均得到妥善安置，监测期内最后一次统计显示因矿山闭坑增加的社区失业率为 0 或低于某一比例(比例由县级以上人力资源和社会保障部门确定)。

8. 安全和健康事故

验收时统计资料显示监测期内生产安全事故发生总次数为 0，环境污染和生态破坏事故发生总次数为 0，因矿山开发遗留问题引发的地质灾害总次数为 0。

此外，对于监测工作，需注意其监测的结果需要及时准确上报给管理部门；监测与维护工作一般在闭坑之后要继续 5～10 年甚至更长的时间。维护工作除了保障矿区日常安全稳定外，还需要在出现闭坑效果未达标或突发情况时采取有力补救的措施。

第二节 矿山闭坑维护

闭坑维护主要是指矿山企业对已完成的闭坑成果的养护与管理，使之发挥预期作用的行为。闭坑维护的措施主要集中在生态成果维护、保留工程维护和社区发展维护等三方面，见表 9-2-1。

表 9-2-1 矿山闭坑养护与管理内容

方面	项目	具体内容
第一	生态成果维护	(1) 周期性检查复垦植被的生长情况，并做好记录。 (2) 周期性勘查矿区地质状况，对存在安全隐患的区域设置警示标志并进行有效阻隔。在极端气候条件下，加强对地质灾害的防备措施，实现 24 h 值班，保证情况汇报通道的畅通。 (3) 定期检查矿区土地利用进度，保留和更新完整的已开工、完工土地开发项目资料和计划开工项目资料，备查。 (4) 确保矿山开发废弃物，尤其是有害废弃物全部按照《固体废物处理处置工程技术导则》(HJ 2035—2013)、《危险化学品安全管理条例》、《危险废物焚烧污染控制标准》(GB 18484—2020)、《危险废物贮存污染控制标准》(GB 18597—2023)、《危险废物填埋污染控制标准》(GB 18598—2019)等法规或标准妥善处置
第二	保留工程维护	(1) 矿区废弃场所均需设置有明显警示标志并注明危险内容。 (2) 矿区废弃场所和出入口均需设置围挡等阻止人畜进入的设施，并确保阻挡效果(如露天坑、尾矿库和采空区等)，必要时可布置监控设备。 (3) 实现对重大安全场所(譬如尾矿库等)的实时监控，并能及时消除安全隐患。 (4) 定期检查维护各保留工程和设备设施(排水沟、挡土墙等)，使之运转良好，发挥计划功能，并保留维护记录。 (5) 安排有专人 24 小时值班，有安全主管领导或负责人，确保情况汇报通道畅通，并保留完整值班记录。 (6) 制订行之有效的安全应急方案并告知周边居民，确保通知渠道迅速有效
第三	社区发展维护	(1) 定期义务为居民进行身体检查，避免因矿山开发遗留问题引发居民健康问题。 (2) 宣传和普及安全健康知识，预防安全健康事故。 (3) 设立社区发展扶持基金，为地区经济转型提供必要的资金。 (4) 向社区无业人员或露天矿转业人员提供再就业技术培训。 (5) 创办其他产业，直接吸纳当地居民就业。 (6) 合理开发采后土地，吸引外地资本，引进产业，拉动经济增长，促进就业

第三节 矿山闭坑移交责任及程序

一、责任移交

责任移交的目标是实现使负责部门满意的闭坑实施目标。其原则包含负责机构应当确认查清后作出最终接受闭坑的决定以及关闭矿山的历史记录应该被保存以便日后开发土地用途时查询。

在闭坑监测维护期满后，矿山企业若认为闭坑成果已达到预期效果，实现了闭坑目标，可以向管理部门提出责任移交的申请，是指在矿山闭坑责任人完成闭坑工作后，通过法定程序解除自身对矿区后续维护与管理责任，并将之转让给他人或政府的行为，详见表 9-3-1。

表 9-3-1　矿山闭坑责任移交

序号	项目	内　容
1	矿区生态环境保护	对栽种植被、复垦土地的养护，地质灾害的监测预防，矿区突发污染事件的应对和土地开发项目的管理
2	矿区保留工程管理	对矿区保留工程的安全检查、功能维护、隐患排查、管理记录和突发事件的应对
3	社区经济发展扶持	为社区经济转型直接提供资金、技术帮助和就业岗位，协助引入外部投资，促进地区可持续发展
4	居民安全健康保障	对居民身体状况的定期检查、安全健康知识的宣传普及和突发安全健康事件的应对
5	利益相关方沟通	定期接受各利益相关方的意见和建议并反馈改进结果，定期向利益相关方发布或报告矿区状况
6	事故处置	因管理漏洞和应对方案缺失而出现的安全生产事故、突发环境污染事故、职业健康安全事故和矿区地质灾害等引发的人员伤亡事故处置及法律责任

一旦负责部门同意交接，那么此处矿山的管理和维护就将转移到后续业主或者国家。

二、移交程序

顺利完成闭坑后，矿区后续责任交接的相关程序为：提出移交申请→提交闭坑记录→闭坑效果验收→明确移交内容对象→主管部门审批留档→告知相关利益方→流程移交记录→土地移交完成。

(1) 原闭坑责任人向政府主管部门提出矿地移交申请，申请报告内容包括申请信息、闭坑工作综述、闭坑效果自我评、主管部门审核意见、报告附录等，详见第七章第四节露天矿闭坑申请报告。

(2) 提交完整闭坑记录，涵盖企业从勘查阶段延续至目前所开展的闭坑工作内容。

(3) 有关部门接受申请后，组织行业专家和关键利益相关方参照一定标准，通过审阅闭坑记录和现场勘查，对闭坑效果进行验收。

(4) 通过验收后，政府主管部门明确所交接的矿区后续责任内容和移交对象，并得到移交双方认可。

(5) 政府主管部门批准原闭坑责任人的移交申请、发布书面通知，并留档。

(6) 由原闭坑责任人和政府主管部门联名共同告知所有闭坑利益相关方移交责任和新的责任对象。

(7) 企业和政府留存同样内容的责任交接记录，以备后续查阅。

(8) 责任交接完毕,移交程序完成。

第四节　矿山闭坑财经保障

财经保障是贯穿于整个矿山生命周期的闭坑工作内容,完善的财经保障能够为矿山闭坑提供及时、足够的资金支持,确保矿山闭坑的顺利推进。

闭坑财经保障核心问题包括矿山闭坑成本和矿山闭坑成本估算筹资等两个方面。

一、闭坑成本估算

闭坑成本估算是对矿山闭坑后续工作的资金的估算,一般在矿山闭坑计划编制完成后进行,需要考虑矿山闭坑后续各阶段治理修复所有活动费用的支出,涵盖生态环境保护、人文关怀和地区发展扶持等各方面,一般包含四种成本,见表 9-4-1。

表 9-4-1　矿山闭坑成本

序号	成本项目	内　容
1	项目管理	涉及前期勘查、调研、计划(汇报)、利益相关方协商、向主管部门申请、必要的研究和试验等开支以及员工管理、培训、安置;闭坑之后的监测和维护等成本
2	工程	涉及基础设施的改建和拆除;矿山污染治理;矿山环境恢复和土地复垦;设备的处置;有害废弃材料的处置;闭坑后的水治理和水排放;对土地进行其他功能性改造的投入;其他必要土方工程和景观施工等开支
3	社区	涉及社区就业保障、社区经济扶持、社区其他需求开支等
4	应急	主要是矿山闭坑事故应急准备金

闭坑成本估算应随着露天矿生命周期发展而不断调整(越临近露天矿停产,闭坑成本估算就应当越具体、越全面,还应考虑可能出现的其他因素的变化对闭坑成本的影响),以适应实际情况、提高预算精度。另外,也需同时考虑矿山闭坑计划或整体规划的变动、法律政策上的变动、技术的改进、通胀和成本的上升、经济形势的变化、利益相关方期望的变化以及其他影响因素而及时进行调整。

二、筹资途径

闭坑资金筹措因矿山企业自身财力、利益相关方期望、时间安排等不同,筹资方式选择也有所差异,但最终目标均为确保矿山闭坑措施得以实现并使闭坑结果通过政府主管部门的审查验收。

1. 规制途径

规制途径筹集的资金是指按照政府强制性要求而筹集的闭坑资金,包括储备金/准备金、保证金、政府拨款等。目前,国外比较普遍的做法是实行闭坑储备金或闭坑保证金制度,我国也有部分省市施行了土地复垦保证金制度。针对遗弃露天矿的环境恢复和污染治理,还可以采用政府拨款方式。

(1) 矿山闭坑储备金/准备金源自银行存款准备金制度。为了防止矿山企业无法按期按质闭坑，在矿山经营生产的过程中，企业根据闭坑成本估算一次性或者根据自身经营状况周期性地（每年或每月）按规定比例向政府主管部门缴纳的预期用于闭坑的费用，即为闭坑储备金/准备金。该资金由政府主管部门保存，在矿山实施闭坑工程时予以返还，并在政府监督下供企业专项使用。

（2）闭坑保证金源自期货交易中的保证金制度。为督促矿山企业的闭坑工作，政府主管部门可根据矿山企业估算的闭坑成本和企业经营状况向企业收取闭坑保证金，缴纳保证金后，企业方可进行后续的生产和经营。

储备金和保证金的来源均为矿山企业，而拨款来源于政府，资金管理均为政府主管部门。

储备金和保证金区别在于企业着手闭坑时就申请政府返还，以供专项使用；而闭坑保证金则是企业首先履行闭坑，政府视其完成情况再决定返还与否及多少。闭坑储备金/准备金和保证金的资金缴纳或返还，建议根据矿山生命周期阶段发展、视露天矿开发经营状况而采用分期收取、分期返还的方式。

通过规制途径获得闭坑资金的方式较为传统，使用范围较为广泛、稳妥。如澳大利亚设立了“矿山闭坑储备金”，资金主要来源于露天矿企业缴纳，用于矿山关闭后的生态恢复、设施拆除、产业转型等目的。

我国的闭坑规制途径以现金缴纳为主，还可以考虑资产抵押方式。

2. 市场途径

对于很多矿山，闭坑过程中和闭坑后对于资金的需求是迫切的，市场途径的闭坑财经保障手段也有发展，包括债券、金融担保等新的矿山闭坑资金筹集方式，已经在加拿大、澳大利亚等国家采用。

（1）闭坑债券是为了保障闭坑资金需求，由矿山企业向社会公开发行，承诺投资者一定收益的金融契约。通过发行债券，矿山企业可在短时间获得可观的资金，而后期偿还的本息资金则来源于企业其他生产矿山或者其他业务的营业收入。闭坑债券的发行能有效缓解矿山企业短期内闭坑资金的压力。一般来说，债券发行的规模是根据第三方对实施闭坑计划的资金按每年3%的收益进行测算的。在国外，监管机构更偏向于第三方金融机构进行债券的承销或信托，而不是让公司自身参与其中。

（2）闭坑担保中矿山企业作为闭坑债务的债务人，政府作为债权人，由银行等经济实力较强，具备担保资质的机构作为担保人，保证企业能顺利完成闭坑，企业需要向担保人抵押资产并支付一定的酬金。当企业出现资金困难的情况，由担保人负责提供补充资金，交由政府或企业最终完成闭坑。矿山闭坑完成后企业需要在一定期限向担保人偿还资金赎回抵押资产，否则担保人有权将资产变卖兑现，资金收归自己所有。

矿山闭坑资金筹集的市场手段运用均是为了实现通过企业、政府之外的经济力量缓解闭坑时期内企业的资金压力，保障闭坑的顺利进行。通过市场手段筹集资金的优势在于筹资时间短、集资数量大；但是因金融工具的制度水平高、技术难度大、操作风险高，通过金融手段筹集闭坑资金需要在较为完善的制度框架下进行，需要露天矿企业具有较高的风险管理与预控水平和方案，目前主要存在于金融和矿业发达国家或地区，其使用范围比较有限。

第十章　矿山闭坑完成评价

第一节　矿山闭坑评价的目的

为了进一步增强闭坑机制的系统性，有必要引入闭坑完成评价准则、指标及方法。

闭坑完成评价主体是对评价客体项目完成质量判断和评价的执行者，具体指直接或间接参与评价过程的组织或个人，从便于召集组织的可操作性角度出发，选取三个关键利益相关方：政府、企业、社区居民作为评价主体。政府主要牵头组织，起到指导、评判作用，企业负责具体评价工作组织保障，社区居民负责参与督促评价的公正性。所以，矿山闭坑完成评价主体是以政府为指导，以企业为主并实施，以社区居民参与的三方主体。

具体评价时间节点是在闭坑效果监测维护期满后，由矿山矿企业提交矿地移交申请报告并通过政府主管部门审批，政府部门牵头组织开展矿山闭坑完成评价。

矿山闭坑完成评价是政府、企业和社区等利益相关方对矿山闭坑工作完成质量的综合性评价，主要目的：一是评价矿山闭坑过程中的闭坑计划、闭坑施工、监测维护、财经保障和利益相关方参与等闭坑机制的执行情况；二是评价矿山闭坑完成的整体水平，检验闭坑成果是否实现闭坑计划的目标。

第二节　矿山闭坑评价的内容

矿山闭坑评价主要评价闭坑目标的实现和闭坑过程的实施情况，其中涉及闭坑目标的主体指标有 4 项、闭坑过程的主体指标有 5 项，详见表 10-2-1。

表 10-2-1　矿山闭坑评价

项目	主题	内　容
闭坑目标	1. 社区居民安全健康状况	包括人员伤亡事故以及事故后果、存在潜在影响社区居民日常安全的风险因素、人员身体健康事故以及事故后果、因矿山闭坑活动使得社区居民身体健康平均水平下降以及存在潜在损害居民身体健康的风险因素如酸性矿坑水的渗漏
	2. 土地可持续利用情况	主要评价矿山非保留建筑设施是否完全拆除，扰动土地是否进行了复垦，然后评价平整的土地是否按所提交矿山闭坑计划中的土地利用方案进了土地功能恢复或二次开发，以及方案实现的程度

表 10-2-1(续)

项目	主题	内　容
闭坑目标	3. 生态环境质量	主要评价在监测维护期满后矿山的水体质量、空气质量、土壤质量、生物多样性是否达到所要求的国家标准以及被破坏地形地貌的修复是否满足露天矿闭坑计划要求或得到利益相关方认可
	4. 社会经济影响	主要评价监测维护期满后露天矿周边地区居民收入水平、就业率和地区经济发展水平是否较露天矿投产阶段有下降
闭坑过程	1. 闭坑计划水平	主要评价概念性和操作性闭坑计划内容(合理性、全面性)的质量,还需要评价闭坑计划的调整优化频率和所调整内容的合理性
	2. 闭坑施工质量	主要评价设计的有效性、实施难度、成本控制、施工过程中的工期管理、计划执行情况和质量监督管理等
	3. 监测维护机制有效性	主要评价监测维护系统的设计水平、搭建质量和实际工作效果,还需要评价系统日常工作和突发情况下资料记录的完备性
	4. 财经保障水平	主要评价闭坑成本估算的精度、到监测维护期满资金筹集总额以及所选择的筹集途径的有效性、合理性
	5. 利益相关方参与	主要评价利益相关方,尤其是关键利益相关方参与闭坑决策和闭坑过程监督的频率、参与形式、参与效果以及参与者对闭坑责任企业活动组织的满意程度

第三节　露天矿闭坑评价指标选取原则及方法

一、露天矿闭坑评价指标选取原则

露天矿闭坑评价指标选取原则见表 10-3-1。

表 10-3-1　露天矿闭坑评价指标

序号	指标项目	内　容
1	科学性	要求指标的设计选取、各指标权重的计算确定和指标具体信息的收集有合理的逻辑思路和科学的依据,还要求指标所表达出的信息和覆盖范围科学规范
2	系统性	要求指标的选取应当以系统性理论为依据,各指标相互配合,既能共同作用,又各有侧重,指示特有信息,保证反映所评价对象全面的属性特征,这样才能使指标体系形成有机统一的整体
3	定性和定量相结合	指标体系中的定量指标越多,指标体系越客观,人为干扰越少。但是对于露天矿闭坑工作来说,有时部分重要评价内容不方便甚至无法直接获取数据,故不适合直接定量描述,需要适宜地加入定性说明,通过专家打分或者民意测验等方式进行评价,这样更具有可操作性。但定性指标不宜过多,否则指标体系受主观因素影响太大,其评价结果也会失去参考价值

表10-3-1(续)

序号	指标项目	内　容
4	指标与目标及过程相一致	指标所反映的内容与露天矿闭坑绩效评价目标及过程相关，所构建的指标体系的指向与最终的评价目标及工程一致
5	可操作性	指标设计选择应当考虑数据获取难易程度，考虑是否能通过权威渠道准确快捷地获取信息和数据，以方便评价主体顺利开展评价工作
6	动态性	即已经设计完成的指标体系可拓展、调整、优化。因为随着外部环境或内部条件的变化，露天矿闭坑的目标、具体程序或者其他组成因素会出现调整变化，同时露天矿种类的不同，地方法规政策的不同也导致了露天矿闭坑完成评价指标不可能一直不变，所以在设计指标体系时必须考虑时空动态性

二、指标体系

根据指标原则，结合闭坑评价目的及内容，确定的基础指标包括居民安全健康、土地可持续利用等9项。

（一）居民安全健康(A1)

1. 安全事故损失(B1)

停产后因闭坑不力引起的安全事故发生次数和伤亡人数的综合考量。

2. 健康事故损失(B2)

停产后因闭坑不力引起的健康事故发生次数和影响人数的综合考量。

3. 安全事故损失(B3)

监测维护期满后仍然存在的可能引发社区安全问题的隐患数量。

4. 安全事故损失(B4)

监测维护期满后仍然存在的可能引发居民健康问题的隐患数量。

5. 采矿致病人员比例(B5)

社区中因采矿活动导致疾病的人数占常住人口的比例。

（二）土地可持续利用(A2)

1. 非保留设施拆除率(B6)

矿区内已拆除的非保留设施占地面积占应拆除设施总占地面积的比例。

2. 扰动土地复垦率(B7)

土地复垦面积占所有破坏扰动土地面积的比例。

3. 土地二次开发率(B8)

根据闭坑计划已二次开发土地面积占计划开发总面积的比例。

4. 文物古迹保护比例(B9)

矿区完好的文物古迹数量占所有已知文物古迹数量的比例。

（三）生态环境质量(A3)

1. 矿区水体质量(B10)

参照《地表水环境质量标准》(GB 3838—2002)、《地下水质量标准》(GB/T 14848—

2017)进行评价,质量共分5类,Ⅰ、Ⅱ、Ⅲ类水质为合格。

2. 矿区空气质量(B11)

参照《环境空气质量标准》(GB 3095—2012)中二类区标准进行评价。

3. 矿区土壤质量(B12)

参照《土壤环境质量 农用地土壤污染风险管控标准(试行)》(GB 15618—2018)进行评价。

4. 地区生物多样性(B13)

参照《区域生物多样性评价标准》(HJ 623—2011)进行评价,共4级,在"一般级"以上为合格。

5. 地形地貌美观度(B14)

从直观视觉角度对土地平整、复垦、绿化之后矿区环境与周边环境融合程度的评价。

(四) 社会经济影响(A4)

1. 矿居民平均年收入(B15)

社区居民在一个完整自然年内的平均经济收入。

2. 社区就业率(B16)

社区就业人口占常住人口的比例。

3. 地区 GDP(B17)

矿区所处行政区域(县级以下)年度生产总值。

(五) 闭坑计划水平(A5)

1. 概念性计划质量(B18)

对概念性计划的内容指导性、前瞻性、合理性的综合考量。

2. 操作性计划质量(B19)

对操作性计划的内容全面性、合理性的综合考量。

3. 计划调整合理度(B20)

对闭坑计划调整优化频率、调整内容合理性的综合考量。

(六) 闭坑施工质量(A6)

1. 施工设计水平(B21)

对闭坑施工设计的有效性、施工难度、成本控制等的综合考量。

2. 施工进度控制(B22)

对闭坑施工工期管理水平和效果的综合考量。

3. 施工质量控制(B23)

对施工中原材料质量、施工设计执行程度、质量监测等的综合考量。

(七) 监测维护机制有效性(A7)

1. 监测系统有效性(B24)

对监测系统设计、搭建、人员安排和系统工作效果的综合考量。

2. 维护机制有效性(B25)

对维护机制的设计、构建、人员安排和机制运转效果的综合考量。

3. 工作记录完备性(B26)

监测维护日常记录,突发情况监测、应对和汇报公布记录的完整程度量。

（八）监测维护机制有效性（A8）

1. 成本估算精度（B27）

所提交闭坑计划中的闭坑成本与最终实际闭坑成本的误差。

2. 集资额度（B28）

从资金筹集行为开始到监测维护期满后所筹集到的闭坑资金总额。

3. 集资手段合理度（B29）

对集资过程中采用的方法途径数量、合理性和集资效果的综合考量。

（九）利益相关方参与组织（A9）

1. 利益相关方参与程度（B30）

对利益相关方参与闭坑决策、闭坑过程监督的形式、次数和效果的综合考量。

2. 利益相关方满意率（B31）

对闭坑责任企业相关活动组织满意的利益方人数占总参加利益相关方人数的比例。

三、评价方法

可以结合具体需求，采用检查表法、德尔菲法、层次分析法或有关综合评价方法进行评价。评价过程中需要评价主体对露天矿闭坑完成各指标表现进行评判，选择评价者认为最适当/最接近该指标目前状况或实现程度的评价打“√”，评价分为非常满意、较为满意、基本满意、不太满意、很不满意等五类。

评价的指标包含安全事故损失、健康事故损失、安全隐患数量、健康隐患数量、采矿致病人员比例、非保留设施拆除率、扰动土地复垦率、文物古迹保护比例、土地二次开发率、矿区水体质量、矿区空气质量、矿区土壤质量、地区生物多样性、地形地貌美观度、居民平均年收入、社区就业率、地区 GDP、概念性计划质量、操作性计划质量、计划调整合理度、施工设计水平、施工进度控制、施工质量控制、监测系统有效性、维护机制有效性、工作记录完备性、成本估算精度、集资额度、集资手段合理度、利益方参与程度、利益方满意率等。

第十一章　国内外露天矿闭坑实践

第一节　国内露天矿闭坑(关闭)实践

由于我国矿山闭坑运行机制尚不健全，特别是尚未有煤炭工业露天矿闭坑标准，各闭坑露天矿闭坑工作存在许多不规范。下面介绍顺兴煤矿、抚顺西露天煤矿、海州露天煤矿闭坑实践。

一、顺兴煤矿

(一) 闭坑方式

按《煤炭行业化解过剩产能验收办法》，中央企业由集团公司向国家发改委打报告申请关闭矿山，退出煤炭产能；同时向所在地发改委、自然资源局、工信委、应急管理局、煤矿安全监察局报告停产情况。国家发改委批准后在相应网站公布。

非中央煤炭企业向所在地工信委打报告申请关闭矿山，退出煤炭产能。工信委批准后，在相应网站公布。

(二) 闭坑方案

1. 申请

向海拉尔区自然资源分局提交关闭矿山申请，并组织编制闭坑地质报告，闭坑地质报告编制评审完成后上报市自然资源局备案。

2. 编制环境保护与治理恢复方案

编制《顺兴煤矿矿山地质环境保护与治理恢复方案》(闭坑版)，并按照方案组织实施，实施完毕后组织验收。

3. 提交关闭矿山报告

依据《矿产资源法实施细则》，闭坑地质报告批准后，采矿权人应当编写关闭矿山报告，报请原批准开办矿山的主管部门会同同级地质矿产主管部门和有关主管部门按照有关行业规定批准。依照关闭矿山报告编制规范编写。

编写顺兴矿关闭矿山报告，报内蒙古自然资源厅及呼伦贝尔自然资源局批准。

4. 汇交资料

依据《矿产资源法实施细则》，按照国家有关规定将地质、测量、采矿资料整理归档，并汇交闭坑地质报告、关闭矿山报告及其他有关资料的要求，将有关规定将地质、测量、采矿资料整理归档，并汇交闭坑地质报告、关闭矿山报告及其他有关资料的要求，开展汇交资料工程。

5. 采坑端帮削坡

依据《矿产资源法实施细则》，按照批准的关闭矿山报告，完成有关劳动安全、水土保持、土地复垦和环境保护工作，或者缴清土地复垦和环境保护有关费用；因关闭矿山报告未编制，参考《顺兴煤矿矿山地质环境保护与治理恢复方案》(2011 年 4 月)“将外排土场的弃石、弃土全部清运、回填至二采区矿坑基本恢复原天然牧草地的生态功能，防止可能引发的滑坡、崩塌和地面塌陷地质灾害的发生”的要求，对矿坑进行回填，并对回后残留矿坑四周削坡，消除地下水污染、煤层露头着火隐患，削坡满足不发生地质灾害的要求，达到覆土恢复耕种相适应的农作物要求，工程完毕后取得相关部门证明文件。说明：此工作因矿坑转化为固体废物处置场，交由施工方处置。

6. 采矿许可证注销

依据《矿产资源法实施细则》，矿山企业凭关闭矿山报告批准文件和有关部门对完成上述工作提供的证明，报请原颁发采矿许可证的机关办理采矿许可证注销手续。

7. 注销安全生产许可证

向原办证机关申请注销安全生产许可证。

8. 人员安置方案

根据国务院办公厅《关于煤炭行业化解过剩产能实现脱困发展的意见》(国发〔2016〕7 号)等文件精神，结合大唐呼伦贝尔能源开发有限公司顺兴煤矿实际情况，制定职工安置方案，并经职代会或全体职工讨论后实施。

9. 企业资产、债务处置

企业资产、债务处置完毕。

10. 进行闭坑工作验收

向国家发改委指定单位提交验收申请，国家发改委指定单位组织验收，验收后发布验收公告。

11. 申请退出产能，产能指标交易

与产能交易中心签订交易合同，公布交易结果。

二、抚顺西露天矿

抚顺西露天矿位于抚顺煤田西部，浑河南岸，是亚洲最大的露天矿，开采于 1901 年，中华人民共和国成立以后，对其进行过 7 次重大技术改造，采取“分区开采、联合运输，内部排土”的生产工艺，实行水平分层开采。矿坑东西长 6.6 km、南北宽 2.2 km，总面积为 13.2 km^2，开采垂直深度距离地表 420 m，如图 11-1-1 所示，年生产原煤 260 万 t。

2004 年 7 月，抚顺西露天矿被评为全国首批工业旅游示范点，已成为集自然景观和人文景观为一体的文旅胜地，传播矿山发展史，品味人文景观。

抚顺西露天矿关闭是依据《国务院关于煤炭行业化解过剩产能实现脱困发展的意见》(国发〔2016〕7 号)和《工业企业结构调整专项奖补资金管理方法》(财建〔2018〕462 号等文件要求，按《煤炭行业化解过剩产能验收办法》依法启动退煤闭坑程序进行关闭的，涉及职工人数为 3 132 人，全部转岗，不涉及化解产能中央财政拨付奖补资金和地方配套奖补资金，将 260 万 t/a 产能置换指标公开转让，转让所得主要用于员工安置、转岗培训等。

(一) 露天矿化解产能过剩验收

依据 2019 年 12 月 23 日《辽宁省发展和改革委员会关于撤销抚顺矿业集团有限责任公司西露天矿生产能力公告的通知》，2020 年 11 月 30 日，抚矿集团西露天矿完成化解过剩产

图 11-1-1　抚顺西露天矿

能验收意见表，包含职工安置工作方案、处置债务、产能退出验收标准、验收中发现的问题、其他应说明的情况、实施及完成情况、省（市、区）验收意见等内容。

（1）提出职工安置工作方案并经职工代表大会或全体职工讨论。

（2）处置债务要严格按照市场化、法制化方式进行。

（3）产能退出验收标准包含如下：

① 有关部门已依法注销（吊销）煤矿安全生产许可证、采矿许可证、撤销建设项目核准审批文件，并已在有关部门网站公告。存在经济纠纷、资源价款等问题暂时无法注销的，提供相关证明文件，并承诺处理完成后及时注销。

② 停止购买并已妥善处理剩余民用爆炸物品，抚顺市公安局矿区分局出具了证明。

③ 停止供水、供电。

④ 拆除（或放弃回撤）采掘场内设备，仅保留用于矿坑回填压脚、削坡减重、疏干排水、边坡监测、消防火、生态修复及环境整治相关设备设施。

⑤ 拆除地面生产系统的建（构）筑物，其他拟利用、暂不封闭的主要建筑物保留改为其他用途的，提供省有关部门批准或备案手续。

⑥ 在露天矿大门正面等位置设置醒目的煤矿关闭标识牌。

⑦ 职工安置方案已制定并经职工代表大会讨论通过，包括维稳预案情况。

⑧ 煤矿关闭文件、图纸、照片、录音录像等相关资料已整理成卷，按规定存入企业档案馆、移交地方相关部门。

《煤炭行业化解过剩产能验收办法》共分为四章，十一条，具体内容如下。

第一章　总则

第一条　为贯彻落实《国务院关于煤炭行业化解过剩产能实现脱困发展的意见》（国发〔2016〕7 号），规范指导煤炭行业化解过剩产能验收工作，加强对化解煤炭过剩产能工作的监督检查，确保化解过剩产能任务落实到位，特制定本办法。

第二条　本办法适用于各有关省级政府、国务院国资委化解煤炭过剩产能目标任务涉及的煤矿关闭退出验收工作。在已承诺的总目标任务外，新增加的关闭退出煤矿，经有关省级政府、国务院国资委报请部际联席会议备案后，也可纳入验收范围。

第二章　验收组织

第三条　实行验收和抽查相结合的工作制度。有关省级政府、国务院国资委分别对本地区、中央企业煤炭行业化解过剩产能实现脱困发展相关事项完成或落实情况负总责，履行验收职责，向有关企业出具书面验收意见（见附表），分别在省级政府、国务院国资委门户网站向社会公告已完成化解过剩产能任务企业名单，并提交本地区整体验收报告，报送部际联席会议办公室。部际联席会议根据有关省级政府、国务院国资委提交的验收报告 以及实际情况，拟定验收抽查方案，组成工作组开展重点抽查，并将验收及抽查情况报告国务院。

第三章　验收依据和标准

第四条　煤炭化解过剩产能验收的主要依据是：

（一）《国务院关于煤炭行业化解过剩产能实现脱困发展的意见》（国发〔2016〕7 号）及国务院有关部门出台的配套文件；

（二）各有关地区、中央企业化解煤炭过剩产能实现脱困发展目标责任书；

（三）《国务院关于预防煤矿生产安全事故的特别规定》（国务院令第 446 号）及其他相关法律、法规、规章和技术标准、规范；

（四）退出的产能属于合法合规生产建设煤矿产能的证明文件，包括国家能源局发布的全国生产煤矿产能公告，生产煤矿产能核定文件，新建、改扩建、技术改造煤矿核准（审批）文件或资源整合（兼并重组）煤矿初步设计（方案设计）审批文件，省级其他有关部门出具的产能证明文件。

第五条　产能退出标准：

（一）采矿许可证、煤矿安全生产许可证等颁发部门已依法注销或吊销相关证件，属于在建项目的，原核准（审批）部门已撤销相关文件，注销证件或有关文件（存在经济纠纷、资源价款 等问题暂时无法注销的，待处理完成后应及时注销）的情况均已在有关部门网站公告；如确有特殊情况在规定时间内不能注销煤矿安全生产许可证、采矿许可证的，应承诺具体注销时间和负责人。

（二）停止购买并已妥善处理剩余民用爆炸物品。

（三）停止生产供电、供水。

（四）拆除（或放弃回撤）井下设备（经省有关部门批准，可以保留瓦斯抽采系统及保障正常运行的设施）；因封闭井筒、拆除设备等出现债权债务纠纷、资产抵（质）押、申请破产等问题的，待妥善处置后，应立即实施拆除。

（五）拆除矿井提升、通风供电等设备设施和地面生产系统等建（构）筑物，封闭填实井筒，其中，井筒拟继续利用、暂不封闭的应由省级煤炭行业管理部门批准，主要建筑物拟保留改为其他用途的（如工业旅游、储备等）应报省有关部门备案。

（六）在矿山正面等位置设置醒目的煤矿关闭标识牌。

（七）煤矿相关资料已整理成卷，按规定移交地方有关部门存档，资料范围包括：退出产能煤矿的基本情况，退出产能属于合法合规生产建设煤矿产能的证明文件的复印件，填绘、反映关闭前实际情况的有关图纸等有关资料，记录煤矿关闭前后对比的影像图片等。

第六条　各产煤省（区、市）可根据煤矿地形地貌、水文地质等条件，制定本地区封闭填实井筒的技术规范。省级煤炭管理部门确定的废弃矿井残余瓦斯综合利用项目，井筒封闭填实要求按照已审批同意的项目实施方案执行。

第七条　职工安置情况。

（一）是否按照有关规定制定了职工安置工作方案；

（二）职工安置工作方案是否经职工代表大会或全体职工讨论通过；

（三）保障资金是否到位。

第八条　奖补资金情况。

（一）是否制定奖补资金管理细则，明确资金的申请、分配、使用、监督、考核等具体要求；

（二）是否建立健全资金发放全流程档案，保存发放全过程的相关资料；

（三）奖补资金管理使用过程中，是否存在工作不到位、管理漏洞和监管不到位问题；

（四）是否严格将奖补资金用于职工安置，是否存在账目不符、虚报瞒报、挪用资金等行为；

（五）是否建立省级化解过剩产能奖补资金。

第九条　债务处置情况。

是否严格按照市场化、法治化方式进行债务处置。

第四章　其他

第十条　煤矿关闭退出后，矿山环境恢复治理工作尚未完成的，煤矿企业应继续履行矿山环境恢复治理主体责任。煤矿企业主体灭失的，由煤矿所在市、县政府组织开展矿山环境恢复治理工作。

第十一条　有关省级政府、国务院国资委可根据本办法，结合实际，分别制定本地区、中央企业煤炭行业化解过剩产能验收工作实施细则。

“煤矿企业化解过剩产能验收意见表”见附表。

附表　煤矿企业化解过剩产能验收意见表

煤矿基本情况	煤矿名称		煤矿地址	
	组织机构代码		联系电话	
	煤矿性质（生产/建设）		生产能力（建设规模）（万吨/年）	
	涉及职工人数			
化解过剩产能情况	退出计划	万吨	实际退出	万吨
	中央财政拨付奖补资金	万元	地方配套奖补资金	万元
	是否有职工安置工作方案　是□否□		职工安置工作方案是否经职工代表大会或全体职工讨论　是□否□	
	处置债务中是否严格按照市场化、法治化方式			

附表(续)

<table>
<tr><th></th><th colspan="3">标准</th><th>是/否达到</th></tr>
<tr><td rowspan="7">产能退出验收标准</td><td colspan="3">1. 有关部门已依法注销(吊销)煤矿安全生产许可证、采矿许可证,撤销建设项目核准审批文件,并已在有关部门网站公告。存在经济纠纷、资源价款等问题暂时无法注销的,提供相关证明文件,并承诺待处理完成后及时注销</td><td></td></tr>
<tr><td colspan="3">2. 停止购买并已妥善处理剩余民用爆炸物品</td><td></td></tr>
<tr><td colspan="3">3. 停止供电、供水</td><td></td></tr>
<tr><td colspan="3">4. 拆除(或放弃回撤)井下设备</td><td></td></tr>
<tr><td colspan="3">5. 拆除矿井提升、通风供电等设备设施和地面生产系统的建(构)筑物,封闭填实井筒。井筒拟继续利用、暂不封闭的,主要建筑物拟保留改为其他用途的,提供省有关部门批准或备案手续</td><td></td></tr>
<tr><td colspan="3">6. 在井口正面等位置设置醒目的煤矿关闭标识牌</td><td></td></tr>
<tr><td colspan="3">7. 煤矿相关资料已整理成卷,按规定移交地方有关部门</td><td></td></tr>
<tr><td>验收中发现的问题</td><td colspan="4"></td></tr>
<tr><td>其他需要说明的情况</td><td colspan="4"></td></tr>
<tr><td>实施及完成情况(企业填写)</td><td colspan="4">企业负责人(签字)
(企业盖章)</td></tr>
<tr><td>县(市、区)验收意见</td><td>(签字)(盖章)
年 月 日</td><td>市(州)验收意见</td><td colspan="2">(签字)(盖章)
年 月 日</td></tr>
<tr><td>省(区、市)验收意见</td><td colspan="4">(签字)(盖章)
年 月 日</td></tr>
</table>

（二）露天矿关闭情况

1. 关闭矿山原则

(1) 本着“灾害有效治理,具备验收条件;设备安全撤出,避免发生损失”的原则。

(2) 一切治理工程和设备撤出必须以撤出安全为前提,明确安全责任,严格按规程措施执行,确保灾害治理和设备撤出的安全。

(3) 应撤尽撤,抓好设备、物质回收。同时,要算好经济账,对无回收复用价值且用工烦琐、危险性较大的,经集团公司研究决定后不予撤出,报集团公司备案。

(4) 关闭期间确保不发生人身伤害、边坡地质、火灾及交通等事故。

2. 关闭矿山职责

(1) 科学评估现有各类灾害情况,本着灾害有效治理、达到关闭矿山验收条件的原则,制定安全可靠、技术可行的综合治理方案。

(2) 制定综合治理工程安全技术措施,明确安全责任,做到“一工程一措施”,严格按规程措施执行，确保综合治理工程安全顺利实施。

(3) 科学评估现有采掘场内资源，为综合治理资源处置提供依据。

(4) 做好综合治理期间的技术资料收集、存储，为下一步综合治理整体方案实施提供基础资料。

(5) 做好综合治理工程的研究制定和组织实施。

3. 灾害治理

包括可燃物回收、削坡减重、疏干排水、回填压脚及水害治理等工作。

4. 保障措施

包括从严落实安全责任、从严执行安全措施、从严边坡安全管理、从严坑下消火防治、从严设备撤出管控以及从严安全监督检查。

5. 地质、测量、开采遗留问题及处理意见

(1) 矿坑地质构造复杂、涌水量较大、地灾多样，因此需要进行地质灾害评估和编制治理方案设计，尽快实施，保证矿坑安全。

(2) 关闭矿山要持续进行边坡监测工作，利用边坡监测雷达"实时监测"，通过设置 GPS 监测点和人工巡查，形成覆盖全矿坑的监测网络，对边坡状态进行科学研判、超强预警，保证矿坑安全。

(3) 建议按照国家相关政策要求，对坑内浮煤进行回收，保证国有资源应收尽收，且可以防止其自然发火污染环境。

（三）土地复垦利用情况

抚顺西露天矿按照国土资源部颁发的《矿山地质环境保护规定(修正)》(2016 年)、《关于加强矿山地质环境恢复和综合治理的指导意见》(国土资发〔2016〕63 号)的相关要求，2017 年 11 月，委托编制了《西露天矿矿山地质环境保护与土地复垦方案》。西露天矿严格按照该方案开展矿山复垦工作，完善矿坑生态安全屏障体系，提升生态服务功能，实现了土地复垦生态效益最大化，复垦前核算矿坑损毁面积为 3 325 hm^2，目前已复垦 1/5 且由抚顺市自然资源局验收合格。

（四）露天矿员工安置

1. 企业内部安置

煤矿退出人员主要安置于辽宁西露天矿生态环境工程有限公司，经双方协商一致可依法变更劳动合同。其他人员实行企业内部转岗分流，分期分批安置到抚顺矿业集团公司所属各单位：第一批对与集团公司所属各单位缺员工种岗位相同或相近的员工进行转岗分流；第二批对剩余员工进行转岗培训，培训合格符合上岗要求进行内部分流；因员工本人原因，超 3 个月转岗培训期经两次调岗仍然无法转岗的，依据《劳动合同法》规定解除劳动合同并依法支付一次性补偿金。

2. 资源安置

积极争取国家在煤炭和油母页岩开发利用方面的政策支持，实施"走出去"发展战略，获取企业外资源，保证企业原有技术得以发挥作用，人员得以有效安置，设备得以充分利用。

3. 政策性安置

包含实行内部退养、依法解除劳动合同、长期休息工伤职工的安置以及长期病假职工的

安置。

距离法定退休年龄不足5年的职工，经本人自愿申请，可以与集团公司签订内部退养协议，与企业解除劳动关系，获得一次性经济补偿金。长期休息工伤职工可按《劳动合同法》和《工伤保险条例》规定，与企业解除劳动关系，并获得一次性支付经济补偿金。职工因病长期休息的，执行《关于贯彻执行〈中华人民共和国劳动法〉若干问题的意见》（劳部发〔1995〕309号）第59条规定，按照抚顺市最低工资标准的80%发给病休生活费。对于距正常退休5年以上且超病休医疗期的，也可依据《劳动合同法》解除劳动合同并支付一次性补偿金。

三、阜新海州露天矿

辽宁阜新海州露天矿关闭履行的是破产程序。该矿2005年关闭，2006年被列为首批国家露天矿公园，2009年又被批准为全国首家工业遗产旅游示范区，见图11-1-2。该露天矿公园占地28 km^2，由露天矿坑、主题广场、博物馆和环坑公路等部分组成。在露天矿坑可以看到侏罗纪、白垩纪等中生代沉积地层；在主题广场陈列有挖掘机、蒸汽机车、推土犁、钻孔爆破机等大型采掘运输设备；环坑公路将把地质遗迹、采矿遗迹、大型设备、选矿场地等具有科普价值的景点连成一线。

图11-1-2　海州露天矿国家矿山公园

第二节　国外露天矿闭坑案例

典型国外露天矿闭坑案例分析见表11-2-1，其中沃纳拉磷酸盐矿闭坑目标及完成标准见表11-2-2。

表 11-2-1　国外露天矿闭坑案例分析

国家	美国		澳大利亚
矿山名称	金色阳关矿	绿谷铅锌银矿	沃纳拉磷酸盐矿
开采方式	露天金矿	矿井(金属)	露天磷盐矿
开采年限	1975—2013	1988—2012	2013—(未投产)
扰动土地/m^2	4 046		
复垦率/%	45		
复垦保证金/万美元	5 400		4 350
综合利用	牧场、湿地、栖息地、附近矿坑回填	将尾矿回填采空区、矿井水进行污水处理	
土地利用	高尔夫球场、风能发电厂、工业园区等		
闭坑经验	企业承担及团队、绩效驱动、信息透明流畅、过程公开、态度积极以及各方及早合作等	尽早规划、实施准备、重视成本计算、提前预留矿山关闭资金	将闭坑规划作为矿山整体规划的一部分,全面考虑闭坑要素,提早拟定闭坑计划,重视闭坑风险评估以及闭坑成本核算
可持续发展要求	提升股东价值,确保矿区、物理化学、生态场地稳定,把相关利益方集中到决策过程,建立伙伴关系,优化闭坑期间与闭坑后的可持续发展		

表 11-2-2　沃纳拉磷酸盐矿闭坑目标及完成标准

项目	闭坑目标	完成标准
概况	1. 后代不为继续采矿活动带来的影响付出代价。 2. 社区公众健康和安全不被损害。 3. 景观功能与植被都是有活力的,与周围环境融为一体。 4. 污染不超标。 5. 使社区完全清楚闭坑的内容和日程	1. 政府通过矿山主体完成报告。 2. 审计后任何留下来的矿山设施均为安全的,并鼓励公众监督、查询。 3. 景观和植被评估报告达标。 4. 根据澳大利亚标准,现场调查显示所关注的污染类型没有超标。 5. 利益相关方在矿坑计划过程中持续协商和参与

表11-2-2(续)

<table>
<tr><th colspan="2">项目</th><th>闭坑目标</th><th>完成标准</th></tr>
<tr><td rowspan="4">基础设施</td><td>居住区、办公区</td><td>所有基建拆除</td><td>对闭坑计划的审计显示没有对应的功能的设施存留</td></tr>
<tr><td>钻孔等</td><td>景观功能与植被是有活力的，自维持与周围环境一体</td><td>审计显示所有钻孔已按地方政府的指导标准被回填或者恢复</td></tr>
<tr><td>开挖区</td><td>对生态没有不利影响；所有基建拆除，除非矿山与土地所有权人达成协议要求土地另有利用</td><td>调查显示受到影响的食草动物没有增加；对闭坑计划的审计确认，除了被要求留下的采掘场</td></tr>
<tr><td>破碎站、主要车间、仓库、发电装置、污水及水处理装置等</td><td>拆除</td><td>对闭坑计划的审计显示没有功能的设施留存</td></tr>
<tr><td colspan="2">采掘场</td><td>1. 没有因为采掘场的边坡稳定性或者随意进入而造成人员伤亡。
2. 坑里的水质是有保障的，不会降低周围水质，也不会影响动物饮用和栖息。
3. 矿坑水流不会对现有地下水质水量造成影响，从而影响用户使用</td><td>1. 加强监测，并修筑围挡，防止随意进入造成人员伤害。
2. 闭坑后的点位监测显示水质是适宜的。
3. 闭坑后的点位监测显示水质、水量没有变化</td></tr>
<tr><td colspan="2">地表水系</td><td>地表水储水区的恢复，给湿地鸟类提供栖息地</td><td>植物和动物评估报告显示提供给湿地鸟类栖息地的功能已经实现</td></tr>
<tr><td colspan="2">排土场</td><td>排土场的稳定性</td><td>监测表明排土场稳定，复垦后对地表水及生态环境产生不利影响</td></tr>
<tr><td rowspan="4">交通</td><td>飞机场</td><td>所有基建拆除，除了跑道</td><td>对闭坑计划的审计显示没有对应的功能的设施存留，除了跑道</td></tr>
<tr><td>铁路</td><td>景观功能与植被是有活力的，自维持与周围环境一体</td><td>审计显示得到要求</td></tr>
<tr><td>进路</td><td rowspan="2">进路被恢复(复垦)，除非土地所有权人要求留有其他用途</td><td rowspan="2">审计显示所有没有要求的进路基建、运输道路基建被处理</td></tr>
<tr><td>运输道路</td></tr>
</table>

第十二章　对露天矿闭坑问题的思考与建议

一、矿山闭坑的政策背景

当前，世界各国在发展能源方面的政策措施各具特色，但有两个共同点：注重能源安全，强调能源来源多元化；注重节能减排，积极应对生态危机与试图减缓全球气候变化影响。在近 20 年经济快速发展的过程中，我国构建了以煤炭为主的能源结构，但是，总体来说能源利用效率长期偏低，改善生态环境已经成为我国经济继续快速发展必须要解决的瓶颈问题。步入 21 世纪，我国逐步确立了节约发展、清洁发展和安全发展，能源与经济、社会、环境协调发展的战略。从 2005 年起，国务院以及能源、安全等部门接连出台了大量有关煤矿闭坑的政策文件，其中国家安全监管总局等 12 部门于 2014 年联合颁发的《关于加快落后小煤矿关闭退出工作的通知》更是表明了国家要通过兼并重组淘汰落后产能、化解过剩产能的坚决态度，确立了坚定不移推行去煤炭产能的政策决心。

二、矿山闭坑后续问题

根据有关统计，1978 年全国煤矿有 8 万多处，2018 年仅有 5 800 处，有 7 万多处煤矿在近 40 年内关闭。尤其是 2005 年以后煤矿闭坑呈现集中成批、进程快的特点，部分地区没有进行科学规划，因此存在如下三方面问题。

(1) 闭坑不实，明关暗采，留下安全隐患。

(2) 闭坑程序不到位，安全措施不落实。

既没有按规程、规范与相关标准进行正规闭坑设计，更没有预先建立矿山闭坑的安全论证、生态修复、露天矿废弃物综合利用等系统治理机制。引发生态环境污染、地质灾害、安全及资源浪费等后续问题，尤以生态环境污染、地质灾害和安全隐患问题十分突出。如：自 2004 以来，湖南省宁乡市煤炭坝煤矿矿区接连发生了数十次地表塌陷事件，造成了巨大的经济损失，严重影响了当地人民群众的正常生产与生活；2017 年 7 月 11 日，湖南省冷水江市区域连日暴雨后，渣渡镇辖区多家已闭坑的煤矿矿坑水涌出汇入当地河流，造成了周边水系严重污染。

(3) 闭坑补偿金拨付不及时，金额有差距，引起社会矛盾，影响社会稳定。

三、矿山有序闭坑的思考

湖南省煤矿安全监察局、湖南省发展和改革委员会等六部门联合发布的《关于进一步淘汰不安全落后小煤矿的意见》文件中对煤矿闭坑中优质资源进行配置、土地资源开发利用、露天矿生态环境恢复等做了明确规定与要求，体现出政府对煤矿闭坑引起的后续问题有了高度的防范意识与针对性措施。但是，还应该在以下方面予以重视。

(1) 要将区域内保留煤矿与煤炭资源分布及煤炭的产供储销体系进行统一科学规划，避免资源浪费，保证能源安全，提高社会整体效率。

(2) 煤矿闭坑应该与开发利用、生态环境修复联动实施，要尽快制定出台可操作的开发利用、生态环境修复具体政策或措施，可采用整体打包模式与企业签订协议。

(3) 规范煤矿闭坑程序，做到有序闭坑，严格按国家相关法规进行闭坑设计与验收，并保存好相关基础资料，做到心中有数，有利于后续问题的处理。

(4) 针对历史遗留问题，政府可适当引入社会资本参与综合治理与开发利用，增强治理的经济实力与运行能力，提升治理效率。

(5) 针对闭坑补偿金的问题，下阶段应多收集地方县、市监管部门及煤矿业主的意见，制定出更加合理可行的补偿政策，并及时兑现政策承诺。

四、矿山闭坑后续问题的举措

矿山闭坑后续问题是个综合性难题，涉及面比较广泛，需要科学规划，统筹安排，综合治理，协调推进，更需要上下群策群力，系统研究、科学防治。

1. 要明确责任

各类矿山企业是矿山闭坑的责任主体，县级以上地方人民政府是本地矿坑关闭的监管责任主体。当地政府要牵头组织，自然资源管理部门负责制定露天矿生态环境恢复治理方案，对破坏环境，污染严重的露天矿企业，函告生态环境部门对污染企业进行查处，如若整治不到位，应急管理部门要停止企业生产作业。要由自然资源、发展与改革、应急管理、生态环境等相关部门联合对废弃矿坑的治理制订计划，提交当地政府批准后实施。

2. 要预防为主

应从煤矿建设前期主动入手，设计时就充分论证露天矿闭坑后的环境、安全及地质灾害等问题的防治，将可能会出现问题在前期设计中予以解决或采取措施预防。在生产各个阶段要定期检查预防治理的效果，及时完善与落实治理措施，保证治理有效，将问题在生产过程中予以最大限度地消化。在煤矿闭坑前要充分论证与分析，特别要预先解决好“三废”的问题与地质灾害问题，不能简单将坑口封闭了之，留下安全和环境污染隐患。自然资源部门要督促煤矿实施土地复垦生态修复方案，让方案切实可行，落到实处，不变成一纸空文，生产与治理修复并行。

3. 以技术引领

煤矿闭坑的后续问题具有复杂性与不确定性，要解决好这些问题，应该充分发挥先进技术的优势，如采用深陷控制开采技术措施能较好地控制地表深陷，运用土地复垦技术措施有利于生态环境修复。因此要求能熟知各种技术特征，科学分析优劣，合理选择开采工艺与后期开发修复技术，达到合理控制的预期。

4. 进行综合防治

煤炭开采引起的环境污染、安全隐患与地质灾害问题是个综合问题，需采用综合治理。只有统一规划，综合文化推广、生态环境修复、安全隐患消除，从源头抓起，对照治理目标确定方案，才能内外诊疗，标本兼治，首尾相顾，才能全面落实治理方案，达到整体治理目标。

5. 防治与利用并举

治理与利用相结合，变废为宝，将治理对象转换为可用资源，才能达到受益的目的。用治理受益来进行治理，保证了治理的可持续性。煤矿留下的煤矸石有很好的利用价值，如可以用于火力发电，制造建筑材料，修筑公路，充填井下采空区或地面沉陷区。煤矿开采遗迹有独特文化底蕴，许多地方政府或企业充分挖掘煤矿地质文化遗产，开发出许多文化市场，如满洲里市扎赉诺尔国家矿山公园、海州露天矿国家矿山公园、鹤岗市国家矿山公园、江苏盱眙象山国家矿山公园、浙江遂昌金矿国家矿山公园、福建福州寿山国家矿山公园、江西景德镇高岭国家矿山公园、湖南宝山国家矿山公园、广东深圳市平湖凤凰山国家矿山公园、广东茂名露天矿生态公园等。同时闭坑煤矿也可作为邻近露天矿排土场、实现"采矿-内排复垦"一体化、对废旧露天矿坑与内排土场实施复垦与生态重建、建设酒店综合体以及作为储存场(垃圾填埋场、蓄水成湖、武器、农副产品、有毒或放射性肥料)、改造博物馆等。

6. 政府与企业配合

以前煤炭企业只管开采生产，不承担治理的责任，造成了企业在开采过程中可能不计后果，任意妄为，没有责任心，甚至有意把后续问题留给政府。也有历史原因造成的，如 20 世纪 90 年代闭坑的煤矿大都形成了无主的事实，地方政府只能主动承担责任。正因为这样，熟悉煤矿基本情况的企业往往消极配合治理工作，事不关己高高挂起，更有少数企业在治理工作中制造阻力与困难，严重影响了治理进程与效果。

共同防治、互相配合才能长治久安。政府在治理工作中承担管理监督职责，企业承担治理主体责任负责具体实施。谁开采，谁受益，谁负责治理，符合法制原则。更重要的是这能够激励调动企业的主动积极性，促使企业从源头着手防治措施设施，采取先进生产技术，预防、减轻或消除后续问题的影响。在生产中重视防治工作，按规范标准操作，生产中解决了大部分后续问题。在煤矿闭坑时企业又能积极承担治理责任，巩固好治理的成果。政府承担起协调统一的职责，能够保证各个阶段的治理工作顺利进行。

五、政策建议

当前，我国经济社会发展正处于新的转型期，由政府主导的数量速度增长方式正向市场取向的质量效益提升方式转变。资源开发利用模式也将由生产规模驱动型向社区发展持续型转变，基于露天矿全生命周期的闭坑机制与实施方案能够较好地适应我国经济社会发展的这种趋势。因此，提出有关改善露天矿闭坑管理机制的如下建议。

1. 露天矿闭坑标准(规范)的必要性、迫切性

目前，我国已经闭坑的露天矿闭坑形式不统一、不规范，近年来，在"双碳"目标下贯彻落实安全生产并结合国家绿色矿山建设要求，确保资源利用率最大化，增加资源的回收利用、降低地质扰动及灾害、矿区环境恢复治理等日益得以重视，加上人民安全健康损失、社区发展波动等负面影响及风险，迫切要求矿山企业及产业借鉴国外经济社会发达国家或地区矿山闭坑优秀实践与经验，促进我国露天煤矿闭坑管理从传统的资源/储量主导型向现代的矿山周期护理型转变。

制定煤炭工业露天矿闭坑标准旨在规范露天矿闭坑阶段，各参与方关闭前、关闭中、关闭后的规范化管理，这对矿产资源的开发利用，保障生命财产安全、生态环境安全，满足经济社会管理基本需要及社会效益至关重要，可为落实国家"经济、政治、文化、社会和生态文明"建设总体战略布局作出实质性贡献。该标准规定煤炭工业露天矿闭坑的一般要求、关闭计划、关闭活动和应具备的条件，适用于经济技术层面具备关闭条件的露天煤矿的关闭活动。

对于政策性露天煤矿关闭活动，该标准可作为关闭活动的参考依据。该标准主要技术内容有范围、规范性引用文件、术语与引用文件、基本规定、露天采掘场工程、地面工程、生态恢复治理、露天矿闭坑监测维护、资源再利用、社会影响及职工安置、露天矿关闭坑“计划、报告、申请、施工”、责任移交、资金保障以及经济转型相关规定等，可为露天矿最低关闭标准提供指导。截至目前，煤炭行业露天矿闭坑标准体系尚属空白，建立露天矿闭坑标准（规范）具有必要性和迫切性。

2. 认识基于露天矿生命周期的闭坑管理机制的重要性

基于露天矿全生命周期的闭坑管理机制反映了国外经济社会发达国家及地区露天矿闭坑的成功经验，也符合我国经济社会可持续发展的趋势。

2012 年，中共十八大提出了经济建设、政治建设、文化建设、社会建设和生态文明建设“五位一体”总体战略布局，表达出国家较以往更加重视生态环境、安全健康等质量水平的提升。2014 年 7 月 8 日，国务院印发了《关于促进市场公平竞争维护市场正常秩序的若干意见》（国发〔2014〕20 号），提出了简政放权、依法监管、公正透明、权责一致、社会共治等资源配置和市场监管的原则，要求强化生产经营者主体责任，强化依据标准特别是在保障人身健康和生命财产安全、国家安全、生态环境安全等范围的标准进行监管。

基于露天矿全生命周期的闭坑管理机制及规范，面向矿产资源开发利用的生态环境、社区健康与人居安全保障，以矿区可持续发展为主要目标，以环境可靠、生产安全、资源节约、经济切实、社会负责为基本要求，通过利益相关方参与，促进露天矿企业活动的公开透明和改善行业行为的规范及自律，使企业主动将从矿业开发及露天矿闭坑理念贯穿于矿产资源开发利用的整个生命周期过程中，克服矿山开发的环境、健康与安全负面效应，能够符合国家生态环境文明建设布局和简政放权、发展市场政策趋势，有助于加强企业主体责任能力建设和提升企业商誉水平，是保障露天矿社区及经济社会可持续发展的必然选择及途径。

改善露天矿闭坑内容综合化与治理多元化的协调性。基于露天矿全生命周期的闭坑内涵不仅是指面向矿产资源/储量和露天矿地质信息报告的采后复垦及重建环节完成，并伴有矿业权或土地使用权期限的终结及交接，而且从矿产资源开发利用项目及其与社区的关系看，露天矿闭坑更是指贯穿于整个露天矿全生命周期过程中、与闭坑目标完成及交接有关的一切活动，其最佳实践能够有效地减轻矿产及国土资源浪费、地质扰动及灾害、地形地貌及自然景观损害、生态环境退化、人居安全健康损失、社区发展波动等负面影响及风险，涉及国土资源管理、生态环境管理、安全生产管理、社区安全健康管理、融资管理等诸多方面，体现了闭坑内容高度的综合化。另一方面，我国当前露天矿闭坑的治理却表现出明显的行业化特征，效果受制于相关部门管理职能与跨度的局限性。相关的协调性与有效性迫切需要改善。

依据国家建设总体布局精神和国务院关于发展市场意见的指导思想，遵循政策指引、属地规制、产业自律、企业主导、公众参与等基本原则，把建设和推进基于露天矿全生命周期的闭坑管理机制作为适应国家经济社会转型、简政放权、改善矿产资源开发利用市场秩序的重要手段之一，提升矿产资源开发利用活动对社区乃至国家经济社会可持续发展的贡献水平。

3. 强化露天矿闭坑与绿色露天矿建设的集成性

加大国家生态文明建设目标的落实力度，将基于露天矿全生命周期的闭坑管理机制及其实施方案集成到绿色露天矿建设工作中，结合国家、相关部门及地方有关经济社会发展转型规划和露天矿生态环境治理恢复要求，统筹好新建和生产露天矿、大中小型露天矿的绿色露天矿建设与露天矿闭坑计划，指导露天矿企业遵循可持续发展原则、主动履行企业社会责任，从促进社区可持续发展、保护自然资源与生态环境、提高矿产资源利用水平等角度出发，把企业自身发展目标与社区发展需要协调起来。

推进露天矿闭坑管理机制的实用性。相关政府管理部门应发挥引领、指导与协调作用，会同有关行业协会，调动公众社会积极性，促进矿产资源开发利用企业，参考矿山闭坑指南，把露天矿闭坑内容实施的关键环节诸如利益相关方咨询、土地利用、财经保障、闭坑基础资料采集、闭坑施工、采后监测维护、责任移交等与矿床勘查实施方案及探矿权授予、矿山项目可行性研究、矿产开发利用方案及采矿权授予、露天矿规划设计、矿业权注销、土地移交以及全国绿色露天矿建设工作等矿产资源开发利用管理环节紧密结合，推进露天矿闭坑指南成为行业标准，为落实国家“五位一体”总体战略和促进国发〔2014〕20 号文有关市场机制的建设与完善作出实质性贡献。

参考文献

[1] 毕银丽,高学江,柯增鸣,等.露天煤矿排土场土层重构及接菌对植物根系提水作用试验研究[J].煤田地质与勘探,2022,50(12):12-20.
[2] 卞正富,雷少刚,刘辉,等.风积沙区超大工作面开采生态环境破坏过程与恢复对策[J].采矿与安全工程学报,2016,33(2):305-310.
[3] 蔡忠超,张洪,刘英璐,等.一种用于露天煤矿开采的除尘装置:CN202221062294.7[P].2022-12-13.
[4] 陈飞宇.降雨对露天煤矿排土场边坡稳定性的影响分析[J].陕西煤炭,2022,41(5):63-67.
[5] 陈荟萍.景观格局下的矿山废弃地景观设计研究:以紫山风景区为例[D].石家庄:石家庄铁道大学,2020.
[6] 陈秀成.一种发明专利价值评估的方法:CN201610074428.X[P].2016-07-06.
[7] 陈宗全,夏伦娣,姜艳,等.高原高寒生态脆弱区露天煤矿采区生态修复技术讨论[J].能源技术与管理,2022,47(5):169-172.
[8] 成方晔.煤矿废弃地的景观重建:以太原万柏林区西山矿区为例[D].南京:南京林业大学,2013.
[9] 党承林,李永萍,彭明春,等.生态系统的可靠性及其稳定性的维持[J].云南大学学报(自然科学版),2006,28(3):257-261.
[10] 丁利军.露天煤矿边坡滑坡及坍塌风险辨识与管控[J].矿业装备,2022(5):188-189.
[11] 冯耀宗.物种多样性与人工生态系统稳定性探讨[J].应用生态学报,2003,14(6):853-857.
[12] 高鹏飞,马骁,史磊.我国露天煤矿开采技术与未来发展趋势[J].科学与财富,2016,19:25.
[13] 郭子钰,刘向峰,王来贵,等.抚顺西露天矿开挖作用下边坡变形破坏滑动规律研究[J].金属矿山,2021(12):190-199.
[14] 贺晋瑜,李伟.基于景观功能与稳定性的矿区规划环境影响评价研究:以晋中煤炭基地西山矿区为例[J].环境科学与管理,2011,36(4):183-188.
[15] 贺永军,张洪.露天煤矿相邻端帮压煤协同开采的研究[J].露天采矿技术,2016,31(4):14-17.
[16] 胡振琪,位蓓蕾,林衫,等.露天矿上覆岩土层中表土替代材料的筛选[J].农业工程学报,2013,29(19):209-214.
[17] 雷少刚,张周爱,陈航,等.草原煤电基地景观生态恢复技术策略[J].煤炭学报,2019,44(12):3662-3669.

[18] 刘亚运.防渗膜截渗墙在露天煤矿防渗中的应用[J].城市道桥与防洪,2022(10):231-233.
[19] 罗萍嘉,梁晓涵.沿津浦铁路煤矿工业遗产廊道构建[J].矿业研究与开发,2020,40(4):153-159.
[20] 马婧佳,王勇,黄浩轩,等.宝日希勒露天煤矿南帮边坡靠帮开采方案[J].煤矿安全,2021,52(11):240-244.
[21] 马可,王勇.露天矿采掘场边坡勘察分析[J].露天采矿技术,2015,30(8):34-37.
[22] 马力,薛飞,毕银丽,等.干旱区露天煤矿外排土场重构包气带上层滞水毛细作用机制[J].煤炭学报,2022(11):1-8.
[23] 马永梅,张洪.浅析露天采矿对地质环境的影响及其防治对策[J].煤矿安全与环保,2022,4(3):44-46.
[24] 秦路路.露天矿山地质灾害预防的有效措施[J].世界有色金属,2018(24):192-193.
[25] 孙顺利,周科平,胡小龙.基于分形理论的矿区生态系统稳定性评价[J].安全与环境工程,2007,14(4):1-4.
[26] 田野,张永贵.露天煤矿工作帮滑移预测分析及控制[J].露天采矿技术,2022,37(5):56-59.
[27] 王利群,赵文,王勇,等.人工挖孔桩单桩竖向承载力可靠性分析[J].四川建筑科学研究,2010,36(6):93-96.
[28] 王利群,赵文,王勇,等.沈阳城区挖孔桩单桩竖向承载力可靠度研究[J].建筑技术,2011,42(3):242-245.
[29] 王利群,赵文,王勇,等.挖孔桩竖向承载力的可靠度分析[J].建筑科学,2010,26(3):66-69.
[30] 王勇,韩洪德,王玉丰,等.边坡远程监控系统在工程中应用的探讨[J].煤炭工程,2007,39(F10):93-95.
[31] 王勇.巴基斯坦信德省塔尔沙漠Ⅱ区块露天矿地下水控制[J].露天采矿技术,2014,29(8):12-13.
[32] 王勇.黑岱沟露天煤矿储煤场加筋土挡墙设计[J].露天采矿技术,2015,30(10):93-96.
[33] 王勇.胜利一号露天煤矿沿帮排土场增高扩容边坡稳定研究[J].煤炭工程,2012,44(增刊2):91-93.
[34] 王长庭,王根绪,刘伟,等.植被根系及其土壤理化特征在高寒小嵩草草甸退化演替过程中的变化[J].生态环境学报,2012,21(3):409-416.
[35] 吴海燕.露天采矿矿山地质环境问题与恢复治理措施[J].住宅与房地产,2020(30):251-252.
[36] 邢宇超.露天煤矿绿色开采技术分析[J].能源与节能,2022(9):112-114.
[37] 徐广才,康慕谊,METZGER M,等.锡林郭勒盟生态脆弱性[J].生态学报,2012,32(5):1643-1653.
[38] 徐全耀,刘光伟.软岩露天煤矿边坡稳定性分析及形态优化研究[J].煤炭技术,2022,41(10):119-124.
[39] 薛棋文,丁震,孙振明,等.露天煤矿无人驾驶运输系统应急管理体系研究[J].工矿自

动化,2022,48(10):107-115.
[40] 杨卓,马培忠,盛世博,等.一种矿区坡面复垦地水肥保持结构:CN202021965855.5[P].2021-08-03.
[41] 杨卓,马培忠,周国驰,等.一种用于露天煤矿表土替代材料的改良剂制备及使用方法:CN202011177887.3[P].2021-11-19.
[42] 袁正,闵庆文,成升魁,等.哈尼梯田农田生物多样性及其在农户生计支持中的作用[C]//第十六届中国科协年会——分4民族文化保护与生态文明建设学术研讨会论文集.S.n:sl,2014.
[43] 袁正,闵庆文,成升魁.支持哈尼梯田存续千年的家庭经济模式[J].中国农业大学学报(社会科学版),2013,30(4):133-140.
[44] 岳天祥,淦九河.生态环境质量评价方法研究[J].水土保持学报,1993,7(4):33-37.
[45] 张洪,蔡忠超.胜利一号露天煤矿采区过渡方式研究[J].露天采矿技术,2022,37(4):14-18.
[46] 张洪,李慧智,王忠鑫,等.草原戈壁地区露天开采生态环境保护[J].露天采矿技术,2014,29(8):70-72.
[47] 张洪,刘英璐,蔡忠超,等.一种露天矿端帮煤回收利用的运输机:CN202222480326.1[P].2023-03-17.
[48] 张洪,刘英璐.绿色矿山建设体系下露天矿工程设计规范修编方向[J].露天采矿技术,2019,34(3):4-7.
[49] 张洪,马婧佳.露天煤炭工业存在的主要问题及发展建议[J].露天采矿技术,2019,34(1):10-12.
[50] 张洪.露天矿闭坑地质报告的编制及审批流程[J].露天采矿技术,2022,37(6):64-67.
[51] 张洪.露天煤矿开采理论及工艺技术发展趋势[J].露天采矿技术,2018,33(6):1-3.
[52] 张洪.煤炭露天开采用地模式改革探讨[J].煤炭工程,2023,55(1):23-26.
[53] 张洪.我国露天煤矿发展现状及前景探析[J].中国煤炭工业,2022(9):78-79.
[54] 张鸿龄,孙丽娜,孙铁珩,等.矿山废弃地生态修复过程中基质改良与植被重建研究进展[J].生态学杂志,2012,31(2):460-467.
[55] 张镭,王勇.某露天煤矿残余水治理排水管涵方案比选[J].露天采矿技术,2019,34(4):74-77.
[56] 赵怡晴,李仲学,王波.矿山闭坑运行新机制[M].北京:冶金工业出版社,2015.
[57] TIPTON J J,GUILLETTE L J,LOVELACE S,et al,.Analysis of PFAAs in American alligators part 1:concentrations in alligators harvested for consumption during South Carolina public hunts[J].Journal of environmental sciences,2017,61:24-30.
[58] WANG Y,NI S T,YANG F W,et al.Monitoring and analysis of dynamic response for open-pit mine with inside inclined shafts under train loading[J].Metals,2021,11(11):1681.